普通高等教育"十一五"国家级规划教材

普通高等教育农业农村部"十三五"规划教材

面向 21 世纪课程教材
Textbook Series for 21st Century

植物生物技术导论

Zhiwu Shengwu Jishu Daolun

刘庆昌　主编

中国农业大学出版社
China Agricultural University Press
·北京·

内 容 简 介

植物生物技术是一种实用性极强的高新技术，近几年发展十分迅速。为了紧跟植物生物技术的最新进展，更加适应各高校植物生产类、生物科学类、森林资源类等各专业本科人才培养方案的改革，我们对《植物细胞组织培养》（第 2 版）教材进行了大幅度调整和修改，保留了原来的一些章节，对一些章节进行了整合，新增了植物分子标记技术等章节。全书除绪论外共分10 章：植物细胞组织培养的基本技术、植物胚胎培养和人工种子、植物单倍体细胞培养、植物细胞培养与次生代谢产物生产、植物原生质体培养与体细胞杂交、植物茎尖分生组织培养与脱毒技术、植物离体繁殖技术、植物种质资源离体保存、植物基因工程、植物分子标记技术。本教材力求文字简练，内容合理，深入浅出，双色印刷，便于学生理解和掌握。本教材先后被列入面向 21 世纪课程教材、普通高等教育"十一五"国家级规划教材、普通高等教育农业农村部"十三五"规划教材。

图书在版编目（CIP）数据

植物生物技术导论/刘庆昌主编 . —北京：中国农业大学出版社，2020.9（2023.2重印）

ISBN 978-7-5655-2430-1

Ⅰ. 植… Ⅱ. ①刘… Ⅲ. 植物-生物工程 Ⅳ. ①Q94

中国版本图书馆 CIP 数据核字（2020）第 178376 号

书　　名	植物生物技术导论
作　　者	刘庆昌　主编

策划编辑	何美文　洪重光	责任编辑	洪重光
封面设计	郑　川		
出版发行	中国农业大学出版社		
社　　址	北京市海淀区圆明园西路 2 号	邮政编码	100193
电　　话	发行部 010-62733489，1190	读者服务部	010-62732336
	编辑部 010-62732617，2618	出　版　部	010-62733440
网　　址	http://www.caupress.cn	E-mail	cbsszs@cau.edu.cn
经　　销	新华书店		
印　　刷	涿州市星河印刷有限公司		
版　　次	2020 年 12 月第 1 版　　2023 年 2 月第 2 次印刷		
规　　格	185 mm×260 mm　　16 开本　　24.5 印张　　550 千字		
定　　价	76.00 元		

图书如有质量问题本社发行部负责调换

编 写 人 员

主　　编　　刘庆昌（中国农业大学）

副 主 编　　翟　红（中国农业大学）

　　　　　　郭仰东（中国农业大学）

　　　　　　金双侠（华中农业大学）

编写人员　　（按姓氏笔画排序）

　　　　　　刘庆昌（中国农业大学）

　　　　　　李春莲（西北农林科技大学）

　　　　　　何绍贞（中国农业大学）

　　　　　　希从芳（云南农业大学）

　　　　　　张丽莉（东北农业大学）

　　　　　　金双侠（华中农业大学）

　　　　　　周立刚（中国农业大学）

　　　　　　郭仰东（中国农业大学）

　　　　　　唐艳艳（青岛农业大学）

　　　　　　葛淑俊（河北农业大学）

　　　　　　翟　红（中国农业大学）

编 审 人 员

（原《植物细胞组织培养》第 2 版）

主　编　刘庆昌（中国农业大学）
　　　　　吴国良（河南农业大学）

编　者　张献龙（华中农业大学）
　　　　　巩振辉（西北农林大学）
　　　　　张成合（河北农业大学）
　　　　　宋　明（西南大学）
　　　　　郭仰东（中国农业大学）
　　　　　周立刚（中国农业大学）
　　　　　翟　红（中国农业大学）
　　　　　范双喜（北京农学院）
　　　　　高遐虹（北京农学院）
　　　　　孙世海（天津农学院）

审　稿　戴景瑞　院士

编 审 人 员

（原《植物细胞组织培养》第 1 版）

主　编　刘庆昌（中国农业大学）
　　　　吴国良（山西农业大学）

编　者　张献龙（华中农业大学）
　　　　王庆亚（南京农业大学）
　　　　巩振辉（西北农林大学）
　　　　张成合（河北农业大学）
　　　　宋　明（西南农业大学）
　　　　翟　红（中国农业大学）
　　　　高遐虹（北京农学院）
　　　　范双喜（北京农学院）

审　稿　戴景瑞　院士

前　　言

《植物细胞组织培养》（第1版）自2003年1月出版后，得到全国农林院校广大师生的认可。为了紧跟植物细胞组织培养的最新发展，2010年出版了《植物细胞组织培养》（第2版），保持了第1版的内容体系，增加了植物次生代谢产物生产一章，全面、系统地介绍了植物细胞组织培养的基本概念、基本原理、基本操作方法等，概念准确，方法具体，实用性较强。本教材先后被列入面向21世纪课程教材、普通高等教育"十一五"国家级规划教材、普通高等教育农业农村部"十三五"规划教材。

近几年，随着基因工程、分子标记等技术在植物中的应用，植物细胞组织培养的内容体系得到进一步延伸。为此，在全国农林院校植物生产类、生物科学类、森林资源类等各专业本科人才培养方案中，将原来的"植物细胞组织培养""植物细胞工程"等课程调整为"植物生物技术导论"，并且多数学校将这门课程由原来的选修课调整为必修课，课程理论讲授一般24～32学时，同时设置相应的实验课，充分说明这门课程在相关专业本科人才培养中的重要作用。为了满足这些专业本科人才培养的需求，2019年11月，我们在北京召开了教材编写会，编委们经过认真讨论，一致决定将本教材第3版改为《植物生物技术导论》，对教材的内容体系进行了大幅度调整和修改，对原来的章节进行了整合，新增了植物分子标记技术一章。本教材力求文字简练，内容合理，深入浅出，双色印刷，便于学生理解和掌握。

本书共分11章，第1章绪论由刘庆昌编写，第2章植物细胞组织培养的基本技术由翟红编写，第3章植物胚胎培养和人工种子由李春莲编写，第4章植物单倍体细胞培养由金双侠编写，第5章植物细胞培养与次生代谢产物生产由周立刚编写，第6章植物原生质体培养与体细胞杂交由郭仰东编写，第7章植物茎尖分生组织培养与脱毒技术由张丽莉编写，第8章植物离体繁殖技术由希从芳编写，第9章植物种质资源离体保存由葛淑俊编写，第10章植物基因工程由何绍贞编写，第11章植物分子标记技术由唐艳艳编写。全书由刘庆昌、翟红、郭仰东、金双侠统稿和定稿。

植物生物技术发展十分迅速，所涉及的领域广泛，并且是一种实用性极强的高新技术，限于作者们教学与科研的局限性，遗漏和不妥之处在所难免，恳请读者指正，以便再版时修改。

刘庆昌

2020年6月于北京

前　言

（原《植物细胞组织培养》第 2 版）

植物细胞组织培养既是植物遗传工程的基础和关键环节之一，也是一种实用性极强的高新技术，已经发展成为植物生产类、草业科学类、森林资源类、环境生态类、生物科学类等各专业本科生的重要课程，成为这些专业本科生需要掌握的重要技术之一。

《植物细胞组织培养》（第 1 版）自 2003 年 1 月出版后，得到农林院校广大师生的认可，认为本教材的内容体系及具体内容科学、合理，深入浅出，便于学生理解和掌握。

《植物细胞组织培养》（第 2 版）保持了第 1 版的内容体系，全面、系统地介绍了植物细胞组织培养的基本概念、基本原理、基本操作技术、研究方法等，概念准确，技术方法详细具体，实用性较强；对各章具体内容做了适当修改，较全面地反映了国内外最新研究成果，增加了多幅代表性图片；考虑到植物细胞组织培养在植物次生代谢产物生产中的应用愈来愈广，因此增加了植物次生代谢产物生产一章。本教材被列入普通高等教育"十一五"国家级规划教材。

本书共分 13 章，第 1 章绪论、第 6 章细胞培养和第 8 章体细胞杂交由刘庆昌编写；第 2 章植物细胞组织培养的基本技术由翟红编写；第 3 章植物组织器官培养和第 10 章植物离体繁殖技术中的果树离体繁殖技术、林木离体繁殖技术以及药用植物离体繁殖技术由吴国良编写；第 10 章中的蔬菜离体繁殖技术和观赏植物离体繁殖技术由孙世海编写；第 4 章茎尖分生组织培养由范双喜和高遐虹编写；第 5 章单倍体细胞培养由张献龙编写；第 7 章原生质体的分离和培养由郭仰东编写；第 9 章体细胞无性系变异由张成合编写；第 11 章种质离体保存由宋明编写；第 12 章植物遗传转化由巩振辉编写；第 13 章植物次生代谢产物生产由周立刚编写。全书由刘庆昌、郭仰东、周立刚、翟红统稿和定稿。

在本教材编写过程中，得到了中国农业大学戴景瑞院士的大力支持和热情指导，并担任本书主审；其他兄弟院校的有关老师对本教材提出了宝贵的修改意见。在此谨向他们表示诚挚的谢意！

植物细胞组织培养所涉及的领域广泛，限于作者们的教学与科研的局限性，遗漏和不妥之处在所难免，恳请读者指正，以利再版时修改。

刘庆昌　吴国良

2009 年 9 月

前　言

（原《植物细胞组织培养》第 1 版）

　　本教材是国家教育部面向 21 世纪教学内容和课程体系改革 04-13 项目研究成果。

　　植物细胞组织培养既是植物遗传工程的基础和关键环节之一，也是一种实用性极强的高新技术，已经发展成为植物生产类、草业科学类、森林资源类、环境生态类、生物科学类等各专业本科生的重要课程。开设《植物细胞组织培养》课程，是当今生命科学飞速发展的要求，也是学生今后实际工作的迫切需要。

　　自 20 世纪 80 年代以来，国内出版了不少有关植物细胞组织培养方面的著作，这些著作对推动植物细胞组织培养的研究与应用起了极大的作用。但是，这些著作中，能真正作为本科生教材而进行使用的书籍却很少。因此，我们在多年教学的基础上，编写了这本《植物细胞组织培养》教材。

　　本教材全面、系统地介绍了植物细胞组织培养的基本概念、基本原理、基本操作技术、研究方法等，较全面地反映了国内外最新研究成果，信息量大，概念准确，图文并茂，技术方法详细具体，实用性较强。

　　本书共分 12 章，第 1 章绪论、第 6 章细胞培养和第 8 章体细胞杂交由刘庆昌编写；第 2 章植物细胞组织培养的基本技术由翟红编写；第 3 章植物组织器官培养和第 10 章植物离体繁殖技术（其中的蔬菜部分由张成合编写）由吴国良编写；第 4 章茎尖分生组织培养由高遐虹和范双喜编写；第 5 章单倍体细胞培养由张献龙编写；第 7 章原生质体的分离和培养由王庆亚编写；第 9 章体细胞无性系变异由张成合编写；第 11 章种质离体保存由宋明编写；第 12 章植物遗传转化由巩振辉编写。另外，高美英参加了第 3 章的部分编写工作，屈红征参加了第 10 章的部分编写工作。全书由刘庆昌和吴国良统稿和定稿。

　　在本教材编写过程中，得到了中国农业大学戴景瑞院士的大力支持和热情指导，华南农业大学陈炳铨教授、中国医学科学院药用植物研究所张荫麟研究员、中国农业大学刘青林副教授对本书提出了宝贵的修改意见。谨在此表示衷心的感谢。

刘庆昌　吴国良

2002 年 7 月

目　　录

植物生物技术导论

1 绪论

【导读】本章主要介绍植物生物技术的一般概念、发展简史以及在农业中的主要作用。通过对本章的学习，掌握植物生物技术的有关概念、植物细胞组织培养类型、植株再生途径等，了解植物生物技术的发展简史，熟悉植物生物技术在农业中的主要应用。

1.1 植物生物技术的一般概念

生物技术（biotechnology）是指以生物科学的原理为基础，结合先进的工程技术，按照预先的设计，改造生物体的性状或利用生物生产人类所需产品的技术。先进的工程技术包括细胞工程、基因工程、酶工程、发酵工程、蛋白质工程等。生物技术有传统生物技术与现代生物技术之分，传统生物技术主要是通过微生物的初级发酵来生产产品的技术，现代生物技术是以 20 世纪 70 年代 DNA 重组技术的建立为标志而发展起来的以基因工程为核心的新技术。

植物生物技术（plant biotechnology）是指对植物性状进行改造或利用植物生产人类所需产品的技术，主要包括植物细胞组织培养、细胞工程、基因工程、分子标记等技术。

所谓植物细胞组织培养（plant cell and tissue culture），是指在离体（in $vitro$）条件下利用人工培养基（medium）对植物器官、组织、细胞、原生质体等进行培养，使其长成完整的植株。根据所培养植物材料的不同，我们可以将植物细胞组织培养分为器官培养（organ culture）（胚、花药、子房、根、茎、叶等器官）、茎尖分生组织培养（shoot tip culture, shoot apex culture, apical meristem culture）、愈伤组织培养（callus culture）、细胞培养（cell culture）、原生质体培养（protoplast culture）等类型。其中愈伤组织培养是一种最常见的培养类型，因为除茎尖分生组织培养和少数器官培养外，其他培养类型都要经历愈伤组织阶段才能产生再生植株。

所谓愈伤组织（callus），原本是指植物在受伤后于其伤口表面形成的一团薄壁细胞。在植物细胞组织培养中，愈伤组织则是指在人工培养基上由外植体（explant）形成的一团无序生长的薄壁细胞。在细胞组织培养中，一个成熟细胞或分化细胞转变成为分生状态的过程，即形成愈伤组织的过程，称为脱分化（dedifferentiation）。将外植体培养在培养基上，诱导其形成愈伤组织，我们说发生了脱分化。

在植物细胞组织培养中，由活体（in $vivo$）植物体上分离下来的，接种在培养基上的器官、组织、细胞等均称为外植体。外植体通常是由多个细胞组成的，并且组成它的细胞常常包括不同的类型，因此，由一个外植体形成的愈伤组织也常是异质性的，不同的细胞可能具有不同的形成完整植株的能力，即不同的再分化能力或再生能力。植物的成熟细胞经历了脱分化之后，即形成愈伤组织之后，由愈伤组织能再形成完整的植株，这一过程称为再分化（redifferentiation），或简单地称为分化（differentiation），或称为再生（regeneration）。

一个脱分化的植物细胞为什么能够再生成完整的植株呢？我们说植物细胞具有全能性（totipotency）。所谓细胞全能性，是指一个完整的植物细胞拥有形成一个完整植株所必需的全部遗传信息。对于植物细胞来说，不仅受精卵，而且体细胞也具有全能性。对于动物细胞来说，随着近年克隆羊、克隆牛等的成功，也证实了动物体细胞的全能性。

由脱分化的细胞再分化出完整植株有两种途径：一种称为不定器官形成（adventitious organ formation）或称为器官形成（organogenesis），即在愈伤组织的不同部位分别独立形成不定根（adventitious root）和不定芽（adventitious bud）；另一种称为体细胞胚胎发生（somatic embryogenesis），即在愈伤组织表面或内部形成类似于合子胚的结构，我们称其为体细胞胚（somatic embryo），或不定胚（adventitious embryo），或胚状体（embryoid）。体细胞胚胎发生所经历的发育阶段与合子胚相似，一般经历球形胚（globular embryo）、心形胚（heart-shaped embryo）、鱼雷形胚（torpedo-shaped embryo）和子叶胚（cotyledonary embryo）4个发育阶段。一般认为，愈伤组织中的不定芽是多细胞起源的，而体细胞胚是单细胞起源的，因此由体细胞胚发育成的植株的各部分在遗传组成上应当是一致的，不存在嵌合体（chimera）现象。当然，也有少数研究者发现，由体细胞胚胎发生途径再生的植株也存在嵌合体现象，因此认为在一些情况下体细胞胚也起源于多细胞。

综上所述，植物细胞组织培养的全过程可以简单地表示如下：

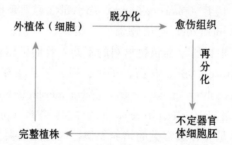

细胞工程（cell engineering）是指应用细胞生物学和分子生物学方法，借助工程技术手段，在细胞水平上改造生物，以获得特定的细胞、产品或新生物体的工程技术。广义的植物细胞工程包括所有的植物细胞组织培养技术，狭义的植物细胞工程主要指植物体细胞杂交、细胞培养、细胞诱变等技术。

基因工程（gene engineering）是指利用工程设计的方法将生物的遗传物质在体外进行切割、拼接和重组，获得重组 DNA 分子，然后导入宿主细胞或个体，使其在受体细胞内复制、转录、翻译和表达，并使受体的遗传特性得到修饰或改变的技术。植物基因工程在改良植物的抗性、产量、品质等性状上已得到广泛应用。

分子标记（molecular marker）是指反映生物个体或种群间基因组中某种差异

的特异性 DNA 片段，是以个体间核苷酸序列变异为基础的遗传标记。常用的分子标记有：限制性片段长度多态性（restriction fragment length polymorphism，RFLP）、随机扩增多态性 DNA（random amplified polymorphism DNA，RAPD）、扩增片段长度多态性（amplified fragment length polymorphism，AFLP）、简单重复序列（simple sequence repeat，SSR）、单核苷酸多态性（single nucleotide polymorphism，SNP）等。

1.2　植物生物技术的发展简史

植物生物技术是随着植物细胞组织培养技术的建立而发展和完善起来的，它的发展过程大致分为以下 3 个阶段。

1.2.1　探索阶段

在 Schwann 和 Schleiden 创立的细胞学说基础上，1902 年 Haberlandt 提出，高等植物的器官和组织可以不断分割，直至成单个细胞的观点。预言植物体细胞在适宜条件下，具有发育成完整植株的潜力，即植物细胞全能性的设想。为了证实这一观点，他在加入了蔗糖的 Knop 溶液中培养小野芝麻和凤眼兰的栅栏组织以及虎眼万年青属植物的表皮细胞等，遗憾的是限于当时的技术和水平，结果仅观察到细胞的生长、细胞壁的加厚等，而未看到细胞分裂。然而，作为植物细胞组织培养的开创者，Haberlandt 的贡献不仅在于首次进行了离体细胞培养的实验，而且在其 1902 年发表的"植物离体细胞培养实验"报告中还提出了胚囊液在细胞培养中的作用和看护培养法等科学预见。

1904 年 Hannig 在无机盐和蔗糖溶液中培养萝卜和辣根的胚，并使其在离体条件下发育成熟。1909 年，Kuster 将植物原生质体进行融合，但融合产物未能存活下来。1922 年，美国的 Robbins 和德国的 Kotte 分别报道离体培养根尖获得某些成功，这是有关根培养的最早的实验。Laibach（1925，1929）将由亚麻种间杂交形成的幼胚在人工培养基上培养至成熟，从而证明了胚培养在植物远缘杂交中利用的可能性。

1.2.2　奠基阶段

1933 年我国学者李继侗和沈同研究银杏的胚培养，将银杏胚乳的提取物加入培养基，获得成功。1934 年，美国的 White 由番茄根建立了第一个活跃生长的无性系，使根的离体培养首次获得了真正的成功。他使用的培养基含有无机盐、酵母提取液和蔗糖。1937 年，他用 3 种 B 族维生素即吡哆醇、硫胺素和烟酸，来取代酵母提取液获得成功。在这个后来被称为 White 培养基的人工合成培养基上，他将 1934 年建立起来的根培养物一直保存到 1968 年他逝世前不久。

与此同时，法国的 Gautheret（1934）在培养山毛柳和黑杨等植物的形成层组织时发现，虽然在含有葡萄糖和盐酸半胱氨酸的 Knop 溶液中这些组织也可以不断增殖几个月，但只有在培养基中加入 B 族维生素和生长素 IAA 后，山毛柳形成层组织的生长才能显著增加。1939 年 Gautheret 连续培养胡萝卜根形成层获得首次成功。同年，White 由烟草种间杂种的瘤组织，Nobecourt 由胡萝卜根组织，也获得了连续生长的组织培养物。

20 世纪 30 年代，植物细胞组织培养领域出现了两个重要发现：一是认识了 B 族维生素对植物生长的重要意义；二是发现了生长素是一种天然的生长调节物质。加上 Gautheret、White 和 Nobecourt 三者所建立的基本培养方法，奠定了之后各种植物细胞组织培养的技术基础。

1941 年 Overbeek 等在培养基中加入椰子汁，使曼陀罗的心形期幼胚培养成熟，自此，椰子汁开始广泛地应用于植物细胞组织培养中。Skoog（1944）以及 Skoog 和崔澂等（1948）在烟草离体培养中发现，腺嘌呤或腺苷不仅能促进愈伤组织的生长，而且还能解除培养基中 IAA 对芽形成的抑制作用，诱导芽的形成，从而确定了腺嘌呤与生长素的比例是控制芽和根形成的重要条件。

1952 年，Morel 和 Martin 首次通过茎尖分生组织培养获得大丽花的无病毒植株。1953 年，Muir 将万寿菊和烟草的愈伤组织转移到液体培养基中，放在摇床上振荡培养，获得由单细胞和细胞团组成的悬浮培养物，而且可以继代繁殖。1955 年，Miller 等发现了激动素（kinetin），同时发现激动素比腺嘌呤活性高 3 万倍。1957 年，Skoog 和 Miller 提出通过改变细胞分裂素与生长素的比率，能够调节植物的器官形成。1958 年，Steward 和 Shantz 用胡萝卜根韧皮部细胞悬浮培养，从中诱导出体细胞胚并使其发育成完整小植株，至此证实了 Haberlandt 提出的植物细胞全能性学说。

1.2.3　迅速发展阶段

1953 年 Watson 和 Crick 提出了 DNA 分子的双螺旋结构模型，从而开辟了分子生物学研究的新纪元。植物生物技术的研究也随之进入了迅速发展时期，并开始走向大规模的应用阶段。

一方面，植物细胞组织培养技术取得迅速发展，并不断取得新的突破。1960 年，Cocking 用真菌纤维素酶由番茄幼根分离得到大量活性原生质体，开创了植物原生质体培养和体细胞杂交研究工作。同年，Kanta 在植物试管授精研究中首次获得成功；Morel 利用兰花的茎尖分生组织培养，实现了脱去病毒和快速繁殖的两个目的，这一技术导致欧洲、美洲和东南亚许多国家和地区兰花工业的兴起，至今植物脱毒和离体快繁技术仍是最重要的实用植物生物技术之一。

1962 年，Murashige 和 Skoog 发表了促进烟草组织快速生长的培养基组成，这就是目前广泛使用的著名的 MS 培养基。

1964 年，Guha 和 Maheshwari 成功地由曼陀罗花药培养获得单倍体植株，这一发现掀起了采用单倍体育种技术加速常规杂交育种速度的热潮。1967 年，Bourgin 和 Nitsch 通过花药培养获得了烟草的单倍体植株。

1970 年，Carlson 通过离体培养筛选得到生化突变体。同年，Power 等首次成功实现原生质体融合。1971 年，Takebe 等首次由烟草原生质体获得再生植株，这一成功促进了体细胞杂交技术的快速发展，同时也为外源基因导入提供了理想的受体材料。1972 年，Carlson 等通过原生质体融合首次获得了两个烟草物种的体细胞杂种。1974 年，Kao、Michayluk、Wallin 等建立了原生质体的高 Ca^{2+}、高 pH PEG 融合法，将植物体细胞杂交技术推向新阶段。1975 年，Kao 和 Michayluk 开发出专门用于植物原生质体培养的 KM8P 培养基，被研究者们广泛使用。1978 年，Melchers 等将番茄与马铃薯进行体细胞杂交并获得成功。

1978 年，Murashige 提出了"人工种子"（artificial seed）的概念，之后的几年在世界各国掀起"人工种子"开发热潮。

1981 年，Larkin 和 Scowcroft 提出了体细胞无性系变异（somaclonal variation）的概念。

1982 年，Zimmermann 开发了原生质体的电融合法（electrofusion）。20 世纪 80 年代中期，由于水稻（Fujimura 等，1985；Yamada 等，1985）、大豆（Wei 和 Xu，1988）、小麦（Harris 等，1989；Ren 等，1990；Wang 等，1990）等主要农作物原生质体植株再生的相继成功，将植物原生质体研究推向高潮。实际上，20 世纪 70~80 年代，原生质体植株再生与体细胞杂交研究一直是植物细胞组织培养研究领域的主旋律。

另一方面，20 世纪 70 年代 DNA 重组技术的建立，标志着植物生物技术的发展进入了以基因工程为核心的现代生物技术阶段。植物细胞组织培养技术特别是高效植株再生体系的建立为植物基因工程的研究和应用奠定了基础。随着土壤农杆菌包括根癌农杆菌（*Agrobacterium tumefaciens*）和发根农杆菌（*A. rhizogenes*）成功地应用于植物遗传转化（genetic transformation），使植物基因工程开始成为研究的热点和重点。1983 年，Zambryski 等用根癌农杆菌转化烟草，在世界上获得首例转基因植物，使农杆菌介导法很快就成为双子叶植物的主导遗传转化方法。Horsch 等于 1985 年建立了农杆菌介导的叶盘法（leaf discs），该方法操作简单，效果理想，开创了植物遗传转化的新途径。但是，这个时期所利用的农杆菌主要感染双子叶植物，对单子叶植物的转化未能成功。为了克服这一困难，美国的 Sanford 等于 1987 年发明了基因枪法（particle bombardment）用于单子叶植物的遗传转化，这一技术广泛应用于水稻、小麦、玉米等主要农作物的遗传转化。

进入 20 世纪 90 年代，农杆菌介导法在水稻、玉米等主要农作物上取得突破性进展。Gould 等（1991）利用农杆菌转化玉米茎尖分生组织获得转基因植株。Chan 等（1993）在水稻的农杆菌介导的遗传转化上也获得成功，他们使用的材料是水稻的未成熟胚。Hiei 等（1994）和 Ishida 等（1996）用农杆菌介导法高效转化水稻和玉米获得成功，之后在小麦（Cheng 等，1997）、大麦（Tingay 等，1997）等单子叶植物上也相继获得成功。

植物基因工程已取得巨大成就。从 1986 年首批转基因植物被批准进入田间试验，至今国际上已有 30 多个国家或地区批准数千例转基因植物进入田间试验，涉及的植物种类有 40 多种。转基因植物的研究主要在于改进植物的抗病虫、抗除草剂、抗非生物逆境、产量、品质等性状；改变生长周期或花期等提高其经济价值或观赏价值；作为某些蛋白质和次生代谢产物的生物反应器，进行大规模生产等。种植转基因植物的国家或地区从 1992 年的 1 个增加到 2018 年的 26 个。全球转基因植物的种植面积从 1996 年的 170 万 hm^2 增加到 2018 年的 1.917 亿 hm^2，23 年增加了 113 倍。2018 年全球转基因植物种植面积中，美国为 7 500 万 hm^2，巴西为 5 130 万 hm^2；我国名列第 7 位，为 290 万 hm^2，种植的植物主要是棉花、白杨和木瓜。

植物分子标记技术是现代植物生物技术研究和应用的另一热点。从 1980 年人类遗传学家 Botstein 首次提出 DNA 限制性片段长度多态性作为遗传标记的思想以来，这 40 年间，植物分子标记技术取得了飞速发展，从第一代分子标记技术到第三代分子标记技术，至今已开发出数十种分子标记类型。目前，植物分子标记技术日趋成熟，已经广泛应用于植物遗传多样性分析、遗传图谱构建、基因定位与克隆以及标记辅助选择育种等诸多方面。尤其是分子标记技术与常规育种的紧密结合，正在为植物育种技术带来一场新的绿色革命。

1.3　植物生物技术在农业中的应用

1.3.1　在植物育种上的应用

植物生物技术已广泛应用于植物育种，在单倍体育种、胚培养、体细胞杂交、细胞突变体筛选、基因工程、分子标记辅助选择等方面均取得显著成就。

在单倍体育种方面，自从 Guha 和 Maheshwari（1964）获得世界上第一株花粉单倍体植株以来，目前世界上已有约 300 种植物成功地获得了花粉植株。通过花药（花粉）培养获得单倍体植株，然后采用秋水仙素等处理使其染色体加倍，可以迅速使后代基因型纯合，加速育种进程。通过花药培养，1974 年我国科学家育成了世界上第一个花培作物新品种——烟草品种'单育 1 号'，之后又育成水稻品种'中花 8 号'、小麦品种'京花 1 号'、油菜品种'H165'和'H166'等一批优良品种，在生产上大面积推广应用。

胚（胚胎）培养早在 20 世纪 40 年代就开始用于克服植物远缘杂交中存在的杂交不亲和性，采用幼胚（或胚胎、胚珠等）离体培养使自然条件下早夭的幼胚发育成熟，获得杂种后代。目前已在 50 余个科属中获得成功。

体细胞杂交是打破物种间生殖隔离，实现其有益基因的交流，改良植物品种，以致创造植物新类型的有效途径。通过体细胞杂交，目前已育成细胞质雄性不育烟草、细胞质雄性不育水稻、马铃薯栽培种与其野生种的杂种、番茄栽培种与其野生种的杂种、甘薯栽培种与其野生种的杂种、马铃薯与番茄的杂种、甘蓝与白菜的杂种、柑橘类杂种等一批新品种（系）和育种新材料。

在培养过程中，培养物的细胞处于不断分裂的状态，易受培养条件和外界压力（如射线、化学物质）的影响而发生变异。大量研究表明，细胞水平的诱变，其突变频次远远高于个体或器官水平的诱变，而且在较小的空间内一次可处理大量材料；如果是通过体细胞胚胎发生途径再生植株，还能克服个体或器官水平突变所存在的嵌合体现象，获得同质突变体（homogeneous mutant）。目前，利用体细胞无性系变异和细胞诱变已获得一批抗病虫、抗除草剂、耐寒、耐盐、具有优良品质等的植物突变体。

用基因工程能够定向改良植物的性状，解决植物育种中用常规杂交方法所不能解决的问题，并将基因工程与常规育种方法相结合，建立高效育种技术体系是目前各国努力的方向。基因工程是改良植物抗病虫性、抗逆性、产量、品质等性状的有效途径。自 1996 年转基因植物规模化应用以来，全球转基因植物研究迅速发展，被誉为"人类历史上应用最为迅速的重大技术"。抗虫棉花、抗虫玉米、抗除草剂大豆、抗虫油菜等已大规模商业化。

分子标记辅助选择（marker-assisted selection，MAS）已经应用于水稻、玉米、小麦、大豆、棉花等主要农作物育种中，能够显著提高育种的选择效率。如 Deal 等（1995）将普通小麦 4D 长臂上的耐盐基因转移到硬粒小麦 4B 染色体上，利用与该基因连锁的分子标记进行选择，显著提高了选择效率。南京农业大学等利用 MAS 聚合小麦白粉病抗性基因，拓宽了现有育种材料对白粉病的抗谱，提高了抗性的持久性。国际水稻研究所利用 MAS 对水稻稻瘟病抗性基因进行聚合，获得了抗 2 种或 3 种小种的品系。

1.3.2　在植物脱毒和离体快繁上的应用

脱毒（virus-free）和离体快繁（in vitro propagation）是目前植物生物技术应用最多、最有效的方面之一。许多植物，特别是无性繁殖植物均受到多种病毒的侵染，造成严重的品种退化，产量降低，品质变劣。早在 1943 年 White 就发现植物生长点附近的病毒浓度很低甚至无病毒，利用茎尖分生组织培养可脱去病毒，获得脱毒植株。目前，利用这种方法生产脱毒种苗，已在马铃薯、甘薯、草莓、大蒜、苹果、香蕉等多种主要农作物上大规模应用。

植物离体繁殖的突出优点就是快速，而且材料来源单一，遗传背景均一，不受季节和地区等的限制，重复性好。离体快繁比常规方法快数万倍至百万倍。目前世界上已建成许多年产百万苗木的组织培养工厂。植物脱毒和离体快繁已成为一个新兴产业，组培苗市场已国际化。这种离体快繁方法已在观赏植物、园艺植物、经济林木、无性繁殖植物等上广泛应用。

1.3.3　在植物次生代谢产物生产上的应用

利用植物细胞组织的大规模培养，可以高效生产各种天然化合物，如蛋白质、脂肪、糖类、药物、香料、天然色素以及其他活性物质。因此，这一领域已引起人们的广泛兴趣和重视。近 70 年来，采用植物细胞组织培养方法，已经对 400 多种植物进行了研究，从植物培养物中分离到 600 多种次生代谢产物，其中 60 多种在有效物质的含量上超过或等于其原植物。用植物细胞组织培养生产人工不能合成的药物或有效成分等的研究正在不断深入，有些已开始工业化生产。

1.3.4　在植物种质资源保存、鉴定和评价上的应用

　　植物种质资源一方面不断大量增加，另一方面一些珍贵、濒危植物资源又日趋枯竭，造成田间保存耗资巨大，又导致有益基因的不断丧失。利用植物细胞组织培养进行离体低温或冷冻保存，可大大节约人力、物力和土地，还可挽救那些濒危物种。同时，离体保存的材料不受各种病虫害侵染，而且不受季节的限制，所以利于种质资源的地区间及国际的交换。目前，我国已在数处建立了植物种质资源离体保存设施。

　　分子标记技术以其不受组织类别、发育阶段、环境条件等的影响，多态性高，操作简单迅速等优点，已广泛应用于植物种质资源的鉴定和评价上。

1.3.5　在植物遗传、生理、生化、病理等研究上的应用

　　植物生物技术推动了植物遗传、生理、生化和病理学的研究，已成为植物科学研究中的常规方法。利用花药和花粉培养获得的单倍体和纯合二倍体植株，是遗传研究如基因组测序、基因功能解析、染色体组同源性分析等的理想材料。在细胞培养中易引起染色体变化，可得到植物的附加系、代换系、易位系等，为植物染色体工程开辟了新途径。

　　植物细胞组织培养为研究植物生理活动提供了一个有效手段。利用植物细胞组织培养在矿质营养、有机营养、生长活性物质等方面开展了很多研究，提高了对植物营养问题的认识。用单细胞培养研究植物的光合代谢是非常理想的。在细胞生化合成研究中，细胞组织培养也极为有用，如查明了尼古丁合成在烟草中的部位等。在植物病理学研究中，可用单细胞或原生质体培养快速鉴定植物的抗病性、抗逆性等。

复习题

1. 什么是植物生物技术？它主要包括哪些内容？
2. 什么是植物细胞组织培养？它有哪些主要培养类型？
3. 什么是脱分化和再分化？什么是细胞全能性？
4. 植物细胞组织培养中的植株再生有哪些途径？它们有何主要区别？
5. 什么是基因工程？简述基因工程的主要成就。
6. 什么是分子标记？试举出几种常用分子标记。
7. 简述植物生物技术在农业中的主要作用。

2　植物细胞组织培养的基本技术

【导读】植物细胞组织培养作为一种基本的实验技术和研究手段已被广泛应用。为了确保组织培养工作的顺利进行，必须具备最基本的实验设备和培养条件，熟练掌握植物离体培养的基本技术。植物细胞组织培养实验室所需要的基本设备包括用具和仪器、器械等；植物细胞组织培养的基本技术包括培养基的配制、外植体的选择与处理、继代培养、离体培养植株再生、培养条件控制等。通过对本章的学习，重点掌握植物细胞组织培养的基本技术，熟悉植物细胞组织培养实验室所需要的基本设备。

2.1　实验室及基本设备

2.1.1　实验室

2.1.1.1　准备室

在准备室中主要进行植物细胞组织培养一些常规的实验操作。根据实验操作的性质，可将准备室进行适当的分区：清洗区主要用于器皿、器械的洗涤；培养基配制区主要用于配制培养基；试剂存放区主要用于贮存植物细胞组织培养常用的化学试剂、植物生长调节物质、酶及抗生素等；灭菌区主要用于培养基、培养器皿及器械等的灭菌。

2.1.1.2　无菌操作室（区）

植物细胞组织培养同微生物培养相比，培养时间长，短则 1 个月，长时可达几年。在操作和培养过程中，最重要的是防止细菌、真菌等的污染，因此无菌操作环境和设备非常重要。

　　1. 无菌室

无菌室是用于完成植物材料的消毒、接种，培养物的继代转移等操作的空间。无菌室的设立关系到培养物的污染率、接种工作效率等重要指标，要求地面、天花板及四壁尽可能光洁、无尘，易于采取各种清洁和消毒措施。无菌室一般设内外两间。外间较小，为准备室，供操作人员更换工作服、拖鞋，洗手，进行器皿准备、培养材料处理等，以防止带入病菌。内间较大，供接种用。无菌室内应安有紫外灯，在操作前至少开灯 20 min，同时室内应定期用甲醛和高锰酸钾蒸气熏蒸（或用 70%～75% 酒精喷雾降尘和消毒）。无菌操作室需备有固定式载物台、移动式载物台、酒精灯、酒精棉、器械支架、手术剪、解剖刀、解剖针、镊子等用于接种。目前，大多数实验室都采用超净工作台来代替无菌操作室。超净工作台不仅操作方便，而且使用效果很好。

　　2. 超净工作台

超净工作台现已成为植物组织培养最常用、最普及的无菌操作设备。它有单人式、双人式及三人式的，也有开放式和密封式的区别，根据风幕形成的方式，又分为垂直式和水平式两种（图 2-1）。

图 2-1　超净工作台

A. 水平式　B. 垂直式

超净工作台一般由鼓风机、过滤器、操作台、紫外光灯和照明灯等部分组成。超净工作台内部的小型电动机带动风扇，使空气先通过一个前置过滤器，滤掉空气中大部分大颗粒尘埃，再经过一个细致的高效过滤器，以将大于 0.3 μm 的颗粒滤掉，然后使过滤后的不带细菌、真菌的纯净空气以每分钟 24～30 m 的流速，吹过工作台的操作面，此气流速度能避免坐在超净工作台旁的操作人员造成的轻微气流污染培养基。

一般来说，在开始操作前，应该先将所用的用具等放在工作台面上。用具不要堆得太高，以免挡住气流。初次使用的超净工作台要在开启 2 h 后，再开始接种操作，以后每次开启 10～15 min 即可操作。在每天首次操作前可以打开超净台内置的紫外灯灭菌 20 min，然后关闭紫外灯，再开始实验操作。

为了提高超净工作台的使用效率和延长超净工作台的使用寿命，超净工作台应放置在空气干净、地面无灰尘的地方，定期检测工作台工作面的空气流速，定期清洗和更换过滤装置。

2.1.1.3　培养室

培养室主要用于满足培养物生长繁殖所需的温度、光照、湿度和气体等条件。培养室要保持干净，定期进行消毒、清洗。进出培养室时要更换衣、帽、鞋等，以免将尘土、病菌带入室内。

在培养室内，常常需要配置大量的培养架，以放置培养容器。培养架可以是木质的、钢质的或其他材料制成的。培养架的高度要根据培养室的高度来定，以充分利用空间。在以研究为主的培养室中，一般每个培养架设 4～5 层，总高 200 cm，每 40 cm 为一层，架宽以 60 cm 较好；如果以生产、扩繁为目的，培养架可以更高些，可借助梯子来摆放培养容器。培养架上一般每层要安装玻璃板，可使各层培养物都能接受到更多的散射光照。通常在每层培养架上安装 40 W 的日光灯或 LED 灯照明。日光灯一般安放在培养物的上方或侧面，灯管距上层搁板 4～6 cm，每层安放

3～5 支灯管，每管相距10 cm，此时光强为2 000～3 000 lx，能够满足大部分植物的光照需求。一般采用自动定时器控制光照时间，多数植物采用14 h 光照/10 h 黑暗的光照周期。对于那些不需要光照的外植体的培养，如愈伤组织诱导、增殖的培养，则需要考虑设置一个暗培养室或者使用培养架最底层，关灯并盖上黑布。

培养室温度一般要求在 20～30℃，具体温度的设置要依植物材料不同而定。培养室内应配有空调，以保证温度恒定和均匀，避免温差过大导致的培养皿、三角瓶大量水汽凝结，防止产生玻璃化的组培苗。培养室的相对湿度应保持在 70%～80%。湿度过高，容易使培养基污染；湿度过低，则容易使培养基失水变干，影响培养效果。对于需要悬浮培养的材料，培养室还应设有摇床。摇床有往复式的和旋转式的，必要时可设置温光可控式摇床。

2.1.1.4　驯化室

组培苗的驯化移栽通常是在人工气候箱、温室或塑料大棚内进行的。驯化室主要用于满足组培苗移栽大田之前生长所需的环境条件，应具有较好的控温、保湿、遮光和防虫等条件。人工气候箱、驯化室的温度一般控制在 15～30℃，空气相对湿度控制在 70% 以上。组培苗栽后 1～2 周空气相对湿度应维持在 80%～90%，以免苗体失水。可以使用迷雾、喷雾装置维持较高的相对湿度。栽后要适当遮阳，避免午间的强光照射，以利于小苗逐渐适应外界环境条件。

2.1.2　基本设备

2.1.2.1　用具

在植物组织培养过程中，根据用途不同，使用的用具各种各样。培养基配制用具、培养用具、接种用具等如图 2-2、图 2-3 所示。在使用这些用具时，必须了解它们的基本用途，并学会它们的基本用法。

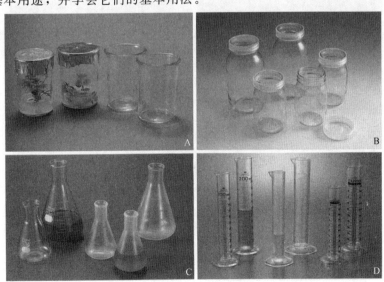

图 2-2　组织培养用具（玻璃用具）（待续）

A. 培养瓶；B. 广口瓶；C. 三角瓶；D. 量筒；

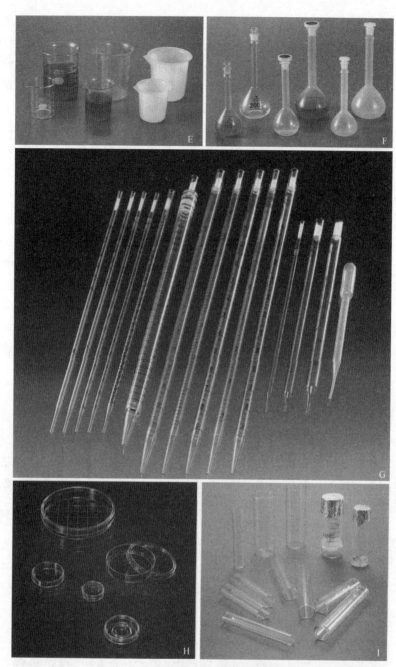

续图 2-2　组织培养用具（玻璃用具）

E. 烧杯；F. 容量瓶；G. 移液管；H. 培养皿；I. 试管

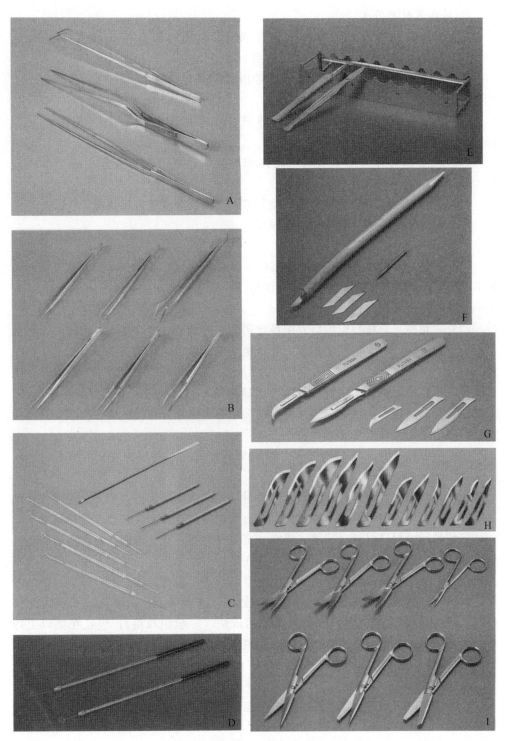

图 2-3　**组织培养用具（金属用具）**

A，B. 镊子；C. 解剖针；D. 接种针；E. 刀架；F～H. 解剖刀；I. 剪刀

1. 培养基配制用具

（1）烧杯 用来盛放、溶解化学药剂等。常用的规格有 50 mL、100 mL、200 mL、250 mL、500 mL、1 000 mL 等。

（2）容量瓶 用来配制标准溶液。常用的规格有 50 mL、100 mL、500 mL、1 000 mL 等。

（3）量筒 用来量取一定体积的液体。常用的规格有 25 mL、50 mL、100 mL、500 mL、1 000 mL 等。

（4）刻度移液管 用来量取一定体积的液体。常用的规格有 1 mL、5 mL、10 mL、20 mL 等。

（5）吸管 用来吸取溶液、调节培养基的 pH 及溶液定容时使用。

（6）玻璃棒 溶解化学药剂时搅拌用。

2. 培养用具

（1）试管 是植物组织培养中常用的一种玻璃器皿，适合少量培养基及试验各种不同配方时使用。试管有平底和圆底两种，一般选用 2.0 cm×15 cm 和 3.0 cm×20 cm 规格的试管较适宜。

（2）三角瓶 是植物组织培养中最常用的培养容器，适合进行各种培养，如固体培养或液体培养，大规模培养或一般少量培养。常用的规格有 50 mL、100 mL、200 mL、500 mL 等。三角瓶的口径均为 25 mm。三角瓶的瓶口较小不易失水，无菌操作时不容易污染。大多数三角瓶为玻璃材质，其优点是透光性好，容易清洗，缺点是易碎、质量大。现在有塑料材质的三角瓶可以部分替代玻璃三角瓶，其优点是材质轻、耐用，缺点是透光性稍差。

（3）培养皿 在无菌材料分离、细胞培养中常用。常用的规格有直径 3 cm、6 cm、9 cm、12 cm 等。

（4）封口用品 培养容器的瓶口需要封口，以达到防止培养基失水干燥和杜绝污染的目的。容器封口所使用的材料尺寸应为被覆盖容器上口直径三四倍见方。

目前常用的封口材料（玻璃、塑料、金属材料等）有：铝箔、耐高温透明透气塑料薄膜、专用盖、封口膜等。铝箔本身在定型后不易变形，使用方便，操作效率高。耐高温透明塑料薄膜透光性好，但也要对其进行绑扎固定。封口膜常用于培养皿的封口，具有透光好、透气差的特点。另外，在市场上已有经高压灭菌的"菌膜"，即聚丙烯膜。可按瓶口大小将其裁切成块（一般用双层），包扎在瓶口上即可。国外较多地使用耐高温塑料制的连盒带盖的培养容器。每个实验室及单位可根据自己的实际情况选择适宜的封口材料。

3. 接种用具

（1）酒精灯 用于金属接种工具的灭菌。现在一般使用金属材质的酒精灯，安全耐用。

（2）手持喷雾壶 盛装 70%～75% 酒精，用于接种器材、外植体和操作人员手部等的表面灭菌。

（3）镊子 尖头镊子适用于解剖和分离叶表皮；枪形镊子，由于其腰部弯曲，适于转移外植体和培养物；钝头镊子适用于接种操作及继代培养时移取植物材料。

（4）解剖针　用来分离包裹在植物组织内部的外植体。

（5）解剖刀　用来切割植物材料，有活动和固定两种：前者可以更换刀片，适用于分离培养物；后者则适用于较大外植体的分离。

（6）剪刀　用于剪取外植体材料。

（7）载玻片　用于植物材料的切断、剥离。

4．用具的洗涤

（1）玻璃器皿的洗涤　新购置的玻璃器皿或多或少都含有游离的碱性物质，使用前要先用 1‰稀 HCl 或者 84 消毒液浸泡一夜，再用肥皂水洗净，清水冲洗后，用蒸馏水再冲一遍，晾干后备用；用过的玻璃器皿，用清水冲洗，蒸馏水冲洗一遍，干后备用即可。对于已被污染的玻璃器皿则必须在 121℃高压蒸汽灭菌 30 min后，倒去残渣，用毛刷刷去瓶壁上的培养液和菌斑后，再用清水冲洗干净，蒸馏水冲淋一遍，晾干备用，不可直接用水冲洗，否则会造成培养环境的污染。清洗后的玻璃器皿，瓶壁应透明发亮，内外壁水膜均一，不挂水珠。

（2）金属用具的洗涤　新购置的金属用具表面上有一层油腻，需擦净油腻后再用热肥皂水洗净，清水冲洗后，擦干备用；用过的金属用具，用清水洗净，擦干备用即可。

5．用具的灭菌

培养皿、三角瓶、吸管等玻璃用具和解剖针、解剖刀、镊子等金属器具可用高温灭菌，有些类型的塑料用具也可进行高温灭菌，如聚丙烯、聚甲基戊烯等可用高温灭菌。高温灭菌方法主要包括干热（空气）灭菌和高压蒸汽灭菌。

干热灭菌法是将清洗晾干后的用具用纸包好，放进电热烘干箱。当温度升至160～170℃时，定时烘烤 120 min（或 170～180℃定时 60 min），达到灭菌目的。干热灭菌能源消耗大，费时间，且有一定的安全隐患，因此这一方法并不常用。常用高压蒸汽灭菌来代替干热灭菌，其灭菌原理见后述。

除了进行高压蒸汽灭菌外，在接种过程中，对用于无菌操作的用具常常采用灼烧灭菌。准备接种前，将镊子、解剖刀等从浸入 95％酒精中取出，置于酒精灯火焰上灼烧，借助酒精瞬间燃烧产生高热来达到杀菌的目的。操作中要反复浸泡、灼烧、冷却、使用，操作完毕后，用具应擦拭干净后再放置。

2.1.2.2　小型器具

在植物组织培养过程中，除了使用上述各种各样的用具外，还需要使用一些小型器具及仪器（图 2-4）。

1．分注器

分注器用来分注培养基。

2．血球计数器

血球计数器主要用于植物细胞计数。

3．移液枪

移液枪在配制培养基时添加各种母液及吸取定量植物生长调节物质等溶液时用，有固定式和可变式两种，常用的规格有 25 μL、100 μL、200 μL、500 μL、1 mL、5 mL、10 mL 等。

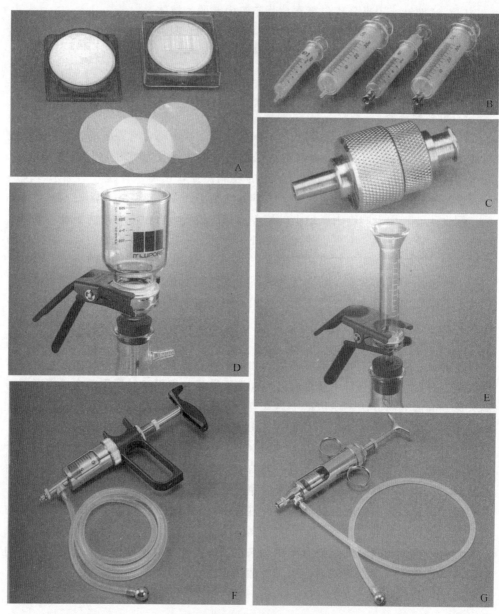

图 2-4　小型器具（分离、分析用）

A～E. 过滤灭菌器；F，G. 分注器

4. 过滤灭菌器

过滤灭菌器用于加热易分解、易丧失活性的生化试剂（如抗生素、维生素）的灭菌。常用的规格为直径小于或等于 0.45 μm 的滤膜。

5. 电磁炉、微波炉等加热器具

电磁炉、微波炉等加热器具用于加热溶解生化试剂和在固体培养基配制时加热溶解琼脂。

2.1.2.3 仪器设备

在植物细胞组织培养过程中，除了需要一些用具、小型器具外，基本的实验设备中也包括以下一些仪器设备（图 2-5）：

1. 酸度计

酸度计又称为 pH 计，在培养基配制时用于测定和调整培养基的 pH。一般实验室常用小型酸度测定仪，既可在配制培养基时使用，也可测定培养过程中 pH 的变化。在测定培养基的 pH 时，应注意搅拌均匀后再测。在使用前，要调节酸度计的温度到当时的室温，用蒸馏水充分洗净后才能进行 pH 的测定与调整，同时要注意定期用 pH 标准液（pH 7.0 或 pH 4.0）对 pH 计进行校正。

2. 天平

天平用于称量化学试剂。目前主要使用电子天平。根据称量精度常用的天平有以下几种：

（1）扭力天平　用来称量大量元素、琼脂、蔗糖等。称量精度为 0.1 g。

（2）分析天平　用于称量微量元素、植物激素及微量附加物。精度为 0.000 1 g。放置天平的地方要水平、要保持干燥，天平要避免接触腐蚀性药品和水汽。

（3）电子天平　可方便快捷地称取试剂，精度为 0.001～0.000 01 g。

3. 磁力搅拌器

磁力搅拌器用于化学试剂溶解时搅拌。

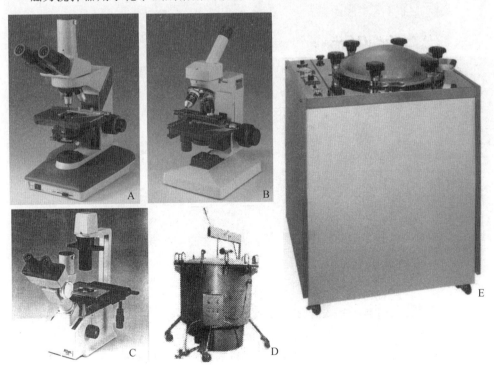

图 2-5　组织培养常用的仪器设备（待续）

A. 双筒显微镜；B. 单筒显微镜；C. 倒置显微镜；D，E. 高压蒸汽灭菌锅；

植物生物技术导论

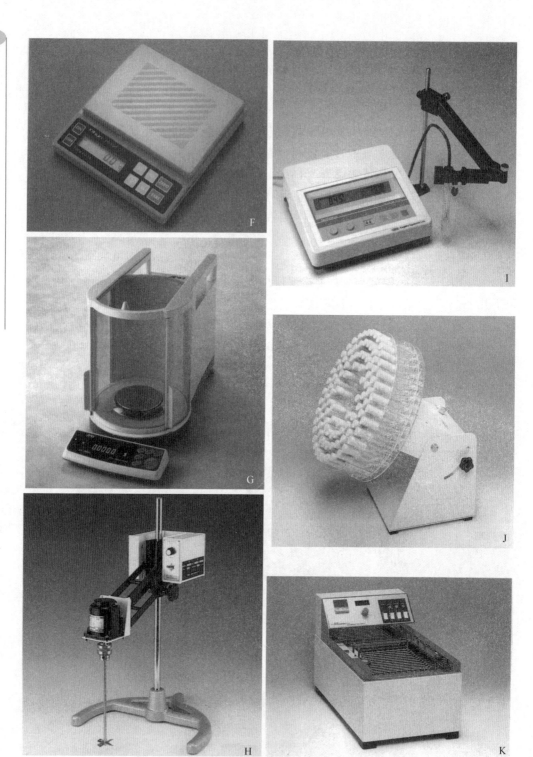

续图 2-5　组织培养常用的仪器设备

F，G. 电子天平；H. 磁力搅拌器；I. 酸度计；J，K. 摇床

4. 高压蒸汽灭菌锅

高压蒸汽灭菌锅是植物组织培养中最基本、最重要的设备之一，用于培养基、蒸馏水和各种用具的灭菌等。目前主要有大型卧式、中型立式、小型手提式和电脑控制式、全自动式等几种类型，可根据实际情况选择，大型的效率高，小型的方便灵活。高压蒸汽灭菌温度一般为121℃，灭菌时间为15～40 min。灭菌后缓慢降压至读数为0时，方可取出灭菌物。

5. 烘箱

烘箱用于各种用具的干燥灭菌。通常采用温度160～180℃持续时间120～60 min来灭菌。温度越高，灭菌时间越短。

6. 低速台式离心机

低速台式离心机在分离、洗涤培养细胞（团）及原生质体时用，一般转速为2 000～4 000 r/min。

7. 冰箱

冰箱用于贮存培养基母液、生化试剂及低温处理材料等。一般家庭用冰箱即可。

8. 摇床

摇床常用来进行细胞悬浮培养。根据振荡方式分为水平往复式和回旋式两种，振荡速度因培养材料和培养目的不同而不同，一般为100 r/min左右。

9. 培养箱

培养箱用于少量植物材料的培养。根据培养植物材料、培养目的等的不同，培养箱可分为光照培养、暗培养两种类型，每种类型又有可调湿和不调湿两种规格。有条件的话，还可采用全自动调温、调湿、控光的人工气候箱来进行植物组织培养、试管苗快繁和组培苗炼苗等。

10. 双筒体式显微镜

双筒体式显微镜多用于剥离植物茎尖、幼胚等。

11. 倒置显微镜

倒置显微镜多用于隔瓶观察、记录外植体及悬浮培养物（细胞团、原生质体等）的生长情况。

2.2　培养基

培养基（culture medium）是植物细胞组织培养中最主要的部分。除了培养材料本身的因素外，培养基的种类、成分等直接影响培养材料的生长发育。应根据外植体的种类选取适宜的培养基。

2.2.1　培养基的主要成分

培养基的组成主要是通过研究分析外植体类型和培养目标来决定的。培养基常见的成分主要有以下几种。

2.2.1.1 水

培养基中的大部分成分是水。水可提供植物所需的氢和氧。配制培养基时，一般用离子交换水、蒸馏水、重蒸馏水等，尽量减少水分中的盐离子浓度。

2.2.1.2 无机盐成分

无机盐成分是指植物在生长发育时所需要的各种矿质元素。根据国际植物生理学会的建议，将植物所需浓度大于 0.5 mmol/L 的矿质元素称为大量元素，将植物所需浓度小于 0.5 mmol/L 的矿质元素称为微量元素。前者在植物的生长发育中占的比重较大，后者虽然植物需要量较少，但却具有重要的生理作用。

1. 无机大量元素 （macroelement）

（1）氮（N）　氮是细胞中核酸的组成部分，也是生物体许多酶的成分。氮被植物吸收后，成为转化氨基酸的组分，氨基酸再转化为蛋白质，然后被植物利用。氮还是叶绿素、维生素和植物激素的组成成分。氮主要以铵态氮、硝态氮两种形式被使用，常常将两者混合使用，以调节培养基中的离子平衡，利于细胞的生长、发育。一般认为，铵态氮的含量超过 8 mmol/L 时容易伤害培养物，因此，在某些植物的组培过程中，可以通过提高硝态氮、减低铵态氮含量来促进愈伤分化、植株再生，但是这种情况也依植物种类、外植体类型而定。

（2）磷（P）　磷参与植物生命活动中核酸及蛋白质合成、光合作用、呼吸作用以及能量的贮存、转化与释放等重要的生理生化过程，增强植物的抗逆能力，促进早熟。磷常常是以盐的形式供给的。

（3）钾（K）　钾是许多酶的活化剂。在组织培养中，钾能促进器官和不定胚的分化，促进叶绿体 ATP 的合成，增强植物的光合作用和产物的运输，调节植物细胞水势，调控气孔运动，提高植物的抗逆性。钾常常是以盐的形式供给的。

（4）钙、镁、硫（Ca、Mg、S）　也是植物的必需元素，参与细胞壁的构成，影响光合作用，促进代谢等，常常以 $MgSO_4$ 和钙盐的形式供给。

2. 无机微量元素 （microelement）

主要有铁（Fe）、硼（B）、锰（Mn）、锌（Zn）、铜（Cu）、钼（Mo）、钴（Co）、氯（Cl）。植物生长对微量元素需要量很少，一般大多为 $10^{-7} \sim 10^{-5}$ mol/L，稍多则会造成外植体的蛋白质变性、酶系失活、代谢障碍等毒害。微量元素中，铁对叶绿素的合成和植物延长生长起重要作用，通常以硫酸亚铁与 Na_2EDTA 螯合物的形式存在培养基中，以避免 Fe^{2+} 氧化产生氢氧化铁沉淀的发生。硼能促进植物生殖器官的正常发育，参与蛋白质合成或糖类运输，可调节和稳定细胞壁结构，促进细胞伸长和细胞分裂。锰参与植物的光合、呼吸代谢过程，影响根系生长，对维生素 C 的形成以及加强茎的机械组织有良好作用。锌是各种酶的构成要素，可增强光合作用效率，参与生长素的代谢，促进生殖器官发育和提高抗逆性。铜能促进花器官的发育。钼是氮素代谢的重要元素，参与器官的建成。因此，微量元素在组织培养中是必不可少的，具有重要的作用。

2.2.1.3 有机成分

有机成分（organic compound）是指植物生长发育时所必需的有机碳、氢、氮等物质。主要包括糖、维生素、肌醇、氨基酸等。

1. 糖

糖（sugar）既可作为碳源，为培养的外植体提供生长发育所需的碳骨架和能源外，还具有维持培养基一定渗透压的作用。

一般添加蔗糖、葡萄糖和果糖。其中蔗糖最常用，它具有热易变性，经高压灭菌后大部分分解为 D-葡萄糖、D-果糖，剩下部分的蔗糖，利于培养物的吸收。此外，棉籽糖在胡萝卜离体培养中，效果仅次于蔗糖和葡萄糖，优于果糖。山梨糖是蔷薇科植物培养中常用的糖源。淀粉对于含糖量较高的植物组织培养有较好的效果。组织培养中常用1％～5％的蔗糖。含量过低，不能满足细胞营养、代谢和生长的需要；含量过高，可能会干扰糖类物质的正常代谢，也可能导致培养物渗透压的增加，阻碍细胞对水分的吸收。但在幼胚培养、茎尖分生组织培养、花药培养和原生质体培养时，需要较高含量的糖，一般需10％左右或更高。

2. 维生素

维生素（vitamin）类化合物在植物细胞里主要以各种辅酶的形式参与多项代谢活动，对生长、分化等有很好的促进作用。使用质量浓度通常为0.1～1.0 mg/L。常用的维生素有盐酸硫胺素（维生素 B_1）、盐酸吡哆醇（维生素 B_6）、烟酸（维生素 B_3）、生物素（维生素 H）、叶酸、抗坏血酸（维生素 C）等。其中维生素 B_1 可全面促进植物的生长；维生素 C 有抗氧化功能，可防止褐变；维生素 B_6 可促进根的生长。多数维生素具有热易变性，易在高温下降解，需要进行过滤灭菌。

3. 肌醇

肌醇（inositol）（环己六醇）参与碳水化合物代谢，磷脂代谢等生理活动，促进培养组织快速生长、胚状体及芽的形成。培养基中肌醇用质量浓度一般为50～100 mg/L。

4. 氨基酸及有机添加物

氨基酸（amino acid）作为一种重要的有机氮源，除构成生物大分子（如蛋白质、酶、核酶）的基本组成外，还具有缓冲作用和调节培养物体内平衡的功能，对外植体芽、根、胚状体的生长、分化有良好的促进作用。植物组织培养中常用的氨基酸有丙氨酸、甘氨酸、谷氨酰胺、丝氨酸、酪氨酸、天冬酰胺，以及多种氨基酸的混合物，如水解酪蛋白（CH）、水解乳蛋白（LH）。其中甘氨酸能促进离体根的生长；丝氨酸和谷氨酰胺有利于花药胚状体或不定芽的分化；半胱氨酸可作为抗氧化剂，防止培养材料褐变，延缓酚氧化。有些培养基中还加入一些天然的有机物，如椰乳（使用的含量常为100～200 mL/L）、酵母提取物（0.5％）、番茄汁（5％～10％）、香蕉泥（150～200 mg/L）、马铃薯泥（100～200 g/L）等，其有效成分为氨基酸、酶、植物激素等物质。这些天然有机物对植物组织培养并非是必需的，但可起到一定的促进作用。这些天然有机物成分复杂且不确定，因而在培养基的配制中仍倾向于选用已知成分的合成有机物。

2.2.1.4 植物生长调节物质

植物生长调节物质（plant growth regulator）是培养基中不可缺少的关键物

质，用量虽少，但它们对外植体愈伤组织的诱导和根、芽等器官分化，起着重要的调节作用。常用的植物生长调节物质有如下几种。

生长素类（auxin） 其主要功能是促进细胞伸长生长和细胞分裂，诱导愈伤组织形成，促进生根。配合一定量的细胞分裂素，可诱导不定芽的分化、侧芽的萌发与生长。常用的生长素类有吲哚乙酸（IAA）、萘乙酸（NAA）、吲哚丁酸（IBA）和2,4-二氯苯氧乙酸（2,4-D）等。它们作用的强弱依次为2,4-D＞NAA＞IBA＞IAA。生长素的使用质量浓度通常为0.1～10 mg/L。

细胞分裂素类（cytokinin） 其主要功能是促进细胞分裂，抑制衰老，当组织内细胞分裂素/生长素的值高时，可诱导芽的分化。常见细胞分裂素有激动素（KT）、异戊烯基腺嘌呤（2iP）、6-苄基腺嘌呤（BAP）、玉米素（Zt）和噻重氮苯基脲（TDZ）等。它们作用的强弱依次为TDZ＞Zt＞2iP＞BAP＞KT。细胞分裂素的使用质量浓度通常为0.1～10 mg/L。

其他类型 除了上述生长素类、细胞分裂素类物质在植物组织培养中不可缺少外，赤霉素（GA_3）、脱落酸（ABA）和多效唑（PP_{333}）等植物生长调节物质也常用于植物组织培养中。

2.2.1.5 凝固剂

琼脂（agar）是从海藻中提取出来的一种高分子碳水化合物。它的主要作用是使培养基在常温下固化形成固体培养基。琼脂的固化能力除了与原料、厂家的加工方式等有关外，还与高压灭菌时的温度、时间、pH等因素有关。长时间高温会使琼脂的凝固能力下降；过酸、过碱也会使琼脂发生水解，丧失固化能力（表2-1）；存放时间过久，琼脂也会逐渐失去凝固能力。琼脂的用量一般为0.6%～1.0%。选择颜色浅、透明度好、洁净、杂质少的琼脂为宜。使用纯度高的琼脂可避免组织培养过程中杂质对细胞生长、分化的影响。现在，一些实验室也使用冷凝胶固化培养基，冷凝胶在常温下就可以凝固，这样减少了琼脂加热溶解的时间。

表2-1 琼脂质量浓度和pH对培养基凝固程度的影响（杜永光等，2005）

pH	琼脂质量浓度/（g/L）					
	2.5	3.0	3.5	4.0	6.0	8.0
2.0	0级	0级	0级	0级	0级	0级
4.0	0级	1级	2级	2级	2级	3级
5.0	1级	2级	3级	3级	4级	4级
5.8	1级	2级	3级	3级	4级	4级
6.2	1级	2级	3级	3级	4级	4级
8.0	2级	2级	3级	4级	4级	4级

注：0级—未凝固；1级—轻微晃动培养基即碎裂；2级—轻微晃动培养基不易碎裂；3级—用力晃动培养基易碎裂；4级—用力晃动培养基不碎裂。

Phytagel是从假单胞菌分泌而来的一种琼脂的替代物，是葡萄糖醛酸、鼠李糖和葡萄糖的混合物，具有无色、透亮和高韧性的特点，目前已成为植物培养基中常用的凝固剂。常用phytagel的质量浓度：植物培养基中为1.5～2.5 g/L；微生物培养基中为10 g/L。Phytagel的凝固需要阳离子尤其是二价阳离子的存在。一般植物培养基中的钙离子和镁离子的浓度足以让 phytagel 凝固。

2.2.1.6　培养基的 pH

培养基的 pH 在高压灭菌前一般调至 5.0～6.0，最常用的 pH 一般调节到 5.8～6.0。当 pH 高于 6.0 时，培养基会变硬；当 pH 低于 5.0 时，琼脂凝固效果不好。经过高压灭菌后，培养基的 pH 会稍有下降。pH 一般用 1 mol/L 盐酸（HCl）或氢氧化钠（NaOH）调节。

2.2.2　培养基的种类

培养基的种类很多（见附表 2　常用培养基成分）。不同的培养基有其不同的特点。分析、了解它们的特点，可便于人们选择适宜的培养基，取得较好的实验效果。目前主要依据培养基的组分、用途和态相等方面对培养基进行分类。

2.2.2.1　根据培养基组分不同分类

1. 基本培养基

基本培养基主要由无机大量元素、无机微量元素、维生素、氨基酸、糖类和水等成分组成，如 MS、B_5、Nitsch、Miller、N_6、MT 等培养基。

2. 完全培养基

根据培养目的在基本培养基组分基础上，添加植物生长调节物质、复杂有机添加物等。

2.2.2.2　根据培养基用途不同分类

1. 诱导培养基

诱导培养基主要是用于外植体诱导形成愈伤组织的培养基，又称脱分化培养基。

2. 分化培养基

分化培养基主要是用于愈伤组织分化形成不定器官（不定芽、不定根）或胚状体，直至形成再生植株的培养基。

3. 继代培养基

继代培养基主要是用于将同一培养阶段（如愈伤组织、再生植株）的培养物连续不断地培养增殖的培养基。

2.2.2.3　根据培养基态相不同分类

1. 固体培养基

培养基中添加凝固剂使其成为固体状态。固体培养基是植物组织培养中常用的培养基，广泛用于愈伤组织诱导、不定器官分化及植株再生等培养过程。

2. 液体培养基

液体培养基是指不添加凝固剂的培养基，广泛用于原生质体培养、细胞悬浮培养和次生代谢产物生产等培养过程。

3. 固液混合培养基

固液混合培养基由固体和液体两种状态的培养基组成。配制时一般先使下层培养基凝固，然后在其上面添加液体培养基。固液混合培养基常用于原生质体和特殊细胞、组织的看护培养等。

2.2.3 培养基的制备

2.2.3.1 准备工作

配制培养基所用的主要器具（如前所述）包括：不同型号的烧杯、容量瓶、移液管、滴管、玻棒、三角瓶、试管以及培养基分装器等。在配制培养基前，器具要洗净、备齐。

配制培养基一般用蒸馏水或无离子水，精细的试验须用重蒸馏水。化学药品应采用等级较高的化学纯 CP（三级）及分析纯 AR（二级），以免杂质对培养物造成不利影响。药品的称量及定容要准确，不同化学药品的称量需使用不同的药匙，避免药品的交叉污染与混杂。

植物生物技术导论

2.2.3.2 母液的配制和保存

配制培养基时，如果每次配制都要按着成分表依次称量，既费时，又增加了多次称量的误差。为了提高配制培养基的工作效率，一般将常用的基本培养基先配制成 10 倍或 100 倍或更高倍数的贮备液（母液），贮存于冰箱中。用时，将它们按照一定的比例进行稀释混合。这样使用方便，节约大量的人力、时间，能显著提高工作效率。

母液的配制常常有两种方法。一种方法是将培养基的每个组分配成单一化合物母液，另一种方法是可将几种不发生反应的组分混合配成一种母液。前者便于配制不同种类的培养基，后者在大量配制同种培养基时省时、省力。

以 MS 培养基母液配制为例，说明在母液配制过程中应注意哪些问题。

首先，各种药品必须充分溶解后才能混合，混合时要注意先后顺序，如在配制大量元素无机盐母液时，应把 Ca^{2+}、Mn^{2+}、Ba^{2+} 和 SO_4^{2-}、PO_4^{3-} 错开，以免相互结合生成沉淀。铁盐须单独配制，往往采用硫酸亚铁与 Na_2EDTA 通过加热形成稳定的螯合铁，稳定保存，避免 Fe^{2+}、Fe^{3+} 与其他母液混合易产生沉淀的现象。

植物生长调节物质添加到培养基时，为了操作方便，也可将其配成母液，但要注意生长素类物质（如 IAA、NAA、2,4-D 等）需先用少量 95％酒精或 1 mol/L NaOH，加热助溶后，再加水定容。细胞分裂素类物质（如 KT、BAP 等）需先溶于少量 1 mol/L 盐酸中，再加水定容。叶酸需用少量稀氨水溶解。

配制好的母液应分别贴上标签，注明母液名称、配制倍数、日期。配好的母液最好在 2～4℃ 冰箱中贮存。贮存时间不宜过长，无机盐母液最好在 1 个月内用完，当母液中出现沉淀或霉菌时，则不能使用。

2.2.3.3 制备步骤

以配制 1 L MS 培养基为例，简要介绍培养基的制备过程。步骤如下：

①在烧杯或量杯中加入一定量的水，再按表 2-2 所示母液组分顺序，依次按添加量加入药品。

②加入蔗糖。

③蔗糖溶解后，加水定容至 1 L。

④调节 pH。可用 pH 试纸或酸度计进行测量。若用酸度计测量，应调节 pH 后，再加入琼脂或者 phytagel，因为琼脂或者 phytagel 主要作用是固化培养基，加入琼脂或者 phytagel 后再调 pH，会使酸度计灵敏度降低，使测量不准确。用 pH

表 2-2　MS 培养基母液组分

组成	含量/(mg/L)	药品质量（mg）/母液体积（mL）	母液倍数/倍	母液添加量/(mL/L)
NH_4NO_3	1 650	每次称量		
KNO_3	1 900	每次称量		
KH_2PO_4	170	每次称量		
$MgSO_4 \cdot 7H_2O$	370	每次称量		
$CaCl_2 \cdot 2H_2O$	440	每次称量		
$MnSO_4 \cdot 4H_2O$	22.3	558 ⎫		
$ZnSO_4 \cdot 7H_2O$	8.6	215 ⎬ /250	100	10
H_3BO_3	6.2	6 20 ⎭		
KI	0.83	83 ⎫ /100	1 000	1
$Na_2MoO_4 \cdot 2H_2O$	0.25	25 ⎭		
$CuSO_4 \cdot 5H_2O$	0.025	25 ⎫ /100	10 000	0.1
$CoCl_2 \cdot 6H_2O$	0.025	25 ⎭		
Na_2EDTA	37.25	745 ⎫ /100	200	5
$FeSO_4 \cdot 7H_2O$	27.85	557 ⎭		
甘氨酸	2.0	100/50	1 000	1
盐酸硫胺素（维生素 B_1）	0.4	20/50	1 000	1
盐酸吡哆醇（维生素 B_6）	0.5	25/50	1 000	1
烟酸	0.5	25/50	1 000	1
肌醇	100	2 500/250	100	10
蔗糖	30 000.0	每次称量		
琼脂	8 000.0	每次称量		
pH	5.8			

试纸测量时，可以先加琼脂或者 phytagel 后再调 pH。常用 1 mol/L 的 HCl 或 NaOH 进行调节。

⑤加入琼脂或者 phytagel，并使之加热熔解。在熔解过程中，要不断搅拌，以免造成沉淀糊底。在烧杯或量杯上可以盖上玻璃片或铝箔等，避免加热过程中水分蒸发。

⑥培养基分装。已经配好的培养基，在琼脂或者 phytagel 没有凝固的情况下（约在40℃时凝固），应尽快将其分装到试管、三角瓶等培养容器中。分装的方法有虹吸式分注法、直接注入法等，分装时要掌握好培养基的量，一般以占试管、三角瓶等培养容器的 1/4～1/3 为宜。分装时要注意不要将培养基沾到容器的壁口，以免引起污染。

⑦封口。分装后应尽快将容器口封住，以免培养基水分蒸发。常用的封口材料如前所述，有专用盖、铝箔、耐高温塑料纸等，可根据自己的情况选择封口材料。

⑧培养基灭菌。分装好培养基的容器封口后应尽快（尽量不要隔夜）进行高压蒸汽灭菌。灭菌不及时，会造成杂菌大量繁殖，使培养基失去效用。常采用高压蒸汽灭菌方法：灭菌前应检查一下灭菌锅底部的水是否充足，在灭菌加热过程中应使灭菌锅内的空气放尽，以保证灭菌彻底。排气的方法有两种：开始就打开放气阀，等大量热空气排出以后再关闭放气阀；也可采用先关闭放气阀，当压力升到

0.05 MPa 时，打开放气阀排出空气后，再关闭放气阀进行升温。灭菌时，应使压力表读数为 0.1～0.11 MPa，在 121℃时保持 15～20 min 。灭菌时间不宜过长，否则蔗糖等有机物质会在高温下分解、焦化，使培养基变质（典型的表现就是培养基发黄），甚至难以凝固；也不宜过短，否则会灭菌不彻底，引起培养基污染。灭菌后，应切断电源，使灭菌锅内的压力缓慢降下来。压力表读数接近"0"时，才可打开放气阀，排出剩余蒸汽后，打开锅盖取出培养基。若切断电源后，急于取出培养基而打开放气阀，易造成降压过快，使容器内外压差过大，液体溢出，造成浪费、污染，甚至危及人身安全。上述灭菌操作要点主要适用于半自动高压蒸汽灭菌锅。目前，越来越多的实验室使用全自动高压蒸汽灭菌锅进行高压蒸汽灭菌，使用前要设定好灭菌的温度及时间，检查一下灭菌锅底部的水是否充足，补足水后，开启电源，盖上锅盖，按下"star"按钮后，灭菌锅按照预定的程序自动完成灭菌工作。

某些生长调节物质（如吲哚乙酸）及某些维生素、抗生素、酶类等物质遇热不稳定，不能进行高压蒸汽灭菌，需要进行过滤灭菌。将这些溶液在无菌条件下，通过孔径大小为 0.22～0.45 μm 的生物滤膜后，就可达到灭菌目的。在无菌条件下将其加入经高压灭菌后的温度下降到约 40℃的培养基中即可。

⑨培养基存放。经过高压灭菌的培养基取出后，根据需要可直立或倾斜放置。注意在培养基凝固时，不要移动容器，待凝固后再进行转移。灭菌后的培养基不要马上使用，静置 3 d 后，使培养基表面，培养容器瓶壁上的多余水分蒸发，且观察到培养基没有被菌污染，才可使用。这样可以避免灭菌不彻底或封口材料破损等原因造成的损失。

待使用的培养基应放在洁净、无灰尘、遮光的环境中进行贮存。贮存期间避免环境温度大幅度变化，以免夹杂着细菌、真菌的灰尘随着气流进入容器，造成培养基的污染。

随着贮存时间的延长，培养基的成分会发生相应的变化，容器内水分逸出，见光易分解的物质，如 IAA 等会随着环境中的光线强弱发生光解等影响培养效果。

一般情况下，配制好的培养基应在 2 周内用完，含有生长调节物质的培养基最好能在 4℃低温保存，效果更理想。

2.3 外植体

植物细胞组织培养的成败除与培养基的组分有关外，另一个重要因素就是外植体本身。外植体即由活体植物上切取下来，用以进行离体培养的那部分器官、组织、细胞。为了使外植体适于在离体培养条件下生长，使组织培养工作顺利进行，有必要对外植体进行选择与处理。

2.3.1 外植体的种类

迄今为止，经组织培养成功的植物，所使用的外植体几乎包括了植物体的各个组织、部位，如根、茎（鳞茎、茎段）、叶（子叶、叶片）、花瓣、花药、胚珠、幼胚、块茎、茎尖、维管组织、髓部等。从理论上讲，植物细胞都具有全能性，若条件适宜，都能再生成完整植株。植物的任何组织、器官都可作为外植体。实际上，植物种类不同，同一植物不同器官，同一器官不同生理状态、发育阶段，对外界诱导反应的能力及分化再生能力是不同的。因此，选择适宜的外植体需要从植物基因型、外植体来源、外植体大小、取材季节及外植体的生理状态和发育年龄等方面综合考虑。

2.3.1.1　植物基因型

植物基因型不同，组织培养的难易程度不同。一般而言，草本植物比木本植物易于通过组织培养获得成功；双子叶植物比单子叶植物易于组织培养。木本植物中，杨树、猕猴桃等较易再生植株；而松树、柏树等就比较困难。植物基因型不同，组织培养的再生途径也不同。如十字花科及伞形科中的胡萝卜、芥菜、芫荽等易于诱导胚状体。茄科中的烟草、番茄、曼陀罗，易于诱导愈伤组织。刘香利等（2008）通过对 6 个小麦品种幼穗、幼胚、成熟胚的组织培养发现，6 个小麦品种不同外植体愈伤组织诱导率均较高，在 90％以上，且不同品种间差异不大；而愈伤组织分化和植株再生率品种间和不同外植体间均存在很大差异。金双侠等（2006，2019）通过对 300 多份陆地棉品种（品系）进行再生能力比较，鉴定出两个再生能力强的基因型 YZ-1 和 JIN668，再生效率达到 90％以上，这两个材料已经成为棉花组织培养、遗传转化的模式材料。孙建昌等（2008）在对宁夏水稻不同外植体再生体系的研究中发现基因型对水稻组织培养影响较大，成熟胚和幼胚为外植体时宁粳 34 培养效果最好，愈伤组织诱导率分别为 71.9％、81.5％，绿苗分化率分别为 51.0％、63.3％；花药为外植体时宁粳 35 的培养效果较好。曹劲宏等（2015）对 47 份不同基因型小豆胚尖的组织培养发现，激素浓度配比相同时，不同基因型间小豆胚尖再生能力差异显著，其中 DR-088、京农 5 号、DR177 三种基因型的再生能力较好，再生率分别为 100％、96.21％、94.15％。因此，选择适宜的外植体，首先要对材料的选择有明确的目的。选取优良的或特殊的具有一定代表性的基因型，这样可以显著提高组织培养的成功率，增加其实用价值。

2.3.1.2　外植体来源

从田间或温室中生长健壮的无病虫害的植株上选取发育正常的器官或组织作为外植体，离体培养易于成功。因为这部分器官或组织代谢旺盛，再生能力强。同一植物不同部位之间的再生能力差别较大，如同一种百合鳞茎的外层鳞片比内层鳞片再生能力强，下段比中段、上段再生能力强。张弛等（2008）以小麦科农 199 的完整种子、离体成熟胚和幼叶作为外植体进行离体培养的研究，结果表明，离体成熟胚和叶片基段外植体愈伤组织形成率较高，并且愈伤组织状态较好，植株再生率较高。Farooq 等（2019）分析 5 个油菜品种不同的外植体再生情况发现，品种'Aari canola'以子叶为外植体的再生率最高，其次是子叶柄和下胚轴，根的离体培养效果最差。因此，在进行植物细胞组织培养时，最好对所要培养的植物各部位的诱导及分化能力进行比较，从中筛选合适的、最易再生的部位作为最佳外植体。对于大多数植物来说，茎尖是较好的外植体。茎尖形态已基本建成，生长速度快，遗传性稳定，是获得无病毒苗的重要外植体，如用于月季、兰花、大丽花、非洲菊无病毒苗的生产等。但茎尖往往受到材料来源的限制，为此可以采用茎段、叶片等作为培养材料，如菊花、各种观赏秋海棠、黄花夹竹桃等。另外，还可根据需要选择鳞茎、球茎、根茎类（如麝香百合、郁金香），花茎或花梗（如蝴蝶兰），花瓣、花蕾（如君子兰），根尖（如雀巢兰属），胚（如垂笑君子兰），无菌实生苗（如吊兰）等部位作为外植体进行离体培养。植物种子在无菌条件下萌发获得的下胚轴、子叶、子叶柄也是比较常用的外植体，如棉花以在暗培养条件下的 5～7 d 无菌苗的下胚轴为外植体，油菜也以无菌苗的下胚轴为外植体，大豆主要以无菌苗的子叶柄为外植体。禾本科的几个主要作物（水稻、玉米、小麦等）主要以成熟胚、幼胚为外植体，再生率较高。

2.3.1.3　外植体大小

外植体的大小，应根据培养目的而定。如果是胚胎培养或脱毒，外植体宜小；如果是进行快速繁殖，外植体宜大。但外植体过大，杀菌不彻底，易被污染；外植体过小离体培养难以成活。一般外植体大小在 5～10 mm 为宜；叶片、花瓣等约为 5 mm^2，茎段长约 0.5 mm，茎尖分生组织带 1～2 个叶原基长为 0.2～0.3 mm 等。

2.3.1.4　取材季节

离体培养的外植体最好在植物生长的最适时期取材，即在植物生长开始的季节取材。若在植物生长末期或已经进入休眠期时取材，外植体会对诱导反应迟钝或无反应。如苹果芽在春季取材成活率为 60%，夏季取材下降到 10%，冬季取材在 10% 以下。百合鳞片外植体，春、秋季取材易形成小鳞茎，夏、冬季取材培养则难形成小鳞茎。对于那些以种子萌发后的无菌苗（下胚轴、子叶、子叶柄等）为外植体的植物来说，当年收获的、饱满的、无病虫害的植株的种子是理想的取材对象。

2.3.1.5　外植体的生理状态和发育年龄

外植体的生理状态和发育年龄直接影响离体培养过程中的形态发生。按照植物生理学的基本观点，沿植物的主轴，越向上的部分所形成的器官其生长的时间越短，生理年龄也越老，越接近发育上的成熟，越易形成花器官；反之，越向基部的组织，其生理年龄越小。如在烟草的培养中，植株下部组织产生营养芽的比例高，而上部组织产生花器官的比例高。一般情况下，越幼嫩、年限越短的组织具有较高的形态发生能力，组织培养越易成功。

2.3.2　外植体的消毒

2.3.2.1　常用消毒剂

外植体在接种之前，须经严格地灭菌。消毒剂的种类不同，杀菌力不同，因此要选择具有良好的消毒、杀菌作用，同时又易被蒸馏水冲洗掉或能自行分解，而且不会损伤或只轻微损伤组织材料并且不影响外植体生长的物质。在使用不同的消毒剂时，需要考虑使用剂量和处理时间。植物种类不同，外植体不同，处理也不同。

现将常用的消毒剂列于表 2-3 中。其中 70%～75% 酒精具有较强的杀菌力、穿透力和湿润作用，可排除掉材料上的空气，利于其他消毒剂的渗入，因此常与其他消毒剂配合使用。由于酒精穿透力强，所以要控制好处理时间，时间太长往往会使被处理材料受到损伤。

表 2-3　常用消毒剂及使用方法

消毒剂	使用剂量/%	去除难易	消毒时间/min	消毒效果	有否毒害植物
次氯酸钙	9～10	易	5～30	很好	低毒
次氯酸钠	1.5～2	易	5～30	很好	无
过氧化氢	10～12	最易	5～15	好	无
硝酸银	1	较难	5～30	好	低毒
升汞（氯化汞）	0.1～1	较难	2～10	最好	剧毒
酒精	70～75	易	0.2～2	好	有
抗生素	4～50 mg/L	中	30～60	较好	低毒

选择适宜的消毒剂处理时，为了使其消毒更为彻底，有时还需要与表面活性剂（如吐温）及抽气减压、磁力搅拌、超声振动等方法配合使用，使消毒剂能更好地渗入外植体内部，达到理想的消毒效果。

2.3.2.2　外植体消毒步骤

如前所述，外植体污染的发生与培养植物的基因型、栽培情况，外植体的来源、分离的季节，组织片大小，消毒剂的使用，消毒设备的工作状态，无菌室的环境条件及操作者的技术水平等多种因素有关。取材组织越大越易污染，夏季取材比冬季取材带菌多，不同年份的污染情况也有区别。组织培养中要获得无菌材料，在综合上述情况的基础上，还要选择适宜的消毒剂。由于不同植物及同一植物不同部位，有其不同的特点，它们对不同种类、不同剂量的消毒剂敏感反应也不同，所以开始都要进行摸索试验，以达到最佳的消毒效果。

外植体消毒的步骤如下：

外植体取材→自来水冲洗→70%～75%酒精表面消毒→无菌水冲洗→消毒剂处理→无菌水充分洗净→备用。

一般来说，如果外植体较大而且硬的话，可直接用消毒剂处理。如果实、叶片、茎段、种子等的消毒；如果是幼嫩的茎尖，一般先取较大的茎尖（如 2～3 cm），表面消毒后，再在无菌条件下，借助立体显微镜取出需要的茎尖大小进行培养；如果是进行未成熟胚、胚珠、胚乳、花药等的培养，一般先把子房或胚珠、花蕾进行表面消毒，再在无菌条件下剥出需要的外植体；如果是细胞培养，应根据培养的目的，选择合适的起始材料，进行相应外植体的消毒。若为了单细胞培养，可以采用茎尖分生组织或胚胎培养的愈伤组织，作为细胞培养的起始材料；若为了生产次生代谢物质，应当选取某次生物质含量高的特定器官或组织，进而筛选某次生物质含量高的器官中的细胞，建立细胞培养系统。

2.3.3　外植体的培养

2.3.3.1　外植体接种

在无菌条件下，将已经消毒的植物材料在超净工作台上切割、分离成适宜尺寸的外植体，并将其转移到培养基上的过程，即是外植体接种（explant inoculation）。

为了保证接种工作在无菌条件下进行，应做到：每次接种前应进行接种室的清洁工作，可用70％～75％酒精喷雾使空气中的细菌和真菌孢子等随灰尘的沉降而沉降。接种前超净工作台面用70％～75％酒精擦洗后，再用紫外灯照射20 min。接种使用的解剖刀、镊子、培养皿、三角瓶等要经过高压灭菌处理。操作中，使用的镊子、解剖刀要经常在酒精灯上灼烧灭菌。操作者在接种时应戴上口罩，双手双臂也要使用70％～75％酒精进行表面灭菌。接种时，操作者的手臂尽量避免从敞口容器或器皿的上方通过，并且动作要轻，以防气流中夹带着细菌、真菌等进入培养容器内，造成污染。

外植体接种的具体步骤如下：

①在无菌条件下切取消过毒的植物材料，较大的材料可肉眼直接观察切离；较小的材料需要在双筒实体显微镜下操作。切取材料通常在无菌培养皿或载玻片上进行。

②将试管或三角瓶等培养容器的瓶口靠近酒精灯火焰，瓶口倾斜，将瓶口外部在火焰上烧数秒钟，然后轻轻取下封口物（如铝箔、耐高温塑料纸等）。

③将瓶口在火焰上旋转灼烧后，用灼烧后冷却的镊子将适宜大小的外植体均匀分布在培养容器内的培养基上。

④用封口物封住瓶口。

⑤注明接种植物名称、接种日期、处理方法等，以免混淆。

2.3.3.2　继代培养

组织培养中，培养物（细胞、愈伤组织、器官、试管苗等）培养一段时间后，为了防止培养的细胞团老化，或培养基养分利用完而造成营养不良及代谢物过多积累毒害等的影响，要及时将其接种到新鲜培养基中，进行继代培养（subculture），以使培养物能够顺利地增殖、生长及分化，再生完整的植株。继代培养方式主要分为固体培养与液体培养两种。前者应用广泛，可使用在组织培养过程中的各个阶段，如愈伤组织的增殖、器官的分化及完整植株的再生等阶段；后者主要用于细胞（团）或愈伤组织的增殖、分化等。

继代培养时间的长短因植物材料、培养物状态、培养方法和实验目的不同而不同。一般说来，液体培养阶段的继代时间短些，1周左右继代1次；固体培养阶段的继代时间可长些，2～4周继代1次。继代培养要因培养物和培养阶段的不同，选择适宜的培养基及培养条件。如在甘薯茎尖组织培养中，愈伤组织的增殖培养可在添加2.0 mg/L 2,4-D 的 MS 液体培养基中振荡培养，培养条件为每日光照13 h、500 lx，温度（27±1）℃；体细胞胚诱导阶段则培养在添加1.0 mg/L ABA 的 MS 固体培养基上，在温度（27±1）℃，每日13 h、3 000 lx 光照下培养。

在继代培养过程中，一些外植体在培养初期具有的胚胎、器官发生的潜力，经过长期继代培养后，这种形态发生的能力会有所下降，甚至完全丧失，这种情况与体细胞无性系变异有着很大关系，因此要尽量减少继代培养的次数。此外，继代培养所造成的试管苗玻璃化现象也普遍存在，这种生理病症对于试管苗的质量、品质有较大的影响，是植物组织培养遇到的主要挑战，要尽量找到合适的方式进行克服。

2.4　植株再生途径

外植体通过离体培养获得再生植株的理论基础是基于植物细胞全能性（totipotency）的。1902 年，德国著名植物生理学家 Haberlandt 根据细胞学说的理论曾大胆预言"植物体的细胞在一定条件下，可以如同受精卵一样，具有潜在发育成植株的能力"，提出了植物细胞具有全能性的科学假说。1958 年，Steward 以胡萝卜根韧皮部的单个细胞经液体培养获得了完整植株并开花结实，首次证明了植物细胞全能性的假说。1964 年，Guha 和 Maheshwari 在培养毛叶曼陀罗花药时，获得了由小孢子发育而成的单倍体植株，这一结果再次证明了植物的生殖细胞和体细胞一样，在离体条件下可以表现植物细胞的全能性。

植物体具有高度有序的复杂结构，其中的细胞及有特定功能的细胞团（组织）高度分化，在植物的新陈代谢过程中相互协调而发挥作用。高度分化的细胞分裂后只能产生相应的组织或组织的复合体（器官），表现不出全能性。要使细胞的全能性得以表达，必须使细胞处于未分化的原始状态，这就是要使那些已分化了的体细胞返老还童，处于分裂状态并具有再分化的潜力，这就是脱分化过程。简言之，即失去已分化细胞的典型特征。可以说脱分化过程的实质就是解除分化，逆转细胞的分化状态，由分工严格的有组织状态回复到无组织结构（unorganized）、无明显极性的松散的细胞团。这是植物组织培养要经历的第一个阶段。植物细胞全能性的实现就是从已经脱分化的细胞中分化出组织器官，即在特定的离体培养条件下经历器官发生过程形成根或芽，或经历胚胎发生过程形成胚状体最后发育为完整植株。由于这种组织（器官）是从成熟细胞经历脱分化过程而再次分化形成的，所以是一个再分化过程，其实质与分化过程相似，通常简称为分化。

组织培养的大量实践已经证明，已分化有结构的成熟组织（器官），如根、茎、叶、花、果及其他组织，在离体培养的条件下都可以脱分化转变为无组织形态、无细胞极性的愈伤组织。目前由脱分化的细胞再分化出完整植株主要有两种途径：一种叫作不定器官形成（adventitious organ formation）或叫作器官形成（organogenesis），即在愈伤组织的不同部位分别独立形成不定根（adventitious root）和不定芽（adventitious bud）；另一种叫作体细胞胚胎发生（somatic embryogenesis），即在愈伤组织表面或内部形成类似于合子胚的结构，我们称其为体细胞胚（somatic embryo），或不定胚（adventitious embryo），或胚状体（embryoid）。

2.4.1　器官形成

2.4.1.1　愈伤组织诱导

植物细胞、组织及器官培养，总的目标是获得新生的个体——植株，即在人工控制的条件下，把从植物体上切割分离下来的一个细胞、一种组织或一个器官置于适宜的营养和环境条件下，使之继续生长分化并发育成完整的再生植株。在这样一个培养周期中，植物材料要发生一系列复杂的变化，包括外部形态特征上的变化及内在的生理代谢特性的变化等。在培养的材料（外植体）变化过程中，愈伤组织的出现是一个十分重要的现象。

1. 愈伤组织形成

在自然界，植物体受到机械损伤后可以诱导细胞开始分裂，从而在伤口处产生愈伤组织。在植物组织培养中虽然继续沿用了愈伤组织的称呼，但愈伤组织的出现与否不一定与机械损伤有关。愈伤组织是一团没有分化的可以持续旺盛分裂的细胞团，是在组织培养过程中经常出现的一种组织形态。

据研究报道，有成熟结构分化的组织或器官，如根、茎、叶、花、果实、胚等在特定条件下均可产生大量的愈伤组织，植物种类几乎涉及常见的单子叶植物及双子叶植物。因此，可以说几乎所有植物都有诱导产生愈伤组织的潜在能力。

一般而言，愈伤组织的形成大约要经过启动期、分裂期和分化期 3 个阶段。

（1）启动期　启动期又叫诱导期，是成熟组织在各种刺激因素的诱导作用下细胞内蛋白质及核酸的合成代谢迅速加强的过程。外源的生长物质对诱导细胞开始分裂效果较好，常用的有 2,4-D，NAA，IAA 及细胞分裂素类。此时细胞在培养基中激素的初始作用下，细胞外观上虽无明显变化，但细胞内一些大分子代谢动态已发生明显改变，如细胞质增加，淀粉等贮藏物质消失，为进入细胞分裂期的 DNA 复制奠定了基础。受激素作用后分裂前细胞的主要变化有：一是呼吸作用加强，消耗 O_2 量明显增加；二是多聚核糖体的不断增加，到有丝分裂前 RNA 的含量可增加 300％；三是蛋白质合成加快，分裂前细胞内蛋白质的总量增加 200％；四是各种与分裂有关的酶活性大大加强。

（2）分裂期　细胞经过诱导期的准备后，进入细胞数目增殖阶段。其主要特征：细胞数目增加很大，结构疏松，缺少有组织特征的结构，一般呈现透明状或浅颜色。

（3）分化期　停止分裂的细胞发生生理代谢方面的变化，出现了形态和生理功能上的分化，直至出现了分生组织的瘤状结构及维管组织。此时，细胞体积不再减小，培养物呈现的颜色多种多样：旺盛生长的愈伤组织呈奶黄色或白色，具光泽，有的呈浅绿色或绿色；老化的愈伤组织则呈黄色甚至褐色，活力大为减退。

2. 愈伤组织的生长及分化

当一直处于新鲜培养基上时，愈伤组织可以长期旺盛地生长，形成了无序结构的愈伤组织块。这些组织块的鲜重是以指数形式增加的，如烟草愈伤组织培养 9 周后，愈伤组织块的鲜重可由培养初期的 5.8 mg 猛增至 105.0 mg，相当于培养初期的 18.1 倍。

旺盛生长的愈伤组织其质地有显著差异，可分为松脆型及坚硬型两类，两者可以互相转化。当培养基中的生长素类浓度高时，可使愈伤组织块变松脆；相反，降低或除去生长素，则愈伤组织可以转变为坚实的小块。愈伤组织状态也可以随外植体在植株的不同部位及生长条件的差异而不同，即使在同一块愈伤组织上也会由于各种因素的作用存在颜色和结构上的差异。

随着愈伤组织的生长，细胞水平新的分化重新开始，形成了一些新的细胞类群，主要有薄壁细胞、分生细胞、管胞细胞、色素细胞等。随着发育进程，出现了组织水平的分化，最常见的是维管组织的分化，同时在松散的愈伤组织内出现大量类分生组织（meristemoid）及瘤状结构，有人称它为"分生组织结节"或"维管组织结节"（Ball，1950；Steward，1958；张新英，1978；张丕方，1980）。改变生长素浓度可改变丁香花属（*Syringa*）愈伤组织中维管节分化的位置，而且这个过程还受蔗糖浓度的调控，这种现象在菜豆属（*Phaseolus*）及爬山虎（*Parthenocissus* sp.）都曾被观察到（Jeffs 和 Northcote，1967）。

愈伤组织在转入分化培养基时会出现体细胞胚胎发生及营养器官（如芽或根）的分化，出现哪种情况取决于植物种类、外植体类型及生理状态，以及环境因子的影响。有时也有难以分化的情况。

3. 影响愈伤组织培养的主要因素

（1）外植体 虽然所有植物都有被诱导产生愈伤组织的潜在能力，但是不同的植物种类诱导形成愈伤组织的难易程度差别很大。一般而言，裸子植物、蕨类植物及进化水平较低级的苔藓植物较难诱导；被子植物则容易诱导。被子植物中的双子叶植物对培养条件较敏感；而单子叶植物反应较迟钝，诱导的难度较大。幼嫩的、草本的材料易于进行愈伤组织的诱导及其后的形态分化；生理上老龄的及木本材料则不易诱导。

（2）基本培养基 众多的培养基基本上都可以诱导出愈伤组织，但不同的植物种类、基因型和外植体诱导形成愈伤组织的难易程度不同，对培养基的反应也有差异。一般矿质盐浓度较高的基本培养基如 MS、B_5 及其改良培养基均可用于诱导愈伤组织。例如，西黄松子叶愈伤组织诱导和增殖在高盐浓度的 LS 培养基上鲜重增加最多；在北美短叶松下胚轴和子叶的愈伤组织诱导中发现，随着盐浓度的降低，愈伤组织的生长量也随之下降。

培养基的使用形式也会影响培养效果，在一般的固体和液体培养基中，以液体培养基表现较好，愈伤组织易于增殖和分化。液体培养基通常要进行振荡培养，因此气体交换和养分吸收均优于固体培养基，同时在液体的条件下愈伤组织很容易分离成单细胞和细胞团进行悬浮培养，产生较大的吸收面积。

（3）激素组合 植物激素是愈伤组织诱导过程中的重要影响因子。常用于组织培养的植物激素有生长素类和细胞分裂素类，二者的浓度比例不同，对愈伤组织的诱导结果不同。通常高浓度的生长素和低浓度的细胞分裂素类有利于愈伤组织的诱导和增殖。其中，2,4-D 是诱导愈伤组织最有效的物质。在 33 种禾本科牧草中，用 2,4-D 均可诱导出愈伤组织，外植体的类型包括顶端分生组织、幼胚、颖果和嫩花序等。在甘蔗的愈伤组织诱导中，2,4-D 的存在也是必要条件之一。对拟南芥的研究表明（图 2-6），

图 2-6 ***LBD*16 基因下调表达抑制拟南芥幼苗愈伤组织的形成**（Fan 等，2012）
5 日龄野生型拟南芥（WT），T-DNA 插入突变体 *lbd*16-2 和 *LBD*16 功能抑制嵌合体 *LBD*16：*SRDX* 幼苗在含有 0.2 μg/mL 2,4-D 的 B_5 上培养 12 d 生长情况。标尺＝10 mm。

LBD 类转录因子基因 *LBD*16，*LBD*17，*LBD*18 和 *LBD*29 受到生长素诱导表达，这些基因的超表达都能引起植株和外植体在无激素培养基上自主形成愈伤组织；而 LBD 功能缺失会严重抑制外植体在添加 0.5 μg/mL 2,4-D 和 0.05 μg/mL 激动素的 B$_5$ 培养基中愈伤组织的形成。拟南芥 LBD 转录因子可以与 bZIP59 转录因子形成转录复合体来调控生长素诱导的愈伤组织形成（Hu 等，2018）。目前，与愈伤组织形成相关基因被相继报道（图 2-7）。

图 2-7 **通过过表达和抑制表达相关基因诱导拟南芥愈伤组织形成**（Ikeuchi 等，2013）

A. *LBD*16 基因的过表达诱导根形成愈伤组织。B. *KRP* 基因沉默诱导茎尖形成愈伤组织（Anzola 等，2010）。C. 过表达 *ARR*21 基因诱导下胚轴和根形成愈伤组织（Tajima 等，2004）。D. *ESR*1 基因过表达的幼苗诱导形成致密愈伤组织（Banno 等，2001）。E. 过表达 *WIND*1 基因植株的茎、下胚轴和根诱导形成愈伤组织（Iwase 等，2011）。F. *WIND*1 基因过表达愈伤组织上产生的体细胞胚。G. *LEC*2 基因的过表达诱导胚性愈伤组织形成（Stone 等，2001）。H. *RKD*4 过表达植株根部形成愈伤组织（Waki 等，2011）。I. *WUS* 基因过表达植株诱导胚性愈伤组织形成（Zuo 等，2002）。J. *tsd*1 功能缺失突变产生的易碎愈伤组织（Krupková and Schmülling，2009）。K. *clf-swn* 双突变体中的胚性和根性愈伤组织（Chanvivatana 等，2004）。箭头表示从愈伤组织发育而来的根毛。L. *At-bmi*1a 和 *At-bmi*1b 双突变体中的胚性和根性愈伤组织（Bratzel 等，2010）。所有植物都是在无植物激素的培养基上生长的。

A、B、E、G、I、K. 标尺＝1 mm；D. 标尺＝5 mm；H. 标尺＝500 μm；L. 标尺＝2 mm

2.4.1.2 器官形成与植株再生

1. 器官形成

外植体在完成脱分化过程后，以何种方式进入器官发生途径，对于离体培养快速繁殖是一个重要问题。植物离体培养中的器官分化有两种情况：一种是直接从外植体细胞上形成器官原基后发育成器官；另一种是先形成愈伤组织，然后在其不同部位形成不同的器官原基。组织培养中最常见的器官是根和芽，芽原基为外起源，即多数起源于培养物的浅表层细胞，如亚麻和烟草；根原基为内起源，多发生于组织的较深层。根、芽器官间一般没有维管束的联系。由于植物种类不同，采用的外植体类型不同及培养条件的差异，器官再生的途径也不同。通常有以下 2 种器官发生途径。

（1）腋芽萌发　腋芽萌发又叫侧芽萌发（formation of axillary bud）。植物的芽体从解剖上看是着生有多个侧芽的雏梢，离体培养时外植体若是茎尖，就会诱发侧芽萌发生长，形成芽丛（cluster of shoots；multiple shoots）。这种途径的繁殖系数首先决定于侧芽原基的数目，再就是培养基诱导侧芽萌发的能力及继代培养的次数。在继代增殖培养中，产生的芽丛被分割成单个芽苗或小芽丛，转至新鲜培养基上继续增殖，理论上讲这种过程可以无限制地进行下去。例如，草莓采取这种方式，半个月内可增加 10 倍，1 年内 1 棵草莓母株可产生数以百万计的试管苗，但实际上，增殖率受培养条件和人力、物力的限制，很难达到其理论值。

外植体通过侧芽萌发途径再生植株的变异率较小，在优良品种快速繁殖中起着重要作用。不同植物种类及继代时间长短，会使植物的变异率提高而增殖率下降。因此，要根据植物本身的特性合理地掌握激素配比，严格控制激素浓度，以最大限度地提高繁殖率和降低变异率，保证良种的优良特性不发生改变。

（2）不定芽发生　在培养过程中，外植体的芽原基及分生组织处形成大量不定芽，此后生根从而成苗。根据不定芽发生的来源，一般可分为直接不定芽发生和间接不定芽发生过程。直接不定芽发生指不经愈伤组织阶段，直接从外植体上产生不定芽；间接不定芽发生则指外植体先脱分化产生愈伤组织，再分化形成芽器官。

此途径芽发生的数量要大于腋芽增殖途径。例如，秋海棠属（*Begonia*）通常情况下只沿切口端形成芽，而培养在含 6-BA 的培养基上时，插条的全部表面都可形成芽。

Takayama（1982）报道的一种秋海棠属杂种在离体培养时，面积 7 mm×7 mm 的叶块，1 年内可产生 1014 株小植物。园艺植物中单子叶的香蕉及球根类的花卉，离体培养时一般从腋间分生组织萌发不定芽；也有从根、茎段及叶片上直接发生的，如秋海棠可从叶表面形成芽；有的单子叶植物的贮存器官上也会发生不定芽，如风信子、兰花及百合，可诱发产生原球茎，并可以此作为外植体进行不断增殖。采用适当的激素组合可以使一些通常不能进行营养繁殖的植物器官产生芽体，如除虫菊及亚麻的叶和茎切段可以作为外植体进行离体繁殖。但由于后代可能产生的变异率也较高，继代次数的控制要比侧芽萌发型更为严格，如香蕉一般为 8 代以内，继代培养的时间也要求更短些。

2. 植株再生

离体培养的实践发现，培养材料发生器官的能力大小差别很大，有的很容易，但有的植物目前仍未获得再生植株。通过器官发生再生植株的方式主要有 3 种：第 1 种最普遍的方式是先分化芽，再分化根；第 2 种是先分化根，再分化芽，这种方式中芽的分化难度比较大；第 3 种是在愈伤组织块的不同部位上分化出根或芽，再通过维管组织的联系形成完整植株。八角莲组织培养器官发生途径植株再生如图 2-8 所示。

2.4.1.3　影响器官形成的因素

1. 培养基成分

培养基的成分主要有激素组合、矿质元素及其他有机物等。

（1）激素作用模式——生长素/激动素　1948 年，Skoog 和崔澂在烟草茎节段和髓的组织培养中发现在培养基中加入适当比例的腺嘌呤（adenine，Ade）和生长素可以

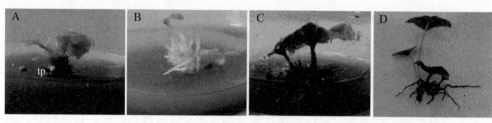

图 2-8　八角莲组织培养器官发生途径植株再生（陈瑶 等，2017）

A. 愈伤组织上的瘤状突起；B, C. 瘤状突起发育为不定根；D. 炼苗驯化后的根系；tp. 瘤状突起

控制植物组织生根和长芽。以后 Miller 等又发现激动素的促芽效应要比腺嘌呤大近万倍，于是以激动素取代了腺嘌呤。试验结果显示：激动素导致芽的分化和发育，生长素类抑制芽的形成；抵消 1 分子的 IAA 大约需要 15 000 分子的腺嘌呤或 0.5 分子的激动素。相对高浓度的 IAA 有利于细胞增殖和根的分化，相对高浓度的腺嘌呤或激动素促进芽的分化，由此确立了激动素/生长素控制器官分化的激素模式（图 2-9）。

在以后大量的组织培养实践中，人们发现生长素和激动素的需要因培养对象的不同而异，各种植物内源激素水平的差异增加了问题的复杂性。例如，田旋花属及牵牛属的单细胞无性系无须任何激素条件就可分化芽，加入低浓度的激动素和生长素（10^{-5} mol/L∶10^{-5} mol/L）时芽的分化频次最高，表现了激动素和生长素的协同增效作用（synergism）。美味猕猴桃品种‘金魁’离体叶片在含 3.0 mg/L 6-BA 和 0.2 mg/L NAA 的 MS 培养基中培养，不定芽形成率最高，达 94.4%，在含 0.7 mg/L IBA 的 1/2 MS 培养基中培养，生根率为 100.0%。由此可知，外源激素的需求与否因培养材料而异，决定于内源激素水平。

不同的激素种类也影响器官发生，如在石刁柏原生质体培养时获得的愈伤组织中，以 6-BA 和 IAA 或 NAA 配合时，发生茎芽，但改变为 Zt 与 2,4-D 的组合时就不发生。

赤霉素（GA_3）抑制烟草、紫雪花（*Plumbago indica*）、秋海棠（*Begonia*）及水稻的器官分化。正在分化的烟草愈伤组织在黑暗中用 GA_3 处理 30~60 min 可以使芽分化减少，处理 48 h 会完全抑制芽的分化。乙烯对芽的分化也有一定作用。例如，水稻愈伤组织在乙烯和 CO_2 共同作用下可促进芽的分化。乙烯还可促进菊苣（*Cichorium endivia*）根切段上芽的形成。在某些情况下，决定器官发生的不是生长素/激动素的值而是其绝对浓度。因此，植物组织培养中的激素调控是个相当复杂的问题。

（2）矿质元素及其他有机成分　各种矿质元素可以促进植物组织培养中的器官发生，如提高无机磷的含量可显著促进各种茄种植物的器官分化，控制还原氮的用量有利于根的形成。降低培养基中矿质元素的含量可提高大多数植物的生根能力。尹艺臻等（2020）发现，不同品种谷子试管苗在 1/2 MS 培养基上均可诱导生根，且根系健壮，适于移栽。

糖是培养基成分中用量最大的有机类物质，其作用除了维持培养基的渗透压外，还是培养基重要的碳源和能源，个别情况下糖含量的平衡可以逆转激素作用的比例。不同植物需要的糖含量不同，通常多数植物所需的糖含量为 2%~6%，禾

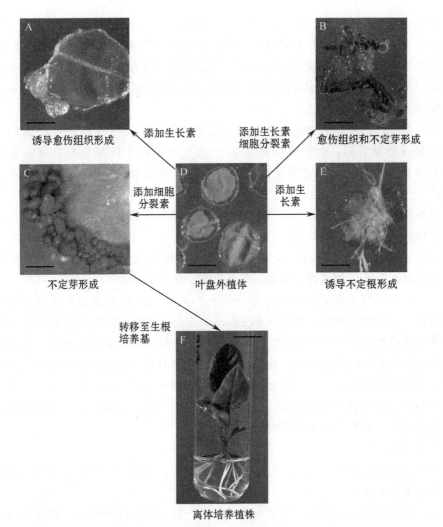

诱导愈伤组织形成　　添加生长素　　添加生长素 细胞分裂素　　愈伤组织和不定芽形成

添加细胞 分裂素　　　　添加生长素

不定芽形成　　　　叶盘外植体　　　　诱导不定根形成

转移至生根 培养基

离体培养植株

图 2-9　曼陀罗和矮牵牛叶盘外植体愈伤组织、根和芽形成的化学调控（Duclercq 等，2011）
A，B，D～F. 曼陀罗外植体；C. 矮牵牛叶外植体。在曼陀罗中，愈伤组织在添加 2,4-D
（1 mg/L）的培养基上诱导形成，根在添加 IAA（0.5 mg/L）的培养基上形成，愈伤组织和
芽在添加 2,4-D（0.5 mg/L）和激动素（1 mg/L）的培养基上生长；矮牵牛在添加 1 mg/L
BA 的培养基上形成不定芽。将发育良好的不定芽转入生根培养基（含 0.5 mg/L IAA）中
诱导生根。经过一个月的培养，获得完整植株。标尺：A. 0.35 cm；B. 0.8 cm；
C. 0.65 cm；D. 0.1 cm；E. 0.1 cm；F. 1 cm

本科作物要求较高，为 10% 以上。木瓜（*Carica papaya*）腋芽无根苗在无糖的培养基上发根数目明显减少，兰伯氏松（*Pinus lambertiana*）离体胚和甘蔗根需要较高含量的蔗糖（8%）。

组织培养中使用的天然复合物很多，都有一定的效果。如 10% 的椰子汁或 10% 的李子汁均可显著地促进曼陀罗花药培养中胚状体的发生。

2. 培养条件

（1）光照　光照包括光强、光质和光周期，对器官分化有重要影响。一般培养物适合的光强为 1 000～3 000 lx，光周期为 12～16 h，近紫外和蓝紫光促进芽的发生，而红光显著促进长根。还有报道认为红光和远红光交替照射对杜鹃花器官发生有良好效果。宋刚等（2011）发现，3个品种蓝莓试管苗先进行约1周的暗培养，再进行光照培养，能够明显提高生根率。植物遗传背景存在差异，感受不同光质的光受体以及光信号的传导也存在差异，因此，在不同光质条件下的生长、分化和代谢过程也存在差异。

（2）温度　25℃左右的培养温度适于器官发生，但接近于植物原产地的生长温度对培养物更有利，如热带植物在27～30℃的条件下效果更好，喜冷凉的植物如百合科、菊科、十字花科及鸢尾科等，适宜的温度在18～22℃，一般应低于25℃。

昼夜温差对培养物也有一定的影响。小麦、水稻花药在诱导形成愈伤组织时昼夜恒温较好，在器官分化阶段，昼夜有一定的温差有利于培育健壮的植株。木瓜无根苗，当昼夜温度保持在27℃或25℃左右时生根效果最好，日温降低，发根速率降低，随日温升高，根重随之增加，但根变细，侧根增多。

（3）湿度　培养室适宜的湿度为70%～80%，Zane曾观察到在试管中增加湿度和苗数生根情况会变好，李树（*Prunus mariana*）的生根率可达95%。西洋杜鹃离体试管苗在含0.7%琼脂的半固体培养基中培养诱导花芽的效果好，在固体培养基中推迟了花芽形成的时间，在液体培养基中植株的生长代谢受到抑制。湿度过低时会间接引起培养基失水，增加渗透压而影响培养效果。同时要注意培养器皿中的水汽很容易导致试管苗玻璃化。如何控制培养室、培养容器（皿）中的湿度是一个重要的课题，需要继续进行研究。

3. 植株材料

组织培养的实践已经证实，外植体材料的来源、基因型、材料所处的生理状态对培养结果影响很大。

（1）品种基因型的差异　苹果花药培养中，以元帅系品种诱导胚状体的概率较高。青椒的不同品种中，杂合性强的品种（杂交种）诱导胚状体的概率高达10%以上。

（2）材料生理状态　苹果品种'橘苹'的茎尖培养研究发现，实生苗茎尖在培养的第4周开始增殖，成年树茎尖在培养的第8周才开始增殖，且其增殖率也低于实生苗的。

（3）不同的器官分化类型　在枸杞外植体的器官分化中，芽原基的分化较难而根的分化较容易；与此相反，石刁柏外植体诱导芽的分化较容易，1个芽经半年的培养可增殖1 600倍，而根的分化却很困难（周维燕，1990）。

2.4.1.4　试管苗的驯化

植物组织培养中获得的小植株，长期生长在试管或三角瓶内，体表几乎没有什么保护组织（蜡质层、角质层等较薄，极易脱水），生长势弱，适应性差，要露地移栽成活，完成由"异养"到"自养"的转变，需要一个逐渐适应的驯化过程（acclimatization），这个过程也叫炼苗。这是组织培养技术应用于生产实践面临的一个重大问题，要解决好此问题，须从以下几个方面做起。

1. 培育壮苗

壮苗是移栽成活的内因。移栽要求小苗的木质化程度高，自身营养物质积累多，生长势转强，因此，在移栽之前应加强对小苗的光照。炼苗时，要打开封口材料，使小苗逐步适应外界环境。这个过程约需1周。

2. 选择合适的移栽介质

栽植小苗的土壤应是人工调配的混合营养土。不同地区原料来源不同，如林下的腐叶土、泥炭土等均可用，但要求腐殖质含量要高，具较多的可溶性氮，土壤溶液应偏酸性，并应进行土壤消毒。

3. 注意移植方式

移植时小心把苗从瓶中取出，洗净附着于根部的培养基，以免杂菌的污染，注意不要伤根，以免伤口腐烂。对不同的地区和材料还要选择合适的季节，一般在生长季的前期即春夏时节移植，苗的成活率高。

4. 加强栽后的环境调控

主要是要加强小苗温、湿度的管理，要保持较高的空气湿度，栽后1～2周空气湿度应维持在80%～90%，以免苗体失水。维持较高的相对湿度可以采取多种方式，例如，使用迷雾、喷雾装置或采用塑料大棚。但要注意土壤的湿度不能过高，否则透气性差要烂根。温度应与培养室的温度一致，通过控制温度的途径来调节湿度。栽后要适当遮阳，避免午间的强光照射，以利于小苗逐渐适应外界环境条件。

2.4.2 体细胞胚胎发生

2.4.2.1 概念与特点

1. 概念

自然界植物的胚胎发育是指受精作用（fertilization）完成之后起始于合子（zygote）的胚胎发生（embryogeny）过程，合子历经球形胚、心形胚、鱼雷形胚和子叶形胚，最后成为成熟胚。但植物组织培养的实践已经证明，植物体细胞同样具有形成胚的能力。以胡萝卜根细胞离体培养通过体细胞胚胎（简称：体细胞胚）发生形成再生植株为标志（Steward，1958），人们在众多植物组织培养的试验中都观察到了体细胞胚胎发生或花粉胚胎发生，它们都可以发育成单倍性或二倍性植株（表2-4）。

表 2-4　离体培养中产生胚状体的部分植物名录

植物名称	产生胚状体的外植体	研究者
檀香科		
檀香（*Santalum album*）	合子胚愈伤组织	Rao，1965
禾本科		
无芒雀麦（*Bromus inermis*）	中胚轴	Constabel 等，1971
大麦（*Hordeum vulgare*）	胚	Norstog 等，1970

续表2-4

植物名称	产生胚状体的外植体	研究者
水稻（Oryza sativa）	花药中的小孢子	朱至清等，1976
小麦（Triticum aestivum）	花药中的小孢子	朱至清，王敬驹等，1973 北京大学生物系，1977
玉米（Zea mays）	花药中的小孢子	广西壮族自治区玉米研究所等，1977
黑麦（Secale cereale）	花药中的小孢子	Thomas 等，1975
甘蔗（Saccharum sinensis）	叶愈伤组织	曾吉恕，1979
十字花科		
蔓菁（Brassica napus）	花药中的小孢子	Keller 等，1977
白芥（Brassica alba）	幼苗各器官的愈伤组织	Bajaj 等，1973
甘蓝（Brassica oleracea）	幼苗各器官的愈伤组织	Klimaszewska 等，1986
拟南芥（Arabidopsis thaliana）	未成熟合子胚	Ikeda-Iwai 等，2002
菟丝子科		
云南菟丝子（Cuscuta reflexa）	合子胚愈伤组织及表皮	Maheshwari 等，1983
景天科		
落地生根（Kalanchoe pinnata）	叶愈伤组织	Wadhi 等，1964
芸香科		
橙（Citrus sinensis）	珠心愈伤组织	Kochba 等，1973
四季橘（Citrus microcarpa）	珠心愈伤组织	Rangaswamy 等，1961
大戟科		
巴豆（Croton bonplandianum）	胚乳愈伤组织	Bhojwari，1966
橡胶树（Hevea brasiliensis）	愈伤组织	Paranjothy，1974
冬青科		
枸骨叶冬青（Ilex aquifolium）	子叶	Hu，1971
夹竹桃科		
蛇根木（Rauvolfia serpentina）	叶	Mitra 等，1970
茜草科		
咖啡（Coffea arabica）	叶愈伤组织	Sondahl 等，1977
华腺萼木（Mycetia sinensis）	叶片	陆永林等，1989
菊科		
苣荬菜（Cichorium endivia）	胚愈伤组织	Vasil 等，1964
伞形科		
莳萝（Anethum graveolens）	子房中合子胚及愈伤组织	Johri 等，1966

植物名称	产生胚状体的外植体	研究者
茴香（*Foeniculum vulgare*）	叶柄愈伤组织	Johri 等，1966
荷叶芹（*Petroselinum hortense*）	根愈伤组织单细胞	Vasil 等，1966
胡萝卜（*Daucus caroto*）	四倍体及六倍体原生质体	Kato 等，1963
芫荽（*Coriandrum sativum*）	叶柄	Steward，1971；刘淑兰等，1989
茄科		
颠茄（*Atropa belladonna*）	根愈伤组织，胚状体的胚柄	Konar 等，1972
颠茄（*Atropa belladonna*）	花药中的小孢子	Zenkteler，1971
矮牵牛（*Petunia hybrida*）	花药中的小孢子	Rao 等，1973
茄（*Solanum melongena*）	胚愈伤组织	北京市农业科学院蔬菜研究所，1975
辣椒（*Capsicum annuum*）	花药中的小孢子	Yamada 等，1967
假白花曼陀罗（*Datura meteloides*）	花药中的小孢子	Geier，1973
烟草（*Nicotiana tabacum*）	花药中的小孢子	Sunderland 等，1971
烟草（*Nicotiana tabacum*）	游离小孢子	Nitsch，1977
棕榈科		
油棕（*Elaeis guineensis*）	愈伤组织	Jones，1974
毛茛科		
石龙芮（*Ranunculus sceleratus*）	幼苗下胚轴	Konar，1965a
石龙芮（*Ranunculus sceleratus*）	花药药隔愈伤组织	Konar 等，1965b
黑种草（*Nigella damascena*）	胚乳愈伤组织	Sethi 等，1976
黑种草（*Nigella damascena*）	花梗及花芽愈伤组织	Raman 等，1974
百合科		
石刁柏（*Asparagus officinalis*）	下胚轴愈伤组织	Wilmar，1968
石刁柏（*Asparagus officinalis*）	原生质体	Bui 等，1975
兰科		
兰属（*Cymbidium*）	胚愈伤组织	Curtis，1948
蔷薇科		
苹果（*Malus pumila*）	花药	薛光荣等，1982
山楂（*Crataegus pinnatifida*）	胚	王际轩等，1983
鼠李科		
枣（*Ziziphus jujuba*）	胚愈伤组织	石荫坪等，1985

续表2-4

植物名称	产生胚状体的外植体	研究者
山茶科		
山茶（*Camellia sinensis*）	子叶	颜慕勤等，1983
金花茶（*Camellia chrysantha*）	子叶	颜慕勤等，1983
桃金娘科		
桉树（*Eucalyptus*）	下胚轴、子叶	Kitahara 等，1975
	叶片、成熟胚	Yao，1989
	叶片、成熟胚	欧阳权等，1981
猕猴桃科		
中华猕猴桃（*Actinidia chinensis*）	胚乳组织	桂耀林等，1988
锦葵科		
陆地棉（*Gossypium hirsutum*）	下胚轴	张献龙等，1991

　　体细胞胚或花粉胚是指在植物组织培养中起源于 1 个非合子细胞，经过胚胎发生和胚胎发育过程形成的胚状结构，通称胚状体。胚状体是组织培养的产物，属无性胚，其与无融合生殖（apomixis）形成的无性胚不同，胚状体起源于非合子细胞，可区别于合子胚。胚状体的形成经历了胚胎发育过程，完全不同于组织培养的器官发生中芽与根的分化。

　　2. 特点

　　胚状体发生途径是植物组织培养中器官发生的最有效途径之一。同其他途径相比，其特点主要表现在：

　　（1）具有明显的两极性　在组织培养的器官发生过程中，愈伤组织是一团无极性分化的细胞团，器官分化中芽或根分化只具单极性，而胚状体在分化初期就具胚根和胚芽两极，具明显的形态特征上的极性（polarity），类似于合子发育中的种子结构。正由于此，胚状体的结构完整，成苗率高，可成为人工种子的良好材料。

　　（2）遗传的稳定性　胚状体起源于单细胞或细胞团，在其产生和发育过程中，一旦形成即通过了分化过程，结构即稳定，无须较长时间的脱分化与再分化过程，细胞变异的概率较低，成苗率较高，遗传稳定性好。

　　（3）发生数量大，增殖率高　植物胚状体形成之后，在适宜条件下可再生胚状体，即形成大量次级胚状体。例如，石龙芮的胚状体萌发成苗后，在其表面可形成多达 550 个次级胚状体，只要条件具备，胚状体即可大量发生（图 2-10）。

2.4.2.2　体细胞胚胎发生的途径及类型

　　1. 体细胞胚发生的途径

　　体细胞胚发生的途径大体上可分直接途径和间接途径两类（图 2-11）。直接途径就是从外植体某个部位直接诱导分化出体细胞胚，如山茶种子的子叶在培养中可直接从子叶基部的表皮细胞上产生体细胞胚；槐树种子的子叶在组织培养过程中，可在切

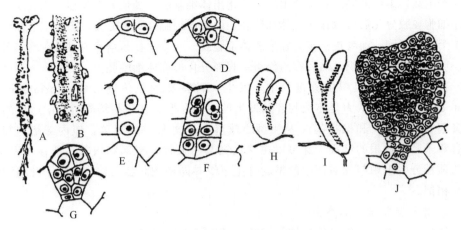

图 2-10 **石龙芮幼苗下胚轴胚状体发生过程**（Johri，1982）

A. 培养 1 个月的幼苗，下胚轴上产生许多胚状体；B. 下胚轴一部分；

C. 两个表皮细胞；可由此产生胚状体；D～G. 原胚发生过程；

H 和 I. 已分化子叶、胚根及原维管束的胚状体；J. 心形胚状体

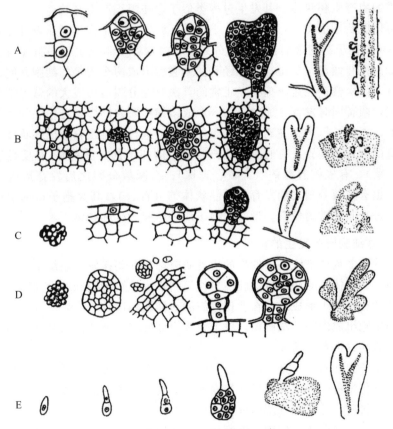

图 2-11 **植物体细胞胚发生方式示意图**（Johri，1982）

A. 由外植体外层细胞直接产生体细胞胚；B. 由外植体组织内的细胞产生体细胞胚；

C. 愈伤组织表层细胞分化为体细胞胚；D，E. 多个或单个细胞形成体细胞胚

口处产生愈伤组织的同时在子叶组织中分化出体细胞胚，其他如下胚轴、茎表皮等外植体细胞在脱分化后可直接产生体细胞胚，由表皮细胞经不等分裂，产生 1 个胚细胞和 1 个胚柄细胞，前者进一步分裂形成体细胞胚。间接途径是培养的材料在培养条件下，首先形成愈伤组织，然后在愈伤组织表面分化形成体细胞胚。

在兰属植物的组织培养过程中，发生一种特殊的原球茎形成（formation of protocorm），可以认为是体细胞胚胎发生的一种变型。在组织培养过程中产生的球状突起（原球茎）和根状茎（丛生型原球茎）虽外形差别显著，但内部结构却都具有双子叶植物根的特征。芽可以在球状突起、根状茎节部和根状茎的顶端发生。芽的顶端分生组织与随后产生的根的分生组织共同构成胚状结构，与单子叶植物种子胚相似。

2. 体细胞胚发生的类型

外植体上直接发生二倍性体细胞胚，见上述直接途径。

愈伤组织产生胚状体。在愈伤组织中，经常有一种细胞形态，其表现是液泡小、细胞质浓，聚集成团，称为胚胎发生丛（embryogenic clump，EC）。EC 的表面是高度分化的细胞团，在 1 个 EC 表面可产生大量的胚状体，在柑橘属、毛茛属的多数种及胡萝卜上可看到。胚状体均来自 EC 的单个细胞。

悬浮细胞产生胚状体。其发生过程类似于愈伤组织产生胚状体。

单倍体胚胎发生类型，可分大、小孢子胚胎发育。小孢子胚胎发育方式主要有 3 种：一是小孢子经正常的首次有丝分裂后仅由营养细胞或生殖细胞参与花粉胚的发育，如甜椒和颠茄；二是小孢子经有丝分裂后形成两个均等的细胞共同参与花粉胚的发育，如柑橘；三是小孢子经正常的首次有丝分裂后形成大的营养细胞和小的生殖细胞，两者同时发育，通过核融合形成多细胞团共同参与花粉胚的发育，如毛叶曼陀罗。大孢子母细胞在离体培养条件下也可进行孤雌发育形成胚状体。不同的物种发育的方式有差异：有起源于八核胚囊中的卵子的（莴苣），有反足细胞起源的（向日葵），有极核起源的（大麦、青稞）；有减数分裂之后发育形成胚状体的（烟草），也有减数分裂之前发育形成胚状体的（百合），其大孢子母细胞在离体培养条件下进行非正常的发育，形成大孢子四分体而产生胚状体。

2.4.2.3　体细胞胚胎发生的机制

现有的大多数体细胞胚胎发生的机理研究都是在间接发生系统中进行的，与芽再生类似，诱导体细胞胚产生的胚性愈伤组织从中柱鞘细胞和非中柱鞘类细胞发育而来。胚性愈伤组织形成后，在愈伤组织的表面或内部首先产生由分裂旺盛、排列紧密的小细胞组成的胚性细胞团，单个或多个胚性细胞被选择从胚性细胞团中发育成为体细胞胚（许智宏 等，2019）。

植物体细胞胚胎发生就是已经分化的植物体细胞经过激素诱导脱分化，再经过胚性细胞分化过程，形成外部形态和内部机制均已完善的胚状体的过程。了解体细胞胚发生的机制，需研究细胞的分化及增殖这两个关键环节。

研究表明，脱分化的植物体细胞分化为胚性细胞是受细胞内外多种因子所调控的，其作用的终点是调控特定基因的有序表达，完成体细胞胚的分化和发育。众所周知，植物激素对胚性细胞的分化起重要的调控作用，而环腺苷酸（cAMP）是一种重要的基因表达调控物质，即通过 cAMP 的作用，经过一系列生物信息传递途径，细胞内 pH、Ca^{2+} 浓度等的变化最终调节靶基因的表达，诱导胚性细胞的分化。

细胞的增殖是通过细胞周期实现的，即细胞通过一系列有序发生的细胞内事件实现细胞生长和分裂增殖的过程。有证据表明钙离子参与植物细胞周期的调控过程，发现钙调素（CaM）在细胞外也可促进细胞增殖，白芷和胡萝卜悬浮培养细胞的细胞壁区及介质中检出并纯化了 21 kDa* 钙调素结合蛋白（CaMBPs），这说明细胞壁上有 CaM 的结合位点，通过胞外 CaM 结合蛋白及其他跨越细胞壁、质膜的途径传递外界信号，就可以调节细胞的生长与分化。

极性的形成是胚性细胞完成分化和发育的主要特征之一。进一步的研究表明，外源生长调节物质既是体细胞分化为胚性细胞的诱导因子，也是诱导胚性细胞极性形成的重要因素。在外源激素的作用下，可能是通过诱导相应基因的表达改变细胞的分裂状况，启动体细胞向胚性细胞转变。

棉花组织培养研究发现，一种脂质转运蛋白（SELTP）在体细胞向胚性转化启动中起着关键作用。亚细胞定位分析显示 SELTP-GFP 融合蛋白特异性定位在淀粉体膜上（图 2-12A～F）。淀粉粒由 SELTP 组装成淀粉体。体细胞向胚性转化可分为胚性途径诱导期和胚性能力获得期两个阶段。在诱导阶段，体细胞脱分化细胞（图 2-12G）主要以规则对称分裂方式分裂，没有淀粉体（图 2-12H）。在这种情况下，只有无组织的增殖发生，形成非胚性愈伤组织；一部分细胞不对称分裂形成两个不同的细胞（图 2-12I），没有淀粉体的子细胞死亡，而有淀粉体的细胞是胚性的，进一步形成体细胞胚（图 2-12J～M，P，Q）。在第二阶段，胚性命运是在细胞发生极化和能量释放两个事件后决定的。由 SELTP 相关的淀粉体释放的淀粉能和淀粉酶水平的短暂升高和淀粉能量的急剧增加与植物细胞全能性的激活和胚性能力的获得有关。此阶段细胞继续增殖和发育形成胚状体（图 2-12P，Q），而没有淀粉体的脱分化细胞通过对称分裂增殖形成非胚性愈伤组织（图 2-12O）（Guo 等，2019）。在体细胞向胚性转化启动过程中，DNA 甲基化变化与基因表达变化在低胚胎发生能力的棉花品种'Lumian 1'中呈现显著的负相关性（Guo 等，2020）。

Baby boom（*BbM*）和 *Wuschel* 2（*Wus* 2）是近年来鉴定到的两个控制植物体细胞胚胎发生非常关键的基因，通过在难以再生的玉米材料中超表达这两个基因能够显著提高受体材料体细胞胚胎发生的能力。目前国内外多家科研单位正在利用 *BbM* 和 *Wus* 2 基因来提高玉米、小麦等以往难以再生的作物的分化、再生能力。

2.4.2.4　影响体细胞胚胎发生的因素

体细胞胚胎发生是一个复杂的系统和过程，是多种因素综合作用的结果，其影响因素很多，大致可分为内外因两方面。

1. 极性和生理隔离

体细胞胚胎发生具有两个明显的特点：双极性（double polarity）和存在生理

---

*　$1Da = 1u = 1.66054 \times 10^{-27} kg$。

植物生物技术导论

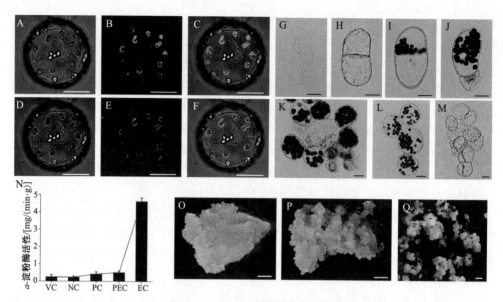

图 2-12　在体细胞向胚性转化过程中淀粉体的细胞组织和活性（Guo 等，2019）

A～F. SELTP 特异性定位于淀粉质体膜。A 和 D. 明场；B 和 E. SELTP-GFP 融合蛋白的绿色荧光；C 和
F. 叠加场。标尺＝25 μm。G～M. 细胞分裂与分化过程，细胞淀粉体活动模式。G. 早期培养阶段的脱分化
细胞；H. 无淀粉体的非胚性细胞进行规则对称分裂；I～M. 体细胞向胚性转化。具有淀粉体极性的细胞进
行不对称分裂形成两个不同的细胞（I），并导致 J 中没有淀粉体的子细胞退化，而充满淀粉体的细胞在 K
中具有胚胎发生潜能。通过继代培养，可在 L 中获得含淀粉体的原胚性细胞（K）。淀粉体的剧烈水解，最
终转变为胚性细胞，具有全能性（M）。标尺＝25 μm。N. 不同培养阶段的细胞 α-淀粉酶活性。VC，脱分
化早期的细胞；NC，非胚性细胞对称分裂，无淀粉质体；PC，有淀粉质体的极性细胞；PEC，充满淀粉
体的原胚性细胞；EC，淀粉体剧烈水解后具有全能性的胚性细胞。O. 非胚性愈伤组织；P. 胚性愈伤组
织；Q. 体细胞胚。标尺＝1 mm。

隔离（physiological isolation）。

　　所谓双极性是指在细胞发育的初期其内含物的分布具不均匀性，形成胚性细
胞后具有发育成芽端和根端的潜在能力。研究发现，极性的形成是基因表达产物
不均匀分布而形成的极性梯度（polarity gradient）出现的结果。例如，从小麦胚
性细胞的超微结构中可看到，细胞的核、质向一端偏移，细胞器、核糖体及质体
都有区域性集中分布的现象。红豆草、胡萝卜体细胞胚形成过程中 DNA、RNA
合成都有极性化区域。因此，极性建立是细胞分化的前提，对体细胞胚的发生具
有异常重要的作用。

　　所谓生理隔离是指体细胞胚与母体组织或外植体的维管束系统无直接联系，胚
状体与周围组织间形成缝隙，处于较独立的状态。尽管细胞组织间仍有胞间连丝存
在，这是体细胞胚获得营养、激素及能量来源的通道，其后这些细胞趋于解体。

　　2. 外植体的遗传背景

　　不同植物的基因型不同，在培养条件下形成体细胞胚的反应各异。如园艺植物
中柑橘类、胡萝卜及矮牵牛等容易诱导体细胞胚，但植物组织培养的模式植物之一
的烟草却难以发生体细胞胚。同一物种的不同类型、品种发生体细胞胚的难易程度
也不同。柑橘类中的甜橙易于胚胎发生，而宽皮橘较难。棉花的四个栽培种中，只

有陆地棉获得体细胞胚胎发生。

3. 外植体的生理年龄等

植物材料的幼嫩程度对培养的反应差别较大，烟草各种类型的外植体虽然难以发生体细胞胚，但却在其原生质体的培养中发生了；各种植物种子的子叶一般易于发生胚状体。这些结果都和材料的生理年龄有关，其原因是幼年的细胞易于接受培养因子的启动。其他因素还有内源激素的水平、材料的生理状态等。

4. 植物激素

植物激素（plant hormones）的种类很多，绝大多数对组织培养的材料有明显作用。2,4-D 是诱导多种植物体细胞胚发生的重要激素，研究发现，它可以诱导一些特异性的多肽或蛋白质的形成，显然它可以激活某些基因的表达，促进体细胞胚的发育。还有试验证明，2,4-D 是通过改变细胞内源激素 IAA 代谢而起作用的。IAA 在胚性细胞诱导中的作用可能与它迅速激活基因表达有关，其诱导的 mRNA 合成具有专一性，调控以下蛋白质的合成：如生长素的受体、载体，控制生长素合成和代谢的酶以及直接影响生长的酶。生长素在促进愈伤组织和胚性细胞团的起始和增殖方面具有重要作用，但进一步启动体细胞胚胎发生和胚胎的形态建成就需要将外界环境中的生长素降低或去除。

细胞分裂素也诱导蛋白质的合成，促进 mRNA 合成和多核糖体的形成与活化。如细胞分裂素处理大豆细胞 4 h 后，多种 mRNA 量明显增加，这些 mRNA 的表达同时受生长素的影响，它们共同作用激活有关基因的表达，促进了细胞的生长与分化。

脱落酸（abscisic acid，ABA）对植物体细胞胚的发生具有重要作用，现已证明具有促进葛缕子（Carum carvi）体细胞胚结构正常化的作用。试验发现，在鹰嘴豆的体细胞胚的培养中，用 ABA 处理可产生 3 种特异的 cDNA 克隆，mRNA 的体外翻译和 Northern blot 分析表明这 3 种克隆的表达与胚的成熟有关。因此，可以说 ABA 至少部分地在转录水平上对基因进行了调控。

乙烯是促进成熟和衰老的激素，试验发现乙烯抑制胡萝卜愈伤组织的体细胞胚胎发生。作为乙烯生成抑制剂的水杨酸（或称邻羟基苯甲酸，SA）在抑制乙烯产生的同时，可促进胡萝卜体细胞胚的发生。使用氨基氧乙酸（AOA）抑制乙烯合成可促进橡胶树的体细胞胚的发生。

近年来的研究发现，植物体内存在的油菜素甾体类、多胺类及茉莉酸类等具有一定的激素活性。已有证据表明，它们在体细胞胚发生过程中或多或少与上述的植物激素共同起作用。

5. 矿质元素

研究发现金属离子在诱导胡萝卜及小麦的体细胞胚发生中有重要作用，不仅可以提高诱导率，还可以加速胚性愈伤组织的形成。培养基中添加适量的微量元素或稀土元素，可以提高体细胞胚的诱导率，促进胚性细胞的分化与发育。其作用机理大致是：金属离子是乙烯合成的抑制剂，或虽非乙烯合成的抑制剂，但可阻止乙烯对多胺合成的干扰，促进多胺合成从而提高体细胞胚发生率。

6. 有机化合物等

组织培养中涉及的有机化合物很多，它们在体细胞胚发生中起重要作用。糖类对诱导植物体细胞胚胎发生是不可或缺的重要成分，适宜的糖含量可以保障细胞生长的渗透势，也就保证了较高的诱导率。淀粉是糖的贮藏形式，小麦的愈伤组织一旦分化为胚性细胞后就有淀粉粒的积累，茴香的胚性细胞中也富含淀粉粒，这就为体细胞胚的进一步发育和分化提供了必要的物质和能量基础。

培养基中氮的形式对胚胎发生有重大影响。无机态的 NH_4^+ 和 NO_3^- 中，以前者有利于胚胎发生；有机态的氮中以各种氨基酸的复合物应用较多，如在培养基中常常加入椰乳、酵母提取液等，均有良好的效果。在培养基中添加百合汁能促进青稞未受精子房胚状体的形成和提高植株的分化率。2%的活性炭有利于烟草未受精子房诱导胚状体并具有壮苗作用，而添加 2%的椰子汁反而对烟草胚状体的诱导不利。

7. 培养条件

另外，一些其他因素如在培养过程中的环境条件(光照、温度)，对外植体的预处理(辐射、低温及离心) 等都会影响胚状体的发生。柑橘花药培养前采用3℃的低温预处理5～10 d可大大提高胚状体的分化率（陈振光，1986）。研究发现，低温预处理后，可以延缓花粉的退化，使花粉偏离了正常的配子体发育途径而转向孢子发育（许智宏，1986），这可能是由于低温延缓花药壁中层和绒毡层的降解作用，促使药壁向花粉输送发育所需的各种营养物质。百子莲胚性愈伤组织在4℃预处理2 d对百子莲体细胞胚发生具有促进作用，使体细胞胚数量显著增加了 38.92%，处理 4 d、6 d 分别降低了 17.43%、82.12%（图 2-13）。

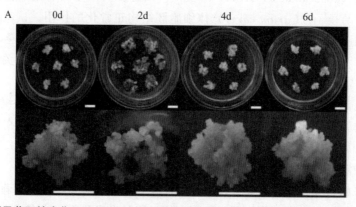

图 2-13　**百子莲胚性愈伤组织低温（4℃）预处理不同时间体细胞胚的诱导**（岳建华，2020）

标尺＝1 cm

2.5　培养条件

外植体接种后，须置于适宜的条件下进行培养。一般来说，培养条件（culture condition）包括温度、光照、通气和湿度等。

2.5.1 温度

在植物组织培养中，不同植物繁殖的最适温度（temperature）不同，培养温度大多数控制在 20～30℃，通常控制在（25±2)℃，在恒温条件下培养。温度过低（<15℃）或过高（>35℃)，都会抑制细胞、组织的增殖和分化，对培养物生长是不利的。但也有一些例外情况。在烟草花药培养中，在 5℃下预处理 48 h 后进行培养，能促进体细胞胚的形成。在考虑某种培养物的适宜温度时，也应考虑原植物的生态环境。如对于生长在高海拔和较低温度环境的松树，在较高温度条件下培养则试管苗生长缓慢。

2.5.2 光照

通常，光照（illumination）对植物细胞、组织、器官的生长和分化具有很大的影响。光效应主要表现在光照强度、光照时间和光质等方面。

一般培养室要求每日光照 12～16 h，光照强度 1 000～5 000 lx。不同的培养物对光照有不同的要求。一些植物（如荷兰芹）的组织培养中其器官形成不需要光照；而另一些植物（如黑穗醋栗)，光照可显著提高其幼苗的增殖。百合原球茎在黑暗条件下，长出小球茎；在光照条件下，长出叶片。对短日照敏感的葡萄品种，其茎切段的组织培养只有在短日照条件下才能形成根；反之，对日照长度不敏感的品种则在任何光周期下都能生根。

一般来说，黑暗条件利于细胞、愈伤组织的增殖，而器官的分化往往需要一定的光照，而且不同光波对器官分化有密切关系。如在杨树愈伤组织的生长中，红光有促进作用，蓝光则有阻碍作用。与白光和黑暗条件相比，蓝光明显促进绿豆下胚轴愈伤组织的形成。在烟草愈伤组织的分化培养中，起作用的光谱主要是蓝光区，红光和远红光有促进芽苗分化的作用。在试管苗生长的后期，加强光照强度，可使小苗生长健壮，提高移苗成活率。

2.5.3 通气

在组织培养中，培养容器内的气体成分会影响到培养物的生长和分化。外植体的呼吸需要氧气，氧在调节器官的发生中，起着重要作用。除此之外，培养物本身也产生二氧化碳、乙醇、乙醛等气体，这些气体的质量浓度过高会影响培养物的生长发育。一般培养容器（三角瓶、试管、培养器等）常使用铝箔、专用盖等封口物封口，容器内外空气是流通的，不必专门充氧。但在液体静置培养时，不要加过量的液体培养基，否则氧气供给不足，导致培养物生长缓慢甚至死亡。

2.5.4 湿度

组织培养中的湿度主要指培养容器内的湿度及培养室的湿度。前者湿度常可保证 100%，后者的湿度随季节的不同有很大变动，冬天室内湿度低，夏天室内湿度高。湿度过高、过低都不利于培养物生长。过低会造成培养基失水干枯而影响培养物的生长分化，过高会造成杂菌滋长，导致大量污染。一般组织培养室内要求保持

70%～80%的相对湿度，以保证培养物正常地生长和分化。当湿度过低时，可通过较高频率拖地或利用增湿机增加湿度；当湿度过高时，可利用去湿机或通风除湿。

2.6 植物培养过程中的常见问题

2.6.1 污染

组织培养过程中的污染是经常发生的。造成污染的原因很多，如工作环境及仪器的因素，培养基及器皿灭菌不彻底，外植体带菌，操作时不遵守操作规程等。造成污染的病原主要分为真菌和细菌两大类。

真菌性污染主要指霉菌引起的污染。一般接种后 3～8 d 可发现。真菌性污染一般多由接种室内的空气不清洁，超净工作台的过滤效果不理想，操作不慎等造成。此类污染可通过完善操作、控制培养环境、严格操作程序来防止。

细菌性污染的主要症状是培养材料附近出现黏液状和发酵泡沫状物体，或在材料附近的培养基中出现混浊和云雾状现象。一般在接种后 1～2 d 即可发现。细菌性污染除外植体带菌或培养基灭菌不彻底外，主要是由操作人员的不慎造成的。除要求操作人员严格按照无菌操作程序操作外，外植体带菌引起的污染与外植体的种类、取材季节、部位、预处理方法及消毒方法等密切相关。因此，取材以春夏生长旺季，当年生的嫩梢为佳，应尽量选择晴天中午进行，或取离体枝梢在洁净空气条件下抽芽，然后从新生组织中取材接种。外植体的彻底消毒是控制污染的前提，应根据不同材料选择合适的消毒剂和消毒方法，有些特殊材料还需进行预处理，以达到最佳消毒效果。对于材料内部带菌的组织，有时还需在培养基中加入适量抗生素。

2.6.2 褐变

褐变是植物组织培养中常见的现象。褐变主要发生在外植体初代培养，在植物愈伤组织的继代、悬浮细胞培养以及原生质体的分离与培养时也时常发生。

褐变包括酶促褐变和非酶促褐变，目前认为植物组织培养中的褐变主要是由酶促引起的。多酚氧化酶（PPO）是植物体内普遍存在的一类末端氧化酶，它催化酚类化合物形成醌和水，醌再经非酶促聚合，形成深色物质，对外植体产生毒害作用，影响其生长与分化，严重时导致死亡。在正常发育的植物组织中，底物、氧、PPO 同时存在并不发生褐变，这是因为在正常组织细胞内多酚类物质分布在液泡中，而 PPO 分布在各种质体或细胞质中（谢春艳等，1999），这种区域性分布使底物与 PPO 不能接触。在离体培养时，当植物细胞膜的结构发生变化和破坏时，就为底物创造了与 PPO 接触的条件，从而引起褐变。

1. 褐变的影响因素

影响褐变的因素很复杂，植物的种类、基因型、外植体取材部分及生理状态和培养条件等的不同，褐变的程度也不同。

　　(1) 植物种类及基因型　不同种植物，同种植物不同类型、不同品种在组织培养中褐变发生的概率及严重程度都存在很大差别。木本植物、单宁或色素含量高的植物容易发生褐变。酚类的糖苷化合物是木质素、单宁和色素的合成前体（高国训，1999），酚类化合物含量高，木质素、单宁或色素形成就多，同时高含量的酚类化合物也导致了褐变的发生。因此，木本植物一般比草本植物容易发生褐变。在木本植物中，核桃单宁含量很高，组织培养难度很大，培养物往往会因为褐变而死亡。棉花植株的大部分组织、器官因为含有棉酚，所以在组织培养中培养物很容易褐变，严重影响再生效率。苹果中普通型品种金冠茎尖培养时褐变相对较轻，而'芭蕾'品种褐变就很严重。研究表明，后者酚类化合物含量明显高于前者。因此，在植物组织培养中应尽量采用褐变程度轻的材料进行培养，以达到培养的目的。

　　(2) 外植体部位及生理状态　外植体的部位及生理状态不同，接种后褐变的程度也不同。在荔枝无菌苗不同组织的诱导试验中，茎最容易诱导出愈伤组织，培养 2 周后长出浅黄色的愈伤组织；叶大部分不能产生愈伤组织，诱导出的愈伤组织中度褐变；而根极大部分不能产生愈伤组织，诱导出的愈伤组织全部褐变（崔堂兵等，2001）。红金银花用顶芽作外植体褐变率最低，只有 3.8%，幼茎作外植体的褐变率最高，达 34.2%（王鹏等，2015）。苹果、石竹和菊花也是顶端茎尖比侧生茎尖更易成活。从上可知，幼龄材料一般比成龄材料褐变轻，因前者比后者酚类化合物含量少。

　　植物体内酚类化合物含量和多酚氧化酶的活性呈季节性变化，植物在生长季节都含有较多的酚类化合物。多酚氧化酶活性和酚类含量基本是对应的，春秋季较弱，随着生长季节的到来，酶活性逐渐增强。所以，一般选在早春和秋季取材。核桃的夏季材料比其他季节的材料更容易氧化褐变，一般都选在早春或秋季取材。欧洲栗在 1 月份酚类化合物含量较少，到了五六月份酚类含量明显提高。因此，取材时期的不同，培养物的褐变程度不同。

　　(3) 外植体受伤害程度　外植体组织受伤害程度可影响褐变。为了减轻褐变，在切取外植体时，尽可能减少其伤口面积，伤口剪切尽可能平整。除了机械伤害外，接种时各种化学消毒剂对外植体的伤害也会引起褐变。如酒精处理时间过长、质量浓度过高也会对外植体产生伤害；升汞对外植体伤害比较轻。一般来讲，外植体消毒时间越长，消毒效果越好，褐变程度也越严重，因而消毒剂的种类、剂量及消毒处理时间应掌握在一定范围内，才能保证外植体较高的存活率。

　　(4) 培养基成分及培养条件　在初代培养时，培养基中无机盐浓度过高可引起酚类化合物的大量产生，导致外植体褐变，降低盐浓度则可减少酚类化合物外溢，减轻褐变。无机盐中有些离子，如 Mn^{2+}，Cu^{2+} 是参与酚类化合物合成与氧化酶类的组成成分或辅因子，盐浓度过高会增加这些酶的活性，酶又进一步促进酚类合成与氧化。因此，可使用低盐培养基减轻褐变。培养基中加入的生长调节物质不当，也会使培养材料产生褐变。张卫芳等（2003）在对一年生薄壳核桃的茎尖培养中发现，随着培养基中 6-BA 含量的升高，褐变率随之增高，褐变反应时间也提早；添加 2,4-D、IAA 的组合中，褐变反应稍有推迟。BAP 或 KT 不仅能促进酚类化合物的合成，还能刺激多酚氧化酶的活性，而生长素类如 2,4-D 和 IAA 可延缓多酚合成，减轻褐变发生。这在甘蔗、荔枝、柿树等的组织培养中表现明显。

　　培养基中低 pH 可降低多酚氧化酶活性和底物利用率，从而抑制褐变。升高 pH 则明显加重褐变。此外，培养条件不适宜，光照过强或高温条件下，均可使多酚氧化酶活性提高，从而加速培养组织的褐变。高质量浓度 CO_2 也会促进褐变，其原因是环境中的 CO_2 向细胞内扩散，细胞内积累过多的碳酸根离子，碳酸根离子与细胞膜上的钙离子结合使有效的钙离子减少，内膜系统紊乱和瓦解，酚类物质与 PPO 相互接触，褐变发生（姚洪军等，1999）。

　　（5）培养时间过长　接种后，培养物培养时间过长，如果未及时继代转移，培养物也会发生褐变，甚至全部死亡，这在培养过程中是经常可见的。这可能是由于接种后培养时间过长，培养物周围积累酚类物质过多造成的。

　　2. 褐变的防止

　　（1）选择适宜的外植体　选择适宜的外植体是克服褐变的重要手段。不同时期、不同年龄的外植体在培养中褐变的程度不同，成年植株的材料比实生幼苗的材料褐变的程度严重，夏季材料比冬季、早春和秋季的材料褐变程度严重。取材时还应注意外植体的基因型及部位，选择褐变程度轻的品种和部位作外植体。

　　（2）对外植体进行预处理　对较易褐变的外植体材料进行预处理可以减轻酚类物质的毒害作用。处理方法是：外植体经流水冲洗后，放置在 5℃ 左右的冰箱内低温处理 12～14 h，消毒后先接种在只含蔗糖的琼脂培养基中培养 3～7 d，使组织中的酚类化合物先部分渗入培养基中，用适当的方法清洗后，再接种到适宜的培养基上，这样可使外植体褐变减轻。苏梦云等（2004）对乐东拟单性木兰茎段愈伤组织诱导研究的结果表明，在接种前，将外植体在 4℃ 下冷处理 2 h，能使外植体的褐变率从对照的 35% 降低为 25%。

　　（3）选择适宜的培养基和培养条件　选择适宜的无机盐成分、蔗糖含量、激素水平、pH 及培养基状态和类型等是十分重要的。陈蕾等（2008）在降低苹果梨组培过程中外植体褐变的研究中发现以 1/3 MS 为基本培养基防止褐变的效果好于 1/2 MS 和 MS 培养基。说明低浓度的无机盐可以促进外植体的生长与分化，减轻外植体褐变程度。初期培养可在黑暗或弱光下进行，因为光照会提高 PPO 的活性，促进多酚类物质的氧化。另外，还要注意培养温度不能过高，保持较低温度（15～20℃）也可减轻褐变。

　　（4）添加褐变抑制剂和吸附剂　在培养基中加入褐变抑制剂，可减轻酚类物质的毒害。褐变抑制剂主要包括抗氧化剂和 PPO 的抑制剂。前者包括抗坏血酸、半胱氨酸、柠檬酸、聚乙烯吡咯烷酮（PVP）等，后者包括 SO_2、亚硫酸盐、氯化钠等。其中 PVP 是酚类化合物的专一性吸附剂，常用作酚类化合物和细胞器的保护剂，可用于防止褐变。在倒挂金钟茎尖培养中添加 0.01% PVP 对褐变有抑制作用，而将 0.7% PVP，0.28 mol/L 抗坏血酸，5% 双氧水一起加入到 0.58 mol/L 蔗糖溶液中振荡 45 min，对褐变有明显的抑制作用。

　　0.1%～0.5% 活性炭对吸附酚类氧化物的效果也很明显（崔堂兵等，2001）。但活性炭也吸附培养基中的生长调节物质，从而影响外植体的正常发育。因此，加入活性炭的培养基中应当适当改变激素配比，使在防止褐变的同时外植体能够正常发育。

（5）连续转移 在外植体接种后 1～2 d 立即转移到新鲜培养基中，可减轻酚类化合物对培养物的毒害作用，连续转移五六次可基本解决外植体的褐变问题。在山月桂树的茎尖培养中，接种后 12～24 h 转入液体培养基中，以后每天转移 1 次，连续 1 周，褐变便可得到完全的控制。此法比较经济，简单易行，应是首选克服褐变的方法。

2.6.3 玻璃化

在进行植物组织培养时，经常会出现试管苗生长异常，叶、嫩梢呈透明或半透明的水浸状，整株矮小肿胀，失绿，叶片皱缩成纵向卷伸，脆弱易碎。这种现象称为"玻璃化现象"又称"过度水化现象"。这种"玻璃苗"是植物组织培养过程中一种生理失调或生理病变，很难继续继代培养和扩繁，移栽后很难成活。它已成为茎尖脱毒、工厂化育苗和材料保存等方面的严重阻碍，是进行组织培养工作的一大难题。已报道有此现象的花卉有香石竹、倒挂金钟、马蹄莲、菊花、康乃馨等。在草本和木本植物中已报道出现玻璃化苗的植物达 70 多种（陶铭，2001）。目前，玻璃化（vitrification）的根本原因尚无定论。培养基成分（如细胞分裂素水平较高）、弱光照、高温、高湿及透气性差、继代次数增多等都与玻璃化有关，而且不同的种类、品种间外植体的部位不同等，试管苗的玻璃化程度也有所差异。采取以下措施可使试管苗玻璃化现象在一定程度上得到减轻。

①利用固体培养基，增加琼脂的质量浓度，降低培养基的衬质势，造成细胞吸水阻遏，可降低玻璃化。

②适当提高培养基中蔗糖含量或加入渗透剂，降低培养基中的渗透势，减少培养基中植物材料可获得的水分，造成水分胁迫。

③适当降低培养基中细胞分裂素和赤霉素的浓度。适当增加培养基中 Ca，Mg，Mn，K，P，Fe，Cu，Zn 等元素含量，降低培养基中铵态氮浓度。

④增加自然光照。试验发现，玻璃苗放于自然光下几天后，茎、叶变红，玻璃化逐渐消失。自然光中的紫外线能促进试管苗成熟，加快木质化。

⑤控制温度，适当低温处理，避免过高的培养温度。

⑥改善培养容器内的通风换气条件，如用棉塞或通气好的封口材料封口。

2.6.4 体细胞无性系变异

一个体细胞无性系在培养过程中出现的不同于原始无性系的表现称为体细胞无性系变异（somaclonal variation）。体细胞无性系变异包括培养细胞的变异，愈伤组织的变异和再生植株的变异。

体细胞无性系变异是植物界的普遍现象。它能否在实际中得到应用，取决于变异是否具有优良性状及优良性状能否代代遗传。体细胞无性系变异可能的原因有：从细胞水平上发现，体细胞培养的植株染色体数目和结构发生改变，引起基因重排，产生多倍体和非整倍体，染色体缺失、倒位、易位、断裂等都是在细胞水平上导致无性系变异的重要因素；从分子水平上推测，可能是遗传物质的分子结构发生了变化，引起了跳跃基因的出现，基因重排，基因扩增或减少，DNA排列顺序发生变化等。

在体细胞无性系变异的研究中，科学家发现了后生变异（epigenetic variation），这是在细胞的发育和分化过程中，在基因表达的调控上发生了变化，而不涉及基因结构的变化。这些变化在诱发条件不复存在以后，还能通过细胞分裂在一定时间内继续存在。这种现象不同于生理变化，生理变化是对刺激的反应而出现的，刺激一停止，变化也就消失。鉴别遗传变异和后生变异的唯一标准，就是看一个变异后的性状能否通过有性过程传递给后代，凡是能通过配子而传递的性状，就是遗传变异性状。

体细胞无性系变异在品种改良方面得到了广泛应用。如从水稻中选育出高蛋白含量的水稻优质品系（杨学荣等，2000），从马铃薯的体细胞无性系中选育出抗晚疫病品系（程智慧和邢宇俊，2005），从小麦体细胞无性系中选育出抗寒和抗条锈病的株系（许玉娟等，2007；王炜等，2014），从甘蔗的体细胞无性系中选育出抗赤腐病和抗枯萎病株系（Singh等，2008；Mahlanza等，2013）。

复习题

1. 植物细胞组织培养实验室主要由哪几部分组成？
2. 常用的灭菌方法有哪些？
3. 使用高压蒸汽灭菌锅时应注意哪些问题？
4. 简述培养基的主要成分。
5. 常用的植物生长调节物质有哪几种？
6. 简述培养基的配制方法及注意事项。
7. 简述外植体选择的原则及灭菌的一般方法。
8. 简述不同外植体植株再生的主要途径及其特点。
9. 简述培养材料污染的原因及可能的解决方法。
10. 简述植物组织在培养过程中褐变的主要原因及可能的解决方法。

3 植物胚胎培养和人工种子

【导读】本章主要介绍植物离体胚胎培养技术及其衍生的离体授粉受精和人工种子等技术的有关概念、方法及应用。通过对本章的学习，掌握植物离体胚胎培养、离体授粉受精及人工种子的基本理论和基本技术，了解这些技术在植物理论研究、遗传育种和生产实践中的应用。

植物的胚胎培养是指对植物的胚、子房、胚珠和胚乳等胚胎组织进行离体培养，使其发育成完整植株或者离体研究植物胚胎发生机理的生物技术。植物胚胎培养在植物胚胎形成机理、生殖障碍、体细胞无性系变异、遗传转化及人工种子等方面的研究中发挥着越来越重要的作用。

3.1 植物胚培养

3.1.1 胚培养的概念及意义

胚培养（embryo culture）是指从植物种子中分离出胚组织进行离体培养的技术。根据植物胚组织的发育程度，胚培养可以分为幼胚培养和成熟胚培养。

幼胚培养（immature embryo culture）是指对发育早期未成熟胚的离体培养并使其发育成植株的技术。幼胚培养可以使离体幼胚在培养基上逐步发育成熟，并进一步发育成小植株；也可以通过幼胚培养诱导出愈伤组织或体细胞胚，经器官分化或体细胞胚胎发生再生完整植株。

成熟胚培养（mature embryo culture）是指对发育成熟的种子胚离体培养并使其发育成植株的技术。通过成熟胚培养可以打破种子的休眠，并诱导胚萌发形成小植株；也可以通过成熟胚的脱分化，诱导出愈伤组织或体细胞胚，经器官分化或体细胞胚胎发生再生完整植株。

1904 年，Hanning 首次进行了萝卜（*Raphanus*）和辣根菜（*Cochlearia officinalis*）的成熟胚离体培养，在含有蔗糖和无机盐的培养基上，获得了可以移栽的幼苗。1924 年 Dieterieh 培养了多种植物离体胚，发现 Knop's 无机盐和 $2.5\% \sim 5.0\%$ 蔗糖的固体培养基能使成熟胚正常生长，但未成熟胚常发生"早熟萌发"（precocious germination），形成畸形苗，说明成熟胚在一个简单培养基上就可以生长，而未成熟胚可能需要较为复杂的营养条件。1925 年，Laibach 首次将离体胚培养技术用于种间杂交研究，在无菌条件下从亚麻属种间杂交（*L. perenne* × *L. austriacum*）形成的不能正常发育的种子中剥离出未成熟的杂种胚进行培养，成功获得了亚麻种间杂种，开创了幼胚培养用于远缘杂交胚拯救的先河。20 世纪 30 年代，人们开始在培养基中尝试加入生长素、维生素、氨基酸及有机添加物［如 YE（酵母浸提物）和 CH］等，使多种果树（如苹果、梨、桃和李）的胚培养获得成功，证实了胚培养完全可以应用于果树育种中。胚培养技术在打破种子休眠、缩短育种周期以及获得杂种种子等方面都具有应用价值。20 世纪 80 年代以来，随着植物转基因技术的迅速发展，幼胚和成熟胚作为良好的受体材料，成功应用于多种植物离体胚愈伤组织的诱导及植株再生体系的建立，从而使离体胚培养技术得到了更广泛的应用。

3.1.2　胚培养的方法

1. 胚的分离

无论是幼胚培养还是成熟胚培养，首先要将胚从其来源的母体组织或器官（多为果实和种子）中分离。具体分离方法：取生长适宜时期的子房或种子，于超净工作台上，先用 70% 的酒精漂洗 1 min 左右，再用 2% 次氯酸钠溶液浸泡 10～20 min 或 0.1% 升汞浸泡 8～15 min，彻底杀死表面微生物，然后用无菌水冲洗 3～4 次，去除残留消毒剂。将消毒后的果皮或种皮用镊子剥开，直接将胚取出，若分离较小的胚也可借助实体解剖镜，尽量取出完整的胚。

2. 培养基

从受精卵到成熟胚的发育过程中，胚胎细胞内在因素和胚周围的胚乳等外在因素对胚胎的生长发育都有不同程度的影响。未成熟幼胚为异养期的胚，其生长发育依赖胚乳提供营养，因而离体培养时对培养基中的营养物质要求很高，需要复杂的营养成分，且胚龄越小，越不易培养成功，要求培养基的成分越复杂。而已分化的较成熟的胚为自养型，其后的发育在很大程度上由自身细胞所控制，离体培养只需成分简单的培养基，通常只需要在含有无机盐和糖的培养基上就能促进其进一步发育；在愈伤组织或体细胞胚的诱导培养中则需要加入适当的氨基酸类或生长素类物质以促进愈伤组织的形成及分化。

常用于胚培养的基本培养基有 MS、B_5、Nitsch 等。幼胚培养还会使用 Tukey（1934）、Randolph 和 Cox（1943）、Nitsch（1954）、Norstog（1963）、White（1963）和 Monnier（1978）等多种类型的培养基。这些基本培养基提供了胚培养必需的无机盐和有机成分。除此以外，培养基中还应添加适量的碳源、氨基酸、维生素、生长调节剂及植物胚乳提取物等。

（1）碳源　蔗糖是胚培养最好的碳源和能源物质，并可维持培养基适当的渗透压。培养基中蔗糖含量以 2.0%～4.0% 为宜，不同发育时期的胚要求不同的蔗糖含量。往往胚龄越小，蔗糖含量要求越高。成熟胚在含 2.0% 蔗糖的培养基中生长良好，幼胚则需要 4.0% 蔗糖甚至更高含量的蔗糖。高含量的蔗糖除了供给离体幼胚生长的碳水化合物外，主要维持培养基中的渗透压，而这一点对幼胚培养是非常重要的。如曼陀罗的前心形期胚培养要求 8.0% 的蔗糖含量，而鱼雷期要降到 1.0%～0.5%。荠菜心形期前的胚培养要求的蔗糖含量高达 12.0%～18.0%。

（2）氨基酸　培养基中添加氨基酸能促进离体幼胚的生长。谷氨酰胺是促进离体胚生长最有效的氨基酸之一。CH（水解酪蛋白）含有 19 种氨基酸，能显著改良幼胚生长状况。不同物种的离体胚对 CH 的质量浓度要求不同，大麦幼胚培养的最适 CH 质量浓度为 500 mg/L，而曼陀罗为 400 mg/L。

（3）维生素　维生素对于已经萌发的胚生长并非必需，对发育初期的幼胚培养则是必需的，如硫胺素、吡哆醇、烟酸、泛酸钙等对幼胚的发育是非常重要的。

（4）生长调节剂　在植物离体胚培养中，生长调节物质应用有广泛性和一定的特异性。在大麦未成熟胚培养中，培养基中加入脱落酸（ABA）可以抑制由赤霉酸（GA$_3$）和激动素（KT）所造成的早熟萌发，同时可以促使幼胚发育正常。在只含有 2.0％蔗糖的无机盐、维生素培养基上培养荠菜的球形胚时，必须补加吲哚乙酸（IAA）、KT 和硫酸腺嘌呤（AHS）。在荠菜胚培养中发现，1.0 mg/L 以上的 IAA 会抑制幼胚的生长。低质量浓度的 IAA（0.05～0.1 mg/L）对向日葵幼胚生长有促进作用，而高质量浓度的 IAA（10.0～20.0 mg/L）对胚的生长有抑制作用。因此，为了控制胚胎生长，促进胚的正常发育，要求生长素与细胞分裂素协调使用。

（5）植物胚乳提取物　胚在正常植物体上是靠其胚乳滋养的，因而在培养基中加入植物胚乳提取物能促进离体胚的生长和发育。李继侗（1934）发现，银杏胚乳提取物对离体培养的银杏胚生长有一定促进作用。研究发现，椰子乳（CM）中含有能够促进离体幼胚发育的"胚胎素"（embryo factor），对曼陀罗心形期幼胚培养具有显著的促进作用。番茄汁可以促进大麦未成熟胚的生长，且可以有效地抑制其早熟萌发。Matsubara（1962）用十几种植物种子、胚乳等组织的乙醇提取物对曼陀罗胚培养，结果证明，这些植物浸提液都具有胚因子活性，而且这种促进胚生长的效应不具有专一性。另外，一些复杂的含氮化合物的降解物如 CH 及 YE，也具有促进胚生长的作用。

3. 培养

离体胚培养一般用固体培养基。大多数植物的离体胚在 25～30℃ 培养温度下生长良好，也有一些需要较低或较高温度，如马铃薯（*Solanum tuberosum*）幼胚培养，20℃ 为好，而香雪兰胚在 32～34℃ 下生长最好。水稻胚培养对光照无特别要求。虽然胚在母株上被包围在胚珠里面，但黑暗对幼胚培养不一定有利。一定的光照对胚芽的生长有利，但对根的生长不利。一般离体幼胚培养前期在自然光或暗光下培养，后期则要在光强度为 2 000 lx 左右的光照下培养。

4. 胚乳看护培养

胚乳看护培养是将发育不全的杂种胚埋在从正常发育的胚珠中取出的胚乳内，培养至幼苗期。看护培养对于幼胚，尤其是对要发育极早期的杂种胚具有明显的促进作用。在大麦×黑麦属间杂交中，采用这种方法，30％～40％的杂种未成熟胚可以发育成苗，用传统的胚培养法则只有 1％。在车轴草属（*Trifolium*）植物中，通过胚乳看护培养方法已得到了不少种间杂种。在大麦和小麦杂种幼胚的培养中，取授粉后 9～12 d 的穗子，消毒并在无菌条件下剥取稍见膨大的子房，剖出杂种幼胚，将其移植到正常发育 14 日龄的去胚大麦胚乳上，将胚置于大麦原有胚着生部位，共同培养一段时间后获得了属间杂种幼苗。

5. 影响胚培养的因素

（1）幼胚的发育时期　离体胚的发育年龄是离体胚培养的重要因素。依据对营养的需求，胚胎发育过程分为两个时期：①异养期，胚依赖于胚乳及周围的母体组织吸收养分；②自养期，这个时期的胚在代谢上已相当独立。由异养转入自养是胚发育的关键时期，该时期出现的迟早因物种而异。在荠菜中，胚在球形期以前是异养的，只有到心形晚期它们才转为自养。在这两个时期之内，培养中的胚对外源营养的要求也会随胚龄的增加而渐趋于降低（表 3-1）。

表 3-1　**荠菜胚胎不同发育时期对营养的需求**（Torrey，1964）

胚发育时期	胚长/μm	营养要求
球形胚早期	22～60	小于 40 μm 的胚对营养的需求不详
球形胚晚期	61～80	基本培养基（大量元素①＋微量元素②＋维生素③＋2%蔗糖）＋IAA（0.1 mg/L）＋KT（0.001 mg/L）＋硫胺腺嘌呤（0.001 mg/L）
心形胚期	81～450	仅基本培养基
鱼雷形胚期	451～700	大量元素①＋维生素③＋2%蔗糖
拐杖形胚及成熟期	＞700	大量元素①＋2%蔗糖

　　注：①大量元素（mg/L）：480 Ca（NO$_3$）$_2$·4H$_2$O、63 MgSO$_4$·7H$_2$O、63 KNO$_3$、42 KCl 及 60 KH$_2$PO$_4$；

　　②微量元素（mg/L）：0.56 H$_3$BO$_3$、0.36 MnCl$_2$·4H$_2$O、0.42 ZnCl$_2$、0.27 CuCl$_2$·2H$_2$O、1.55 （NH$_4$）Mo$_7$O$_{24}$·4H$_2$O 及 3.08 酒石酸铁；

　　③维生素（mg/L）：0.1 盐酸硫胺素、0.1 盐酸吡哆醇、0.5 烟酸。

　　（2）胚柄的作用　胚柄是一个存在时间较短的组织，长在原胚的胚根一端，一般是当胚发育到心形期时，胚柄发育到最大限度。胚柄积极参与幼胚的发育过程，在培养中胚柄的存在对于幼胚的存活是一个关键因素。在红花菜豆（*Phaseolus coccineus*）幼胚培养中发现胚柄的存在会显著刺激胚的进一步发育，无论胚柄是否完整，有胚柄的幼胚都能正常生长，而去掉胚柄的幼胚，除较老的胚（5 mm）外，都表现出胚的延迟发育，小植株的形成频次显著降低。

　　（3）培养基的渗透压　在幼胚培养中，培养基的渗透压是控制胚生长的重要因素。母体植株上的幼胚生长在具有较高渗透压的液体胚乳之中，因此，在培养基中保持与幼胚原有渗透势相近的渗透压，对幼胚的生长是至关重要的。常用于调节渗透压的物质是蔗糖、葡萄糖、麦芽糖和甘露醇等。发育不同时期的胚要求不同的渗透压，随着胚的长大，对渗透压的要求逐步下降。如向日葵不同发育时期的胚对蔗糖的要求有较大的差异：幼胚长度 1.0～1.1 mm，要求培养基中的蔗糖含量为 17.5%，而成熟胚要求蔗糖含量只为 0.5%。

　　（4）早熟萌发　离体培养的幼胚不仅能越过休眠期，而且还可能终止正常的胚胎发育过程，胚胎发生过程所特有的正常生物合成活性受到抑制。因此，培养的幼胚会长成弱小的幼苗，而且这种幼苗只具有那些当胚离体时已具有的结构。这种未完成正常的胚胎发育过程而形成幼苗的现象称为早熟萌发。早熟萌发导致很难得到发育正常的健壮苗。因此，在幼胚培养中，如何维持幼胚完成正常的胚胎发育过程，进行正常生长，一直是引人关注的问题。在十字花科、豆科、菊科、葫芦科和禾本科等多种植物的幼胚离体培养中发现，将离体胚置于培养基表面，容易发生"早熟萌发"，而将离体胚埋于培养基中，利于胚胎正常生长。在大麦幼胚离体培养中，CH 和 YE 能促进胚胎的继续发育，抑制早熟萌发；高含量（12.0%～18.0%）的蔗糖能抑制大麦和荠菜胚的早熟萌发；GA$_3$ 可诱导大麦幼胚早熟萌发，而这种由 GA$_3$ 诱导的早熟萌发可通过 ABA 处理得到解除。

3.1.3 胚培养的应用

1. 胚拯救

1929 年，Laibach 在亚麻属（*Linum*）种间杂交（*L. perenne* × *L. austriacum*）的研究中，采用杂种幼胚培养方法成功获得了杂种植株，开创了幼胚培养技术应用于远缘杂交胚拯救的先河。目前，离体幼胚培养已成功应用于远缘杂交杂种胚拯救和单倍体胚拯救中。

（1）远缘杂交杂种胚拯救　在远缘杂交中，常因胚发育不良或胚乳不能正常发育以及胚与胚乳之间的不协调等问题，易使早期幼胚退化而导致杂种不育。如果将这类杂种的胚在适期取出，在人工合成的培养基上进行离体培养，有可能使杂种胚继续发育、生长，从而获得杂种后代。如在玉米（*Zea mays*）和甘蔗（*Saccharum sinensis*）的属间杂交中发现，授粉后 10～15 d 的幼胚开始解体，如果将授粉后 5～9 d 的幼胚取出，进行离体培养，可获得大量的杂交后代植株。在陆地棉（*Gossypium hirsutum*，2n＝52）和亚洲棉（*G. arboreum*，2n＝26）、番茄野生种 *Lycopersicum perurianum* 和 *L. glandudosum*、小麦和黑麦等种、属间的远缘杂交中均存在着胚乳退化现象，导致正常杂交无法获得杂交种，而在胚乳退化前取出幼胚置于人工合成培养基上进行离体培养，就能获得杂种后代。

（2）单倍体胚拯救　在普通大麦与球茎大麦（*H. bulbosum*）的种间杂交和普通小麦与玉米的杂交中，胚胎发生的最初几次分裂期间，父本球茎大麦、玉米的染色体被排除，结果形成了只含有一套母本染色体的单倍体大麦或小麦胚，但受精后 3～12 d 胚乳逐渐解体，使胚得不到营养而在颖果成熟前死亡。如果在授粉后一定时间内将幼胚取出，进行离体培养，就能使未发育成熟的单倍体胚继续生长，从而得到单倍体后代。利用玉米与小麦杂交，授粉后 12 d 进行小麦单倍体胚拯救（图 3-1），进而通过加倍获得加倍单倍体，已成为小麦单倍体育种和遗传分析群体建立的重要方法。

2. 核果类胚的后熟作用

核果类植物早熟和极早熟育种中，一个棘手的难题就是果实的早熟往往伴随着无生活力种子的形成。如桃、樱桃、杏等早熟品种的胚在母体组织内往往不能正常发育，或胚生理成熟速度慢于果实成熟速度，导致成熟果实中的种子往往没有生活力。因此，要获得早熟品种的杂种后代就要促进其种胚的后熟，获得有生活力的杂交种子。杂种幼胚的离体培养是解决这一难题最有效的方法之一。我国科学家利用幼胚培养方法成功培育出一批果实生长发育期短于 60 d 的极早熟桃新品种，如'京早三

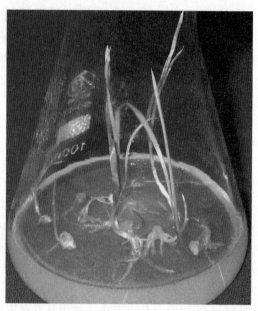

图 3-1　小麦×玉米杂交后 12 d 胚拯救获得的小麦单倍体幼苗（陈耀锋，2012）

号'、'艳光'、'华光油桃'、'丹墨'和'早红霞'等。在早熟葡萄杂交育种中，采用幼胚培养获得了巨峰与卡氏玫瑰葡萄杂交种，并选育出了葡萄新品种'醉人香'。

3. 克服种子休眠

种子休眠现象是很多园艺植物表现的一个显著特征，由于休眠造成了种子难以发芽，影响育苗。幼胚培养打破种子休眠可以使休眠的种子提早萌发，缩短育种周期或加速良种繁育。如鸢尾（*Iris* L.），种子成熟后要休眠 2～3 年才能萌发，如果将种胚取出置于人工合成的培养基上，几天内种子就能萌发。具有休眠特性的种子，其胚离体培养时，在培养基中加入 1.0～2.0 mg/L 的赤霉素，对打破种子休眠有显著作用。

4. 使胚发育不全的植株获得大量的后代

兰花、天麻、石斛等一些寄生植物或腐生植物，在种子成熟时，种子中包含着未分化成熟的胚，有的胚只有 6～7 个细胞，大多数胚不能成活。若在种子接近成熟之前，把胚分离出来放在培养基上培养，这些发育不全的胚就能继续生长发育成正常的植株。

5. 克服珠心胚的干扰

柑橘、杧果、蒲桃、仙人掌等园艺植物为多胚植物，除正常合子胚外，还可以从珠心组织发生多个不定胚，称为珠心胚。这种珠心胚数量多，常侵入胚囊，使合子胚发育受阻。因而在杂交育种中，珠心胚生存能力比较强，杂种胚生存能力较弱。在这种情况下，必须把杂种胚取出来进行离体培养，才能使其正常生长，最终获得杂种后代。

6. 用于有关理论研究

离体胚培养还可用于许多重大理论问题的研究，如胚胎发育过程，影响胚发育的各种因素，胚乳作用以及与胚发育有关的代谢和生理变化等。

7. 诱导愈伤组织或胚状体

离体培养的植物成熟胚和幼胚组织，在外源激素的诱导下，可发生生物钟的强行逆转，经脱分化形成愈伤组织或胚性愈伤组织，并经再分化形成完整植株，如小麦发育 12～14 d 的幼胚具有良好的脱分化和再分化特性（图 3-2）。一些植物的某些品种特定时期的幼胚培养可直接形成胚状体，经转培后直接出苗，由胚诱导的胚状体在继代中可进一步产生次生胚状体。利用这些特性建立的高等植物高频再生体系已成为植物遗传修饰与改良的基础，也为研究植物的器官发生提供很好的实验系统，特别是胚胎发生技术，是研究人工种子的重要基础。

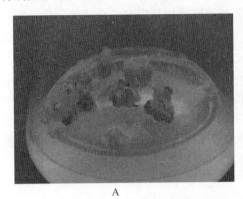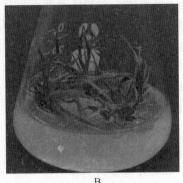

图 3-2　小麦授粉后 **12～14 d** 的幼胚愈伤组织（**A**）及再生植株（**B**）（陈耀锋，2012）

3.2　植物胚乳培养

3.2.1　胚乳培养的概念及意义

胚乳（endosperm）是被子植物双受精的产物，是由两个极核与一个精核结合而成的三倍体组织。有些植物（如豆科和葫芦科），初生胚乳核在形成胚乳过程中，被同期发育的胚所吸收，养分储藏于子叶，因而形成无胚乳的种子。而另一些植物（如禾谷类、蓖麻、椰子和咖啡），形成发达的胚乳组织，且以淀粉、脂肪和蛋白质等形式贮存了大量的营养物质，形成有胚乳种子。植物胚乳培养（endosperm culture）是指分离被子植物的胚乳组织，进行离体培养，使其经过脱分化和再分化形成植株的过程。

胚乳的离体培养研究始于 20 世纪 30 年代。Lampe 和 Mills（1933）首次进行了玉米（*Zea mays*）未成熟胚乳离体培养研究，发现靠近胚的胚乳层组织能增殖。1949 年，La Rue 首次报道，玉米未成熟胚乳进行离体培养，能够不断产生愈伤组织，证明胚乳细胞具有分裂能力。1965 年，Johri 和 Bhojwani 首先在檀香科寄生植物柏形外果中成功诱导胚乳细胞直接分化出芽，证明胚乳细胞具有芽分化能力，这一研究成果推动了胚乳培养研究的发展。1973 年，印度学者 Srivastava 首次从大戟科（Euphorbiaceae）植物罗氏核实木（*Putranjiva roxburghii*）的成熟胚乳培养获得了三倍体再生植株，从而完全证实了胚乳细胞同样具有全能性。到目前为止，胚乳培养已获得多种植物的再生植株，如柑橘、枇杷、猕猴桃、枣、苹果、梨、桃、柿、核桃、马铃薯、枸杞、芦笋及变叶木等，为园艺植物多倍体育种提供了丰富的原始材料。

3.2.2　胚乳培养的方法

1. 胚乳发育时期的选择

胚乳发育时期的选择是胚乳培养能否成功的关键因素。胚乳的发育过程大致分为早期、旺盛生长期和成熟期。当胚乳处于旺盛生长期时，合子胚分化已完成，胚乳已形成细胞并且充分生长，几乎达到成熟的大小。此时的胚乳离体培养效率最高，愈伤组织诱导率可高达 60%～90%。发育早期的胚乳（游离核时期），不仅接种操作不便，而且愈伤组织的诱导率很低。而处于成熟期胚乳虽然也可诱导形成愈伤组织，但培养效率低，尤其是再生能力较差。几种常见植物胚乳培养最佳取材时期分别是：水稻为授粉后 4～7 d，玉米和小麦为授粉后 8～12 d，黑麦草为授粉后 7～10 d，小黑麦为授粉后 7～14 d，大麦为授粉后 10～12 d，黄瓜和苹果为授粉后 7～10 d，梨为授粉后 20 d 左右。

2. 胚乳外植体的制备

成熟胚乳外植体制备比较简单。对于具有较大胚乳组织的植物（如大戟科和檀香科），去皮的种子直接进行表面灭菌，用无菌水洗后即可培养。在桑寄生科植物中，其胚乳被一些黏性流质层包围，取出胚乳很不方便，因此，对这些桑寄生的成熟胚乳作外植体制备时，要将果实用 70%酒精消毒，在无菌条件下取出种子。

未成熟胚乳外植体制备时，先将整个种子做表面消毒，在无菌条件下剥出胚乳组织。而有些植物，如小麦、水稻、苹果、大麦和小黑麦，分离胚乳时不能带任何胚组织，因为在这些植物的未成熟胚乳培养中，胚乳细胞的脱分化及其进一步的发育不需要胚存在，残留的胚组织有可能会进一步发育成二倍体植株，影响胚乳组织培养后代的纯合性。分离出的胚乳应及时接种在培养基上。

3. 培养基

在胚乳培养中，常用的基本培养基有 White、LS、MS 和 MT 等，其中以 MS 培养基使用频次最多。培养基碳源主要以蔗糖的形式供给。在玉米胚乳培养中发现，最好的碳源是蔗糖，含量一般为 2.0%～8.0%，其次是果糖和葡萄糖，其他碳水化合物，如阿拉伯糖、乳糖、半乳糖、鼠李糖等作为碳源时没有促进作用，有的甚至有抑制作用；在小黑麦胚乳培养中发现，8.0%的蔗糖含量有利于胚乳愈伤组织的诱导，而 2.0%～4.0%的蔗糖含量有利于胚乳愈伤组织细胞的分化；在枸杞胚乳培养中，5%的蔗糖含量诱导胚乳愈伤组织效果最佳。

为了促进愈伤组织的产生和增殖，在培养基中还经常添加一些其他有机物。如在培养基中添加番茄汁、葡萄汁、青玉米汁、YE 或牛奶等可促进玉米胚乳愈伤组织的形成，其中番茄汁对玉米胚乳愈伤组织生长的效果优于其他几种物质。一些研究发现 YE 能促进黑麦草胚乳愈伤组织的生长，天冬酰胺（0.015 mol/L）的作用比番茄汁和 YE 更明显。在小麦、葡萄的胚乳培养中，培养基中添加一定数量的

CM 对于愈伤组织的诱导和生长是必需的。

植物激素对胚乳愈伤组织的诱导和生长起着十分重要的作用。目前，用于胚乳组织脱分化和再分化培养的生长调节物质主要有两大类，即生长素类和细胞分裂素类。不同的生长调节物质对胚乳愈伤组织诱导和器官分化有不同程度的影响。在没有任何外源激素的培养基上，柚、大麦、马铃薯、枸杞和橙等的胚乳皆不能产生愈伤组织，苹果胚乳只产生少量愈伤组织，并不能继续生长，但在加入生长调节剂后，能显著地提高愈伤组织形成的数量和质量。在黄瓜胚乳培养中还发现，只有在培养基中同时加入生长素和细胞分裂素，愈伤组织才能正常生长，生长素和细胞分裂素的合理搭配，其效果显著优于使用单一的生长素或细胞分裂素。另外，有些植物对激素的种类有特殊要求，例如：大麦胚乳只有在添加一定浓度 2,4-D 的培养基上，才能产生愈伤组织，在添加其他种类生长素的培养基上则不能产生愈伤组织；在猕猴桃胚乳培养中，添加玉米素则是效果最好的；枣的胚乳培养对外源激素的种类似乎没有特别的要求，无论是使用单一种类生长素或几种生长素配合，还是生长素与细胞分裂素配合，都能诱导愈伤组织；荷叶芹的胚乳在无激素培养基上，不仅能产生愈伤组织，而且在相同培养基上愈伤组织还能通过反复继代不断增殖。

4. 培养

植物胚乳培养的最适温度一般为 25～28℃。研究发现，温度对玉米胚乳生长的影响差异显著，25℃时比在 20℃时生长增长 4 倍，而在 30℃时生长至少减少了 50%。麻风树和蓖麻胚乳愈伤组织生长的最适温度为 24～26℃。不同植物胚乳培养对光照强度的要求不同，玉米胚乳在暗培养时生长良好，而蓖麻胚乳在 1 500 lx 的连续光照下生长最好。

3.2.3　胚乳培养的应用

1. 获得三倍体植物

与二倍体植物相比，三倍体物种在植物改良上具有特殊的意义。三倍体物种不仅具有营养体生长优势，而且还可以产生无籽果实，因此，一些重要的经济植物（如苹果、香蕉、桑树、甜菜、西瓜）的三倍体已在生产上得到应用。目前生产上应用的三倍体仍采用传统方法获得，即先进行染色体加倍产生四倍体，之后用四倍体与二倍体杂交产生三倍体。这种方法不但费工费时，而且同源四倍体的育性很低，往往使这一技术不易成功。胚乳是天然的三倍体组织，也具有细胞全能性，因此可以用胚乳离体培养诱导再生植株的方法，直接大量生产三倍体植物。

2. 创造并获得染色体数目变异的遗传材料

研究表明，被子植物胚乳再生植株的染色体数目往往变异很大，除三倍体外，还有其他多倍体和非整倍体植株。苹果、桃、大麦、小黑麦等的胚乳再生植株变异广泛。虽然目前人们还不能对这样的胚乳植株的育种价值做出适当的估计，但在弄清胚乳植株染色体不稳定的原因及其变化规律后，人们有可能得到不同染色体组合的胚乳植株，为染色体工程探索一条有用的途径。目前通过器官发生或胚状体途径已获得的胚乳再生植株有苹果、梨、猕猴桃、枸杞、柚、檀、橙、桃、枣、核桃、马铃薯、石刁柏、黄芩、枇杷、罗氏核实木、杜仲、大麦、水稻、玉米、小黑麦杂种等。

3. 用于有关理论研究

通过胚乳培养，研究胚和胚乳之间的关系，进一步阐明胚和胚乳在自然情况下的相互作用，对胚胎学的研究将会起到积极作用。胚乳是一种均质的薄壁细胞组织，完全没有维管成分的分化，因此，对植物形态发生学研究来说，胚乳培养也是一个极好的途径。另外，胚乳组织是一个贮存养料的场所，在种子的发育和萌发过程中，这些组织也发生了变化，因此，胚乳培养为研究胚乳组织中一些特有的天然产物的生物合成和代谢提供了一个理想的实验系统。

3.3 植物子房和胚珠培养

3.3.1 子房和胚珠培养的概念及意义

胚珠培养（ovule culture）和子房培养（ovary culture）是指将植物的胚珠或子房置于人工培养基上进行离体培养的技术，可分为已授粉胚珠和子房培养、未授粉胚珠和子房培养。已授粉胚珠和子房培养是将植物授粉后一定时间的植物胚珠或子房进行离体培养，诱导胚珠或子房内的合子或早期胚胎进一步发育并长成植株的技术。有些物种间的杂种胚在发育到心形期或比这一时期更早的时期就可能夭折，要在此之前把它们剥离出来培养在技术上往往是困难的。兰科植物的一些寄生和腐生种属植物，其成熟胚也非常小，要分离出来在操作上也十分困难。在这种情况下，已授粉胚珠和子房培养就为拯救心形期以前的合子胚提供了新的途径，可使合子胚发育成苗，获得远缘杂种。未授粉胚珠和子房培养是对授粉前胚珠或子房进行离体培养，诱导其成熟胚囊中的雌配子或其他单倍体细胞脱分化，形成愈伤组织或胚状体，进而再分化形成再生植株的技术。未受粉胚珠和子房培养是植物单倍体诱导的一种重要形式。

1932 年，White 进行了金鱼草胚珠培养研究，但离体胚珠只能进行有限的生长。1942 年，兰花胚珠培养的成功大大缩短了从授粉到种子成熟的时间，加速了兰花幼苗的生产。在 1961 年，Maheshwari 等培养了授粉后 5 d 的罂粟（*Papaver somniferum*）胚珠（此时的胚珠中含有的只是合子或两个细胞的原胚及少数胚乳核），获得了有生活力的种子。棉花的胚珠培养研究是最系统的，也是最具应用价值的。目前采用胚珠培养已成功获得棉花杂种植株。棉花胚珠培养的成功为克服棉属杂种胚的败育提供了一条极为有效的途径。胚珠培养已被广泛应用到棉花远缘杂交育种工作中。早期的子房培养主要用于揭示授粉子房的发育过程，果实形态发生和生理生化过程，附属花器在果实及种子发育中的作用，以及外源激素对果实和子发育的效应等。早在 1942 年，La Rue 等发现番茄（*Lycopersicum esculentum*）、落地生根属（*Kalanchoe*）、连翘属（*Forsythia*）、驴蹄草属（*Caltha*）等植物授粉后的子房，在无机盐培养基上培养，不仅仍能成活，而且在培养过程中结实。1951 年，Nitsch 建立了完整的子房培养技术，他在一种合成培养基上培养了小黄瓜（*Cucumis anguria*）、草莓、番茄、烟草（*Nicotiana tabacum*）和菜豆（*Phaseolus vulgaris*）等的离体子房，并获得了成熟的果实，且果实内着生有生活力的种子。随着子房和胚珠离体培养的进展，未授粉子房和胚珠培养在体细胞遗传学研究及植物单倍体育种应用中越来越重要。1969 年，最先从水稻未受粉子房培养中获得二倍体与四倍体植株，但未见到单倍体植株。直到 1976 年，San Noeum 首次从大麦（*Hordeum vulgare*）未授粉子房培养中得到了单倍体植株，极大地促进了未授粉子房和胚珠培养在植物单倍体诱导领域的研究。迄今为止，已在小麦、烟草、大麦、水稻和向日葵的未授粉子房和胚珠培养中成功地获得了单倍体植株。

3.3.2　子房和胚珠培养的方法

3.3.2.1　已授粉子房和胚珠培养

1. 材料选择

不同植物或同一植物不同品种子房和胚珠培养效果有明显的差异。此外，合子胚的发育时期和发育状态对子房和胚珠离体后的发育也有极大影响。植物授粉后，胚珠及胚珠内的幼胚发育进程和发育状态在不同植物间有较大差异，因此针对不同植物材料，应选用适宜胚龄的子房和胚珠作为培养的外植体。胚龄过小，易产生愈伤组织，且要求的培养条件比较严格，胚萌发率极低。如果培养时间过晚，杂种胚因得不到营养，造成胚拯救无效而死亡。需根据培养目的选择合适的基因型材料及发育时期的子房和胚珠，如用于胚拯救的子房或胚珠培养最佳取材时期：棉花为授粉后 4～6 d，油菜为授粉后 10 d 内，甘薯为授粉后 11～20 d，柑橘为授粉后 7～8 周。

2. 外植体的制备

为了取得胚龄一致的子房或胚珠，在植物开花时进行花蕾标记。授粉后一定天数收集子房并在 2.0% 次氯酸钠溶液中消毒，依据不同材料来源的外植体确定消毒时间，然后用无菌水冲洗 3～4 次，于无菌条件下切（剥）开子房，取出胚珠，立即接种于培养基上。

3. 培养基

用于已授粉子房和胚珠培养的基本培养基多为 Nitsch、White、MS 等。碳源主要是蔗糖和葡萄糖，含量为 2.0%～5.0%。培养基中的渗透压对幼龄胚珠培养非常重要，因此在一些幼龄胚珠或子房培养中，需要较高含量的糖维持培养基的渗透压。如在矮牵牛中，授粉后 7 d 的胚珠处于球形胚期，在蔗糖含量为 4.0%～10.0% 的培养基上能使胚珠发育成为成熟种子，若胚珠内含有合子和少数胚乳核，最适的蔗糖含量为 6.0%。B 族维生素、CM 和其他一些天然提取物对子房发育成果实或种子都有良好的促进作用。培养基中附加一定的赤霉素、生长素和细胞分裂素，可使离体子房发育的果实增大。

4. 培养

子房和胚珠培养一般温度为 20～25℃。培养对光照要求不严，大多数植物子房培养早期在黑暗、弱光照条件下生长良好。

在子房和胚珠培养过程中，球形胚时期是决定胚能否正常发育的关键时期。在球形胚时期以前的整个胚胎发育阶段，主要是母体组织（珠心和胚乳）提供营养。这些养分一旦用完，胚就要转向利用培养基中的养分。如果胚能顺利地完成并适应这种转变，胚就能进一步发育下去，否则胚就会停止发育或向畸形发展。有些植物的子房或胚珠离体培养一段时间后，胚珠内的合子胚不能继续发育，以致不能由合子胚直接形成小植株，而由胚胎母体组织、子房、胚珠或幼胚等组织，经脱分化形成愈伤组织或胚状体，进一步经诱导不定芽或胚状体完成再生。

胎座组织在幼龄胚珠发育初期可能起着重要作用，对于一些难以培养的植物幼龄胚珠，可带上胎座或其他组织，以利于胚的发育。此外，一些附属花器在果实和胚胎发育中成起着重要的作用。在培养普通小麦和斯卑尔脱小麦授粉后不久的子房时，只有小花的花被（内外稃）完整无缺，胚才能正常发育。若把花被去掉，原胚生长就受到损害。在大麦中也发现了类似的现象，推测认为"花被因子"是胚正常发育所必需的，当不存在这些"花被因子"时，大麦胚的细胞虽能生长并合成DNA，但不能分裂。双子叶植物各种花的萼片，对培养子房的生长显示了有利的影响，如蜀葵球形原胚时期分离的胚培养，仅在有完整萼片时才能产生正常的胚，即使培养时加入如 IAA、GA_3 或 KT 等生长调节物质也不能代替萼片的有利作用。在石龙芮、蜀葵、葱莲子房培养中，也证实了花萼和花冠的去留对子房培养关系很大，保留花萼和花冠子房生长较好，胚发育正常。

3.3.2.2 未授粉子房和胚珠培养

1. 雌配子体（胚囊）的发育时期

未授粉子房和胚珠离体培养的目的之一是诱导胚珠内的雌配子体（胚囊）脱分化形成愈伤组织或胚状体，进而再分化形成单倍体植株。因此，胚囊的发育时期对于未授粉子房和胚珠培养诱导植物单倍体是至关重要的。从研究较多的大麦和水稻来看，胚囊发育各个时期的子房或胚珠均可诱导出单倍体植株，而胚囊接近成熟时期的子房或胚珠更利于单倍体的诱导。子房不同发育时期与植株外部形态有一定对应关系，可依据植株的外部形态确定胚囊的发育时期。在一些禾谷类作物中可根据旗叶与倒二叶的间距进行选择，在一些双子叶植物中可根据花萼、花冠的长度以及比例来确定。不过最好的办法是依照胚囊的发育时期与花粉发育时期的相关性，用检查花粉的办法来选择。

2. 未授粉子房和胚珠的分离

根据不同植物或不同品种，选择胚囊发育适宜时期的未开放花蕾或幼穗进行消毒，然后进行子房或胚珠的分离。未授粉子房和胚珠的分离方法主要有两种：一是先将未开放的花蕾或幼穗消毒，然后从中直接分离出子房或胚珠进行培养；二是将花蕾或幼穗消毒后进行预培养或预处理，预培养或预处理一段时间后再从中分离子房或胚珠进行培养。

具体分离方法：选取健壮花枝上胚囊已充分发育且即将开放的花（一般是在开花前一天），去掉托叶，先用清水冲洗，再用 2.0% 次氯酸钠消毒 15 min 或 0.1% 的升汞溶液消毒 7~8 min，然后用无菌水冲洗 3~5 次。在无菌条件下切取子房，或在子房中剥出胚珠，接种在固体培养基上。或是先将消毒后的花蕾接种在培养基上预培养 14~20 d，然后取出子房或胚珠接种在诱导培养基上进行愈伤组织或胚状体的诱导。禾本科植物的幼穗或低温预处理的幼穗直接用 75％酒精进行表面擦拭，于无菌条件下剥出子房或胚珠即可。

3. 培养基

基本培养基的种类、激素的种类和浓度、渗透压、pH 等均会直接影响子房和胚珠的成活率。禾本科植物未授粉子房和胚珠培养常用 N_6 培养基，其他植物多用 MS 或改良 MS 培养基（附加维生素 B_1 4.0 mg/L）。培养基中的蔗糖含量一般在 3％～10％，诱导培养需要较高的蔗糖含量，而在分化培养阶段要降低蔗糖含量。不同植物的子房和胚珠培养要求的激素种类和配比各不相同。氮浓度明显影响棉花未授粉胚珠离体纤维的诱导率。向日葵的未授粉胚珠在培养分化过程中需要高质量浓度（5.0 g/L）的 KNO_3。百合子房培养时将 B 族维生素的质量浓度提高到 4.0 mg/L，有利于提高出苗率。增加培养基中 B 族维生素、肌醇和甘氨酸的使用量可明显提高烟草未授粉子房离体培养的出苗率。培养基中添加 100 g/L 的椰子汁有利于大麦未授粉子房和胚珠单倍体的诱导。

4. 培养

在未授粉子房或胚珠的培养中，愈伤组织诱导和胚胎发生一般都是在黑暗或弱光条件下进行的，愈伤组织的继代培养和植株再生则需要在 1 500～2 000 lx 的光照条件下进行。培养温度一般为 24～28℃，相对湿度为 60％～80％。

5. 未授粉子房和胚珠的发育

培养的未授粉胚珠或子房，由雌配子体细胞发育形成的单倍体通常有两种再生途径，即胚状体途径和愈伤组织途径。在大麦和烟草中只观察到胚状体的发育方式，水稻和小麦则两种方式都有。胚胎学研究确定了单倍体植株的产生经历了 3 个过程：①由助细胞无配子生殖产生原胚，有些原胚具有明显的胚柄；②由原胚发育成球形、梨形或不规则形状的愈伤组织；③由愈伤组织形成根、芽，再生小植株。此外，由于培养物既包含二倍体组织，如珠心、珠被、子房壁，又包含单倍体细胞，如卵细胞、助细胞、反足细胞，所以在培养过程中，既可以产生单倍体愈伤组织或胚状体，也可能产生二倍体愈伤组织或胚状体，或二者同时产生。物种差异和培养条件的不同，都能影响未授粉胚珠或子房培养时单倍体或二倍体的愈伤组织形成和胚胎发生。

3.3.3　子房和胚珠培养的应用

1. 克服远缘杂种早亡

有些物种间的杂种胚在发育到心形期或更早期即可能夭亡，要在此之前剥离杂种胚进行胚拯救在技术上比较困难。在这种情况下，可以通过已授粉子房或胚珠的离体培养拯救杂种胚，从而获得远缘杂种。如棉花远缘杂交中，杂种蕾铃在自然状态下，一般 2～5 d 就可能脱落，而此时的杂种胚一般处于合子期至几个细胞的原胚期，幼胚的分离和培养都难以成功。采用胚珠培养，可使杂种胚在离体胚珠内继续发育，待其发育到一定阶段，再从胚珠中取出，培养成幼苗。稻属植物的远缘杂种幼胚比较小，在解剖镜下不容易分离出来，且在分离过程中很容易造成机械损伤，因此幼胚培养在实际操作中难度比较大，且成苗率较低。采用子房培养法，则克服了幼胚培养的缺点，较容易得到再生植株。

2. 用于离体授粉受精

未授粉子房和胚珠培养是植物离体授粉受精的技术基础。它能克服常规授粉时存在的生殖障碍，使有性杂交不孕和自交不亲和的植物通过离体授粉受精获得杂种后代。

3. 获得单倍体

通过未授粉子房和胚珠培养可以诱导胚囊细胞的雌核发育产生单倍体植株，且与花药培养诱导雄核发育产生单倍体植株相比，其产生绿苗的概率相对较大。因而，未授粉子房和胚珠培养为某些通过花药培养难以成功或诱导率极低的植物提供了一条获得单倍体的新途径。

4. 获得大量的体细胞胚

橙、葡萄、向日葵、黑豆和柑橘等植物可以通过子房和胚珠培养产生胚状体。这些胚状体发育过程与合子胚相似，也具有双极性，在其发育的早期阶段即可分化出茎端和根端。因此，胚状体对于脱毒苗的快速繁殖及人工种子技术的应用都具有重要的意义。

5. 获得果树优良无核品种的珠心苗

利用多胚性培育珠心苗是果树脱毒复壮的有效途径之一。但是像柑橘、脐橙和葡萄等优良无核品种，由于大孢子母细胞常常退化，花粉完全败育，所以很难通过实生播种获得珠心苗。通过离体培养珠心或未受精胚珠可以获得大量的珠心苗。

3.4 植物离体授粉受精

3.4.1 离体授粉受精的概念及意义

植物离体授粉受精又称为植物试管授精（test-tube fertilization），包含两层含义：①植物离体授粉（pollination *in vitro*）是指在离体条件下对雌蕊的柱头、带胎座的胚珠和单个胚珠进行人工授粉，并完成受精形成种子的过程；②植物离体受精（fertilization *in vitro*）是指游离的植物精细胞和卵细胞在体外融合形成合子，并通过进一步的合子培养过程形成完整植株的技术。合子培养（zygote culture）是指对离体受精合子或分离的自然受精合子进行人工培养，使其进一步发育成植株的过程。植物离体授粉受精及合子培养是在植物胚胎培养技术的基础上发展起来的一项重要生物技术。

植物离体授粉受精技术在育种实践中可克服植物有性杂交的生殖障碍。自然界中某些植物存在着自交不亲和性，即某一植物的雌雄植株的配子机能正常，但不能进行自花传粉或同一品系内异花传粉的现象，广泛存在于十字花科、禾本科、豆科、茄科、菊科、蔷薇科、石蒜科、罂粟科等80多个科的3 000多种植物中，其中以十字花科植物最为普遍。此外，自然界物种间存在着生殖隔离现象。由于在生理上、结构上的差异，亲缘关系较远的两亲本不能完成正常的受精作用。这种生殖隔离造成了植物远缘杂交育种中的杂交不孕难题，异源花粉往往在柱头上不萌发，花粉管不能进入胚珠或花粉管在花柱中破裂，因而利用常规杂交手段很难获得杂交种子。植物离体授粉受精技术采用人工离体授粉或精卵细胞的离体受精，去除了来源于柱头或花柱的生殖障碍，为克服植物的自交不亲和性和远缘杂交不孕等难题，获得自交系种子或远缘杂种开辟了新的途径。

把花粉粒直接送入子房以实现受精作用是绕过受精前障碍的途径之一。在试管授精技术出现前，一些研究者试图利用子房内授粉（intraovarian pollination）的方法来克服杂交不亲和性。最早有人用兰科植物做试验，尝试将花粉直接送进子房，发现花粉在子房内可以萌发，且有些胚珠接受花粉管后形成了种子。Dahlgren（1926）在卵形党参中，通过把花粉授于子房顶部的切口上，成功地实现了受精。Kanta（1960）利用花粉直接注入子房的方法，将花粉粒悬浮液直接注入虞美人（*Papaver rhoeas*）、罂粟（*P. somniferum*）、花菱草（*Eschscholtzia californica*）、蓟罂粟（*Argemone mexicana*）和淡黄蓟罂粟（*A. ochroleuca*）等5种罂粟科（Papaveraceae）植物的活体子房，发现注入的花粉在子房内萌发，花粉管进入胚囊，实现了双受精，子房正常地生长和发育成蒴果，并获得了有活力的种子。在子房授粉成功的基础上，Kanta 和 Maheshwari（1963）研究了胚珠试管授粉技术。他们将带有胎座的胚珠接种在 Nitsch 培养基上，并把成熟花粉直接授在胚珠表面上，结果在15 min 内花粉即萌发并迅速生长，在2 h 内即在胚珠的外表布满了花粉管，在许多胚珠中都发生了受精过程，最后得到了成熟的种子。随后他们用蓟罂粟、花菱草和葱莲进行类似的试验也获得了成功。在烟草离体授粉研究中发现，将烟草子房切下的带有胚珠的整个胎座或部分胎座，培养在含 500 mg/L CH 的 Nitsch 培养基上，在无花粉存在时，培养的外植体不久就枯萎；但进行人工授粉，可使受精过程发生及胚和胚乳正常发育并得到成熟的种子。此后，有许多研究者进行了植物离体授粉技术的研究，该技术已在紫花矮牵牛、麝香石竹、甘蓝、黄水仙和小麦等植物上获得了成功。

20 世纪 80 年代，科学家成功分离出花粉管和胚囊细胞的原生质体，并利用显微操作技术进行离体受精的体外模拟试验，开创了植物受精工程的新领域。与此同时，精细胞和卵细胞分离技术的研究取得了显著的进展，已从甘蓝、玉米等十几种植物的花粉粒或花粉管分离出有生活力的精子，从烟草、颠茄、蓝猪耳、玉米和白花丹等植物中分离出有活力的卵细胞。1988 年，Keijzer 等进行了离体受精的显微操作尝试。他们以蓝猪耳作为材料，因为这种植物的胚囊突出珠被之外，利用微吸管将分离的植物精核注射到离体胚珠的胚囊内，通过胚珠培养成功地实现了体外受精，合子胚发育形成胚和胚乳，进一步生长成小植株。20 世纪 90 年代，性细胞分离技术和显微操作技术有了较大的突破，促进了单粒花粉离体受精研究。Kranz 等（2008）综合利用了单细胞培养、显微注射和原生质体分离与电融合等一系列技术，将分离的玉米精细胞和卵细胞进行了体外融合（图 3-3）。首先，在计算机控制下，使用微毛细管液压系统，选择分离的单个精核和卵细胞，并准确地放入事先准备好的覆盖一层矿物油的融合滴（含 0.55 mol/L 甘露醇液）中，然后在电融合装置上

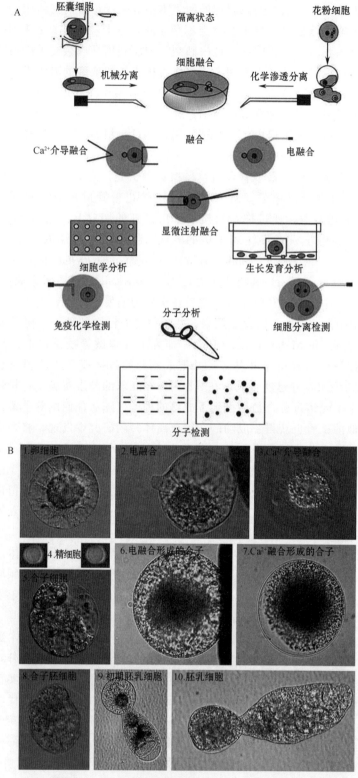

图 3-3　玉米精卵细胞分离与融合过程示意图（A）及显微图（B）（Kranz 等，2008）

使用体细胞原生质体融合的条件，使雌雄配子融合。在不超过 1 s 的时间内，精核和卵细胞发生了融合，平均融合率高达 79%。此后，他们又采用看护培养的方法，以玉米未成熟胚的愈伤组织为饲喂细胞，对精核与卵细胞融合产物进行继续培养，使融合子实现了进一步分裂并发育出多细胞的结构。1991 年，Kranz 等将离体受精的合子培养成愈伤组织，之后又从离体培养的合子获得胚胎和植株。1998 年，Kranz 等又将分离的玉米精核与中央细胞进行体外融合，产生了初生胚乳核，使得在离体条件下产生人工胚乳成为可能。这些重要技术的创立为植物离体受精与合子培养技术的建立和发展奠定了基础。玉米离体受精技术模式的成功，成为创建更多离体操作模式系统的推动力，也是植物生殖细胞工程领域的一次重大突破，同时也促进了植物离体受精技术在植物生殖工程和基因工程方面的潜在应用。目前已成功分离出大麦、小麦、水稻和烟草等作物的自然受精合子，并通过合子培养获得有性植株。

3.4.2　离体授粉受精的方法

3.4.2.1　离体授粉的方法

1. 花粉的收集

一般认为，在无菌条件下收集花粉最容易获得成功。首先选择将要开花的幼穗或花蕾，经过常规消毒后在无菌条件下让花药自然开裂，用无菌培养皿或滤纸收集开裂花药撒出来的花粉。也可以将收集的花粉预先配制成花粉悬浮液。配制方法：将收集的无菌花粉用 $10.0 \sim 20.0$ mg/L 的硼酸溶液附加 5.0% 蔗糖配制成花粉悬浮液，每滴悬浮液中含有 $100 \sim 300$ 粒花粉。

2. 子房或胚珠的剥离

通常在开花前 1 天将雌穗或花蕾取下，经过表面常规消毒后，剥取完整子房或胚珠，也可保留部分附属花器（内稃、花萼、胎座等）。如用子房进行离体授粉，注意勿使雌蕊受伤。如用胚珠进行离体授粉，可将分离的子房进行表面消毒后，于无菌条件下将子房壁剥掉，除去花托，取出带胎座的裸露胚珠。剥离的子房或胚珠应及时接到预制的培养基中，避免脱水而导致活力降低。

3. 离体授粉

（1）子房离体授粉　子房离体授粉即通过人工的方法把花粉直接引入子房，使花粉粒在子房腔内萌发并完成受精过程。子房离体授粉可以使花粉管不经过柱头和花柱组织，直接进入子房中的胚珠，从而克服了来源于柱头和花柱的不亲和性障碍。子房离体授粉可采用两种方式：一是直接引入法，即用锋利的刀片在子房壁或子房顶端上开个切口，把花粉悬浮液滴于切口处。二是注射法，即在子房上开 2 个注射孔，一个在子房顶端，另一个在其对面靠近子房基部。用注射器吸取花粉悬液从基部注射孔注入，当悬液从近子房顶端的一个注射孔溢出时，表明子房腔内已充满了花粉悬液。此时，用凡士林封闭 2 个注射孔，将子房接种于培养基上。

（2）胚珠离体授粉　胚珠剥离后，可从胎座上切下单个胚珠授粉，也可将带着完整胎座或部分胎座的胚珠接种到培养基上进行离体授粉。胚珠离体授粉方法通常有两种：一是在接种好的胚珠表面直接授以无菌的花粉；二是先将花粉撒播于培养基上进行预培养，然后把带有胚座的裸露胚珠，接种于花粉培养基上进行授粉。根据钙、硼离子对花粉萌发和花粉管生长的促进作用，研究人员对芸薹属及烟草属的植物胚珠离体授粉采用了以下改进措施：①将离体胚珠置于含有 0.01% $CaCl_2$、0.01% H_3BO_3、6.0%蔗糖和 4.0%琼脂的培养基中浸润一下，再把无菌的花粉授于胚珠上，接种的培养基为 Nitsch，蔗糖含量为 5.0%。②将花粉播于配好的培养基上（含有 0.01% $CaCl_2$、0.01% H_3BO_3、2.0%蔗糖和 10.0%琼脂），将待接种的胚珠于 0.1% $CaCl_2$ 溶液中稍浸片刻后接种于已播有花粉的培养基上；培养 1～2 d 后进行检查，发现已有花粉管进入胚珠时，可将其移入 Nitsch 含有甘氨酸、烟酸、维生素 D、维生素 B_6 各 1.0 mg/L，蔗糖 2.0%的液体培养基中进行培养；以后定期取样观察，当形成胚时，再将其移入 Nitsch 含蔗糖 5.0%、琼脂 0.8%的培养基上进行进一步培养。

（3）雌蕊离体授粉　与子房和胚珠离体授粉相比，雌蕊离体授粉是一种接近于自然授粉情况的试管授精技术。具体操作方法：在花药尚未开裂时切取母本花蕾，消毒后在无菌条件下除去花瓣、雄蕊，保留萼片，将整个雌蕊接种于培养基上，在培养的当天或翌日，在其柱头上授以无菌的父本花粉。

4. 培养基

用于植物离体授粉的培养基多为改良 Nitsch 培养基（表 3-2）。但是，研究发现 White（1943）、MS（1962）以及 Nitsch（1969）等几种基本培养基对离体授粉子房的萌发和生长没有显著差异。朱庆麟和陈耀锋（1990）研究了简化马铃薯培养基、改良 White 和 MS 培养基对玉米离体子房受精结实的影响，发现这 3 种培养基对结实率的影响差异不大。

表 3-2　离体授粉胚珠培养的改良 Nitsch 培养基成分（Kanta 和 Maheshwari，1963）

成分	含量/（mg/L）	成分	含量/（mg/L）
$Ca(NO_3)_2 \cdot 4H_2O$	500	$FeC_6O_5H_7 \cdot 5H_2O$	10.00
KNO_3	125	甘氨酸	7.5
KH_2PO_4	125	泛酸钙	0.25
$MgSO_4 \cdot 7H_2O$	125	盐酸吡哆醇	0.25
$CuSO_4 \cdot 5H_2O$	0.025	盐酸硫胺素	0.25
$Na_2MoO_4 \cdot 2H_2O$	0.025	烟酸	1.25
$ZnSO_4 \cdot 7H_2O$	0.5	蔗糖	50 000
$MnSO_4 \cdot 4H_2O$	3.0	琼脂	7 000
H_3BO_3	0.5		

植物离体授粉培养基中蔗糖含量几乎都是 4.0%～5.0%。在玉米中，虽然有的研究者使用过含量高达 15.0%～17.0%的蔗糖，但在正常的 5.0% 蔗糖水平上，也由种内和种间离体授粉获得了有生活力的种子，7.0% 蔗糖对玉米最合适。在烟草和罂粟离体授粉培养基中加入 500 mg/L 的 CH，能显著提高子房结实数和种子的数量，但 CH 对腋花矮牵牛离体授粉种子发育无任何有利的影响。在 IAA、

KT、番茄汁、CM 和 YE 对烟草胎座授粉后种子的发育效果的研究中，发现 0.01 mg/L IAA 或 0.1 mg/L KT 能显著提高每个子房的结实数，但是，较高水平的 KT（1.0 mg/L）对种子的发育起抑制作用。番茄汁、CM 和 YE 对授粉后种子的发育有抑制作用。

5. 培养

一般情况下，离体授粉培养物初期宜在近乎黑暗或散光条件下培养，培养温度一般在 25～28℃。个别物种对温度要求严格，如水仙属植物在环境温度低至 15℃ 而不是通常的 25℃下培养，能显著增加每个子房的结实率。但低温培养不能提高罂粟离体授粉培养物的结实率，这可能与罂粟在较温暖的条件下开花有关。

3.4.2.2 离体受精的方法

1. 精子的分离

被子植物成熟的花粉有两种类型，即三细胞花粉和二细胞花粉。三细胞花粉中有一个营养细胞和两个游离的精细胞；二细胞花粉中有一个营养细胞和一个生殖细胞，花粉萌发后，生殖细胞在花粉管中分裂形成两个精子。因此，三细胞花粉可从成熟花粉中直接分离精子，而二细胞花粉要从萌发的花粉管中分离精子。

（1）三细胞花粉精细胞的分离

研磨法：该法是将成熟花粉粒悬浮在具一定渗透压的溶液中，用玻璃匀浆器进行研磨，研磨液经过滤、离心，收集精细胞。莫永胜和杨弘远（1992）利用研磨法分离了紫菜薹的精细胞，他们将成熟紫菜薹的三细胞花粉先在 30.0% 蔗糖溶液中于 28℃条件下水合 30 min，离心沉淀花粉，收集沉淀花粉于分离液（20.0% 蔗糖，5.0% 山梨醇，0.1 g/L KNO$_3$，0.36 mg/L CaCl$_2$，0.3% PDS，0.6% 牛血清蛋白，0.3% PVP）中，用玻璃匀浆器研磨。研磨悬浮液依次用 400 目不锈钢网、孔径 20 nm 和 10 nm 尼龙网过滤，收集滤液。将离心得到沉淀精子，再悬浮到不含 PVP 的上述分离液中，于 4℃贮藏保存。

渗透冲击法：这一方法是先将三细胞花粉置于低渗溶液中，花粉吸水破裂释放出精子，离心收集精细胞即可。杨弘远和周嫦（1989）收集玉米成熟花粉，并将其悬浮于 30.0% 蔗糖溶液中水合 30 min，加入无菌水直到绝大多数花粉释放出精子，然后经过过滤、离心收集精细胞，并将精细胞保存在贮藏液中。

（2）二细胞花粉精细胞的分离

离体花粉培养分离：该法是先将二细胞花粉于液体培养基中萌发，待生殖细胞分裂形成两个精子时，用渗透压冲击或研磨法使花粉管破裂释放精细胞，然后收集精细胞。

活体-离体分离法：该法是先将二细胞花粉授于柱头上，待花粉萌发产生精子后，切下花柱放入培养液，用渗透冲击或酶法促使花粉管尖端破裂，释放出精子，再通过离心收集精细胞。

2. 卵细胞或合子的分离

卵细胞位于成熟胚囊之中，胚囊又位于胚珠之中。卵细胞的分离是先从胚珠中分离出胚囊，再从胚囊中分离出卵细胞。也可不先分离出胚囊，而直接从胚珠中分离卵细胞。合子是精卵细胞在成熟胚囊中融合的产物，因而用于分离卵细胞的方法同样可以分离出合子。

（1）酶解分离法　酶解分离卵细胞时先要分离出生活胚囊，即将剥离的植物胚珠放在酶液中酶解，待珠被与珠心细胞解离之后，用解剖针轻轻挤压胚珠，释放出胚囊。分离胚囊的酶液一般含有纤维素酶、果胶酶，有的含有半纤维素酶、蜗牛酶或崩溃酶，其配方因植物材料不同而异。胚囊释放出来之后，延长酶解时间，使胚囊壁降解，卵细胞即可从胚囊中释放出来。酶法分离卵细胞操作简便，适合分离大的胚珠，但分离率偏低，酶解还可能影响卵细胞的生活力。该法多用于胚珠小而数量多的植物材料，如烟草。

（2）解剖法　该法是应用显微解剖技术，直接从胚珠中分离出卵细胞。即先从植物组织中剥离出胚珠，然后通过对胚珠的纵剖、横剖、挤压等方式分离出卵细胞。解剖法分离卵细胞准确度和分离率高，但分离速度慢，需要熟练的操作技术。该法多用于胚珠较大、数量较少的材料，如禾本科植物。

（3）酶解-解剖法　该法是将酶解法与解剖法结合的一种卵细胞分离法，即先酶解植物胚珠，后显微解剖出卵细胞。Kranz 和 Lorz（1993）用该法分离出了玉米的卵细胞，并经离体受精和合子培养获得了玉米再生植株。酶解-解剖法卵细胞分离率较高，但酶解过度或酶残留对后续合子培养不利。

3. 离体受精

分离的卵细胞几乎无细胞壁，呈圆球形，精细胞则呈圆球形或蝌蚪形。离体精、卵细胞混合具有一定的自发融合活力，但融合率不高。利用植物原生质体融合的几种方法，如电融合、Ca^{2+} 诱导融合及 PEG 诱导融合均能大幅度地提高精、卵细胞的融合效率。Kranz 等（1991）用电融合法使玉米精、卵细胞的融合率达到了 85.0%；Faure 等（1994）用 Ca^{2+} 诱导玉米精、卵细胞融合，融合率达 79.4%；Sun（2000）利用 PEG 诱导实现了单个精子与卵细胞的融合，融合率达 73.0%。一些研究也证明，在同等诱导融合条件下，精、卵细胞的融合率远高于精细胞与精细胞、卵细胞与卵细胞及性细胞与其他体细胞原生质体的融合率。这些研究表明，植物精、卵细胞间有互相识别的能力。因此，通过分离精、卵细胞进行高等植物离体受精在植物遗传改良上具有广阔的应用前景。

4. 合子培养

合子培养包括自然受精合子的离体培养和离体受精合子培养。Holm（1994）对大麦自然受精合子进行了分离、培养并再生成株，他们用解剖法从胚珠中直接分离出合子，用大麦小孢子培养物滋养培养，将合子培养成胚胎和完整植株，培养合子的成胚率高达 75.0%。Kumlehn 等（1998）报道了小麦离体合子培养再生植株的方法，他们用一个直径为 30 mm 的培养皿进行培养，培养皿中间放入一个美国 Millipore 公司制造的直径为 12 mm 的微室插入器，其底部是一层半透膜。培养皿中加入经过滤灭菌的 0.35 mL N6Z 培养基（表 3-3），合子接种在微室插入器底部的半透膜上，而微室插入器外面的培养液中接种 0.15 mL 大麦品种 Igri 的小孢子胚性愈伤组织悬浮液进行滋养。温度为 26℃，暗培养 3～4 周，待合子发育为 1.0 mm 的胚胎时，将其转到 N6D 固体培养基（表 3-3）上即可进一步生长、分化出小植株。1999 年，Kranz 成功地进行了玉米受精合子的离体培养，他将离体受精的合子置于半透性透明薄膜制成的培养皿（12 mm）内，培养皿内加 0.1 mL 培养基，再将半透性培养皿置含看护细胞悬浮液的 3 cm 培养皿中培养，将合子进一步培养成胚胎并分化出植株。自融合开始 100 d 内开花，11 株根尖染色体均为 $2n$，植株正常结实，遗传性状的表现与有性杂交的规律一样。除玉米外，小麦离体精、卵受精，玉米卵细胞与高粱、薏苡、小麦、大麦等禾谷植物的精、卵融合合子均已培养得到了多细胞阶段。但玉米卵细胞与油菜精细胞融合产物却不能分裂，表明离体受精合子培养与精、卵细胞的亲缘关系远近有关，亲缘关系越远，培养越难。

表 3-3　**小麦合子培养的培养基**（Kumlehn 等，1998）

培养基组成	N6Z 各成分含量/（mg/L）	N6D 各成分含量/（mg/L）
$(NH_4)_2SO_4$	231	462
KNO_3	1 415	2 830
KH_2PO_4	200	400
$CaCl_2 \cdot 2H_2O$	83	441
$MgSO_4 \cdot 7H_2O$	93	186
$FeNa_2 EDTA$	25	25
$MnSO_4 \cdot 4H_2O$	4.0	4.0
H_3BO_3	0.5	0.5
$ZnSO_4 \cdot 7H_2O$	0.5	0.5
$Na_2MoO_4 \cdot 2H_2O$	0.025	0.025
$CuSO_4 \cdot 5H_2O$	0.025	0.025
$CoCl_2 \cdot 6H_2O$	0.025	0.025
维生素 A	0.01	0.01
盐酸硫胺素（维生素 B_1）	1.0	1.0
烟酸	1.0	1.0
核黄素	0.2	0.2
泛酸钙	1.0	1.0
叶酸	0.4	0.4
盐酸吡哆醇（维生素 B_6）	1.0	1.0
维生素 B_{12}	0.02	0.02
抗坏血酸	2.0	2.0
维生素 D_2	0.01	0.01
生物素	0.01	0.01
氯化胆碱	1.0	1.0
对氨基苯甲酸	0.02	0.02
苹果酸	40	40
柠檬酸	40	40

续表3-3

培养基组成	N6Z 各成分含量/（mg/L）	N6D 各成分含量/（mg/L）
延胡索酸	40	40
丙酮酸钠	20	20
谷氨酰胺	1 000	750
水解酪蛋白	250	250
肌醇	100	100
木糖	150	150
葡萄糖	8 500	—
麦芽糖	—	5 400
IAA	—	0.5
2,4-D	0.2	—
KT	—	0.5
植物凝胶 Phytagel™（Sigma P8169）	—	7 000

3.4.2.3 影响离体授粉受精的主要因素

1. 雌蕊的生理状态

在剥离胚珠和雄蕊时，雌蕊的生理状态对离体受精结实率有显著的影响。在烟草中，用本身花粉或苹果属植物花粉受过粉的烟草雌蕊上剥离下来的未受精胚珠离体授粉后的结实率，比未受过粉的雌蕊上剥离下来的胚珠的结实率高。已知花粉在柱头上萌发和花粉管穿越花柱都会影响子房内的代谢活动，花粉管和花柱之间的互作能够刺激子房中蛋白质的合成。如果对花粉、花粉管生长、花粉管进入子房和双受精等先后发生的时间有所了解，就有可能把胚珠剥离的时间选择在雌蕊受粉之后和花粉管进入子房之间。这样，就会增加离体授粉成功的机会。

2. 母体组织

在腋花矮牵牛离体胚珠授粉中，无论是剥下单个胚珠，还是连在一块胎座上的一组胚珠，都不能形成有生活力的种子。然而，当所有胚珠都原封不动地连在完整的胎座上时，授粉后由花粉萌发直到长出生活力种子的整个过程都正常。在玉米中，连在穗轴组织上的子房比单个子房离体授粉效果好。减少每个外植体上的子房数目虽然并不影响受精，但对籽粒的发育会产生有害影响。只带 1～2 个子房的小块穗轴不能形成任何发育充分的籽粒，4 个子房一组时，只能形成不大的籽粒；10个子房一组时，其中有 1～2 个能充分发育，长成大籽粒。若把矮牵牛的花柱全部去掉，在胎座授粉之后对结实将会产生有害的影响，因而在矮牵牛离体授粉时，可将整个雌蕊作为培养的外植体，为了使胚珠暴露出来，只剥去子房外壁。在同一个雌蕊上可以进行胎座授粉，也可以进行柱头授粉，但柱头受精结实的情况较好。用烟草子房进行离体授粉时也发现，在柱头和花柱全部保留的情况下，平均有80.0 % 的子房能结实；去掉部分柱头，对种子的形成影响不大；将柱头和花柱全部去掉，则明显产生不利影响，平均只有 60.9 % 的子房能结种子（表 3-4）。

表 3-4　烟草试管授精中柱头和花柱对种子形成的影响（叶树茂 1978）

处理	统计内容	净叶黄×净叶黄	净叶黄×许金2号	小计
保留全部花柱和柱头	接种子房数	25	34	59
	产生种子的子房数	21	26	47
	子房结实率/%	84.0	76.5	80.2
	产生种子数	206	258	464
	每个子房的平均种子数	9.8	9.9	9.9
保留一半花柱	接种子房数	30	36	66
	产生种子的子房数	23	28	51
	子房结实率/%	76.6	77.8	77.2
	产生种子数	235	327	562
	每个子房的平均种子数	8.3	11.7	11.0
去掉全部花柱	接种子房数	27	29	56
	产生种子的子房数	18	16	34
	子房结实率/%	66.6	55.2	60.9
	产生种子数	130	97	227
	每个子房的平均种子数	7.2	6.1	6.7

3. 授粉方式

不同授粉方式会影响试管授精和结实率。对于不同材料、不同的外植体类型，在试验中要进行探索，以确定最佳方式。在烟草胚珠试管授精试验中，下面 4 种授粉方式的效果明显不同：①只在胎座表面的一个位点上授粉；②对整个胎座表面授粉；③把胎座接种于预先撒布有花粉的培养基上；④胎座接种于培养基上并在周围（距胎座约 3 mm 处）把花粉嵌在培养基上，使花粉不与胎座接触。结果是第一种授粉方式最好，每个子房平均结有 27 粒种子，其他三种授粉方式的结籽数目依次分别为 14 粒，9 粒和 9 粒。

4. Ca^{2+} 的作用

十字花科植物的三核成熟花粉不易在离体条件下萌发，因而难以进行离体授粉。为了在甘蓝中得到有萌发能力的种子，Kameya 等（1966）对于离体授粉方法做了一些改变。他们把离体胚珠在 1.0% $CaCl_2$ 溶液中蘸一下以后，再把它们放在一张载玻片上（载玻片事先已涂敷上一层厚约 $40~\mu m$ 的 1.0% 明胶溶液），然后立即用从刚开放的花中采集到的花粉进行授粉。把载玻片放在培养皿中，用一个里面贴一张湿滤纸的盖子盖上，保存 24 h 后，把已受精的胚珠转到 Nitsch 琼脂培养基上，未受精的胚珠淘汰。通过这个方法，Kameya 等从原来 75 个授过粉的胚珠中，获得了 2 个具有萌发力的种子。如果不用 $CaCl_2$ 溶液处理就不能形成种子，可见 Ca^{2+} 具有刺激花粉萌发和花粉管生长的作用。

3.4.3　离体授粉受精的应用

1. 克服远缘杂交不孕

远缘杂交不孕是远缘杂交育种需要攻克的第一道难关。离体授粉技术可以克服异源花粉在柱头上不萌发或萌发后花粉管不能进入胚囊的问题，可使一些难以杂交的远缘物种间获得杂交种。如在石竹科（Caryophyllaceae）植物研究中，曾尝试用胎座授粉的方式进行种间、属间和科间的杂交，结果在异株女娄菜（*Melandrium album*）×红女娄菜（*M. rubrum*），异株女娄菜×拟剪秋罗（*Viscaria vulgaris*），异株女娄菜×夏佛塔雪轮（*Silene schafta*）和红花烟草（*Nicotiana tabacum*）×德氏烟草（*N. debneyi*）的杂交中，获得了含有生活力的胚。当烟草胚珠授以天仙子（*Hyoscyamns niger*）花粉时，杂种胚能发育成球形期胚，并能形成相当完善的胚乳。用胚珠培养离体授粉方式，在芸薹属植物小油菜（栽培品种'雪菜'）×白菜（栽培品种'马纳'）杂交中同样得到了杂种植株。在红花烟草（$2n=48$）与黄花烟草（$2n=48$）杂交中，通过离体授粉也克服了种间远缘杂交不亲和性，并获得了杂交种子和植株；对杂种植株叶片进行过氧化物酶同工酶分析，发现杂种植株叶片过氧化物酶同工酶谱与父、母本均有差异并具有双亲共有的一些同工酶带。以节节麦（*Aegilops squarrosa*）为母本，普通小麦为父本，通过雌蕊离体授粉直接得到了属间杂种，且杂种植株具有双亲的特征，染色体为 28 条，与预期的染色体数一致。近年来，随着植物雌雄配子体分离技术的日渐成熟，可以高效率地分离单个的精、卵细胞，应用单对原生质体微电融合技术，实现了真正意义上的离体受精。相信随着植物离体授粉受精和合子培养技术的进一步发展与完善，这些技术将在打破物种界限、扩大遗传物质交流的范围等方面发挥越来越重要的作用。

2. 克服自交不亲和性

许多自交不亲和性的障碍，往往发生在柱头或花柱中，因此可以利用离体授粉和受精技术来消除这种不亲和性。如腋花矮牵牛（*Petunia axillaris*）是一个自交不亲和的物种，在自花授粉的雌蕊中，花粉萌发的情况虽好，但花粉管不能进入子房。用腋花矮牵牛自交不亲和品系进行试验，先将子房壁去除，然后培养附着在胎座上的胚珠，并以同株植物的花粉进行授粉，结果在胎座和胚珠上能直观地观察到花粉的萌发，并完成受精，进而发育形成种子。研究表明植物的自交不亲和性反应局限在花柱和柱头上，胚珠对亲和的和不亲和的花粉管没有选择能力，因此利用试管受精技术在克服植物的自交不亲和性上是可行的。

3. 在诱导单倍体植株上的应用

利用远缘花粉进行离体授粉，可以诱导单性生殖产生单倍体植物。有人试图通过花药培养来得到锦花沟酸浆（*Mimulus luteus*）的单倍体，结果失败了。但是，若将雌蕊除去子房壁，在暴露的胚珠上用远缘物种蓝猪耳（*Torenia fournieri*）花粉作离体传粉，结果在 1% 的胚珠中获得了单倍体植株。这些单倍体植株被成功地移植到土壤中，经染色体鉴定，确定为锦花沟酸浆的单倍体。虽然诱导率很低，但这足以证实，采用远缘离体授粉的方法能够诱导单倍体。

4. 用于花粉生理和受精生理的研究

离体授粉技术可以用于花粉生理的研究，例如，在甘蓝离体授粉研究中发现，若在开花前一天切取子房并用 1.0% $CaCl_2$ 溶液处理，次日用新鲜花粉授粉，授粉后的胚珠在培养基上培养 3 个月后可结少量种子，这个试验结果证实了钙离子有助于改善花粉管对胚珠的趋化性的结论。此外，植物离体授粉受精及合子培养技术的发展和成功实践，进一步促进了对植物花粉生理、受精生理及合子发育的研究，如离体受精技术是研究一对精细胞在双受精中功能上是否有差异，精子与卵细胞之间是否存在识别作用，胚囊中非配子细胞的功能等问题的良好手段。利用受精这一自然属性进行受精工程研究，将在作物育种和遗传改良中为细胞工程和基因工程技术的应用开辟更为有效的途径。

3.5 人工种子

3.5.1 人工种子的概念及意义

人工种子（artificial seed）是指植物离体培养中产生的体细胞胚（胚状体）或器官发生产生的芽体包裹在含有养分与保护功能的人工胚乳和人工种皮中而形成的一种类似天然种子的颗粒。人工种子可在一定条件下萌发并长成完整植株。

1978 年，Murashige 在加拿大召开的第四届国际植物组织细胞培养会议上首次提出了人工种子的设想，认为利用植物组织培养中具有体细胞胚胎发生的特点，把体细胞胚包埋在胶囊内形成球状结构，使其具有种子的机能并可直接用于播种。据此设想，人工种子最外面包裹一层有机的薄膜（人工种皮），起防止水分散失及保护作用；中间部分（人工胚乳）含有培养物所需的营养成分和某些植物激素，以作为胚体萌发时的刺激因素并提供能量；最里面就是被包埋的体细胞胚，广义的体细胞胚包括由组织培养中获得的胚状体、愈伤组织、原球茎、不定芽、顶芽、腋芽和小鳞茎等繁殖体。通过这几部分的组合，人为地创造出一种与天然种子相类似的人工合成种子（图 3-4），因此又叫人造种子（synthetic seeds）或无性种子（somatic seed）。

人工种子生产技术是在植物组织培养技术的基础上发展起来的一项实用技术。人工种子与天然种子相比，具有其

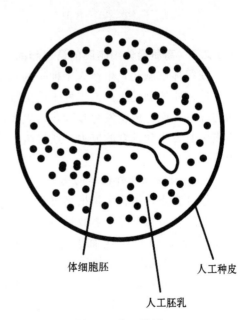

体细胞胚　　　　人工种皮

人工胚乳

图 3-4　人工种子

自身的特点（优点），主要表现在：①人工种子结构完整，体积小，成本低，易于工厂化大批量生产；②人工种子的生产不受季节和环境的限制，便于储藏和运输；③人工种子可以直接播种，易于机械化操作，且种子发芽和生长速度比较一致；④在人工种子中可根据需要加入抗生素、菌肥、农药等成分，提高种子活力和品质；⑤体细胞胚或芽体为无性繁殖产物，且数量多、繁殖速度快，因而人工种子可用于固定杂种优势及无毒优良种苗的快速繁殖，特别是有利于某些生育周期长和珍贵稀有植物的大量繁殖。基于以上这些优点，人工种子可望发展成为一项新型的生物工程技术，有着诱人的发展前景，引起了世界各国的充分关注和兴趣。自20世纪80年代以来，美、日、法等国相继开展了人工种子的研究。人工种子早期研制对象主要集中在体细胞胚培养技术相对成熟的植物上，如胡萝卜、苜蓿、芹菜、花椰菜、莴苣、花旗松、黄连、西洋参、云杉、番木瓜等。这些植物的体细胞胚培养技术相对成熟，但其自然结实率高，人工种子成本反而比自然种子播种繁殖成本高得多，因而近年来人工种子研发对象转到有较高经济价值作物和珍稀濒危植物上。我国已在大花蕙兰（*Cymbidium hubridum*）、杜鹃兰（*Cremastra appendiculata*）、铁皮石斛（*Dendrobium officinale*）、半夏（*Pinellia ternata*）、白及（*Bletilla striata*）、金线莲（*Anoectochilus roxburghii*）、东北矮紫杉（*Taxus cuspidate* CV. Nana）、青天葵（*Nervilia fordii*）和盾叶薯蓣（*Dioscorea zingiberensis*）等植物上开展了人工种子的系统研究。世界上近年的报道主要集中在经济植物上，如印度獐牙菜（*Swertia chirayita*）、密花石斛（*Dendrobium densiflorum*）、蝶豆（*Clitoria ternatea*）、灵芝草（*Rhinacanthus nasutus*）、印度菝葜（*Hemidesmus indicus*）、油点百合（*Drimiopsis kirkii*）、甜叶菊（*Stevia rebaudiana*）。目前，人工种子研制的对象涉及蔬菜、饲料作物、工业用作物、药用类、禾谷类、香辛料作物、果树及林木等200多种植物。

3.5.2　人工种子的制作程序

3.5.2.1　高质量体细胞胚的诱导和同步化控制

获得体细胞胚是生产人工种子的基础，其发生率的高低、胚的质量和体细胞胚发生的同步控制是生产人工种子的关键。所谓高质量的体细胞胚必须发育正常、生活力旺盛，能完成全发育过程，再生率高，胚可以被单个剥离，在长期继代培养中不丧失其发生和发育的能力，通过激素或其他理化因子可以同步控制其胚胎发生能力等。

1. 目标植物及外植体的选择

迄今为止，尽管大量植物组织和细胞培养可通过体细胞胚发生形成再生植株，但并非这些植物都能产生数量多、质量高的体细胞胚而达到制作人工种子的要求。Redenbaugh（1989）将宜于人工种子生产的植物分为两类：①工艺基础好的植物，即已具备体细胞胚再生体系的植物，如胡萝卜、苜蓿、芹菜、咖啡、油棕、鸭茅、烟草、香菜和番茄等；②具有强大商业价值的植物，包括杂交种生产费工、种子昂贵或名贵园艺植物，如秋海棠、硬花甘蓝、花椰菜、莴苣、棉花、矮牵牛、樱草、天竺葵、棉花、大豆和玉米等。无论是哪类植物，能在一定条件下大量形成高质量的体细胞胚是人工种子制作的前提。

用于人工种子的起始外植体应具备 3 个基本条件：①材料的基因型优良；②具有良好的胚胎发生潜力；③遗传稳定性好。从这些要求出发，宜选择工艺基础好且商业价值高的植物研发人工种子。用于诱导体细胞胚的外植体可以选择幼胚、幼穗，无菌种子萌发的无菌苗下胚轴、子叶、幼叶和茎尖等器官组织。木本植物可以选择当年生幼嫩花序、减数分裂后的珠心组织及休眠芽或茎尖作为外植体。

2. 体细胞胚的诱导

外植体可通过 3 种方式诱导体细胞胚：①外植体的某些部分可以直接诱导分化出体细胞胚。如山茶子叶培养后，直接从子叶基部的表皮细胞产生大量的体细胞胚。②外植体细胞脱分化形成愈伤组织，再从愈伤组织的某些细胞分化出体细胞胚。如西洋参叶柄培养后，先由叶柄细胞脱分化形成愈伤组织，再由愈伤组织表面细胞分化出体细胞胚（图 3-5）。③通过细胞悬浮培养诱导体细胞胚。由外植体或愈伤组织中分离细胞或原生质体，通过悬浮培养可以诱导体细胞胚的大量发生。如胡萝卜、苜蓿愈伤组织游离单细胞悬浮培养体系（表 3-5），也是目前两个较为成熟的体细胞胚高频发生模式系统。

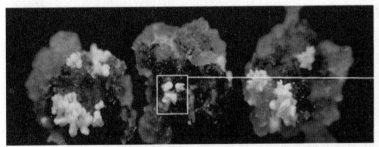

图 3-5　西洋参叶柄愈伤组织表面体细胞胚的发生（Kim 等，2017）

表 3-5　胡萝卜和苜蓿体细胞胚诱导系统

目标植物	外植体	培养阶段	培养基	培养条件及方法
胡萝卜	无菌苗下胚轴或子叶	愈伤组织诱导	MS 固体培养基＋0.5～1.0 mg/L 2,4-D	26～28℃，黑暗培养约 21 d
		体细胞胚发生	MS 液体悬浮培养 悬浮培养和继代培养中悬浮细胞：新鲜培养基＝1∶1 或 1∶4	26℃，连续光照培养 在盛有 20 mL 培养基的 125 mL 三角瓶中加入 0.5 g 愈伤组织，摇床（110～150 r/min）培养 2～3 周，可继代培养一次，筛选 1～2 mm 大小的体细胞胚供包装

续表3-5

目标植物	外植体	培养阶段	培养基	培养条件及方法
苜蓿	无菌苗下胚轴	愈伤组织诱导	SH 固体培养基＋1.5 mg/L KT＋3 mg/L NAA	(25±2)℃，每天光照 10 h，每 20 d 继代一次
		胚性愈伤组织诱导	SH 固体培养基＋8 mg/L 2,4-D	培养条件同上，诱导时间为 4～5 h
		体细胞胚发生	SH 液体培养基＋4 g/L L-脯氨酸＋10 mmol/L NH_4^+	培养条件同上，在盛有 30 mL 培养基的 200 mL 三角瓶中加入 0.5 g 愈伤组织，摇床 (100 r/min) 培养。15～20 d 后体细胞胚大量发生，可继代培养一次，并进行若干次同步化选择
		体细胞胚成熟		在湿润培养皿中培养，4℃，10～15 d

植物生物技术导论

3. 体细胞胚的同步化

体细胞胚是人工种子的主体，其质量直接决定着人工种苗的质量。要得到正常的植株，就必须获得高质量的胚。体细胞胚的质量标准应包括形态学上基本无变异，胚发生比较同步或比较整齐并能得到较高的植株再生率。但是，体细胞胚发生往往存在不同步性，在同一悬浮培养液中可以观察到单个原始细胞、多细胞原胚、球形胚、鱼雷形胚，直至成熟胚的各个发育时期。如何控制胚状体的同步发生和同步化生长，以获得整齐一致的体细胞胚，是人工种子技术能否应用于生产实践的重要问题。在许多植物中，诱导体细胞胚的发生并不困难，但要控制体细胞胚同步生长却存在不少问题。目前控制体细胞胚同步化的方法主要有以下几个方面：

（1）化学抑制法　在细胞培养初期加入 DNA 合成抑制剂，如 5-氨基尿嘧啶等化合物，使细胞暂时停止 DNA 复制，当除去 DNA 抑制剂时，细胞开始进入同步分裂。

（2）低温抑制法　采用低温处理导致培养物发育停滞，形成所谓的温度冲击 (temperature shock)，处理时间过后恢复正常温度，可以使胚性细胞达到同步分裂的目的。

（3）渗透压选择法　不同发育阶段的体细胞胚具有不同的渗透压要求。例如，向日葵的幼胚在发育过程中，要求的渗透压有变化：球形胚的蔗糖含量为 17.5%，心形胚的为 12.5%，鱼雷形胚的为 8.5%，而成熟胚的降至 5.5%。利用调节渗透压的方法来控制胚的发育，可以筛选到较为一致的体细胞胚。

（4）机械过筛选择法　不同发育阶段的胚状体，大小及密度都有差异，因此可用不同型号的滤网机械筛选不同发育时段的体细胞胚，然后分别集中培养，可明显提高同步化程度。如苜蓿悬浮培养 3 d 后即用 20 目的滤网除去大块愈伤组织，再分别用 30、40、60 目的滤网过滤，将滤网上大小相近的愈伤组织收集，并分别培养 15 d 左右，这些大小基本一致的细胞团有 50% 左右开始形成体细胞胚。再重复不同大小滤网过滤和分别培养，照此方法筛选 3～5 次，即可获得同步化程度达 60%～70% 的成熟体细胞胚。

（5）通气法　在烟草的细胞培养中，发现乙烯的产生与细胞的生长有密切关系，即在细胞生长达到高峰前有一个乙烯的合成高峰，所以细胞生长可受到乙烯抑制物的控制。如向悬浮培养基中通氮气（每 10 h 或 20 h 通一次，每次 3～4 s），急剧降低培养细胞的有丝分裂活力，而回到正常通气以后 8 h 内细胞恢复分裂，这样即可明显提高体细胞胚的同步化。

（6）分级仪淘选法　分级仪是根据体细胞胚的不同发育阶段在溶液中的浮力不同而设计的。分选液一般用 2% 的蔗糖，进样速度为 15 mL/min，分选液流速为 20 mL/min，经几分钟的淘选，体细胞胚则被分级，由此可获得一定纯化的成熟胚，转化率在 75% 以上。

4. 体细胞胚的成熟

从悬浮培养直接得来的体细胞胚容易出现玻璃化。玻璃化的体细胞胚对低温忍耐力差，在低温条件下大多数逐渐褐变死亡。因此，诱导发生的体细胞胚还应经历一个成熟化阶段：使体细胞胚干燥，逐渐由玻璃化转为正常；使体细胞胚充分发育，完成器官的分化和后熟作用；减缓体细胞胚的生长速度，以适应包装、贮藏和运输。目前有以下几种方法：

（1）低温法　选择健壮体细胞胚于 4℃ 条件下处理 10～15 d。

（2）培养法　将诱导的体细胞胚转入成熟培养基中培养一段时间，使体细胞胚同步化的同时达到成熟，才可用于制备人工种子。成熟培养基的蔗糖含量为 2.0%～3.0%，不含激素或仅含有一定浓度 ABA。ABA 有助于体细胞胚中脂肪、淀粉和蛋白质的积累。在加入 ABA 的同时加入 PEG 可显著减少胚中的水分含量而并不使胚细胞发生质壁分离。ABA 处理后还要进行适当干燥，适当干燥不会损伤胚，转株后生长反而旺盛。胡萝卜胚状体以 ABA 处理 3 d 后干燥 36 h，成活率增高。

（3）干燥法　如芹菜，可将体细胞胚从悬浮液中滤出，在（22±2）℃ 无菌条件下干燥 4～6 d。苜蓿体细胞胚干燥后的含水量为 8.0%～15.0%，在室温下贮藏 12 个月仍有发芽能力。

3.5.2.2　人工种子的包埋

体细胞胚不适于贮藏及运输，更无播种功能，还需要用适合的材料对其进行包装，即将成熟的体细胞胚包埋在含有营养成分且具有保护功能的介质中构成人工胚乳，外层包裹人工种皮，组成便于播种的类似天然种子的结构，构建完整的人工种子。人工胚乳的营养成分由培养基提供，常用培养基有 MS、N_6、B_5 和 SH 等基本培养基，根据不同植物来源的体细胞胚生长需要，可添加维生素、氨基酸及植物生长调节剂等物质。另外人工胚乳中也可以添加适量的杀菌剂、杀虫剂、抗生素及防腐剂等提高植物抗逆性的物质。

1. 包埋介质的选择

包埋介质应符合下列条件：①对所包埋的胚无伤害；②足够柔韧以包裹和保护胚，并能使体细胞胚在其中萌发并突破胶囊出苗；③有一定的硬度，以适应储藏、运输和农业机械播种操作；④可容纳和传递足够胚胎发育所需的营养物质、生长调节剂、抗生素、菌肥和杀菌剂等，以保证体细胞胚发芽和生育初期的需要；⑤能单个包装。基于以上条件，要求包埋材料对体细胞胚无害，干燥性和保水性好，既有良好的透气性又能防止泄露，凝胶性好又不胶黏，并有一定的机械强度。水溶性胶被认为是较理想的人工胚乳包埋介质，其中海藻酸盐、含明胶的海藻酸盐和含刺玫瑰豆胶的角叉藻聚糖等3种水溶性胶能保证胚在包埋后存活。海藻酸盐是从海藻中提取的一种多糖类高分子化合物，包裹时使溶胶性的海藻酸钠水溶液滴入氯化钙溶液中，因离子置换作用生成凝胶性的海藻酸钙，极易胶化形成球状胶囊。海藻酸盐对体细胞胚毒性小，具有成胶容易、使用方便、成本低廉的优点，既可作为构建雏形人工种子的人工种皮，又可作人工胚乳的基质。用海藻酸盐包埋苜蓿和芹菜的体细胞胚，可使胚萌发并形成完整植株，再生植株表型正常。但海藻酸钙胶囊黏性较大，并会在空气中很快变干，直接影响了体细胞胚的萌发，并造成操作和机器播种困难。为了克服这些问题，Redenbaugh 等（1986）筛选出一种 ElvexTM-4260 聚合物作为外种皮的材料取得了理想的效果。ElvexTM-4260 为乙烯、乙酸和丙烯酸的三元共聚物，它可以凝结在海藻酸钙胶囊的周围，从而形成一层疏水外皮，能有效地防止营养物质渗漏和胶囊间粘连，同时具有保持水分和抑制干缩等优点，制作出的人工种子机械强度较高，有较高的萌发率。如苜蓿体细胞胚经 ElvexTM-4260 包裹后，出苗率可达 80%。以 ElvexTM-4260 为人工种皮的包裹程序如下：①将包装好的海藻酸钙胶囊在预处理液（10.0%甘油＋5.0%葡萄糖＋2.0%氢氧化钙）中浸 30 min，以获得亲水表面。②将 5 g Elvex TM-4260 溶于 50 mL 环己烷中，在温度 40℃下再加入 5 g 硬脂酸、10 g 十六烷醇和 25 g 鲸蜡替代物（Spermaceti wax substitute）使之溶解，另加入295 mL 石油醚和 155 mL 二氯甲烷。③将海藻酸钙胶囊置于上述混合液中浸泡 10 s，取出后热风吹干。如此重复 4～5 次，Elvex TM-4260 即在海藻酸钙胶囊周围沉淀，形成涂膜（人工种皮）。④用石油醚将包裹人工种皮的胶囊颗粒冲洗干净，经尼龙布过滤后在空气中风干，即为制作好的人工种子。制作好的人工种子立即放入密闭容器内，在低温条件下贮藏、运输。

此外，还有研究发现以海藻酸钠为内层基质，壳聚糖为外层基质包埋油菜次生胚状体时，可实现 100%的萌发率，但在有菌条件下的发芽率仍然不高。用硅胶制作的谷子人工种子，其发芽率可达 82%。将安祖花体细胞胚海藻酸钙胶囊放入聚丙酸酯溶液中浸泡 60 min，取出后胶囊外就包裹一层聚丙酸酯的高分子外膜，这层膜对胚无毒害且不妨碍胚的萌发。为提高人工种子的成苗率，结合海藻酸钠研制复合包埋基质成为人们研制人工种皮的新热点，如添加多糖、树胶、高岭土后的海藻酸钠保水性增加，对干燥处理的胡萝卜体细胞胚的活力可起到积极的促进作用；在海藻酸钠中添加赤霉素、苯甲酸钠、多菌灵和 2.0%的壳聚糖制成的复合人工种皮包裹半夏胚的人工种子，其萌发率可达95%，在 4℃贮藏 20 d，人工种子仍有较高的发芽率和转化率。在小黄姜人工种子研究中发现，人工种皮基质为 2.0%

$CaCl_2 + 2.0\%$ 壳聚糖 $+ 4.0\%$ 海藻酸钠时，人工种子具有较高的萌发率和成苗率。

2. 包埋方法

目前，人工种子的包埋方法主要有凝胶包埋法、干燥包埋法和水凝胶法。

（1）凝胶包埋法 是将繁殖体悬浮在黏性液态胶中后直接播种到土中。Drew 等采用此法在含有营养物质但不含糖类的培养基上放置大量的胡萝卜体细胞胚，最终得到 3 株完整小植株。也可以将体细胞胚混合到温度较高的胶液中，然后滴注到一个有小坑的微滴板上，随着温度降低，胶液变为凝胶颗粒。

（2）干燥包埋法 是指用聚氧乙烯等聚合物包埋干燥过的体细胞胚，此法有利于人工种子的贮藏。Redenbaugh 首次用该方法包埋苜蓿体细胞胚，成苗率达 86%。

（3）水凝胶法 又称滴注法，是指将繁殖体包裹于海藻酸钠与氯化钙经离子交换后形成的圆形颗粒中的方法。具体步骤如图 3-6 所示，把成熟的体细胞胚悬浮于一定含量的海藻酸钠溶液中，用塑料吸管吸取悬浮液并滴加到 $0.1\ mol/L$ 的 $CaCl_2$ 溶液中，离子间发生键合而形成胶囊。胶囊的大小以体细胞胚的大小和发芽能力来决定。可以通过调整吸管的内径和吸注的速度来控制胶囊的直径，一般采用口径为 $3\sim4\ mm$ 的吸管，可获得直径为 $4\sim5\ mm$ 的胶囊。体细胞胚包在胶囊中的位置宜偏在一边，不要处在正中央，以利于萌发。手工制作时，可让悬滴在滴管口稍停留片刻，当体细胞胚移向悬滴底部时，才滴入 $CaCl_2$ 溶液中，可获得体细胞胚偏离在一边胶囊。聚合的时间长短依赖于胶体介质的含量，一般海藻酸钠溶液的含量为 $2.0\%\sim3.0\%$。在氯化钙溶液中聚合时间不超过 $10\ min$，以免胶囊太硬而影响发芽。形成胶囊后转入无菌水冲洗工序，最后在 $1/2\ MS$ 培养基上做发芽和转换试验或进一步包裹人工种皮。

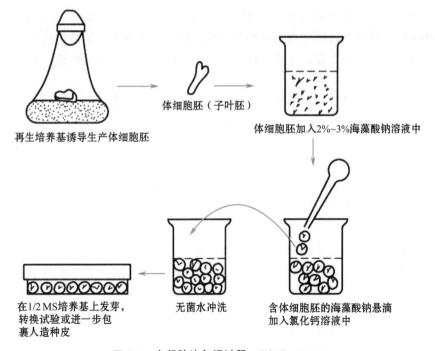

图 3-6 水凝胶法包埋过程（崔凯荣，2000）

3.5.2.3 人工种子的贮藏

人工种子的贮藏是人工种子研制中的关键问题。包埋出的人工种子含水量高，易失水干缩，极大地增加了人工种子的贮藏难度。目前人工种子的贮藏方法主要有低温法、干燥法、抑制剂法和液体石蜡法等。干燥法是模拟天然种子经过脱水等生理变化进入休眠的过程，方法简便且效果显著，如干化的甘蓝、葡萄、大豆等的体细胞胚萌发率显著增加。研究发现干燥处理有助于芹菜体细胞胚贮藏期间细胞结构及膜系统不被破坏，保持细胞内环境的相对稳定。但干化处理对细胞组织有一定的伤害作用，可通过高浓度的蔗糖、脯氨酸和 ABA 预处理体细胞胚提高其脱水耐性。如蔗糖预处理可以延长高丽参体细胞胚的休眠时间；脯氨酸预处理可以增加胡萝卜体细胞胚的抗逆性；ABA 能促进云杉子叶期体细胞胚中贮藏蛋白和可溶性糖等脱水保护物质的积累，提高体细胞胚的萌发率。低温法与干燥法结合也可增加人工种子的贮藏能力，如 2.5% 聚氧乙烯干燥固化法制作的胡萝卜人工种子，在 4℃黑暗条件下可存放 16 d。低温加脱落酸处理也可大大提高体细胞胚的存活率，如蝶豆人工种子在 4℃下保存 5 个月后，仍然有 86% 的存活率。

3.5.2.4 人工种子的转换

转换（transformation）是指人工种子在一定条件下萌发、生长，形成完整植株的过程。可以用转换率，即人工种子发育成正常表现型植株的百分率，表示体细胞胚的转换能力。转换的方法可分为无菌条件下的转换和土壤条件下的转换。无菌条件下的转换也称离体条件的转换。一般是将新制作的人工种子播种在低糖含量的 1/4 MS 固体培养基中，培养后统计人工种子形成完整植株的数目，计算人工种子的转化率。无菌条件下的苜蓿人工种子的转换率为 60.0%，胡萝卜可达 79.0%。人工种子应用的真正目的是直接播种于土壤，即在土壤条件下转换成功才是人工种子真正应用于实践的关键。土壤条件下的转换也称活体条件下的转换，采用方法有以下两种。

（1）无土培养试验　以蛭石或珍珠岩作为人工种子播种介质，附加低浓度无机盐，1/6 MS 培养基，0.75% 麦芽糖有利于转换。无土培养条件下苜蓿人工种子的转换率一般为 20.0%，五加科药用植物三七的人工种子转换率可达 89.7%。

（2）土壤试验　直接将人工种子播种于土壤中测试种子萌发长成完整植株的能力。如苜蓿人工种子的土壤直接转换率为 20.0%，水稻不定芽人工种子的直接转换率约为 10.0%。

人工种子转换的主要限制因素为人工胚乳中的营养成分。人工胚乳的主要营养成分有无机盐、碳水化合物和蛋白质等。研究发现，人工种子中的无机盐对转换起着重要的作用，当缺乏硝酸钾、硫酸镁、氯化钙时，苜蓿人工种子就不会发生转换；缺乏磷酸铵转换率可从 30.0% 降至 5.0%，表明这些无机盐成分对人工种子的萌发是必不可少的。此外，碳源种类和含量在人工种子转换中也起着一定的作用，0.75%～1.5% 的麦芽糖有利于提高人工种子的转换率。

3.5.3　人工种子的应用

人工种子的产生是对植物传统繁殖方式的革命。人工种子的应用在一些植物种类上虽然取得了进展，但仍存在不少问题，主要表现在：①许多有商业价值或农艺性状好的植物基因型，特别是那些不易获得种子或自然增殖率极低的植物种类，往往体细胞胚发生能力较弱，或胚的生活力差，再生系统尚不健全；②有些植物虽然可以诱导出体细胞胚，但同步化技术尚未解决，难以控制大量体细胞胚的同步化发育；③人工种子的生产成本远高于自然种子，特别是许多重要农作物的工艺性不好，成本更高，市场无竞争力；④人工种子的贮藏、运输、加工及机械化播种等问题尚未完全解决。因此，人工种子还难以与自然种子相竞争，但是，对于目前农业生产实践中的一些具体问题，如种子繁殖植物的杂种优势利用问题，长期无性繁殖导致的病毒积累、产量和品质退化问题，若建立起人工种子繁殖体系，就可以顺利地解决。显然，人工种子的发展前景是乐观的。在大力降低生产成本的条件下，开发经济价值高、常规繁殖系数低植物类型的人工种子，将有着广阔的发展前景。

人工种子的应用前景主要表现在以下几个方面：

1. 优良种苗的快速繁殖

通过植物组织培养技术生产的胚状体具有数量多，繁殖速度快，结构完整等特点，可在短期内大量生产优良种苗，比茎尖培养快速繁殖效率还要高。此外，人工种子的胶衣中除含有足够胚萌发所需要的营养成分外，还可添加一些植物生长调节剂、固氮菌、杀虫剂和杀菌剂等，以充分改善幼苗的生长条件，更好地调节植物的生长发育。

2. 用于杂交种的生产

体细胞胚是由无性繁殖产生的，可以保持亲本的优良性状不产生分离，这样可避免出现天然种子因有性生殖而使杂种优势在子代发生分离的现象。因此，人工种子可用于固定杂种优势，大量生产杂种 F_1 种子。若是获得了优良基因型，通过人工种子的合成还可更多地、大量地繁殖个体，而不需三系配套等复杂的育种过程。

3. 珍贵品种的繁育

人工种子为一些名贵植物品种或一些不能采用种子繁殖的园艺植物开辟了一条良种繁育的新途径。此外，用基因工程手段获得的含有特种宝贵基因的新的少量的工程植株，也可以通过人工种子在短期内大量繁殖。更有一些植物如黄瓜在组织培养中很难分化，但在原生质体培养中通过体细胞胚途径却可以获得再生植株，人工种子的合成为这些植物的基因工程及生物技术等方面的研究提供了良好的基础。

4. 加速育种进程

在常规育种中筛选出的优良个体，尤其是通过现代育种技术，如植物基因工程、染色体工程及突变体筛选出的优良品系，无论其遗传差异性如何，都能由其体细胞增殖出大量的同质个体，且不必经过遗传稳定性处理，因而可以通过人工种子技术固定优良性状，可在短期内培育出新品种。

复习题

1. 何谓胚培养？简述胚培养的意义。
2. 离体幼胚培养胚发育有几种类型？各有何特点？
3. 影响离体幼胚培养的主要因素有哪些？
4. 简述胚乳培养的意义。
5. 何谓胚珠、子房离体培养？有何意义？
6. 何谓离体授粉？
7. 何谓离体受精？
8. 简述离体受精的一般程序。
9. 何谓合子培养？
10. 何谓人工种子？简述人工种子的制作程序。

4 植物单倍体细胞培养

【导读】单倍体细胞培养是体外诱导单倍体的重要途径。本章主要介绍单倍体的起源、单倍体的应用、离体条件下的小孢子发育途径以及花药培养、花粉培养、未受精子房培养等的方法及影响因素。通过对本章的学习，掌握单倍体的起源和应用以及离体条件下的小孢子发育途径，熟悉花药培养、花粉培养、未受精子房培养等的方法及影响因素。

被子植物典型的花药中，细胞按染色体的倍性可分成 2 类：一类是单倍体细胞，即由花药中的花粉母细胞减数分裂后形成的小孢子（未成熟花粉）；另一类是二倍体细胞，如药隔、药壁、花丝等组织。单倍体（haploid）是指具有配子染色体数的个体或组织，即体细胞染色体数为 n。由于物种的倍性不同，可以把单倍体分成两类：即一倍单倍体（monohaploid），这类单倍体起源于二倍体物种；多倍单倍体（polyhaploid），这类单倍体起源于多倍体（如 $4x$，$6x$）物种。典型的单倍体只能从多倍体植物，如小麦、烟草、三叶草等中产生，二倍体植物产生的单倍体只有在加倍后形成双单倍体（doubled haploid）才能存活下来。

单倍体细胞培养主要包括 3 个方面：花药培养、小孢子培养和未受精子房或胚珠培养，其中花药和小孢子培养是体外诱导单倍体的主要途径。从严格的组织培养角度上讲，花药培养和小孢子培养具有不同的含义，尽管二者都是旨在获得单倍体。花药培养是将植株的花药取出，在离体无菌的条件下进行培养，属于器官培养的范畴；小孢子培养则与单细胞培养相类似。

Tulecke（1950）首次成功地培养了数种裸子植物的成熟花粉粒，发现在一定的培养基上，一些花粉可以不按正常的发育途径发育成成熟花粉，而是形成愈伤组织，但大多数花粉粒还是长出了花粉管而不长愈伤组织。Yamada 等（1963）首次报道由紫露草属植物的花药培养中分离得到了单倍体组织，但真正成功的被子植物花药培养的报道来自印度学者 Guha 和 Maheshwari（1964），他们将毛叶曼陀罗的成熟花药培养在适当的培养基上，发现花粉能够转变成活跃的细胞分裂状态，从药室中长出了胚状体，并进而从胚状体获得了单倍体植株。自从这一单倍体诱导技术建立以来，单倍体培养迅速在茄科植物中获得成功。利用单倍体诱导技术获得亲本材料逐步应用于其他植物，单倍体育种技术也获得了广泛的运用。据不完全统计，已有 23 科 52 属约 300 种高等植物的花药培养获得成功，其中包括水稻、大麦、油菜、小麦、玉米、大豆、橡胶、杨树、苹果等。单倍体材料中仅含 1 套染色体，植株一般弱小且高度不育，无法直接应用，通过加倍即可获得二倍体纯系，只需 2 个世代即可获得稳定二倍体纯系，即双单倍体系（DH 系）。目前，全球有 250 多种作物物种是运用双单倍体育种的，其中玉米、小麦等 12 个物种使用双单倍体系（DH 系）培育了 300 多个强优势的商业杂交种。

4.1 植物单倍体的起源及特性

4.1.1 单倍体的起源

高等植物的生命周期可分为两个不同的世代，即无性世代产生孢子和有性世代产生配子。无性世代中的孢子体是二倍体，具有两套来自双亲的染色体，形成孢子前经过减数分裂，二倍体的合子染色体数减半成为配子（单倍体）的染色体数。20世纪20年代植物细胞遗传学兴起时单倍体即为植物遗传学家、植物生理学家、胚胎学家和育种学家所关注。它是一种特殊的生命现象，涉及生物的起源、进化、胚胎发生与遗传变异等学科。在植物中单倍体可以自发产生，也可诱发产生。自发产生单倍体的植物种很多，包括番茄、棉花、咖啡、甜菜、大麦、亚麻、椰子、珍珠粟、油菜、小麦和芦笋等，共有10个科26个属36种植物可以自发产生单倍体。由于单倍体植株自发产生率很低，严重地限制单倍体在作物改良上的应用和遗传学研究。20世纪70年代以来，科学家已经开发了许多有效、简单、能产生大量单倍体的技术。

目前，主要有5种方法可以诱发植物产生单倍体。

（1）种间和属间杂交　远缘杂交中，异种植物虽然不能与母本授粉、受精，但由于远缘花粉的诱导作用，卵细胞可在没有受精的情况下受刺激而发育成胚。这种远缘杂交诱发单倍体的现象在马铃薯、大麦、小麦、玉米中都有发生且在马铃薯育种中得到实际应用。

（2）物理照射和化学诱变　如用被射线照射后失去了受精能力的花粉给母株授粉，卵细胞在花粉的刺激作用下进行孤雌发育，从而产生单倍体。这方面的例子在大豆、烟草、小麦、金鱼草中都存在。

（3）双生苗的筛选　有些植物可产生多胚种子，即两个或多个胚被共同的种皮包裹着，这些种子可产生单倍体-单倍体、二倍体-二倍体和单倍体-二倍体植株。因为双胚种子长成的双生苗中有单倍体，其出现的概率显然比正常单生苗要大，如在棉花中高达87.5%。在辣椒属（*Capiscum*）中，双生苗的发生概率受母本基因型控制。通过筛选可以加大双生苗的发生概率。

（4）花药、花粉、未受精子房或胚珠离体培养　培养的花药、花粉或未受精子房和胚珠直接产生单倍体胚，或先诱导产生单倍体愈伤组织，再经适当的途径产生单倍体植株。Hu 和 Guo（1999）对高等植物单倍体产生的途径进行了概括（图4-1）。他们将高等植物在生活周期中可以产生单倍体的途径划分为3个方面：通过花粉（花药）、子房和胚珠培养产生单倍体（Ⅰ）；通过合子染色体消除产生单倍体（Ⅱ）；通过雌、雄配子的单倍体孢子体、它们的前体细胞、生殖细胞的原生质体等产生单倍体（Ⅲ）。

（5）基因编辑技术　目前基因编辑技术已经用于单倍体的生产，如 CRISPR/Cas 系统。CRISPR（clustered regularly interspaced short palindromic repeats）是

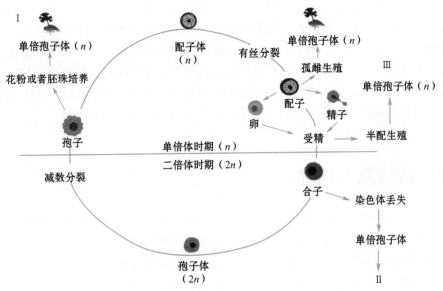

图 4-1　高等植物生活周期中可以产生单倍体的 3 条途径

规律成簇间隔短回文序列，Cas9（CRISPER associated nuclease）是与 CRISPR 相关的核酸酶。CRISPR/Cas9 是最新出现的一种由 RNA 指导的，利用 Cas9 核酸酶对靶向基因进行编辑的技术。通过 CRISPR/Cas9 基因编辑技术定点突变关键基因，创制高效孤雌生殖单倍体诱导系。如玉米 *MATL* 基因是在精细胞中特异表达的磷脂酶（phospholipase）基因，该基因失活后可以高效诱导玉米单倍体的产生。目前这一技术已在玉米、水稻、小麦中成功应用。

4.1.2　单倍体的特性

单倍体植株含有本物种配子染色体数及其全套染色体组，也就是具有生命必需的全套基因，因此在适宜条件下，能正常生长。但因为所含染色体仅是正常体细胞的一半，单倍体植株表现出：①植株一般比较矮小纤弱；②由于细胞核内的染色体为奇数，进行减数分裂时会发生联会紊乱，无法产生性细胞，几乎不能形成种子（配子），所以单倍体植株高度不育；③染色体一经加倍，即得到纯合的正常二倍体植物。

4.1.3　单倍体形成的机制

胚胎发育早期单一亲本染色体消失是不稳定种间/种内杂交产生植物单倍体的原因所在，然而目前其具体作用机制尚不清楚。主要有以下几种假说：细胞周期不同步；核蛋白合成不同步；父、母本基因组不平衡，有丝分裂间期或中期亲本基因组空间分离；姐妹染色单体分离故障形成多级纺锤体；染色体被排出细胞核；着丝粒选择性失活以及宿主特异性核酸酶降解外源染色体等。上述多种假说的一个共同特征是植物通过多种方式识别宿主与外源或受损 DNA，并锚定后者将其消除。

近期研究发现单倍体的形成与 CENH3 蛋白相关。在稳定的杂种胚胎中，一个亲本产生的 CENH3 蛋白能支持另一个亲本染色体着丝粒的功能。在不稳定的杂种胚胎中，CENH3 蛋白不能成功组装到其中一个亲本的着丝粒，进而导致单一亲本染色体消失。Sanie 等（2011）对大麦×球茎大麦杂种胚胎中 CENH3 的功能进行研究，发现球茎大麦 CENH3 蛋白失活后，大麦的 CENH3 蛋白便不能成功整合到球茎大麦染色体上，导致球茎大麦着丝粒失活而形成母本单倍体。CENH3 功能受到多种蛋白的调控，对其中任何一个进行操作都可能导致着丝粒失活。

4.2　植物花药培养

花药培养简称花培，是利用植物组织培养技术把发育到一定阶段的花药通过无菌操作技术接种在人工培养基上，以改变花药内花粉粒的发育程序，诱导其分化，并连续进行有丝分裂，形成细胞团，进而形成一团无分化的薄壁组织——愈伤组织或分化成胚状体，随后使愈伤组织分化成完整的植株。花药培养诱导单倍体的技术相对于其他细胞工程技术是一种较简单的技术。培养材料具有后代遗传稳定、遗传类型丰富、选择效率高、可缩短育种年限等优点。花药培养逐渐成为一种快速且高效的育种新手段。在小麦、水稻、油菜、烟草、辣椒等的育种实践中，花培技术已显示了其应用价值。

离体花药在培养条件下可经器官形成或胚胎发生途径分别产生单倍体植株。但就某种植物来讲往往以其中一种途径为主。花药培养诱导单倍体植株的过程如图 4-2 所示。

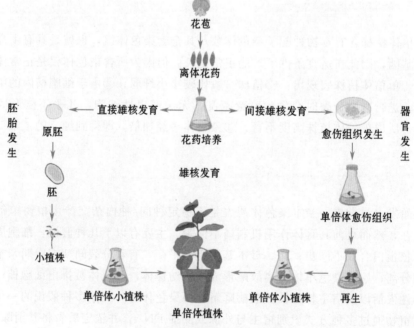

图 4-2　花药培养与单倍体植株的形成

4.2.1　花药培养方法

在合适的植株上选定花蕾后，用一种适当的灭菌剂对花蕾进行表面消毒，用无菌水冲洗 3～4 次，然后在无菌条件下，将花药连同花丝一起取出，置于 1 个无菌的培养皿中。取其中 1 个花药在醋酸洋红中镜检，确定花粉的发育时期。若发现符合要求，把其余雄蕊上的花药轻轻地从花丝上摘下，水平地放在培养基上进行培养。不同材料的接种方式稍有不同，对于禾本科作物，首先剪去剑叶，用 70%～90% 酒精擦洗表面，剥出幼穗，去芒，在 0.1% $HgCl_2$ 或 1% 次氯酸钠溶液中消毒，无菌水冲洗干净后，将花药取出接种。对于棉花、油菜等作物，应去掉花蕾上的苞片，用肥皂水洗后冲干净，在 70% 酒精中停留 1 min，然后放入 0.1% $HgCl_2$ 或其他消毒剂，冲洗干净后，剥开花冠，取出花药培养。在取花药时要特别小心，保证花药不受损伤。丢弃损伤的花药，因为花药受损伤后，常常会刺激花药壁形成愈伤组织，同时这种损伤可能会使花药产生一些不利于花药培养的物质。

一般情况下，花药较大，很易取出接种。可有些植物花药很小，极难解剖，可以将整穗放在液体培养基中，低速摇动培养瓶进行培养。在这种情况下，由于是整穗培养，所含孢子体细胞较多，应采取适当措施，尽量避免从孢子体诱导愈伤组织形成。

花药培养 2～3 周后，花药中的小孢子经大量分裂形成胚状体或愈伤组织，并逐渐使花药壁破裂，表面上看似从花药表面形成的突出物。烟草的花药在 25～28℃ 下培养 1 周，即可看到部分花粉粒膨大，但内部不积累淀粉。2 周后，这类花粉粒进行细胞分裂，成为二细胞的"原胚"，并继续分裂形成多细胞的球形胚。随培养时间的延长，球形胚逐渐发育成心形胚、鱼雷形胚等。3 周后，转到光下培养，胚状体见光由淡黄色转绿，并逐渐发育成小苗。花药培养可以通过小孢子分裂直接产生胚，从而产生单倍体植株；也可以先形成胚结构或愈伤组织，再通过器官形成或胚胎发生形成植株。并非所有植物的花药培养遵循胚胎发生途径，许多种植物的花药在培养时并不形成胚状体，而由花粉分裂形成愈伤组织，然后在分化培养基上诱导形成芽、根，并形成植株。大部分禾谷类植物如水稻、小麦、大麦、玉米等，往往通过器官发生途径产生单倍体植株。

苹果花药培养如图 4-3 所示。

图 4-3　苹果花药培养不定胚及愈伤组织的形成（聂园军等，2020）
A. 接种后花药；B. 形成不定胚及愈伤组织；C. 不定胚；D. 愈伤组织

花药培养一般是先在暗处培养，待愈伤组织形成后转移到光下促进分化。光照时间和培养温度视培养材料而定。胚萌发成苗的培养基一般与诱导培养基不同，大量的胚形成后可以转移到不同的培养条件下，寻找最合适的促进胚萌发成苗的培养条件。水稻花药愈伤组织在含有 2,4-D 的诱导培养基上时间过长不利于分化。适当的水分胁迫可以提高籼稻花培绿苗的分化率（向长云等，2007）。当 pH 调到 6.0~6.2时，培养基硬度变大，稀软的愈伤组织吸水困难，有利于愈伤组织生理状态的改善，提高了绿苗分化率。将琼脂质量浓度提高到 6.5~7.0 g/L 也能促进绿苗分化。将灭过菌的培养基自然放置 5~10 d，让水分自然散去，也能提高分化率。当花粉小植株长出几片真叶后，将它们一个个分开，转移到生根培养基上诱导生根。待其真叶长出，并有很好的根系时，可以移栽。移栽时将试管苗取出，洗净根部所带培养基，移入钵中，钵土应疏松，移栽后应注意保湿以促进幼苗成活。适宜的移栽时期因物种而异。

评价花药培养体系的好坏需要一些技术指标体系。在培养的早期阶段，可以通过压片或切片观察，计算启动分裂的小孢子数/总小孢子数来判断培养效果。有些植物在培养的早期阶段很难观察到花药内小孢子分裂，即小孢子启动分裂的时间较迟，可以通过计算一定时间内尚有活力的小孢子数/总小孢子数来判断培养效果。判断培养花药的生产力，可以观察并计算出愈率、单枚花药愈伤组织诱导数、产胚率、分化率和绿苗率。出愈率又称诱导率，指产生愈伤组织的花药数与接种总花药数的比例；单枚花药愈伤组织诱导数指平均每枚接种花药在一定时间内诱导出的愈伤组织块数；产胚率指能产生胚的花药数与培养花药数的比例，有些植物容易产生花粉胚，在一个培养皿中可以获得数百枚胚状体；分化率指分化幼苗的花药百分率；绿苗率指绿苗数与总苗数的比例，这个比值越高，说明白化苗比例越低，培养效果越好。

花药培养植株在后代遗传上具有稳定性和多变性，其中稳定性是花药培养植株能否应用于育种的先决条件。从理论上讲，由花药离体培养再生的花培植株，在遗传上基因型应是稳定的。大量学者对籼稻的研究结果表明，约 90% 花药培养的后代植株是纯合二倍体，它们不会因世代的递增而产生变异或发生生活力的衰退。前人认为花药培养植株后代的稳定性决定了缩短育种周期。花药培养植株的 H_1 应单株收获种子，H_2 多数株系内部的个体间表现出的各类农艺性状是整齐一致的，纯合株系约占 90%，这种特性经过数代的衍变也不会变。

4.2.2 影响花药培养的因素

4.2.2.1 供体植株的基因型

研究表明，小孢子能否进行胚胎发生受基因控制，所以供体植株的基因型是影响花药培养的关键因素。基因型对花药培养的影响主要有以下几个方面：产生单倍体的途径（胚状体或愈伤组织）、发生率、形成的时间、植株再生的能力以及在所形成的植株中单倍体与二倍体的比例等（董艳荣等，2001）。不同基因型的植株对培养的反应不同，具体表现为是否可诱导愈伤组织的生成，生成愈伤组织的多少和大小以及绿苗分化，白化苗的产生等。

如在大麦花药培养时，胚形成能力在基因型间的差异可达 60% 以上。大麦、小麦和水稻的花药愈伤诱导率、绿苗再生率和每个花药的绿苗产量在不同的基因型间有很大差异。在油菜的花药培养中，冬油菜比春油菜易于获得小孢子胚，冬、春油菜的杂种1代具有很强的胚胎发生能力。花药培养的反应能力受主基因或多基因控制，而且可以向不具有反应能力的品种杂交转育。小麦的单倍体产量至少受3个独立的基因控制，在1 D和5 BL染色体上的基因影响胚胎发生率。不同小黑麦基因型花药的愈伤诱导率和绿苗分化率差异明显（图4-4）。此外，有些物种的细胞质基因对花药培养有一定影响。在水稻花药培养中，一般认为粳稻培养效果较好，其愈伤组织诱导率可达40％以上；籼粳杂交后代居中；籼稻培养力极低，其花粉培养的株产率平均只有1％～3％，这也是严重制约花药培养技术在籼稻育种中应用的原因。在同一稻种中，如同为粳稻，不同品种的培养效率也有很大差别。所以，花药培养中选择合适的基因型非常重要。

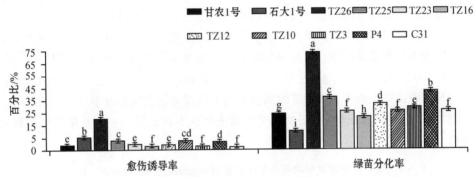

图 4-4　小黑麦不同基因型的花药愈伤诱导率、绿苗分化率（李雪等，2019）

图中小写字母表示 $P<0.05$ 水平有显著差异

4.2.2.2　供体植株的生长条件

即使基因型相符，供体植物的生理状态对花药组织培养也有影响，这取决于植株的生长条件。不同生长季节、栽培环境、不同部位的花蕾，其花粉的生理状态均可能不同，培养效果也会有明显差异。从适宜环境条件下生长的供体植株上采集花粉，花粉胚的诱导率和植株再生率高。在麦蓝菜的小孢子培养过程中，供体植株生长的环境温度显著影响小孢子的反应。此外，有时只有在控温、一定光周期和光强的环境条件下，植物花药才能有反应。环境条件对于不同的植物种有很大不同，所以没有一个固定的环境控制模式。在烟草中，短光周期（8 h）和高光强（16 000 lx）较有利；而大麦，低温（12℃）和高光强（20 000 lx）较好。芸薹属的一些种如油菜，高光强和一定的温度变化较有利。烟草植株进行适当的氮饥饿处理可以显著提高花药培养效果。对于甘蓝型冬油菜来讲，植株在15℃下生长比20℃下好。

4.2.2.3　供体植株的年龄

有些物种供体植株的年龄会影响小孢子胚胎发生，多数情况下幼年植株优于老年植株，而甘蓝型油菜却相反。Takahata 等（1991）和 Burnett 等（1992）的研究发现，从老年、看上去病弱的甘蓝和白菜型油菜分离的小孢子，比从幼年、健康的植株分离的小孢子有较高的胚产量。

4.2.2.4 花粉取材时期

在植物花粉取材时，小孢子所处发育时期对胚状体的形成及进一步发育有很大影响。只有在特定发育时期的花粉通过培养才能进行胚胎发育。在花粉培养以前，须对其进行细胞学分析以确定花粉的发育时期。可根据花粉不同发育时期与花蕾或幼穗大小、颜色等特征之间的相应关系，确定取材的形态学指标。对于辣椒花粉培养，在其花蕾长度为 2~3 mm，紫色着色 25%~75% 时，小孢子发育时期为单核晚期到双核早期，此时取材最为适宜。

易于转变成孢子体途径的花粉发育确切时期，一般来说随物种的不同而异。小孢子发育阶段是诱导花粉胚发育的关键阶段。前人研究普遍认为，处于单核中晚期花粉细胞具有最大诱导愈伤组织的能力。这个时期是小孢子发育的早期阶段，可能是它们尚未进入配子体发育的阶段，因此可以被迫增殖，表现出最高的被诱导率。最佳敏感的发育阶段因物种的不同而不同。在烟草中，处于第 1 次有丝分裂期的花粉效果最好，而在禾本科和芸薹属中，单核早期最好。甘蓝型油菜单核小孢子最易形成单倍体胚，二核小孢子可能向培养基中分泌毒性物质，降低小孢子胚胎发生率，并形成不正常和生长停滞的胚。油菜花粉发育时期对小孢子胚发育的影响见表 4-1。

诱导胚胎发生的最佳小孢子发育时期因物种的不同而异，一般从单核早期到双核早期（表 4-2）。

表 4-1　油菜花粉发育时期对小孢子胚诱导和生长的影响（Dixon，1991）

花粉时期	培养花蕾数	培养花药数	花蕾诱导率/%	花药诱导率/%	花蕾产胚率/%	花药产胚率/%	总胚数	胚数/花药数
单核早期	26	130	73.1	48.5	26.9	13.1	421	3.24
单核中期	31	155	83.9	42.6	19.4	9.0	405	2.61
单核晚期	86	430	72.1	43.0	9.3	4.9	100	0.23
第 1 次有丝分裂期	15	75	53.3	29.3	6.7	1.3	2	0.03

表 4-2　不同物种诱导胚胎发生的最佳小孢子发育时期（Ferrie 等，1995）

发育时期	物种
单核早中期	*Hordeum vulgare* *Hyoscyamus niger* *Solanum tuberosum* *Triticum aestivum*
单核晚期—双核早期	*Brassica napus* *Nicotiana otophora* *Pinus sylvestris* *Zea mays*
双核期	*Capsicum annuum* *N. rustica* *N. tabacum* *S. carolinense*

在接种前，一般需先用醋酸洋红压片法对花药进行镜检，以确定花粉的发育时期，并找出花粉发育时期与花蕾或幼穗大小、颜色等特征之间的相应关系。可以根据花蕾和花药的长度判断小孢子发育时期，从而为取材提供参考。一般而言，单核后期的花药培养较易成功，此时烟草花蕾的花冠大约与萼片等长。对于禾谷类作物，孕穗期较佳，如水稻，此时的颖片通常已达最后大小，淡绿色，剥出的花药也呈淡绿色，如果花药白色则过嫩，黄色或黄绿色则偏老。对甘蓝型油菜来说，4.5 mm 以下的花蕾较适合于花药培养。花蕾、花药长度与小孢子发育时期和培养效果的关系见表 4-3。

表 4-3　油菜花蕾、花药长度与小孢子发育时期和培养效果的关系（Polsoni 等，1988）

花蕾长度/mm	花药长度/mm	胚数/皿[a]	细胞学时期[b]
2.1	1.4	0	四分体
2.4	1.6	0	单核早期
2.5	2.1	0	单核中期
3.1	2.3	396	单核晚期
3.6	2.4	6 495	单核晚期
4.0	2.6	2 898	单核晚期和营养—生殖核期
4.7	2.9	0	营养—生殖核期
5.0	3.0	0	营养—生殖核期

a. 每皿为 5 个花药来源的小孢子；b. 固定 1 个花药进行细胞学观察。

在花药培养时，由于对培养条件的反应不同，花粉在形态上形成两种类型：一类是具胚性的（如烟草和大麦），花粉小，染色浅；另一类为非胚性的，花粉大，染色深，朝成熟花粉方向发展。这种现象即花粉的二型性。如乌丹蒿长球形花粉与圆球形花粉较明显的差异表现在花粉粒形状、萌发器官及大小等方面，两种花粉粒在轮廓、表面纹饰等的细微特征方面也有不同（图 4-5）。不同作物花粉二型性的表现不一样，在烟草中，花粉第一次有丝分裂以后，几乎所有的花粉粒在发育上是相似的，体积增大，用醋酸洋红染色深，营养细胞积累淀粉粒，直至发育成成熟花粉粒。可极少数花粉（约 0.7%）被称作"S 花粉"或"P 花粉"，在体积上并不增加多少，它们的细胞质染色浅，核比较清晰。在水稻中，胚性小孢子（约 10%）比非胚性小孢子大，高度液泡化。

花粉二型性在禾谷类作物如小麦、大麦和水稻中都存在，油菜中是否存在花粉二型性还难以定论。取材后的低温储藏处理也是花药培养过程中的一个必要环节，其可以明显提高花药培养的愈伤诱导率和绿苗分化率。不同物种的花粉对低温的耐受力有所不同，因而所需的温度与时间须做出相应的调整。低温等一些预处理，可增加胚性小孢子的比例，利于形成胚。如水稻采用 8～10℃下 7～10 d 的低温预处理，一般可以达到较好的培养效果。

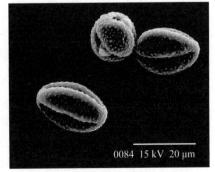

0084　15 kV　20 μm

图 4-5　乌丹蒿长球形花粉粒与圆球形花粉粒的形态（蔡萍等，2019）

4.2.2.5 花蕾和花药的预处理

对于有些物种，培养前对花药和花蕾进行预处理，能显著提高花药培养效果。大麦花药，在4℃处理28 d或7℃处理14 d，能收到最好效果。4℃预处理被认为是小麦和大麦最合适的温度处理，而8℃预处理对玉米、水稻和甘蔗比较合适。在肌醇溶液中，10℃的条件下，对大麦花药处理4 d，可以增强单倍体的胚胎发生。可以对整穗、小穗，甚至分离的花药施加预处理，只要注意预处理期间不要与水接触。也有人将花药接种后放在低温下预处理，不同材料需不同的预处理方式，没有一个固定模式。

低温预处理的可能机制是延缓花粉的退化，维持花粉发育的生理环境，提高内源生长素水平并降低乙烯水平，启动雄核发育等。除温度处理外，其他一些因素的预处理有时也能收效，如用激素处理供体植株可以提高马铃薯花药单倍体的形成能力。用EMS、酒精、射线、降低气压、高低渗处理进行预处理的也有报道。杜永芹等（1997）在大麦花药培养中发现，在固体培养体系下，采用甘露醇预处理3 d完全可以取代常规3~5℃条件下21 d的低温处理，而且前者好于后者，并能缩短预处理时间。

预处理有可能在小孢子培养的初始期打乱细胞骨架。研究发现，油菜小孢子培养的最初6~24 h进行秋水仙素处理增强了小孢子胚形成的能力，将要进行胚胎发生的小孢子细胞微管均匀分布，而没有诱导反应的小孢子微管呈极性分布。

4.2.2.6 培养基

1. 基本培养基

花药组织培养使用的基本培养基组成有大量元素、微量元素、维生素、糖类和激素等。培养基的组成在胚胎发生中起着主要的作用。MS培养基、N_6培养基及马铃薯提取液培养基在禾谷类作物中应用较多。我国学者研制出N_6培养基，适合于禾本科作物的花药培养。N_6培养基的特点是铵离子浓度较低。随后，经过对培养基的改造，在不同植物的花药培养中建立了不同的基本培养基。进行花药培养时，对不同基本培养基进行效果测试是最基本的工作。当然，随着研究的深入和经验的积累，也可对现有的培养基进行进一步的优化试验。

2. 碳源

花药培养时往往需要一定的渗透压，有的要求低含量（2%~4%）的蔗糖，有的要求高含量（8%~12%）的蔗糖。在培养前期，高含量的蔗糖不仅可诱导花粉胚的形成，而且由于花粉细胞的渗透压比体细胞的渗透压高，在一定程度上能降低花丝等组织形成愈伤组织，提高花粉愈伤组织发生的比例。

蔗糖对雄核发育的必要性最初是由Nitsch（1969）在烟草中发现的，后来又被Sunderland（1974）在南洋金花中所证实。虽然Sharp等（1971）曾报道，在完全不含蔗糖的培养基上，烟草花粉也能发育成胚，但在这样一种简单培养基上，发育只能进行到球形胚阶段为止。蔗糖是必需的，但不一定总需要高含量的蔗糖。在大麦花药培养中，Clapham（1971）最初使用含量为12%的蔗糖，但后来发现并不需要这么高的蔗糖含量，建议使用含量3%的蔗糖。不过在小麦中，欧阳俊闻等（1973）发现，6%的蔗糖能促进花粉形成愈伤组织，但抑制体细胞组织的增殖。与此相似，根据能形成花粉胚的花药数判断，在马铃薯中6％的蔗糖也显著优于2％或4％的蔗糖。成熟花粉是二细胞结构的植物往往需低含量的糖，而成熟花粉为三细胞结构的植物往往需高渗条件，如油菜小孢子培养时，蔗糖的含量可用到13％～17％。

除蔗糖外，一些植物的花药培养中还使用葡萄糖或麦芽糖，或不同糖结合使用。对于特定的植物种，不同碳源诱导愈伤组织的能力及绿苗分化率存在差异，这种差异并非由于碳源所造成的渗透压不同，可能是不同碳源的化学结构、物理特性和生理功能对花药诱导有影响。

3. 激素

培养基中激素的种类、使用量和配比，对诱发小孢子启动分裂、生长和分化常常起决定作用，而其他成分一般只起次要的辅助作用。因此，在进行花药培养时，进行细致的激素方面的试验是必要的。一旦筛选出比较合适的激素组合，会大大提高研究效率。在生长素中，2,4-D对于许多作物花粉的启动、分裂、形成愈伤组织和胚状体起决定性的作用。以不同质量浓度的2,4-D诱导小麦花药产生愈伤组织的试验结果表明，2,4-D质量浓度从0.2 mg/L起，随着质量浓度提高，花粉愈伤组织出现率有增加的趋势。但在几种籼稻花药培养中，当2,4-D的质量浓度增加后，其诱导率反而降低，当2,4-D质量浓度增加到20 mg/L时，珍珠矮与平朝九号都不产生愈伤组织。应该注意的是，2,4-D对启动分裂和愈伤的增殖往往有刺激作用，但对分化却有抑制作用，在诱导单倍体愈伤分化时，应及时降低2,4-D的质量浓度或去除2,4-D。有些植物可以不需要激素，如烟草、矮牵牛在无激素的培养基上可诱导单倍体胚胎发生。有些植物依赖于植物激素，如水稻、小麦等。

4. 氮源

氮素的量和各种氮素的比例对培养效果也会有明显影响。氨态氮含量过高明显抑制水稻花粉愈伤组织形成。一般要求一个合适的 N/NO_3^-，这个比值因物种的不同而异。朱至清等（1974）在水稻花药培养中证实，改变培养基中无机氮源可以显著改变花粉形成愈伤组织的概率，随后又能影响由愈伤组织分化绿苗的概率。在他们所研制的 N_6 培养基中，供试的3个水稻品种花粉出愈率分别为37.7％、32.2％和7.5％，而在 Miller 培养基上分别只有15.5％、10.8％和0％。N_6 与 Miller 培养基中氮的组成有明显不同。中国科技工作者研制的 N_6 培养基为禾本科作物的花药培养做出了重要贡献。除无机氮源外，添加有机氮有时有显著效果。谷氨酰胺和脯氨酸被证明对花药愈伤组织诱导、增殖和分化都有促进作用。这两种氨基酸在大麦、籼稻、粳稻、苜蓿等植物的花药培养中都有良好效果。其原因可能是提供了蛋白质合成的原料，或作为渗透保护物质起作用，提高了逆境条件下花粉的生存能力。

5. 硝酸银

培养基中添加乙烯抑制剂抑制乙烯的合成对甘蓝（*B. oleracea*）的花药培养有利，可是大麦的花药培养正相反，培养的花药向培养基中释放的乙烯达到一定程度可以刺激胚胎发生。$AgNO_3$ 是乙烯作用部位竞争性抑制剂，在小白菜花药培养中，加入 $AgNO_3$ 可以抑制花药褐变，促进花药胚状体形成。

6. 其他成分

有机物质在花药培养中可能起重要作用。在大麦和小麦的花药培养中，培养基中所添加的维生素对培养效果可产生重要影响，培养前应做条件试验。对于某些植物种来讲，添加某种植物的提取物或椰汁可以改善培养效果。琼脂质量浓度也是一个重要的影响因素，提高琼脂质量浓度可以提高水稻花培的绿苗分化率。

7. pH

有些植物的花药对培养基的 pH 有一定要求。在曼陀罗的花药培养中，观察到随着 pH 的变化，产生胚状体的花药百分率增加，当 pH 达到 5.8 时，效果最好；当 pH 增至 6.5 时，花粉不形成胚状体，镜检发现花粉不发生细胞分裂。在油菜的小孢子培养中，通常采用 6.2 的 pH 效果较好。

禾本科作物花药-花粉培养常用的几种培养基见表 4-4。

表 4-4　**禾本科作物花药-花粉培养常用的几种培养基**（Hu 等，1999）　　mg/L

培养基成分	培养基					
	MS	FHG	N_6	C17	BAC	马铃薯培养基[a]
KNO_3	1 900	1 900	2 830	1 400	2 600	1 000
NH_4NO_3	1 650	165		300		
$(NH_4)_2SO_4$			463		400	100
KH_2PO_4	170	170	460	400	170	200
$CaCl_2 \cdot 2H_2O$	400	440	166	150	600	
$MgSO_4 \cdot 7H_2O$	370	370	185	150	300	125
$NaH_2PO_4 \cdot H_2O$	—	—	—	—	150	—
$FeSO_4 \cdot 7H_2O$	27.8		27.8	27.8	—	27.8
$Na_2EDTA \cdot 2H_2O$	37.3	40	37.3	37.3	—	37.3
Sequestrene 330Fe	—	—	—	—	40	—
KCl	—	—	—	—		35
$MnSO_4 \cdot 4H_2O$	22.3	22.3	4.4	11.2	5.0	
$ZnSO_4 \cdot 7H_2O$	8.6	8.6	1.5	8.6	2.0	
H_3BO_3	6.2	6.2	1.6	6.2	5.0	
KI	0.83	0.83	0.8	0.83	0.8	
$Na_2MoO_4 \cdot 2H_2O$	0.25	0.25	—	—	0.25	
$CuSO_4 \cdot 5H_2O$	0.025	0.025		0.025	0.025	
$CoCl_2 \cdot 6H_2O$	0.025	0.025		0.025	0.025	
肌醇	100	100			2 000	
盐酸硫胺素	0.4	0.4	1.0	1.0	1.0	1.0
维生素 B_6	0.5	—	0.5	0.5	0.5	—
烟酸	0.5	—	0.5	0.5	0.5	
甘氨酸	2.0	—	2.0	2.0		
谷氨酰胺	—	730				0.5~1.0
水解酪蛋白			500	300		
蔗糖	30 000		60 000	90 000	60 000	90 000
葡萄糖					17 500	
麦芽糖		62 000				
Ficoll-400	—	200 000	—	—	300 000	—
pH	5.7	5.6	5.8	5.8	6.2	5.8

　　a. 马铃薯培养基含 10% 马铃薯水提物。

4.2.2.7　培养条件

多数植物在25℃下培养能诱导愈伤组织，可某些植物，尤其是芸薹属，在高温35℃下处理几天，然后进入25℃培养能收到较好的培养效果。培养初期的高温处理有效地提高了小孢子核对称分裂的频率，使部分小孢子在第一次核分裂过程中偏离原配子体的发育模式，向孢子体方向发育。玉米在14～15℃培养4 d再转到27～28℃的条件下培养，效果较好。此外，接种花药的外植体置向、培养光照等，有时对培养效果也有影响。Kiviharju等（2005）指出燕麦'Lisbeth'在诱导期，黑暗培养比弱光培养提高了愈伤组织的出愈率和再生苗率，但燕麦'Aslack'在黑暗和弱光下培养的效果没有统计学上的差异，表明不同基因型对光反应是有差异的。Ferrie等（2014）指出在诱导期间的黑暗对绿色植物生产更有效。因此，花药培养一般在暗处进行，直到愈伤组织或胚状体形成再转入光下培养。

4.2.2.8　活性炭

Bajaj等（1977）将2%的活性炭添加到培养基中，烟草雄核发育的花药百分率由41%增加到91%，而且每个花药产生的植株数量增加，并加速了从花药再生植株的过程。0.5%的活性炭使玉米花药中愈伤组织或胚状体的诱导率提高1倍左右，在分化培养基上加入0.5%的活性炭，还能促使分化的幼苗健壮，根系发达。对活性炭提高雄核发育的机制了解甚少，可能是活性炭吸附了在高温消毒时由蔗糖产生的5-羟甲基糖醛，也可能是活性炭调节了内源和外源生长物质水平。对于一些易产生酚类物质的植物，培养基中加入活性炭可以吸附酚类及其他毒性物质，改善花药培养效果。

在烟草中，活性炭的使用提高了出苗率，但增加了畸形苗率。刘仁祥等（2007）认为，活性炭在烟草花培中提高出苗率主要是其杂质中的Zn、Fe等弥补了培养基中微量元素的不足，促进胚状体的形成和发育。另外，活性炭使畸形苗增加，是因为活性炭减弱培养基表面的光照，花粉小植株在生长过程中光照不足。

4.2.2.9　接种密度

在花药培养中，接种密度过去很少受到人们注意。忽视花药培养密度的原因在很大程度上与花药培养技术本身的发展有关。花药培养技术大部分来自茄科植物的研究，其中对培养反应最好的一些植物的花药均比较大。许智宏和Sunderland（1982）采用液体小体积培养法对大麦花药培养的密度效应进行了系统研究，表明在大麦花药漂浮培养中，为获得大量的花粉愈伤组织，用已经低温处理的单核中期花药，接种密度至少需要60枚/mL。小麦与大麦的花药都比较小，因而研究小麦花药培养的密度效应，就显得十分重要。甘蓝型油菜花粉培养胚胎发生的最低培养密度为3 000粒（花粉）/mL，但若获得最好培养效果密度需要达到10 000～40 000粒（花粉）/mL（Huang等，1990）。这种密度只在开始培养的几天重要，培养两天后将密度降到1 000粒（花粉）/mL，并不降低胚胎发生率。花药密度对花药愈伤组织的诱导效率有显著影响，并有一定的阈值，超过这个阈值，将能显著提高或者降低花药愈伤组织的诱导率（王付欣等，2001）。

4.3 植物小孢子培养

4.3.1 小孢子的发育途径

小孢子培养又称为游离小孢子培养或花粉培养，是将花粉从花药中游离出来，使其分散成游离态，进而以单个花粉作为外植体进行离体培养发育成单倍体植株的技术。花粉为单倍体组织，因而培育出的植株为单倍体。1982 年，Licher 首次以油菜小孢子为材料培养出单倍体植株，之后国内外许多育种专家通过小孢子离体培养在多种植物中获得了单倍体植株。

为了明确培养条件下的小孢子发育，有必要首先了解被子植物小孢子的正常发育情况。在雄蕊的花药中可分化出孢原组织，再进一步分化为小孢子母细胞（通常称花粉母细胞，染色体数为 $2n$），经减数分裂形成四分孢子（四分体）（染色体数为 n），然后经单核早期、单核靠边期、双核期（1 个营养核和 1 个生殖核），最后到达三核期而成为成熟花粉（图 4-6）。一般来说，被子植物正常花粉发育过程都要经过 1 次不均等的胞质分裂，形成 1 个较小的生殖细胞和 1 个较大的营养细胞，称为 A 型途径。但在正常花粉发育过程中，偶尔发生不对称分裂的机制受到破坏的情况，即在花粉第 1 次有丝分裂时，细胞核在比较靠近小孢子的中心开始有丝分裂，从而发生对称的胞质分裂，最终产生 2 个相等细胞的花粉粒。这种对称胞质分裂的异常发育类型称为 B 型途径，在大麦、烟草等作物的花药培养中可以见到。

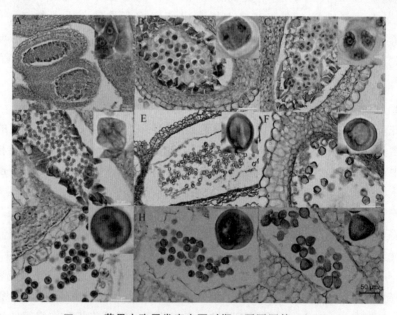

图 4-6　苹果小孢子发育主要时期（聂园军等，2020）

A. 小孢子母细胞；B. 2 核细胞；C. 四分体；D. 单核早期收缩期小孢子；E. 单核中期小孢子；

F. 单核靠边期小孢子；G. 双核细胞早期；H. 双核细胞后期；I. 成熟花粉

在培养条件下，由于改变了花粉原来的生活环境，花粉的正常发育途径受到抑制，花粉第二次分裂不再像正常花粉发育那样由生殖核再分裂一次形成两个精子核，而是像胚细胞一样持续分裂增殖。这时花粉的分裂增殖方式有 4 种类型（图 4-7）。

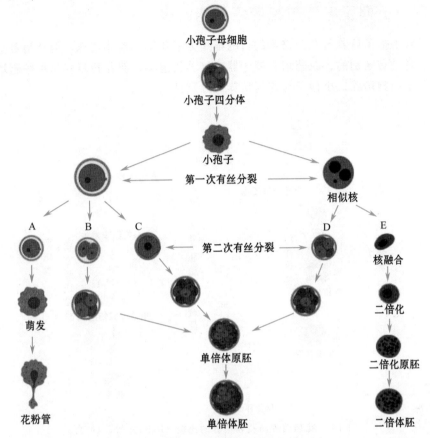

图 4-7　**小孢子正常发育途径和培养条件下胚胎发育途径比较**（Reinert 等，1977）

A. 自然条件下小孢子的第二次分裂及萌发形成的花粉管；B. 营养核重复分裂而生殖核败育；

C. 生殖核重复分裂而营养核败育；D. 两个核共同分裂形成单倍体胚；

E. 两个核融合后分裂形成纯合的二倍体

1. 营养细胞发育途径

即花粉经第一次有丝分裂形成不均等的营养核和生殖核，其生殖核较小，一般不分裂或分裂几次就退化，而较大的营养核经多次分裂而形成多细胞团，并迅速增殖而突破花粉壁，形成胚状体或愈伤组织，最后再生成单倍体植株。

2. 生殖细胞发育途径

营养核分裂 1～2 次退化，而生殖核经多次分裂发育成多细胞团。

3. 营养细胞和生殖细胞并进发育途径

这一途径有两种情况，一种是营养核与生殖核各自分裂形成单倍体愈伤组织或胚状体；另一种是营养核与生殖核融合后再分裂。

4. 花粉均等分裂途径

花粉进行均等分裂形成 2 个均等的子核，以后两核间产生壁而形成 2 个子细胞，进而发育成多细胞团，破壁后形成胚状体或愈伤组织。

虽然花粉在离体培养下存在 4 种发育方式，但在某一具体植物的花药培养中，可能出现一种或两种以上的不同发育方式。

4.3.2　小孢子培养与花药培养的比较

尽管小孢子培养与花药培养的目的都是为了获得单倍体植株，但从培养范畴上讲，二者是有区别的。花药培养属于器官培养的范畴，而花粉培养与单细胞培养相似，属于细胞培养。小孢子与花药培养的区别见图 4-8。

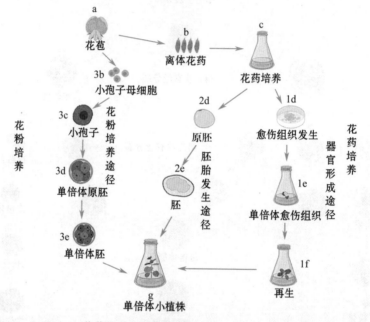

图 4-8　花药培养与花粉培养的比较（Reinert 等，1977）

小孢子培养在某些方面比花药培养有一定优势：花药培养有时会由于花药中的有害物质而不能诱导小孢子启动第一次分裂，小孢子培养则不存在这一问题；花粉已是单倍体细胞，诱发后经愈伤组织或胚状体发育成的小植株都是单倍体植株或双单倍体，不含有因药壁、花丝、药隔等体细胞组织的干扰而形成的体细胞植株；由于起始材料是小孢子，获得的材料总是纯合的，无论它是二倍体的还是三倍体的；小孢子培养可观察到由单个细胞开始雄核发育的全过程，是一个很好的遗传与发育研究的材料体系；由于花粉能均匀地接触化学的和物理的诱变因素，花粉是研究吸收、转化和诱变的理想材料。

4.3.3　小孢子的分离与培养

4.3.3.1　分离小孢子的方法

1. 自然释放法

对有些物种的花蕾消毒后，无菌条件下取出花药，放在液体或固体培养基上培养，花药会自然开裂，将花粉散落在培养基里（上），然后将花药壁去除，进行花粉培养。这种方法在油菜和几种禾本科作物里有所应用，但由于效率低，一般不采用。

2. 机械挤压法

有挤压法和研磨过滤收集法两种。

挤压法是将花药消毒后，加入少量的分离溶液，用镊子或小玻璃棒将花粉从花药中挤压出来，通过不锈钢网或尼龙网除去组织碎片，收集悬浮液，然后用 30% 蔗糖溶液离心收取悬浮在蔗糖溶液上层的完整花粉粒，再用培养基洗涤几次后用于培养。

研磨过滤收集法只在茄科植物和油菜等十字花科植物里有成功的应用。将花蕾消毒后，放入含培养基或分离液的无菌研磨器中研磨，使花粉（小孢子）释放出来，然后通过一定孔径的网筛过滤，离心收集花粉并用培养基或分离液洗涤，然后用培养基将花粉调整到理想的培养密度，移入培养皿培养。

油菜小孢子分离技术程序如下（Keller 等，1987；Baillie 等，1992）。首先根据花蕾大小判断小孢子的发育时期，取合适的花蕾于 6% 的次氯酸钠溶液中，在摇床上摇动，表面消毒 15 min，然后用无菌水冲洗 3 次，每次 5 min。取 50～75 个花蕾在 5 mL B_5-13（含 13% 蔗糖的 B_5 培养基）培养基里研磨成匀浆，然后通过 44 μm 尼龙网过滤到一个 50 mL 离心管中，研磨烧杯和网上匀浆用 B_5-13 培养基冲洗 3 次，每次用培养基 5 mL。收集的小孢子悬浮液于 130～150 g 离心 3 min，去掉上清液，用 5 mL 新鲜培养基悬起沉淀物，重复 2 次，用培养基调整到理想密度进行培养。

3. 剖裂释放法

这一技术需要借助一定工具剖裂花药壁，使花粉或愈伤组织或胚释放出来，而不是自然释放。这种方法最早在烟草里尝试，后来在狼尾草（*Pennisetum typhoides*）里成功应用。

4. 机械游离法

主要有磁搅拌法和小型搅拌法两种。磁搅拌法是将花药接种于盛有培养液或渗透稳定剂的无菌器皿中，再放入一根磁棒，为提高分离速度，可另加入几颗玻璃珠，置于磁力搅拌仪上，低速旋转，使花药中的小孢子释放出来，然后过滤收集，经纯化处理后，调整到合适的密度，便可用于培养。小型搅拌法又称超速旋切法，是通过转轴的高速转动带动花蕾、穗子切段或花药高速运动而使之破裂，从而使小孢子游离出来，经过分级过筛收集后进行培养。

4.3.3.2 小孢子培养方法

1. 液体浅层培养法

这一方法类似于原生质体培养，分离的小孢子经洗涤纯化后，调整到需要的密度，根据培养皿的大小，将小孢子适量加入培养皿培养。待愈伤组织或胚状体形成后转移到分化或胚发育的培养基上生长。

2. 平板培养法

将分离的花粉在平板培养基上培养，也可诱导花粉产生胚状体，使其进而分化成小植株。

3. 双层培养法

将花粉置于固体-液体双层培养基上培养。培养基的制作方法：先铺一层琼脂固体培养基，凝固后，在其表面加入少量液体培养基。

4. 看护培养法

Sharp 等（1972）建立一种看护培养法，使培养的番茄形成了细胞无性繁殖系。将滤纸片放置在完整花药的上面，将花粉放置在滤纸片上。对照是把花粉粒直接放在固体培养基表面上，其他操作完全相同。花粉在看护培养基上植板率可达到60%，而对照的花粉不生长（图4-9）。

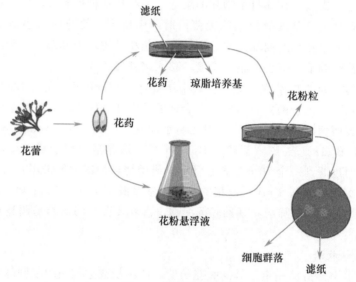

图 4-9　花粉看护培养

5. 微室悬滴培养法

Kameya 等（1970）用甘蓝×芥蓝 F_1 的成熟花粉培养获得成功。其方法是把 F_1 花序取下，表面消毒后用塑料薄膜包好，静置一夜，待花药裂开、花粉散出，制成每滴含有 50～80 粒的花粉悬浮培养基，然后进行悬滴培养。培养方法类似于原生质体培养。

6. 条件培养法

在合成培养基中加入失活的花药提取物，然后接入花粉进行培养。首先将花药接种在合适的培养基上培养一定时间（如1周），然后将这些花药取出浸泡在沸水中杀死细胞，用研钵研碎，倒入离心管离心，上清液即为花药提取物。提取液过滤灭菌后，加入培养基中，再接种花粉进行培养。失活花药的提取物中含有促进花粉发育的物质，因此有利于花粉培养成功。

4.3.3.3　影响小孢子培养的因素

1. 供体植株的基因型

游离小孢子培养与其他外植体培养一样均受基因型控制，基因型的差异是引起外植体脱分化是否启动和发生率不同的主要原因。目前已有大量的研究表明，小孢子胚胎发生能力主要由基因型决定，且存在显著差异，主要表现在不同基因型小孢子诱导胚胎发生能力产生的差异及不同基因型小孢子诱导胚胎发生胚产量间存在差异等两个方面。Lebus（1999）对不同番茄品种的游离小孢子培养时，发现在相同培养条件下，有的品种能诱导出胚状体，有的却没有胚状体出现。在相同的培养条件下，不同材料的小孢子胚的诱导受基因型的影响较大，且诱导率差异很大。因此，基因型的影响在花药或游离小孢子培养中普遍存在。选择合适的基因型分离小孢子是培养成功的关键因素。Nowaczyk（2002）也证实了基因型的重要性，且胚状体诱导率差异较大的两种基因型杂交后代的诱导率处于二者之间，因此可通过此方法改善低诱导率的基因型。

2. 供体植株生长条件和生理状态

供体植株的生长条件对小孢子发育同步化程度和胚状体诱导产生重要影响，不同的生长条件下，供体植株小孢子发育同步化程度和胚状体诱导存在显著差异。在玉米小孢子培养研究中，生长期间的最低温度会影响小孢子的胚状体诱导。

供试植株的生长状态影响花粉的发育情况，对小孢子培养具有一定的影响。花粉在适宜的温度环境下，分化能力可达到最佳状态。有研究表明环境温度为26.4℃时最适宜诱导单倍体。但是不同基因型材料之间具体最适生长环境可能存在差异。露地栽培的材料在诱导单倍体方面普遍优于温室栽培材料。外植体的生理状态对游离花粉的分裂能力也有重要影响，如生长在12℃/10℃（昼/夜）条件下的大麦容易分离到游离的花粉。供体材料的长势不仅受到栽培土壤条件和温度的影响，还与株龄、季节、光照、病虫害等有关。在小麦小孢子培养中，病虫害情况是影响小孢子培养的重要因素，健壮无病虫害供体植株的小孢子活力强、污染率低，是小麦小孢子培养的最佳材料选择。

3. 小孢子发育时期

理论上说各发育阶段的小孢子都具有发育成完整植株的潜能，但在离体培养下，不同作物的小孢子发育时期是否转向孢子体发育途径却存在差异。小孢子所处的发育时期是培养能否成功的因素之一。小孢子的发育时期分为四分体时期、单核早中期、单核靠边期、双核期、三核期等（图4-10）。花药长度、花药颜色及花瓣颜色也随小孢子不同发育时期而变化。一般认为茄科植物适用的范围是单核中期至双核中期，但不同植物其最适时期有所不同，如烟草宜选用单核期小孢子，马铃薯用单核末期的小孢子较好。如果在小孢子培养前进行花蕾、花药等各种预处理，则要求的小孢子发育时期稍早，因为一般认为小孢子在各种预处理中仍可继续发育。

在小孢子培养中，花粉发育时期也直接影响胚胎发生效率。在游离小孢子培养中，花蕾取材时期是决定小孢子培养能否成功的关键因素之一。通常以花蕾长度、花瓣与花药长度比、花蕾颜色等指标来对花粉发育时期进行确定。花粉发育主要分为3个时期：四分体时期、小孢子时期和花粉成熟期。如辣椒单倍体诱导多选用小孢子发育时期中单核靠边期的花蕾，此时小孢子刚好处于第一次有丝分裂阶段，适于诱导小孢子向单倍体方向发育。单核靠边期花粉刚开始进行淀粉的积累，并且小孢子即将进行有丝分裂，此时对于外界培养条件反应最为敏感，当培养在诱导培养基中时，花粉便出现脱分化从而产生胚状体或者愈伤组织。因此，在小孢子培养

植物生物技术导论

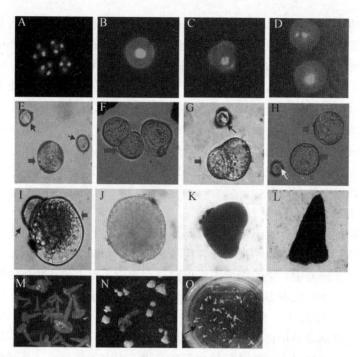

图 4-10　羽衣甘蓝的小孢子培养（姚悦梅，2019）

A. 四分体；B. 单核早期；C. 单核晚期；D. 双核期；E. 游离出来的单核期小孢子；

F. 第一次对称分裂；G. 第一次不对称分裂；H. 液泡化小孢子；I. 原胚；

J. 球形胚；K. 心形胚；L. 鱼雷形胚；M. 子叶胚；N. 畸形胚；O. 胚胎发育不同步

（箭头表示对应图注时间的小孢子）

时，多选择单核期，尤其是单核中、晚期（单核靠边期）的花粉。

4. 预处理

预处理是小孢子培养成功的前提条件。预处理的目的是改变小孢子的发育方向，使尽可能多的小孢子从配子体发育途径转向孢子体发育途径，即成为具有胚胎发生潜力的小孢子。目前预处理主要是对花药进行适度的逆境处理，包括低温、高温、化学物质、离心、射线、饥饿、高渗等处理。

（1）低温处理　低温处理是一种促进小孢子胚胎发生的方法。对多数物种来讲，花药/花粉在低温（4～13℃）下处理一段时间，再转移到25℃培养，能促进孤雄生殖。最适低温处理时间的长短随温度、花粉发育时期和基因型的不同而变化。在水稻的花药培养中，通常需要将取回的幼穗在4℃或其他较低的温度下处理一段时间，再进入培养程序，能获得较理想的效果。低温预处理是在接种之前将材料用0℃以上的低温处理一段时间后再接种，应用较多。处理温度一般在1～14℃，时间从几小时到几十天不等。不同植物所用的预处理温度及时间差异较大。低温预处理对游离花粉培养中诱导分裂很有效，粳稻品种8℃处理18 d或4℃处理10 d，籼稻品种10℃处理10 d，小麦4℃处理7 d，分离出的花粉在培养过程中易分裂。水稻品种'中花11'和粳稻单核靠边期的花药，经4℃低温预处理10～20 d后，在无糖培养基上预培养2～4 d，对游离花粉进行培养，有利于较大类型花粉粒的发育，花粉分裂率、愈伤组织诱导率均明显提高（王光远等，1995）。在大麦的小孢子培养中，诱导初期小孢子与幼穗共培养增加了胚诱导率和绿苗率，而且四倍体幼穗比二倍体幼穗对小孢子胚诱导的影响力更大（Lu 等，2008）。

（2）热激处理　热激处理在甘蓝型油菜中应用最普遍，32℃处理 8 h 以上才能有效地诱导孤雄生殖；如果在 32℃的条件下处理不到 4 h 就转移到较低的温度下培养，孤雄生殖的诱导过程会被中断。32℃的温度处理对甘蓝型油菜是必需的，这个温度几乎接近花粉的致死温度（一般致死温度在 35～37℃及以上，Smykal 等，2000）。有趣的是，供体植株生长的温度与花药培养时热激处理的温度至少应有 5℃的差异，这个差异越大，热激处理的效果越明显。

不同温度热激处理对白菜小孢子胚诱导的影响见表 4-5。

表 4-5　不同温度热激处理对白菜小孢子胚诱导的影响

基因型代号	热激温度/℃	细胞膨大			平均出胚率/%		
		1d	2d	3d	1d	2d	3d
N1	25（CK）	−	−	−	0.00	0.00	0.00
	27	−	+	+	0.00	1.20	3.50
	30	+	+	+	10.30	20.80	15.60
	33	+	+	+	60.50	71.40	68.40
	35	+	+	+	50.60	40.20	30.40
	37	+	+	+	9.10	5.60	2.10
N2	25（CK）	−	−	−	0.00	0.00	0.00
	27	−	+	+	0.00	0.60	0.90
	30	+	+	+	5.60	8.40	11.20
	33	+	+	+	30.40	43.80	36.20
	35	+	+	+	34.50	20.50	10.40
	37	+	+	+	25.40	10.60	4.50

（3）物理和化学处理　γ 射线对小孢子胚胎发生也具有刺激作用，尤其是与热激处理相结合。花药培养前用 γ 射线照射促进花粉愈伤组织形成和花粉胚胎发生在烟草、曼陀罗、小麦、水稻和油菜中均有报道。秋水仙素处理比 γ 射线处理的效果明显，但不及热激处理。在培养基中添加 25～50 μmol/L 秋水仙素，对小孢子和花粉处理 48 h，可以收到很好的效果（Zaki 等，1995）。重金属胁迫也能促进小孢子胚发生，在油菜花药培养中，常用硝酸银改善培养效果。在大麦花药培养中，诱导培养基中添加 90～180 μmol/L $ZnSO_4$ 可以明显提高小孢子胚发生率。在小孢子培养中添加 $ZnSO_4$ 也具有增效作用，不同基因型对 $ZnSO_4$ 的反应不同（Echavarria 等，2008）。

（4）营养饥饿处理　营养饥饿处理也是促进小孢子胚胎发生的一种方法，在 25℃条件下对烟草小孢子饥饿处理或有糖存在的情况下 33～37℃的热激处理均能使小孢子实现胚胎发生，而且将糖饥饿与热激处理结合起来具有一定的加性效应（Touraev 等，1996）。在大麦研究中发现，肌醇、钙和脱落酸胁迫均有刺激小孢子胚胎发生的效果（Hoekstra 等，1997）。Aruga 等（1985）将烟草花药放在无糖培养基上培养几天，抑制了小孢子的正常发育途径，启动了孤雄生殖途径。糖饥饿处理后再转移到含糖培养基上使生殖细胞核合成 DNA 的能力丧失，而营养细胞核在糖饥饿的情况下却获得了合成 DNA 的能力。

在大麦的小孢子培养中，也观察到糖饥饿对孤雄生殖的诱导作用（Wei 等，1986）。在开始培养的 24～48 h，对烟草双核中期花粉进行谷氨酰胺饥饿处理，再转到含谷氨酰胺的培养基上，促进了孤雄生殖，而直接培养在含有谷氨酰胺基本培养基上的花粉只能产生成熟花粉粒（Kyo 等，1985，1986）。在饥饿处理的过程中，很多花粉的营养核有 DNA 复制迹象，但并不为胚形成所必需（Zarsky 等，1990）。Harada 等（1988）观察到，胚性花粉中存在 4 种新的磷酸蛋白。Zarsky 等（1990）推测，在完全培养基上培养之前，对花粉进行饥饿处理，可能使雄配子体细胞质受抑制，启动营养细胞分化，使营养细胞脱离 G_1 状态而进入细胞周期的 S 期，这一过程是小孢子向胚性发展所必需的。

5. 预培养

预培养主要针对接种在培养基上的花药或游离小孢子。不进行预培养的子房块胚珠没有膨大现象，更没有胚状体的形成，可见预培养对于启动雌核发育起到相当重要的作用。目前常用方法为高温和碳饥饿。高温不能中断配子体发育，促使其连续分裂形成胚状体，提前进入分化阶段。常用 32～36℃处理 7～8 d，能够明显提高培养效果。关于 40℃高温报道比较少，低温或变温处理效果不如高温处理效果明显。

碳饥饿是指在预培养阶段培养基中缺少碳源。Kim（2008）利用 B_5 培养基研究碳饥饿处理发现，在碳饥饿胁迫下的胚状体诱导率明显高于对照。王烨等（2008）对比了 5 种基因型在碳饥饿处理下小孢子存活率，其中 4 个品种普遍高于对照，而且对于不同处理时间长短变化程度不一致。对比证明碳饥饿可以较好地维持小孢子的存活率，但本质上还是基因型不同导致对胁迫的反应不同。

6. 培养基

培养基的成分当然影响花粉的培养效果，如培养基的类型、激素使用量和配比、糖的种类和含量、氮源的种类和用量等。在小麦花粉培养中发现，3%的蔗糖适用于小麦花粉培养，较高含量（9%）蔗糖不利于小麦花粉培养，含量高于 9%的蔗糖不能启动花粉粒的脱分化及雄核发育。2,4-D 在诱导花粉粒转向孢子体发育的过程中起主导作用（朱宏等，2002）。在芥菜小孢子培养的培养基中添加活性炭和 10 μmol/L 硝酸银可以使小孢子胚产率提高 4 倍。

培养基的物理状态与培养效果有关。培养基渗透压影响细胞分裂，液体培养基中加入 Ficoll 能提高玉米花粉的植株再生率，其主要原因是增加了渗透压（Coumans 等，1989）。花粉培养要求良好的通气条件，培养基通气条件不足易引起白化苗。培养一定时间后更换新鲜培养基可以促进细胞分裂和增殖。大白菜花粉培养时，每 3 d 更换 1 次新鲜培养基，其花粉胚的产量可提高 200～300 倍（Hansen 等，1993）。一般认为在游离花粉培养过程中，可能产生抑制花粉胚发育的有害物质，通过更新培养基，可以避免抑制花粉胚发生的有害物质的积累。不同植物来源的花粉培养需要更换培养基的周期不同。大多数情况下，也不需要全部更新培养基，可以去除一定量的培养液，补充等量的新培养液。可以采用离心沉淀收集花粉，去除旧培养液，加入新培养液悬浮后继续培养。此外，培养基的 pH、光照强度、温度、光周期、湿度等，也会影响花粉的培养效果。

有时，良好的培养与再生效果需要使用对多种因素综合改进的技术。培养基中的糖类、植物激素、其他添加物等对小孢子培养的结果有影响。小孢子培养对蔗糖的要求十分专一，不能用代谢不活泼的化合物或其他双糖代替。对于植物激素的作用有些争议，一般认为低浓度的生长素类物质可提高胚状体的诱导率，高浓度的则易产生愈伤组织和使细胞倍性复杂化。在培养基中添加活性炭，对于小孢子培养是有益的，能提高小孢子胚的诱导率，因为它能够吸附培养基中的抑制物质以及琼脂中的杂质，但也能吸收有益物质如 Fe-EDTA。添加活性炭虽然提高了胚的发生率，但是不正常胚的数目增多。在茄子的小孢子培养中，活性炭与高温处理对小孢子培养很重要，可以获得大量的小孢子胚，并有效地促进胚萌发而发育成植株（图 4-11）。

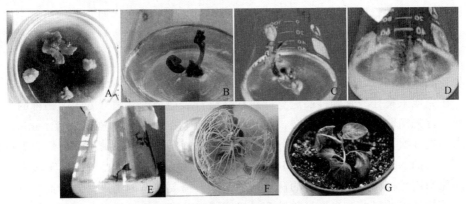

图 4-11　**茄子小孢子培养与植株再生**（范适等，2017）
A、B. 不定芽的分化；C、D. 丛生芽；E、F. 生根；G. 移栽

7. 接种密度

在游离小孢子培养中，有学者比较了 6 个不同接种密度，发现胚状体发生数量随密度的增加而提高，而且诱导时间也会随之变短；但当密度大于 10×10^4 个/mL 时，胚状体数量开始下降，最佳的密度是 $8 \times 10^4 \sim 10 \times 10^4$ 个/mL。这与水稻和大麦接种密度相似。可能是在培养过程中小孢子会释放一些促进发育的类似于细胞分裂因子的物质，这也是优化接种密度的一个因素。由于每皿培养基所能提供的养分有限，接种密度也应根据材料情况设置。

4.4　植物未受精子房培养

雌核离体培养又称大孢子发育技术，目前主要通过离体培养未受精子房或胚珠等单倍体组织获得单倍体植株。该方法已成功运用于多种植物单倍体植株的获取，常用于葫芦科植物。对于雄性不育的品种而言，未受精子房诱导单倍体的效果优于花药培养，并且由子房诱导成愈伤组织较容易。Tulecke（1964）最先从裸子植物银杏（*Ginkgo biloba*）的未受精子房得到单倍体愈伤组织。San（1976）首次通过大麦未授粉子房培养得到单倍体植株。目前，已有多种植物成功通过培养离体未受精子房获得单倍体植株，如大麦、烟草、玉米、水稻等。离体雌性生殖器官不仅在单独培养时会产生单倍体，另外，将雌性生殖器官与花粉或者花药共培养时能够显著提高愈伤组织或胚的诱导率。Lantos 等将辣椒的子房和其游离小孢子共培养成功获得单倍体植株，并且发现当把辣椒的子房换成小麦的子房时也取得了成功。

与花药和花粉培养相比，由该方法获得的再生植株具有白化苗比率低、倍性变异小的特点。此外，这项技术尤其适用于雄性不育的植物种类。

4.4.1　未受精子房培养方法

4.4.1.1　未受精子房的采集

在采样前，要保证不同取样时期的子房都不会受精。在早晨 8：00—9：00 采样最佳。选择生长健壮植株上无病无虫的蕾期、花初期和花后期 3 个时期的子房取样。将外植体从植株上取下后应迅速包好放入保鲜袋内，取回材料立即处理或者放置 4℃冰箱保存后进行消毒切片试验，不能放置在常温条件下，避免 2 次成熟。

4.4.1.2　外植体预处理及接种

在完成采集任务拿到样品后立即对样品进行表面消毒，消毒方式因物种的不同而异。首先摘取子房并流水清洗，在超净工作台上先用 75% 的酒精消毒 1 min、无菌水冲洗 3 次，滤纸吸干表面水分后，削皮切成 1 mm 左右的薄片，而后立即放置 2%～3% 的 NaClO 溶液消毒 4 min、无菌水反复冲洗 5 次，无菌滤纸吸干表面水分至胚珠暴露后接种到预先准备的诱导培养基中。需要注意的是灭菌处理剂量及时间对未受精子房的影响。当次氯酸钠含量过高或者处理时间过长时，接种初期的外植体就会变为半透明淡黄色，随即褐变死亡，不会产生芽点或进一步分化。可见过高含量的次氯酸钠或长时间的处理无菌率都很高，但都会对外植体产生伤害。

4.4.1.3　培养

先在 35℃通风透气的恒温箱里黑暗热激处理 4 d，热激处理后胚珠膨大呈嫩黄色，放置在每天光照 16 h、光强 2 500 lx、温度（25±1）℃的组培室培养，诱导培养 5 d，胚珠大部分转绿。诱导培养 15 d 后，将子房片转移至分化培养基，放置组培室继续培养，转绿后的胚珠部分变黄，部分形成胚状体，培养 30 d 左右会开始出胚。待胚状体继续生长分化出明显的形态学上端与下端后，转移至 MS 生根培养基中，不添加辅助激素以促进胚状体生根（图 4-12）。

4.4.2　影响未受精子房培养的因素

4.4.2.1　供体植株的基因型

不同植株基因型在未受精子房培养过程中的差异已经在多种作物中得到证实。不同基因型对作物产生的影响因作物不同而有差异。如水稻中粳稻的诱导率一般高于籼稻，杂交组合比定性品种诱导率高。甜菜不同基因型愈伤组织的诱导率介于

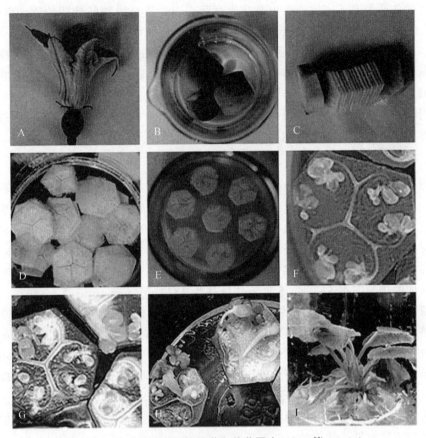

图 4-12　南瓜未受精子房培养和幼苗再生（Zou 等，2020）
A. 花期的雌花；B. 用 75％酒精对未受精子房进行表面灭菌；C. 将未受精子房横向切成薄片；
D. 将未受精子房切片浸入 3％次氯酸钠溶液中；E. 用 ELS 诱导培养基培养的未受精子房切片；
F. 在黑暗中于 35℃下培养 5 d 的未受精子房切片；G. 培养 5 d 的未受精子房切片；H. ELSs；
I. 再生苗

1％～7.6％，不同基因型之间的差异只在特定的培养基上表现出来。向日葵不同品种在培养中的差异十分显著，大体可分为 3 种类型：能诱导孤雌生殖；不能诱导孤雌生殖；对培养的反应比较迟钝，既无孤雌生殖，体细胞增殖亦甚少。在西葫芦中研究发现，相同诱导条件下，不同基因型的雌核发育诱导率明显不同，最高诱导率可达 61.3％，最低仅为 0.5％。由此可见植物的离体雌核发育存在基因型的差异。

4.4.2.2　生长季节和外植体的发育程度

适当的生长季节可给植株提供优良生长发育环境，植株可达到良好的生理状态，胚囊也可有较好的发育状态。栽培季节对黄瓜未受精子房离体培养的影响的结果表明，胚状体发生率和植株再生率在温度相对较高的 6 月下旬至 9 月下旬明显高于其他季节，植株生长发育前期好于后期。

外植体的发育程度是一个重要的影响因素。未受精子房培养的接种时期有一个较广的范围，而以成熟期或接近成熟的胚囊的细胞较易诱导成功。Castillio（1993）从大麦成熟胚囊的胚珠诱导出单倍体；黄群飞（1982）培养的从单核至成熟胚囊的各期大麦子房均产生出雌核发育胚，以八核至成熟胚囊期的诱导率较高。烟草、黄花烟草、洋葱从大孢子母细胞至成熟胚囊期均能诱导单倍体植株。大卫百合（*Lilium davidii*）孢原细胞至大孢子母细胞时期的子房离体培养也可产生单倍体植株。玉米、黄瓜、向日葵等植物只能从雌配子体晚期或成熟胚囊期的子房培养诱导孤雌生殖。在研究黄瓜未受精子房离体培养时，选取开花前 3 d、前 6 h 以及开花当天的子房为试验材料，结果表明，只有开花前 6 h 的胚珠经过 6～12 周的培养能得到胚状体，其他时期则不能诱导出胚状体。

4.4.2.3　接种前的预处理

为了能够达到更好的培养效果以提高培养的效率，试验中通常采用对材料进行黑暗、低温或高温等预处理或预培养方式，目的是从生理生化上改变细胞的生理状态，改变其分裂方式及发育途径。对预处理方式的研究主要集中在温度上，接种前的低温预处理可能有利于某些植物未受精胚珠或子房离体培养时形成单倍体植株。在研究黄瓜未受精子房离体培养时比较了 24℃、28℃、35℃ 3 个温度的影响，发现胚状体的诱导率在 35℃ 的热激条件最高为 18.4%（Gemesne 等，1997）。在南瓜、西葫芦未受精胚珠培养的研究中，研究者发现经过适宜时间的黑暗处理和 35℃ 热激处理有利于胚状体的形成。4℃ 的低温处理对甜菜未受精胚珠诱导单倍体植株也有促进作用。接种水稻子房后给以 6 d 的低温（12～13℃）处理，成功诱导出单倍体植株。在水稻、小麦、辣椒和萝卜等作物的单倍体培养中，用甘露醇、秋水仙素和不同质量浓度蔗糖等进行预处理的方式较多。

次氯酸钠是未受精子房和胚珠培养试验中最为常用的灭菌剂，使用剂量根据作物种类的不同而异。常用的有效氯含量为 1.0%、2.0%、5.0% 以及 10.0%，而含量越高，时间越长，灭菌效果虽然好但是对材料的伤害也越大。

4.4.2.4　培养基

通常在未受精子房或胚珠培养技术研究中，培养基是研究者注重的部分。从子房或胚珠获得再生植株的程序一般是将胚珠或子房在诱导培养基中诱导出胚状体，再转接到再生培养基中使之成为植株；若在诱导培养基上长出愈伤组织，还须在分化培养基上进一步分化出芽，再进一步诱导成为完整植株。研究者通常根据自己的需要调整培养基配方以达到目的。培养基中除了基本培养基成分可调整外，往往还会通过添加激素、$AgNO_3$、活性炭等进行组合分析。

1. 基本培养基

未受精胚珠与子房培养通常采用 Miller、N_6、MS、H、White 等基本培养基或其改良型培养基。在向日葵未受精胚珠的培养中，2 个供试品种对于 MS、N_6 和改良 White 三种培养基的反应基本一致（阎华等，1988），表明基本培养基的选择并非诱导向日葵孤雌生殖的决定因素。NH_4^+ 浓度明显影响棉花未受精胚珠离体纤维的诱导率。向日葵的未受精胚珠在培养分化过程中需要高浓度的 KNO_3。烟草未受精子房离体培养时增加 B 族维生素、肌醇和甘氨酸的使用量也可以提高出苗率。2% 的活性炭有利于烟草未受精子房诱导胚状体并具有壮苗作用，而在甜菜子房培养时添加 0.5% 活性炭对愈伤组织的诱导不利。

在大多数未受精子房或胚珠离体培养的研究中采用固体培养基。水稻子房、向日葵胚珠除在固体培养基培养外，在液体培养基上进行漂浮培养也获得了成功。比较试验证明水稻进行漂浮培养效果较佳，而向日葵漂浮培养的效果不如固体培养基。

2. 外源激素

培养基中通常需添加细胞分裂素和生长素等外源激素。对小麦、青稞、烟草、甜瓜等的比较试验表明，植物离体雌核发育需要外源激素的刺激，但使用的种类及含量因材料而异。一般中等水平的含量具有较高的诱导率，低水平的含量难以诱导雌核发育，较高含量的又易诱导体细胞的愈伤组织，抑制雌核发育。水稻子房在无激素条件下通常不膨大，不产生愈伤组织，MCPA（2-methyl-4-chlorophen-oxy-acetic acid，2-甲基-4-氯苯氧乙酸）的质量浓度在 $0.125\sim8.0$ mg/L 范围内，子房膨大率随 MCPA 质量浓度的提高而递增，诱导雌核发育则以较低质量浓度（$0.125\sim0.5$ mg/L）为宜，过高反而不利。采用 2 mg/L 2,4-D 也能诱导水稻的雌核发育。

水稻无配子原胚的诱导不完全依赖外源激素，原胚的继续生长则需要适当的外源激素。外源激素的轻微改变对玉米、甜菜的诱导影响效果不大。向日葵诱导胚状体的产生甚至不需要添加外源激素，只有在植株的再生阶段需添加不同种类和不同含量的外源激素。

3. 碳源

在未受精子房培养中，通常以蔗糖作为培养基中的碳源，可以给外植体提供能量和维持一定的渗透压。其含量因培养材料不同而有很大的差异，低的为 $2\%\sim3\%$，高的达到 $10\%\sim14\%$。水稻的以 $3\%\sim6\%$ 较适宜，含量过高或过低均不利于雌核发育。同一植物，在诱导培养时诱导培养基常含较高含量的蔗糖，而分化培养基的蔗糖含量较低。洋葱胚的诱导用较高浓含量（10%）的蔗糖，而幼胚的生长只需要含量为 6% 的蔗糖，生根培养时只需要含量为 4% 的蔗糖。郑泗军等（1996）用棉花未受精胚珠进行离体培养时测试了蔗糖、麦芽糖、乳糖、葡萄糖、果糖和半乳糖等 6 种不同的碳源，结果表明葡萄糖比蔗糖更适合诱导棉花未受精胚珠离体发育。

4.4.2.5　培养条件

一般胚状体和愈伤组织诱导和分化温度在 $24\sim30℃$，相对湿度为 $60\%\sim80\%$，培养基的 pH 以 $5.8\sim6.0$ 为宜。培养温度一般保持在 $25\sim28℃$，有的植物需要较高或较低的温度，洋葱需要 $20\sim22℃$，而棉花未受精胚珠在（31 ± 2）℃培养也能很好地诱导未受精胚珠的离体发育。有的植物则需要采取不同的昼夜培养温度，如白天 $27℃$，夜间 $24℃$ 可很好地诱导洋葱未受精胚珠的离体发育。

培养期间的光照条件也有较大影响。在植物组织培养中，光质对愈伤组织生长分化有影响。光质也影响大蒜、萝卜、辣椒、葡萄等的愈伤组织诱导、增殖和分化。马铃薯子房诱导培养需在散射光或黑暗条件下进行，分化阶段则用日光灯每日照射 8 h（约 2 000 lx）。烟草未受精子房培养，在黑暗或光照下均能诱导胚状体，但在黑暗条件下，胚状体产生的数量较少并逐渐白化，而适当的光照（1 500 lx，12 h/d）可以使胚状体转为绿色并提高诱导数量。

4.5 单倍体植株的加倍

单倍体植株在通常情况下表现为植株矮小，生长瘦弱，由于染色体在减数分裂时不能正常配对，所以表现为高度不育。一般而言，在植物界由小孢子胚形成的再生植株群体中，仅有 10％ ～ 50％可自然加倍形成双单倍体植株，但有相当一部分单倍体植株不能自然加倍成为双单倍体植株，使其不能正常开花结籽和配制杂交种，达不到育种需求。因此，对单倍体进行加倍处理，使其成为双单倍体，是稳定其遗传行为和为育种服务的必要措施。

4.5.1 单倍体植株的加倍方法

目前有自然加倍和人工加倍 2 种方法。在培养过程中，不同发育阶段的单倍体细胞可以自发加倍，但通常情况下自然加倍率很低。多数情况下通过人工加倍，主要是通过化学方法加倍，加倍率高。

4.5.1.1 自然加倍

自然加倍就是指在没有人工干预的情况下，有丝分裂异常，导致该细胞染色体加倍。在诱导单倍体过程中，染色体会出现自发加倍的现象。目前在许多植物中都发现存在一定比例的单倍体植株自发进行染色体数目加倍。玉米单倍体的自然加倍发生概率约为 10％；一些大麦品种的自然加倍概率则高达 87％。在洋葱中，自发二倍体的概率是 0～30％。在芥菜中，自发二倍体再生植株的概率是 4％～6％。

自发加倍的植株可以来自核内有丝分裂，也可来自花粉核的融合。一般情况下单倍体细胞在培养过程中是不稳定的，并有一种经核内有丝分裂形成二倍体细胞的趋势。这种趋势可能与培养基中的生长素有关。单倍体细胞的融合也可产生加倍植株，不同倍性水平花粉植株的存在充分说明这一机制的存在。Testillano 等（2004）通过电镜观察发生自然加倍的玉米小孢子母细胞胚胎，发现早期细胞内出现核融合现象是自发二倍化的重要原因。此外，也有学者认为在离体培养阶段，核内复制、核内有丝分裂、染色体核聚变会导致染色体数目增加，从而产生二倍体、多倍体、非整倍体。

4.5.1.2 人工加倍

自然加倍率高的材料，依靠育性的自然恢复可以实现自交结实；而自然加倍率很低的材料只有通过人工（化学）加倍才能提高加倍率。目前使用的化学加倍试剂主要是秋水仙素（colchicine，COL）和部分除草剂，其诱导染色体加倍的动力学机制分别是干扰纺锤体形成机制和干扰细胞器 Ca^{2+} 运输系统。加倍试剂中通常添加一些辅助剂来提高加倍的效率，如二甲基亚砜（dimethyl sulfoxide，DMSO）。

诱导染色体加倍的传统而有效的方法是用秋水仙素处理。秋水仙素是微管特异性药物，是诱导植物体细胞染色体加倍最有效的化学诱变剂之一。适宜剂量的秋水仙素能破坏或抑制纺锤丝的形成，使细胞复制时染色体不能分向两级，导致新生细胞的染色体加倍。后来人们发现吲哚乙酸、生长素等植物生长调节剂，芫荽脑、苯及其衍生物、磺胺剂，藜芦碱及其他植物碱、麻醉剂等次级代谢产物以及有机砷、有机汞等物质也能诱导染色体加倍。近年来还有报道，萘嵌戊烷和一些除草剂类物质如二苯基胺、磷酰胺、苯基酰胺、氟乐灵、氨磺乐灵、拿草特及一氧化氮等也可使植物的染色体加倍。除草剂通过干扰细胞器 Ca^{2+} 运输系统，亲和微管蛋白，破坏微管组装，妨碍纺锤体的正常形成，使细胞分裂失去动力来源，不能一分为二，最终生成了双倍染色体数目的细胞。

由于单倍体植株的产生经历离体培养和植株诱导与生长发育等多个时期，所以，诱导花粉植株加倍便可在各个时期实施。在烟草中一般使用 0.4％的秋水仙素溶液。具体方法是把幼小的花粉植株浸入过滤灭菌的秋水仙素溶液中 96 h，然后转移到培养基上使其进一步生长。秋水仙素处理也可通过羊毛脂进行，即把含有秋水仙素的羊毛脂涂于上部叶片的腋芽上，然后将主茎的顶芽去掉，以刺激侧芽长成二倍体的可育枝条。为了加倍颠茄的单倍体细胞，Rashid 和 Street（1974）在悬浮培养基中加入 1 g/L 秋水仙素，处理 24 h 后，再把细胞转移到不含秋水仙素的培养基中，结果可使 70％的细胞二倍化。

秋水仙素可以使细胞加倍，但它同时又是一种诱变剂，可以造成染色体和基因的不稳定，也很易使细胞多倍化，出现混倍体和嵌合植株。为解决这一问题，需要使处理植株经过一到几个生活周期，并加以选择，才能获得正常加倍的纯合植株。一些研究人员认为，用秋水仙素处理单个单倍体细胞，如果处理的时间很短，可以降低混倍体和嵌合体的发生率。如果单核小孢子在第一次有丝分裂之前被加倍，获得正常单倍体的概率便会增加。Zamani 等（2000）在进行小麦花药培养之前，首先在含有 0.03％秋水仙素的诱导培养基于 29℃条件下对花药培养 3 d，然后转移到不含秋水仙素的新鲜培养基里于同样条件下继续培养，获得了大量的可育植株。可见，秋水仙素处理时要注意处理的时间和剂量。对于不同的组织、细胞，不同的发育阶段，处理方式上可能需要适当的调整。如 Caglar 等（1997）分析黄瓜单倍体染色体加倍，表明植株浸入 0.5％ 秋水仙素处理 4 h，达到 60％ 的最高平均加倍率。

氟乐灵（trifluralin）是一种植物特异性微管形成抑制剂，也可使染色体加倍。Zhao 等（1995）研究发现，用氟乐灵处理分离的甘蓝型油菜小孢子，30 min 后微管解聚，而秋水仙素处理需 3～8 h，而且使用氟乐灵比使用秋水仙素产生的不正常胚率低。在甘蓝型油菜小孢子培养最初的 18 h 用 1 μmol/L 或 10 μmol/L 氟乐灵处理被认为是最好的获得双单倍体的方法。氟乐灵和秋水仙素加倍效果的比较见表 4-6。

表 4-6　氟乐灵和秋水仙素处理油菜小孢子培养物对胚胎发生率和再生植株育性的影响

处理	试验次数	胚胎发育率/％[a]		可育植株/％[b]	
		处理 18 h 后去除	持续处理	处理 18 h 后去除	持续处理
对照	9	7.4（3.6～16.7）	12.0（6.7～26.0）	12（50）[c]	—
氟乐灵					
1 μmol/L	4	5.3（3.1～6.9）	3.4（1.1～6.5）	56（25）	20（77）
10 μmol/L	2	4.2（0.9～7.4）	0.8（0.5～1.1）*	58（12）	无再生植株
秋水仙素					
25 μmol/L	6	6.6（4.8～9.6）	4.7（2.6～6.5）*	22（27）	53（17）
50 μmol/L	2	4.8（3.3～6.4）*	0.2（0.1～0.3）*	无再生植株	无再生植株

注：a. 表示试验的平均胚胎发生率，括号中数字为变化范围；b. 再生植株数用括号中数字表示；c. 为没有用药品处理的对照（洗涤和持续处理）的总数；*. 具有不同程度不正常胚的处理。

常用的加倍处理方法主要有浸种法、浸根法、注射法、浸芽法、培养基法等。

1. 浸种法

浸种法是操作相对简单的加倍方法。先将成熟的单倍体种子用清水浸泡 20～24 h，种子吸胀后，用秋水仙素溶液浸泡 12～16 h，再用清水浸泡 1～2 h 后播种，以减少对种子的毒害，同时也避免播种时对人体的毒害。文科等（2006）用秋水仙素对玉米单倍体种子进行处理，试验证明用 0.6% 的秋水仙素处理 24 h 的加倍效果最好。Prigge 等（2012）对胚芽鞘长至 2 cm 的玉米种子进行浸泡处理，处理前将胚芽鞘切断 2 mm，发现秋水仙素含量为 0.6% 且浸泡时间为 8 h 时加倍率最高。浸种法虽然操作较简单，但在处理时加倍试剂需用量大，而且处理时间较难把握，若时间太长，种子可能会因缺氧致死，有效诱导率相对较低。

2. 浸根法

浸根法就是将植株的根系洗净后浸泡到加倍试剂中，处理结束后再用清水将药液冲洗干净，最后将植株移栽到土壤中。Seaney（1955）将玉米单倍体幼苗的根系在 0.05% 的秋水仙素溶液中浸泡 24 h，发现在 18 株单倍体中有 11 株部分雄花能够散粉，而在 11 株对照中仅有 3 株能够散粉。金亮等（2006）用添加 2% DMSO 的 1.25 mmol/L 秋水仙素溶液对水稻单倍体植株根系进行浸泡处理，结果表明加倍率高达 30.6%。浸根法的加倍效果较好，但是需要提前育苗，而且移栽会影响幼苗的成活率。此外，用浸根法处理时加倍试剂用量比较大，成本较高。

3. 注射法

注射法多在精密试验时采用，是用注射器将加倍试剂一次性注入生长点的方法。Chaudhari（1979）采用注射法对陆地棉单倍体进行秋水仙素处理，60% 的处理植株成功加倍。Eder（2002）用 0.125% 的秋水仙素配以 0.5% 的 DMSO 注射 3～4 叶期的玉米单倍体盾片上方 3～5 mm 处，发现 8.1% 的植株能结实。文科等（2006）研究表明，0.04% 的秋水仙素注射到 6 叶期的玉米单倍体生长点处，结实率能达到 10.11%。

注射法的优点是操作较简单，不需要育苗和移栽，加倍试剂用量少；缺点是对注射部位和处理时期难以把握。此外，注射器的针头容易将生长点戳伤，可能导致生长点腐烂致死，且随着秋水仙素含量的提高，植株受药害的比例会增加。

4. 浸芽法

浸芽法是指用脱脂棉包住幼芽，每隔一段时间在脱脂棉上滴入加倍试剂，或将生长点浸泡在加倍试剂中，处理结束后，用清水冲洗干净。Chaudhari（1979）对单倍体陆地棉的芽进行脱脂棉包埋，然后用 0.5% 的秋水仙素处理 24 h，处理期间脱脂棉保持湿润，结果显示 75% 的处理植株加倍成功。Bouvier 等（2002）将单倍体梨的芽浸泡在含有黄草消的营养液中进行加倍处理，发现 200～300 μmol/L 秋水仙素的加倍效果最好，加倍率最高达 77.3%。浸芽法可以使药剂与生长点完全接触，加倍效率较高，而且避免了对生长点的机械损伤，但其作用的主要对象是生长点，即只有生长点的细胞全部加倍，才能获得加倍成功的植株，所以概率很小。

5. 培养基法

培养基法大致分为三种：①先用加倍试剂处理材料，然后转入分化培养基中生长；②在含加倍试剂的固体培养基上诱导培养一段时间，再转入分化培养基上生长；③在含加倍试剂的液体培养基中震荡培养一段时间后，再转入分化培养基中生长。曹孜义等（1983）用 0.05％秋水仙碱溶液进行间歇和连续处理玉米单倍体胚性细胞团 48 h，二倍体细胞含量从原来的 2.7％提高到约 50％，且二倍化细胞系再生植株中二倍体概率达 90.5％。Tosca 等（1995）用 60 μmol/L 秋水仙素对非洲菊的芽浸泡 48 h 后，转入固体培养基，加倍率高达 68.2％。陈新民等（2002）将已经萌动的玉米幼胚接入 4 种含不同质量浓度（0、50、100、200 mg/L）秋水仙素的培养基中，分别处理 24、48、72 h，结果显示在质量浓度 100 mg/L 秋水仙素中加倍率为 100％，处理时间为 24 h。

离体培养基法的优越性在于试验条件容易控制，试验结果重复性强，工作效率高，嵌合体发生率低。

4.5.2 影响单倍体植株加倍的因素

4.5.2.1 影响自然加倍的因素

影响单倍体自然加倍的因素有很多，如单倍体植株的基因型、高含量的植物生长调节剂、离体培养的类型等。不同基因型玉米存在 0～21.4％的自然加倍率，不同基因型油菜则具有 10％～40％的自然加倍率。种植季节和地点也会影响单倍体的自然加倍，如春季播种的玉米较夏季播种的玉米发生自然加倍的概率大，主要原因在于玉米生长前期春季温度较低，温差较大，更利于自然加倍的发生。此外，单倍体植株所生长的环境，如光周期、温度、水分、营养等条件均对自然加倍有所影响。

4.5.2.2 影响人工加倍的因素

1. 加倍试剂处理剂量和时间

不同物种和不同材料对加倍试剂的敏感度不同，因此处理剂量和时间也是不同的。在一定范围内，加倍效果随处理剂量和时间的增加而增加，但同时对材料的伤害程度也增大；处理剂量过低或时间过短则起不到加倍作用。所以选择合适的剂量和时间对加倍效果至关重要。一般的原则是高剂量时处理时间短，低剂量时处理时间长。

徐玉冰等（1991）将单倍体不定芽放入含 0.3％秋水仙素的液体 MS 培养基中处理 5～6 h，加倍率高达 85％。Hansen 等（1995）在甜菜胚珠培养过程中主张用高含量（0.4％～6％）的秋水仙素和短时间（0～5 h）处理进行加倍。在烟草的单倍体培养中，随秋水仙素处理时间的延长，0.02％秋水仙素处理使烟草幼苗逐渐变黄，而 0.10％秋水仙素处理对烟草幼苗存在严重毒害作用，甚至导致幼苗死亡（图 4-13）。

2. 渗透剂 DMSO

DMSO 是一种非质子极性溶剂，本身并不能提高染色体的加倍效果，但是能够提高分生组织的穿透力，促进加倍试剂渗入分生组织，对加倍试剂起辅助作用。Sanders 等（1970）在悬钩子（*Rubus*）染色体加倍的处理液中加入 DMSO，加倍

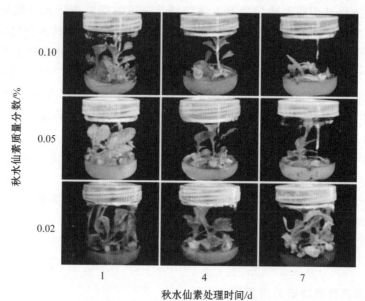

秋水仙素质量分数/%

秋水仙素处理时间/d

图4-13　秋水仙素质量分数和处理时间对烟草单倍体幼苗生长的影响

率提高了4倍。Novak（1983）认为DMSO不但能减轻诱变剂对植物组织的毒害作用，而且能降低多倍体的嵌合率。许衡（2000）研究发现，在秋水仙素溶液中添加0.2%的KT可提高变异率。童俊（2007）认为可能是KT能促进细胞分裂，使处于有丝分裂时期的细胞也相应增多。

3. 处理温度

温度会影响诱变剂的水解速度，进而会影响染色体的加倍概率。提高温度可以促进染色体加倍，但同时也会加深药害。一般适宜的处理温度为略高于细胞分裂的临界温度（18℃）。张素芝等（2006）在对大蒜四倍体诱导的研究中发现，温度与秋水仙素的处理效果密切相关，较高的温度（25℃、30℃）、短时间（24 h内）的处理效果较好，较低的温度（4℃），处理时间则应延长一些。曹孜义等（1983）采用变温预处理玉米单倍体，即将加倍材料置于7℃冰箱中48 h后转入28～30℃培养室，培养20 h后，在11～17℃温度条件下进行秋水仙素处理，然后恢复到常温生长，结果表明能刺激细胞分裂，增加同步化程度，提高加倍率。

4.6　白化苗

禾谷类作物花粉单倍体生产中存在的一个严重问题是出现大量白化苗，如大部分禾谷类作物的花粉培养的白化苗比例普遍很高，可高达80%以上。白化苗成为单倍体育种实践的很大障碍（图4-14）。

4.6.1　白化苗的形成原因

白化苗的产生与很多因素有关，包括内部因素和外部因素。

图 4-14 **荔枝白化苗（A）与正常苗（B）生长情况对比**（张蕾，2020）

内部因素：供体植株的生理状况、花药的生长状态及培养条件均可影响到白化苗的分化率，其中供体植株的基因型和花粉发育时期的影响最为明显。如籼稻比粳稻的白化苗率高，有些种（如野生稻）花粉发育时期会大量形成花粉白化苗；在不同基因型春小麦的花粉植株中，白化苗率有明显的差异。在相同培养基上，供体植株不同，其白化苗百分率不同，高的达 22%，低的仅有 9%。

外部因素：预处理、培养基成分、激素水平与种类、培养条件和方法、愈伤组织转分化时间等，如高温、高含量 2,4-D、延迟转分化培养时间等均可促进白化苗产生。

关于白化苗产生的机制一直不甚清晰。过去不少学者根据自己和别人的实验结果，探讨了禾谷类花粉白化苗的发生机理，提出的不同看法，主要有以下 4 点：

①花粉白化苗发生是由核基因控制的或是由核 DNA 变异引起的。黄剑华等（1991）研究了若干绿苗型和白化苗型的大麦之间正反交组合的花培绿苗率和白苗率的遗传表现，没有观察到正反交效应，发现它们的绿（白化）苗率不是受细胞质基因控制的，而主要是由核基因所控制。Tuvesson 等（1989）在小麦上也获得与此相一致的结果。

②花粉白化苗发生是由于白化苗的质体 DNA 发生严重缺失而引起的。Day 等（1984）发现小麦花粉白化苗的质体 DNA 严重缺失，有的缺失量可超过 80%，尽管不同白化苗的质体 DNA 的缺失段和缺失量不尽相同。Day 等（1985）对大麦和陈湘宁等（1988）对水稻和小麦的花粉白化苗的研究也获得类似的结果。这些结果表明，质体 DNA 缺失导致质体的结构变化和功能丧失而直接影响白化苗发生。

③不是由于小孢子质体的丧失，而可能是由于它逐步发生变态和功能丧失，最终导致花粉白化苗的发生。黄斌等（1986）认为花粉白化苗的形成似乎与接种花药时的小孢子中质体状态有关。在花粉发育过程中，前质体一般都经历一个由致密的前质体转变为内部结构简单、不具核糖体的前质体的变态过程。这个变态过程有可能代表了前质体由孢子状态（具有发育成叶绿体的潜力）向配子体状态（丧失了发育成叶绿体潜力）的转变。在大麦、水稻和小麦花药培养中，小孢子质体变态过程正在进行，由已完成变态过程的小孢子诱导的花粉植株，只能是白化苗；在油菜和烟草的花药培养时，质体还未发生变态，因而诱导的花粉植株全是绿苗。

④认为不同基因型禾谷类在花药培养中的不同花粉白化苗率和绿苗率不是受细胞质基因控制的，而是受核基因控制的。核基因可能是通过控制花粉质体变态和质体DNA结构改变、缺失过程发生的迟早、快慢、程度和频率而影响花粉白化苗发生的。

4.6.2　降低白化苗率的措施

可通过适当调控花粉发育时期、预处理方式、培养基成分等措施来降低白化苗的产生。

①杂交。对只分化白化苗或分化绿苗特别难的品种，可采用与高绿苗分化率的品种杂交，然后对F$_1$进行花药培养，一般可改善和提高绿苗分化率。

②培养基成分。虽然分化培养基相同，但因脱分化培养基不同，愈伤组织分化情况也不同。以 N$_6$ 脱分化培养基白化苗分化率较高，达 14.3%，但总分化率也高，达 60.0%。在 N$_6$ 培养基中附加 3 mg/L 2,4-D，0.5 mg/L KT，并将蔗糖含量提高到 9%，对绿苗分化有促进作用，而白化苗并无明显增加。添加水解乳蛋白也有利于绿苗的分化。如在大麦单倍体培养中，脱分化培养基中使用 2,4-D 加少量 2,4,5-T 和 BA，将碳源改为麦芽糖，可显著减少白化苗的产生（颜昌敬等，1996）。

③预处理调控。对花药进行适当时间的 4～10℃低温预处理，可减少花粉白化苗发生，从而提高绿苗率。不同培养温度对愈伤组织诱导有明显的差异，且低温培养的花粉愈伤组织诱导率显著低于常温培养和高温培养的。常温培养过的花药，其愈伤组织的绿苗分化率显著高于高温和低温培养的，白化苗的分化率则是高温培养的显著高于低温培养的。水稻白化苗的产生与基因型和培养温度有密切关系，小麦白化苗率随温度增加而增加（25～35℃）。低温处理对白化苗的产生因植物而异，较长时间的低温处理增加水稻白化苗的发生率，但大麦正相反。

④调控花粉发育时期。取花粉发育时期处于单核早、中期的花药进行培养并加以适当处理。大麦单核花粉时期的花药在10℃处理3～14 d，可以产生90%的绿苗和10%的白化苗，若低温处理到 21 d，几乎所有植株都是白化苗。在田间条件下，用10～20 mg/L BA 处理大麦花药，可降低白化苗率。

⑤提早进行花粉脱分化的转分化培养，可降低白化苗率。

⑥诱导花粉细胞走胚胎发生途径，产生大量胚性细胞团或胚状体，可根本克服花粉白化苗的产生。

尽管已在多种植物中建立了单倍体培养技术，但仍有很多问题亟待解决。对于多数植物来讲，能形成有活力的胚的花药或小孢子的百分率很低；通常花药或花粉离体培养时没有生长和发育迹象，或刚开始生长便导致胚败育；在产生单倍体的同时也产生二倍体或四倍体；白化苗的产生难以避免，尤其是在禾本科作物中；在混倍性的材料中很难分离出单倍体，因为单倍体细胞的生长极易被具有更强生长力的多倍体细胞所掩盖；单倍体加倍并不总能产生纯合体，纯合体的双单倍体有时表现出后代分离。单倍体的诱导具有很强的基因型依赖性，一些物种的花药培养仍然十分困难，如大豆和棉花。尽管某些物种的花药/花粉培养技术已很成熟，甚至在育种中已成功应用，但我们对小孢子胚胎发生的生理、生化、分子机制还了解甚少，与小孢子有关的基因克隆进展缓慢，大大制约了该项技术在遗传和育种方面的应用进展。此外，从雌性配子体诱导单倍体存在很多困难，进展甚微。

4.7 植物单倍体的应用

4.7.1 加快植物育种进程

以杂交为基础，通过诱导杂交种成为单倍体以及进行染色体加倍，得到很多不同于亲本的新品系，可用于生产和育种研究。如李春玲等（1987）通过甜椒花药培养获得单倍体，又经过秋水仙素加倍，育成一个新的甜椒品种'海花三号'，从接种花药到获得第5代植株，共用了3年半时间，这是常规育种法难以做到的（图4-15）。有些植物特别是雌雄异株的多年生木本植物如杨树，其生长周期较长、基因组高度杂合，单倍体育种将是克服以上问题的理想选择。

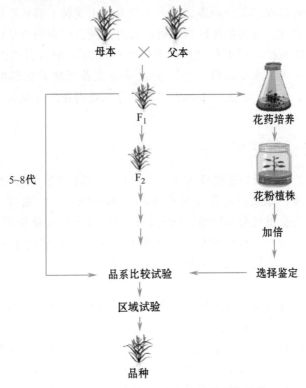

图 4-15　杂交育种与单倍体育种的周期比较

1. 加速后代纯合

通过单倍体可迅速产生纯系，在异花授粉植物中，可用单倍体产生双单倍体（DH系），从中筛选纯合自交系用于杂交制种。由于加速纯合，在缩短了育种周期的同时降低了育种的成本。

2. 提高选择率

如果某一性状受一对基因控制，AA×aa 的 F_2 中纯合 AA 个体只有 1/4，如 F_1 采用花药或花粉培养，产生的后代中 AA 个体占 1/2，比常规杂交育种提高 1 倍。如属两对基因控制，AAbb×aaBB，F_2 中要选出 AABB 个体的概率只有 1/16，若 F_1 采用花药或花粉培养，AaBb 只产生 4 种花粉：AB、Ab、aB、ab，加倍后 AABB 个体产生的概率达 1/4，比常规杂交育种提高 4 倍。可见，对于选择率，常规育种：单倍体育种＝$1/2^{2n}$：$1/2^n$。

3. 排除杂种优势对后代选择的干扰

对于杂交育种来讲，由于低世代很多基因位点尚处于杂合状态，会有不同程度的杂种优势表现，对个体的选择会造成一定误差。采用 DH 群体进行选择育种，由于各基因位点在理论上均处于纯合状态，选择到的变异能在更大程度上代表真实变异。

4. 选育新型自交系

对双亲或多亲杂交的杂种一代进行花药或花粉培养，获得的双单倍体实际上是纯合的自交系，在杂种优势利用育种中有很大用途。

5. 恢复育性

单倍体植株可以通过花药培养、小孢子培养、未受精子房或胚珠培养得到，但单倍体植株没有育性，将单倍体植株加倍即可得到纯合可育的双单倍体。

我国在单倍体育种方面走在世界的前列。1971 年，中国科学院遗传研究所就从水稻花药培养获得了水稻幼苗，1971 年又从小麦花药培养获得单倍体植株。此后，我国在烟草、水稻、小麦、玉米等作物中分别获得花培（花药培养）品种并大面积推广。

4.7.2 用于基因功能研究

多种正向遗传学和反向遗传学方法用于验证基因的功能，然而其研究对象一般为二倍体或多倍体，导致隐性突变基因或转基因不能在 M_1 或 T_0 植株上表现出来，需要自交多代获得纯合基因型。同时验证多个基因的功能则需要自交更多代，花费的时间、成本和空间成倍增加，成为植物基因功能验证的主要障碍和瓶颈之一。利用单倍体策略则能大大提高基因功能鉴定效率。

1. 筛选突变体

利用单倍体进行功能基因的研究已经在酵母的酿酒性能、藓类的抗逆性等多个研究领域开展并取得一定的成果。

由于单倍体的每个基因都是单拷贝的，各种隐性基因都可以表现出来，加倍后形成的双单倍体各基因均处于纯合状态，突变体很容易表现出来，从而大大提高突变体的筛选效率。利用这一体系获得各种突变体的事例已很多，如对花药进行离子照射，然后对花药愈伤组织筛选，可以获得理想的突变体。Hamada 等（1999）用离子束处理烟草的花药，然后接种马铃薯病毒 Y（PVY），从 472 株花药再生植株中获得 15 株抗病毒植株。因为单倍体只携带一套基因组，不存在隐性基因被显性基因掩盖的现象，其显性突变或隐性突变都会在当代的单倍体植株上表现出来，所以突变率的评估应该更加准确和简单，更有利于发现隐性突变体。目前利用单倍体技术已经先后筛选出了高光合活性烟草株系、矮秆马铃薯、抗病西瓜、巨型胚水稻等突变体。

2. 消除致死基因、标记基因

对于单倍体，带有致死基因的个体即使加倍后形成双单倍体也会由于基因的纯合而被消除，而致死基因在自然群体里常常因为杂合体的存在而不易被彻底消除。此外单倍体技术结合基因工程技术在获得纯合转基因植株的同时可以去除标记基因。

3. 用作遗传转化的受体材料

在转基因育种中，如果用体细胞为受体，经常遇到转基因后代材料分离问题，经多代选择才能稳定下来。如果用单倍体细胞作受体，获得的转基因材料经加倍后，从理论上讲会很快达到纯合状态，所以很多育种家对该方面研究很重视。受体材料可以是小孢子、单倍体原生质体、单倍体胚或单倍体植株。采用农杆菌介导、微注射分别从油菜的小孢子胚获得了转基因植株。有学者以普通小麦花药单倍体胚胎为外植体，转入大麦 $HVA1$ 基因，获得了耐干旱、遗传稳定的小麦单倍体植株，对其进行加倍获得纯合双单倍体。这些转基因植株遗传稳定，直到 T_4 才出现转基因沉默现象。对单细胞烟草小孢子进行转基因具有快速、再生、独立的特点，且不会产生嵌合体或体细胞无性系变异。

4. 是基因表达研究的良好载体

用油菜小孢子来源的愈伤组织建立的悬浮系被认为是研究基因表达的良好试验体系，可用于研究非生物胁迫的基因表达谱。通过高、低温处理或高渗处理，研究细胞系在处理前后基因表达谱的变化，可以筛选出与抗高、低温，或与抗旱有关的基因。不仅如此，当克隆的基因需要验证功能时，可以把待验证的基因导入单倍体细胞系中，然后再生植株，经加倍处理，很快可以获得转基因纯系，方便外源基因功能的表达检测。

4.7.3　用于基因组测序

单倍体和双单倍体也可用于基因组测序。杂交种基因组高度杂合，加大了全基因组测序工作的难度，严重阻碍了测序后的序列拼接。如多年生树木，由于其遗传背景复杂、基因组高度杂合的问题，利用传统的方法对其全基因组精确测序难度极大。

与杂交种相比，自交系和双单倍体基因位点纯合，遗传基础较简单，且可以长期保存、重复利用，在全基因组测序、组装和拼接上存在较大的优势。Jaillon 等（2007）以连续多年自交的近纯合（93％）葡萄品系为材料进行了全基因组测序。马铃薯单倍体材料和新一代的 DNA 测序技术，使测序速度提高了 10 倍以上，而且使基因组测序的成本降低了 90％。Gmitter（2018）利用双单倍体材料完成柑橘的基因组测序。柑橘基因组测序的完成，对柑橘的研究将产生巨大影响，特别是对探明柑橘危险性病害的致病机理，抗病基因的发掘，逆境生理与防控，品质调控等目前研究重点将起到积极的推动作用。目前多种植物物种的自交系/双单倍体已用于基因组测序。

4.7.4 用于遗传作图群体构建

很多植物性状受数量遗传基因控制，遗传特性复杂，通常采用数量性状基因座（quantitative trait locus，QTL）作图法来解析其遗传基础。构建遗传图谱的第一步是要构建相应的作图群体。常用的群体有 F_2 群体、重组自交系（RIL）群体、回交群体和加倍单倍体（DH）群体。其中，RIL 群体和 DH 群体是永久性群体，在遗传上是纯合性的，可永久继代保存。

DH 群体可用作作图群体。DH 群体与其他群体相比，其优点为：①DH 群体株系与 RIL 群体相比，构建时间短，2~3 年内就基本可以完成；②DH 群体是一个永久性作图群体，所有的等位基因在每一个 DH 系中都是纯合固定的，可以无限地用于新的性状和新的标记的作图的研究，并可在各研究小组间共同分享运用；③由于 DH 群体的每个 DH 系均包含了许多完全纯合的相同单株个体，纯合性群体遗传干扰少，每一株系基因型明确，排除了显性效应，淘汰有害、致死的隐性基因，保留有利的加性效应，可以对目的农艺性状进行重复性检测；④DH 群体可用于多年多点重复性检测，为数量性状的准确性鉴定打下了理论基础。

在获得 DH 群体后用于整合图谱，在遗传上实现累加现象，这也是遗传图谱构建实用的原因。目前 DH 作图群体已用于水稻、玉米、油菜、小麦、大麦等多种植物的 QTL 分析。

复习题

1. 简述单倍体的起源。
2. 简述单倍体植株的特性。
3. 简述单倍体的主要应用价值。
4. 简述单倍体诱导中效率低下的原因。
5. 简述离体条件下小孢子发育的主要途径。
6. 如何获得单倍体植株？
7. 影响花药培养和花粉培养的主要因素有哪些？
8. 禾本科植物花药培养中为什么常出现白化苗现象？
9. 哪些措施可以减少单倍体培养产生的白化苗？
10. 简述植物单倍体育种的发展前景。
11. 未受精子房培养存在哪些优势？

5 植物细胞培养与次生代谢产物生产

【导读】本章主要介绍植物细胞培养、体细胞无性系变异、次生代谢产物生产的有关概念、基本理论和基本技术。通过对本章的学习，掌握细胞培养、体细胞无性系变异、次生代谢产物生产的基本概念，细胞培养的主要方法；熟悉影响细胞培养的主要因素；掌握细胞培养的主要用途，体细胞无性系变异来源和实质；熟悉体细胞突变体的筛选方法和原理；了解体细胞无性系变异的应用及前景，植物次生代谢产物的主要类型；熟悉高产细胞系的筛选，次生代谢产物的提取与分离纯化等相关的基本理论和技术。

5.1 植物单细胞培养

所谓细胞培养（cell culture）是指将植物单细胞（single cell）或细胞团（cell aggregate）直接在培养基中进行培养的一种培养方式。这种培养方式具有操作简单、重复性好、群体大等优点，因此被广泛应用于突变体的筛选、遗传转化、次生代谢产物的生产等诸多方面。

5.1.1 单细胞分离

5.1.1.1 由植物器官分离单细胞

1. 机械法

叶片组织的细胞排列松弛，是分离单细胞的最好材料。Ball 和 Joshi（1965）、Joshi 和 Noggle（1967）以及 Joshi 和 Ball（1968）曾先后由花生成熟叶片分离得到游离细胞，将这些游离细胞直接在液体培养基中培养，很多细胞都能成活，并持续进行分裂。

目前广泛用于分离叶肉细胞的方法是先把叶片轻轻研碎，然后再通过过滤和离心将细胞净化。Gnanam 和 Kulandaivelu（1969）从几个物种的成熟叶片中分离得到具有活性的叶肉细胞，其方法如下。

①在研钵中放入 10 g 叶片和 40 mL 研磨介质（20 μmol/L 蔗糖，10 μmol/L MgCl$_2$，20 μmol/L tris-HCl 缓冲液，pH 7.8），用研杆轻轻研磨。

②将匀浆用两层细纱布过滤。

③在研磨介质中低速离心，净化细胞。

Rossini（1969）报道了一种由篱天剑（*Calystegia sepium*）叶片中大量分离游离细胞的机械方法，这一方法被 Harada 等（1972）成功地应用于石刁柏（*Asparagus officinalis*）等植物的叶片细胞分离。其方法如下。

①将叶片进行表面消毒后，切成小于 $1\ cm^2$ 的小块。

②在玻璃匀浆管中加入 10 mL 培养基，再加入 1.5 g 叶片，制成匀浆。

③将匀浆通过两层无菌过滤器进行过滤，上层过滤器的孔径为 61 μm，下层为 38 μm。

④低速离心，将滤液中的小碎屑除去。离心后游离细胞沉降于底层，弃去上清液，将细胞悬浮于一定容积的培养基中，使其达到所要求的细胞密度。

用机械法分离细胞的明显优点是：细胞不会受到酶的伤害作用；无须质壁分离，这对生理和生化研究来说是理想的。但是，机械法并不普遍适用，因为一般来说，只有在薄壁组织排列松散，细胞间接触点很少时，用机械法分离叶肉细胞才能取得成功。用机械法分离游离细胞的产量低，不易获得大量活性细胞，用于生理、生化等基础研究时可用此法。

2. 酶解法

酶解法是由叶片组织分离单细胞的常用方法。Takebe 等（1968）通过果胶酶处理，由烟草（*Nicotiana tabacum*）叶片分离得到大量活性叶肉细胞。Otsuki 和 Takebe（1969）将这种方法应用于 18 种其他草本植物上获得成功。以烟草为例，酶解法分离叶肉细胞的具体方法如下。

①从 60~80 日龄的烟草植株上切取幼嫩的完全展开叶，进行表面消毒，之后用无菌水充分洗净。

②用灭过菌的镊子撕去叶片的下表皮，再用灭过菌的解剖刀将叶片切成 4 cm×4 cm 的小块。

③取 2 g 切好的叶片置于装有 20 mL 无菌酶溶液的三角瓶中，酶溶液组成为 0.5％离析酶（macerozyme），0.8％甘露醇和 1％硫酸葡聚糖钾。

④用真空泵抽气，使酶溶液渗入叶片组织。

⑤将三角瓶置于往复式摇床上（120 r/min，25℃，2 h）。其间每隔 30 min 更换酶溶液 1 次，将第 1 个 30 min 后换出的酶溶液弃掉，第 2 个 30 min 后的酶溶液主要含有海绵薄壁细胞，第 3 个和第 4 个 30 min 后的酶溶液主要含有栅栏薄壁细胞。

⑥用培养基将分离得到的单细胞洗涤 2 次后即可进行培养。

离析酶不仅能降解中胶层，而且还能软化细胞壁，因此，在用酶解法分离细胞时，应加入适当的渗透压调节剂。常用的渗透压调节剂有甘露醇、山梨醇，适宜浓度为 0.4~0.8 mol/L。也有用葡萄糖、果糖、半乳糖、蔗糖等作为渗透压调节剂的。

用酶解法分离叶肉细胞，有可能得到海绵薄壁细胞或栅栏薄壁细胞的纯材料。但是，在一些物种中，特别是小麦、玉米等禾本科植物中，用酶解法分离叶肉细胞是很困难的。

5.1.1.2 由愈伤组织分离单细胞

由离体培养的愈伤组织分离单细胞不仅方法简便，而且广泛适用。其具体方法如下。

①将未分化、易散碎的愈伤组织转移到装有适当液体培养基的三角瓶中，然后

将三角瓶置于水平摇床上以 80～100 r/min 进行振荡培养，获得悬浮细胞液。

②用孔径约 200 μm 的无菌网筛过滤，以除去大块细胞团，再以 4 000 r/min 的速度离心，除去比单细胞小的残渣碎片，获得纯净的细胞悬浮液。

③用孔径 60～100 μm 的无菌网筛过滤细胞悬浮液，再用孔径 20～30 μm 的无菌网筛过滤；将滤液进行离心，除去细胞碎片。

④回收获得的单细胞，并用液体培养基洗净，即可用于培养。

5.1.2 单细胞培养方法

5.1.2.1 平板培养法

平板培养法（plating method，plating technique）是指将制备好的单细胞，按照一定的细胞密度，接种在厚约 1 mm 的薄层固体培养基上进行培养的方法。最常用的单细胞培养法是 Bergmann 设计的平板培养法，如图 5-1 所示。其具体做法

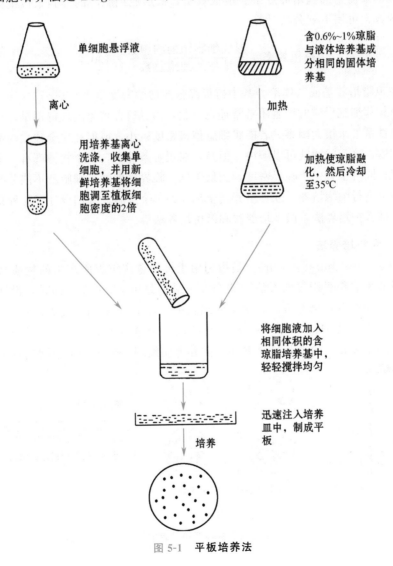

图 5-1　平板培养法

是：将单细胞悬浮液进行细胞计数后，离心收集已知数目的单细胞；用培养单细胞用的液体培养基将细胞密度调至最终培养时植板密度的 2 倍。将与上述液体培养基成分相同但加入 0.6%～1% 琼脂的培养基加热，使琼脂融化，然后冷却至 35℃，置于 35℃ 恒温水浴中保温。将这种培养基与上述细胞悬浮培养液等体积混合均匀，迅速注入并使之平展于培养皿中（厚约 1 mm），然后用封口膜封闭培养皿。将培养皿置于倒置显微镜下观察，在培养皿外的相应位置上用细记号笔标记各个单细胞，以便保证以后能分离出纯单细胞无性系。最后将培养皿置于适当的条件下，对细胞进行培养。

游离的单细胞也可培养在一薄层液体培养基中，如直接由植物器官分离出来的细胞常常用液体培养基培养。但是，用液体培养基培养时，由于细胞不能固定在某一位置上，若要筛选特定的细胞及其无性系是极其困难的。

用平板培养法培养单细胞或原生质体时，常用植板效率（plating efficiency）或称植板率来衡量细胞培养效果。植板效率是指形成细胞团的细胞数占植板细胞总数的百分数，可用下列公式计算：

$$植板效率=\frac{形成细胞团的细胞数}{植板的细胞总数}\times100\%$$

若在琼脂培养基或液体培养基中植板细胞的初始密度是 $1\times10^4\sim1\times10^5$ 个/mL，植板后由相邻细胞形成的细胞团常常连在一起，而且这种现象出现得很早，给分离纯单细胞无性系带来很大困难。若能将细胞植板密度减小，或能在完全独立的情况下培养单个细胞，这个问题就可以解决。但是，在正常条件下，每个物种都有一个最适的植板密度，同时也有一个临界密度，当低于这个临界密度时，细胞就不能分裂。为了在低密度下进行细胞培养，或者培养完全独立的单个细胞，人们设计了几种特殊的培养方法，即看护培养法、微室培养法和纸桥培养法等。

5.1.2.2 看护培养法

看护培养法（nurse culture）是指利用生长的愈伤组织所产生的物质来培养单细胞或者异种愈伤组织等的方法。这个方法最早是由 Muir 等（1954）设计的，目前有几种不同的看护培养方法，这里介绍其中 3 种常用的方法，如图 5-2 所示。

第 1 种方法是 Muir 等（1954）设计的，当时是为了对由烟草和金盏花（Calendula officinalis）的细胞悬浮液和易散碎愈伤组织中分离的单细胞进行培养。这

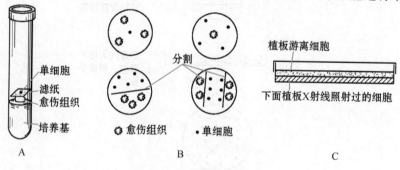

图 5-2　各种看护培养方法

個方法的主要特点是：在培养基上放置一块活跃生长的愈伤组织即看护愈伤组织（nursing callus），在看护愈伤组织上放置 1 片滤纸，再将所要培养的单细胞放置在滤纸上进行培养（图 5-2A）。看护愈伤组织和所要培养的细胞可以属于同一个物种，也可以是不同的物种。看护愈伤组织所分泌的物质将被吸附扩散在滤纸上，为了让所要培养的细胞充分利用这些分泌物，滤纸小些为宜。将滤纸片放置在看护愈伤组织上之后，滤纸逐渐被下面的看护组织所湿润，这时将所要培养的细胞置于湿润滤纸的表面。这项操作应敏捷迅速，以免细胞和滤纸失水变干。由于所培养的单细胞容易变干，所以看护愈伤组织也可事先在少量液体培养基中进行培养。当所培养的单细胞长出小细胞团后，即可将其转移到琼脂培养基上进行培养，以使其增殖并保持该单细胞无性系。

第 2 种方法是 Bergmann（1960）设计的。如图 5-2B 所示，所要培养的单细胞直接植板在琼脂培养基上，在其周围或者旁边放置看护愈伤组织。用这种方法要注意，不能使所培养的细胞与看护愈伤组织混合在一起。

第 3 种方法是 Raveh 等（1973）设计的（图 5-2C）。将活跃增殖的细胞用 X 射线进行照射，使其丧失分裂能力，然后植板在琼脂培养基上，再将所要培养的单细胞以低密度植板于其上。这种方法叫作饲养层培养法（feeder layer method）。

在第 1 种和第 2 种方法中，当需要从细胞悬浮液中仅取出 1 个细胞进行培养时，可采用这样的方法：用细胞管吸取低密度的细胞悬浮液 1 滴，放于载玻片上；然后在显微镜下，用细尖头的细吸管吸取 1 个细胞，再将所吸取的细胞放在滤纸或琼脂上面。

5.1.2.3 微室培养法

微室培养法（culture in a microchamber）是指人工制造一个微室，将单细胞培养在微室中的少量培养基中，使其分裂增殖形成细胞团的方法。这一方法是由 Jones 等（1960）设计的，其中用条件培养基（conditioned medium）代替了看护组织，将细胞置于微室中进行培养。这个方法的主要优点是在培养过程中可以连续进行显微观察，将单个细胞的生长、分裂和形成细胞团的全过程记录下来。

微室培养法的具体做法如图 5-3 所示。先从悬浮培养物中取出 1 滴只含有 1 个单细胞的培养液，置于 1 张无菌载玻片上，在这滴培养液的四周与之隔一定距离加上一圈石蜡油，构成微室的"围墙"，在"围墙"左右两侧再各加 1 滴石蜡油，每滴之上置 1 张盖玻片作为微室的"支柱"，然后将第 3 张盖玻片架在两个"支柱"之间，构成微室的"屋顶"，于是那滴含有单细胞的培养液就被覆盖于微室中。构成"围墙"的石蜡油能阻止微室中水分的丢失，但不妨碍气体的交换。最后将上面筑有微室的整张载玻片置于培养皿中进行培养。当细胞团长到一定大小后，揭掉盖玻片，将细胞团转移到新鲜的液体或半固体培养基上进行培养。

在难以获得足够数量的细胞时，可采用微室培养法进行培养，以保证细胞的培养成功。所用培养基的量可减少到 $0.25\sim0.5\ \mu L$（Gleba，1978），甚至可减少到 $10\sim25\ nL$ 的微滴（Koop 和 Schweiger，1985）。

5.1.2.4 纸桥培养法

纸桥培养法（paper wick method）是植物茎尖分生组织培养常用的方法，有

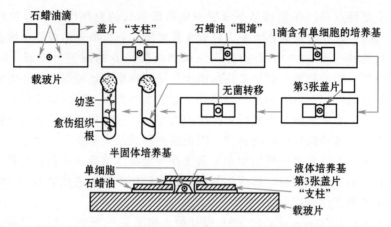

图 5-3　微室培养法分步图解（Jones 等，1960）

时也可用于单细胞培养。其具体做法如图 5-4A 所示。将滤纸的两端浸入液体培养基中，使滤纸的中央部分露出培养基表面，将所要培养的细胞放置于滤纸上进行培养。Bigot（1976）对该方法进行了改进，如图 5-4B 所示。制作一特制三角瓶，使其底部一部分向上突起，在突起处放上滤纸，用这种方法的优点是培养物不易干燥。

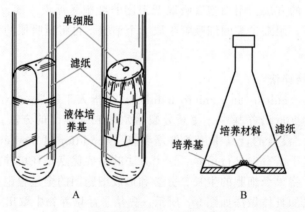

图 5-4　纸桥培养法（A）及其改进法（B）

5.1.3　影响单细胞培养的因素

　　培养基的成分和细胞植板密度是单细胞培养成败的关键，这两个因子是相互依赖的。当细胞植板密度较高时（10^4 或 10^5 个/mL），使用和在悬浮培养中或在愈伤组织培养中成分相似的培养基即可成功。随着细胞植板密度的减小，细胞对培养基的要求就变得越加复杂。但若在培养基中加入一些化学成分复杂的物质，如椰子汁、酪蛋白水解产物、酵母提取物等，有时可有效地取代影响细胞分裂的这种群体效应。

　　为了设计适用于低植板密度下细胞培养的培养基，人们已进行了大量研究。最成功的研究是 Kao 和 Michayluk（1975）设计的一种叫作 KM8P 的培养基。该培养基成分十分丰富，含有无机盐、蔗糖、葡萄糖、14 种维生素、谷氨酰胺、丙氨酸、谷氨酸、半胱氨酸、6种核苷酸和4种三羧酸循环中的有机酸（表5-1）。在这种培养基中，细胞在25～50个/mL的低植板密度下也能分裂、增殖。若用酪蛋白水解产物和椰子汁取代各种氨基酸和核苷酸，有效植板密度可降至1～2个/mL。

表5-1　Kao 和 Michayluk 的 KM8P 培养基　　　　　　　　　mg/L

成分	数量	成分	数量
无机盐			
NH_4NO_3	600	KI	0.75
KNO_3	1 900	H_3BO_3	3.00
$CaCl_2 \cdot 2H_2O$	600	$MnSO_4 \cdot H_2O$	10.00
$MgSO_4 \cdot 7H_2O$	300	$ZnSO_4 \cdot 7H_2O$	2.00
KH_2PO_4	170	$Na_2MoO_4 \cdot 2H_2O$	0.25
KCl	300	$CuSO_4 \cdot 5H_2O$	0.025
$Na_2\text{-}Fe \cdot EDTA$	28	$CoCl_2 \cdot 6H_2O$	0.025
糖			
葡萄糖	68 400	甘露糖	125
蔗糖	125	鼠李糖	125
果糖	125	纤维二糖	125
核糖	125	山梨醇	125
木糖	125	甘露醇	125
有机酸			
丙酮酸钠	5	苹果酸	10
柠檬酸	10	延胡索酸	10
维生素			
肌醇	100	生物素	0.005
尼克酰胺	1	氯化胆碱	0.5
盐酸吡哆醇	1	核黄素	0.1
盐酸硫胺素	10	抗坏血酸	1
D-泛酸钙	0.5	维生素 A	0.005
叶酸	0.2	维生素 D_3	0.005
对氨基苯甲酸	0.01	维生素 B_{12}	0.01
酪蛋白水解产物	125		
椰子汁	10 000		
植物生长调节物质	根据植物种类而定		

5.2 植物细胞悬浮培养

细胞悬浮培养（cell suspension culture）是指将游离的单细胞或细胞团按照一定的细胞密度悬浮在液体培养基中进行培养的方法。这种培养方法能提供同步分裂的、增殖迅速的大量细胞，可用于大规模的工业化生产。

5.2.1 细胞悬浮培养方法

细胞悬浮培养可大致分为分批培养（batch culture）和连续培养（continuous culture）两种类型，还有半连续培养（semi-continuous culture）和两步培养（two-step culture）等方法。下面介绍分批培养和连续培养。

5.2.1.1 分批培养

分批培养又叫批式培养，是指将一定量的细胞或细胞团分散在一定量的液体培养基中进行培养，目的是建立单细胞培养物。分批培养所用的培养容器一般是 100～250 mL 的三角瓶，每瓶中装有 20～75 mL 培养基。在培养过程中，除了气体和挥发性代谢产物可以同外界空气交换外，一切都是密闭的。当培养基中的主要营养物质耗尽时，细胞的分裂和生长即行停止。所以，为了使分批培养的细胞能不断增殖，必须及时进行继代培养，方法是取出一小部分细胞悬浮液，转移到成分相同的新鲜培养基中（大约稀释 5 倍）。

在分批培养中，细胞数目增长的变化情况表现为一条 S 形曲线，如图 5-5 所示。其中一开始是滞后期（lag phase），细胞很少分裂；之后是对数生长期（exponential phase），一般继代培养 2～3 d 后细胞即进入对数生长期，此时细胞分裂活跃，数目增加迅速，是进行突变诱发、遗传转化等研究的适宜时期。经过 3～4 个细胞世代之后，由于培养基中某些营养物质已经耗尽，或者由于有毒代谢产物的积累，增长逐渐缓慢，由直线生长期（linear phase）经减缓期（progressive deceleration phase），最后进入静止期（stationary phase），增长完全停止。

滞后期的长短主要取决于在继代时培养细胞的生长状态即所处的生长期和转入的细胞数量。当转入的细胞数量较少时，不但滞后期较长，而且在 1 个培养周期中细胞增殖的数量也

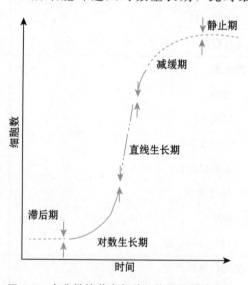

图 5-5　在分批培养中每单位体积悬浮培养液内的细胞数与培养时间的关系（Wilson 等，1971）

少。例如，当继代后的细胞密度为（9～15）×10^3 个/mL 时，在进入静止期前细胞数目通常仅增加 8 倍；若继代后的细胞密度为（0.5～2.5）×10^5 个/mL 时，经过 1 个培养周期细胞数将增加到（1～4）×10^6 个/mL。如果转入的细胞密度很低，在加入培养单细胞或小群体细胞所必需的营养物质之前，细胞将不能生长。

另外，如果缩短继代培养的时间间隔（如每 2～3 d 继代 1 次），可使悬浮培养细胞一直保持对数生长。如果使处于静止期的细胞悬浮液保持时间过长，会引起细胞的大量死亡和解体。因此，当细胞悬浮液达到最大干重后，即在刚进入静止期时，必须及时继代。

在对悬浮培养细胞进行继代时可使用吸管或注射器，但其进液口的孔径必须小到只能通过单细胞和小细胞团（2～4 个细胞），而不能通过大的细胞团。继代前应先将三角瓶静置数秒，以便使大的细胞团沉降下去，然后再由上层吸取悬浮液。对于较大的细胞团，在继代时可将其在不锈钢网筛中用镊子尖端轻轻磨碎后，再进行培养，可以获得良好的效果（Liu 等，2001）。

在分批培养中，使培养细胞充分分散是很重要的。为了获得充分分散的细胞悬浮液，最初用于悬浮培养的愈伤组织应尽可能是易散碎的。另外，选用适宜的培养基和继代方法，也可提高细胞的分散程度。例如，加入适量的 2,4-D、纤维素酶、果胶酶、酵母提取物等，能促进细胞的分散。当然，即使是分散程度最好的悬浮液中也存在着细胞团，每个细胞团由几个或几十个细胞组成，只含有游离单细胞的悬浮液是没有的，这是因为植物细胞具有集聚在一起的特性。

分批培养是植物细胞悬浮培养中常用的一种培养方式，其所用设备简单，只要有普通摇床即可；而且操作简便，重复性好，往往能获得理想的效果，特别适合于突变体筛选、遗传转化等研究。

5.2.1.2　连续培养

连续培养（continuous culture）是利用特制的培养容器进行大规模细胞培养的一种培养方式。在连续培养中，由于不断注入新鲜培养基，排掉用过的培养基，在培养物的体积保持恒定的情况下，培养液中的营养物质能够不断得到补充。

连续培养有封闭型和开放型之分。在封闭型中，排出的旧培养基由加入的新培养基进行补充，进出数量保持平衡。悬浮在排出液中的细胞经机械方法收集起来之后，又被放回到培养系统中。因此，在这种"封闭型连续培养"中，随着培养时间的延长，细胞数目不断增加。与此相反，在"开放型连续培养"中，注入的新鲜培养液的容积与流出的原有培养液及其中细胞的容积相等，并调节流入与流出的速度，使培养物的生长速度永远保持在一个接近最高值的恒定水平上。开放型培养又可分为 2 种主要方式：一是浊度恒定式；二是化学恒定式，如图 5-6 所示。在浊度恒定培养中，新鲜培养基是间断注入的，受由细胞密度增长所引起的培养液浑浊度的增加所控制，可以预先选定一种细胞密度，当超过这个密度时使细胞随培养液一起排出，因此就能保持细胞密度的恒定。在化学恒定式培养中，以固定速度注入的新鲜培养基内的某种选定营养成分（如氮、磷或葡萄糖）的含量被调节成为一种生长限制含量，从而使细胞的增殖保持在一种稳定态之中。在这样一种培养基中，除

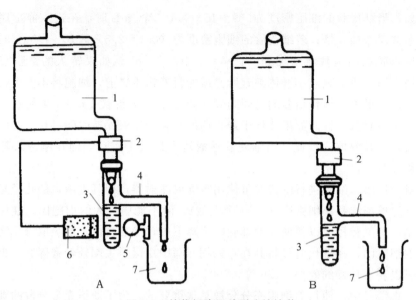

图 5-6　植物细胞开放型连续培养

A. 浊度恒定式；B. 化学恒定式

1. 培养基容器；2. 控制流速阀；3. 培养室；4. 排除管；5. 光源；6. 光电源；7. 流出物

生长限制成分以外的所有其他成分的含量，皆高于维持所要求的细胞生长速率的需要，而生长限制因子被调节在这样一种水平上：它的任何增减都可由相应的细胞增长速率的增减反映出来。

连续培养是植物细胞培养技术中的一项重要进展，它对于植物细胞代谢调节的研究，对于决定各个生长限制因子对细胞生长的影响，特别是对于次生物质的大量生产等具有重要意义。

5.2.2　细胞增殖的测定

5.2.2.1　细胞鲜重

将悬浮培养物倒在下面架有漏斗的已知重量的湿尼龙丝网上，用水洗去培养基，真空抽滤以除去细胞上沾着的多余水分，称重，即求得细胞鲜重（cell fresh weight）。

5.2.2.2　细胞干重

用已知重量的干尼龙丝网收集细胞，在 60℃下干燥 48 h 或 80℃下干燥 36 h，细胞干重恒定后，再称重。细胞干重（cell dry weight）以每毫升培养物或每 10^6 个细胞的重量表示。

5.2.2.3　细胞密实体积

为了测定细胞密实体积（packed cell volume，PCV），将一已知体积的均匀分散的悬浮液（10～20 mL）放入一个刻度离心管（15～50 mL）中，在 2 000～4 000 r/min 下离心 5 min。细胞密实体积为每毫升培养液中细胞的总体积（毫升数）。

当悬浮液的黏度较高时，常出现一些细胞不沉淀的情况，这种情况下可用水稀释至 2 倍。但是，用水稀释后渗透压过于下降时，会出现细胞变形，将得不到真正的 PCV，所以用水稀释时尽可能最低限度进行，并且动作要迅速。所用离心机的转头，应是悬式水平转头，这样沉淀物表面不会出现斜面，以便正确测定。在测定细胞密实体积时，有时也用这样的方法：使细胞自然沉淀，测定其体积，所得体积称为沉淀体积（settled cell volume）。

5.2.2.4 细胞计数

计算悬浮细胞数即细胞计数（cell number），通常用血细胞计数板。计算较大的细胞数量时，可以使用特制的计数盘（counting chamber）。

在悬浮培养中总存在着大小不同的细胞团，因而由培养瓶中直接取样很难进行可靠的细胞计数。先用铬酸（5%～8%）或果胶酶（0.25%）对细胞和细胞团进行处理，使其分散，则可提高细胞计数的准确性。

5.2.2.5 细胞有丝分裂指数

细胞有丝分裂指数（mitotic index）是指在一个细胞群体中，处于有丝分裂的细胞占细胞总数的百分数。

5.2.3 悬浮培养细胞的同步化

在细胞悬浮培养中，细胞分裂是随机发生的，因此培养物是由处于不同发育时期或不同分裂时期（G_1、S、G_2、M）的细胞组成的。在悬浮培养中为了研究细胞分裂和细胞代谢等，在体细胞胚的工厂化生产以及利用生物反应器生产植物次生代谢产物等时，常常使培养细胞同步化（synchronization），即使大多数细胞都能同时通过细胞周期的各个时期。

5.2.3.1 物理方法

物理方法主要是通过对细胞物理特性（细胞或细胞团的大小）或生长环境条件（光照、温度等）的控制，实现高度同步化，其中包括按细胞团的大小进行选择的方法和低温休克法等。

将悬浮培养细胞分别通过 20、30、40、60 目的滤网过滤、培养、再过滤，重复几次后可获得同步化细胞。此法简便，是目前控制植物体细胞胚同步化常用的方法。

用分级仪筛选胚性细胞也可得到发育比较一致的体细胞胚，其原理是根据不同发育时期的体细胞胚在溶液中的浮力不同而设计的。汰选液一般用 2% 的蔗糖，进样速度为 15 mL/min，经过几分钟的汰选后，体细胞胚即分为几级，由此可获得一定纯化的成熟胚。

低温处理后，DNA 合成受阻或停止，细胞趋向 G_1 期；当温度恢复至正常后，大量培养细胞进入 DNA 合成期，从而实现培养细胞的同步化分裂。梅兴国等（2001）报道，4℃低温处理红豆杉悬浮培养细胞 24 h，再恢复培养 24 h 后，可在一定程度上使其同步化。

另外，李涛等（2000）应用流式细胞术分析烟草细胞在交变应力作用下细胞周期的变化，结果表明交变应力作用直接影响细胞周期或细胞分裂的同步化，促进 S

期的 DNA 合成，有助于细胞有丝分裂，如在声波频率为 400～800 Hz 的强声波作用下使得细胞 S 期明显增加。

5.2.3.2 化学方法

化学方法的原理是使细胞遭受某种营养饥饿即饥饿法，或者是通过加入某种生化抑制剂阻止细胞完成其分裂周期即抑制法。

Komamine 等（1978）在长春花悬浮培养中先使细胞受到磷酸盐饥饿 4 d，然后再将其转移到含有磷酸盐的培养基中，结果获得了同步化。Smith 和 Muscatine（1999）采用 N、P 同时饥饿处理一种海藻培养细胞 50 h，使 50％的细胞处于 G_1 期；解除饥饿后，细胞可立即进入 S 期，恢复细胞生长，实现了细胞同步化。据报道，使烟草品种 Wisconsin 38 的悬浮培养细胞受到细胞分裂素饥饿（Jouanneau，1971），使胡萝卜细胞受到生长素饥饿（Bayliss，1977），也取得了细胞同步化的效果。

使用 DNA 合成抑制剂如 5-氨基尿嘧啶、FUdR、羟基脲和胸腺嘧啶脱氧核苷等，也可使培养细胞同步化。当细胞受到这些化学药物的处理后，细胞周期只能进行到 G_1 期为止，细胞都滞留在 G_1 期和 S 期的边界上。当把这些抑制剂去掉后，细胞即进入同步分裂。用羟基脲处理小麦、玉米、西芹等植物的培养细胞均得到细胞同步性。例如，Peres 等（1999）用羟基脲处理玉米悬浮培养细胞，发现大约有 55％的细胞处于 G_1 期；解除抑制后 2 h，35％～40％的细胞进入 S 期；8～14 h，进入 G_2 期的细胞可达 60％～70％。应用这种方法取得的细胞同步性只限于 1 个细胞周期。

据报道，以氮或乙烯定期注入大豆的化学恒定式培养物中，也能诱导细胞的同步化。此外，陈春玲和赖钟雄（2002）通过控制培养基中 2,4-D 的含量来调控龙眼体细胞胚的发育进程也获得一定效果。

值得注意的是，上述细胞同步化处理对细胞本身也具有一定的伤害。如果处理的细胞没有足够的生活力，不仅不能获得理想的同步化效果，还可能造成细胞的大量死亡。因此，在进行细胞同步化处理之前，对预处理细胞应进行充分的活化培养。处于对数生长期的培养细胞适于同步化处理。

5.2.4 影响细胞悬浮培养的因素

5.2.4.1 基本培养基的组成

1. 氮

硝酸盐是最常用的氮（N）源。其基本作用包括：硝酸盐和亚硝酸盐还原酶、硝酸盐吸收和传递系统以及基因系统（包括像促进呼吸作用这样的复杂系统）表达所需的 DNA 调节蛋白有关的基因的诱导（Redinbaugh 和 Campbell，1991）。在具有功能 NH_4^+ 和 NO_3^- 利用系统的培养中，氮吸收常取决于培养基的 pH 和培养物的年龄。例如，矮牵牛悬浮细胞在 pH 4.8～5.6 下培养起始吸收的 NO_3^- 比 NH_4^+ 多，可是在许多情况下，NH_4^+ 只能在低 pH 的培养基中被利用。低浓度的总氮刺激细胞分裂导致大量小细胞的形成，而高浓度的总氮往往利于细胞生长。

2. 磷

植物细胞以各种方式吸收磷（P）。磷浓度常常是细胞分裂和生长的限制因子，它与由核苷酸库（ATP、ADP、AMP）所引起的能量水平以及 RNA 和 DNA 合成直接相关（Ashihara 等，1986，1988）。磷通常抑制游离氨基酸的积累（Ikeda 等，1987）。

3. 硫

硫（S）的缺失使所有蛋白质的合成自动停止。如果含硫氨基酸不能继续产生，它们便不能参加蛋白质的合成。用硫代硫酸盐、L-半胱氨酸、L-甲硫氨酸和谷胱甘肽代替无机盐，能使烟草悬浮细胞充分生长；而用 D-半胱氨酸、D-甲硫氨酸和 DL-高半胱氨酸代替无机盐，只能使烟草悬浮细胞的生长减少程度保持最低。

4. 镁、钾、钙

到目前为止，几个报道已经表明，这些大量元素是绝对必要的。有关这些元素〔如 K^+ 的最适浓度（胡萝卜为 1 mmol/L，矮牵牛和烟草为 20 mmol/L）〕的研究认为，不同培养物在吸收能力方面的可能差异不大。例如，在大豆等植物的培养中，在培养期间几乎所有的 K^+ 都被培养细胞所吸收；相反，在烟草的细胞培养中，发现到了培养末期仍有最初浓度（20 mmol/L）的一半的 K^+ 留在培养基中未被利用（Kato 等，1977）。

5. 氯

氯（Cl）通常影响光系统 II 的酶类及液泡形成体的 ATP 酶的活动，干扰细胞的渗透调节。在许多情况下，Cl^- 可由 Br^- 等所代替。

6. 微量元素

微量元素的影响与所用的材料密切相关。例如，锰对芸香（*Ruta graveolens*）是必需的，而对水稻无影响，对胡萝卜悬浮细胞的生长有促进作用。缺铁常导致细胞生长的中途停止，而高浓度的铁（1 mmol/L）通常又有抑制作用（Mizukami 等，1977）；在大多数情况下，铁浓度以 $0.05 \sim 0.2$ mmol/L 为宜。同时，我们应该考虑各种元素之间对吸收的互作效应。例如，极少量的钛（Ti）有助于所有大量元素和微量营养成分的吸收。

5.2.4.2　有机成分

1. 氨基酸类

除精氨酸和赖氨酸外，添加以 NO_3^- 作为氮源的替代物的氨基酸，通常抑制细胞的生长（Zenk 等，1975）。实际上，在某些情况下，精氨酸能够补偿其他氨基酸的抑制作用（Behrend 和 Mateles，1978）；相反，在颠茄的愈伤组织培养中，精氨酸又是一种抑制剂。但以 NH_4^+ 作为氮源时却没有抑制作用。此外，不同氨基酸之间是相互影响的。在烟草细胞悬浮培养中，半胱氨酸的吸收受 L-亮氨酸、L-精氨酸、L-酪氨酸和 L-脯氨酸的抑制；L-半胱氨酸和 L-高胱氨酸抑制硫酸盐吸收（Giovanelli 等，1980），从而对蛋白质合成和细胞生长产生负面影响。

2. 维生素类

对维生素类的需求因植物而异。硫胺素（质量浓度为 $0.1 \sim 30$ mg/L）通常是必需的。在田旋花（*Convolvulus arvensis*）细胞悬浮培养中，硫胺素缺乏能够诱导细胞显著分裂。在假挪威槭（*Acer pseudoplatanus*）细胞悬浮培养中，如果硫胺素、吡哆酸、半胱氨酸、胆碱、肌醇都缺乏，悬浮细胞的生长速度显著下降；但如果仅缺乏其中的一种，就无影响。在少数情况下，发现添加烟酸和吡哆醇能刺激细胞生长。

5.2.4.3 碳源

1. 碳水化合物

培养物对各种碳水化合物的反应取决于所培养的植物种类和碳水化合物含量。表 5-2 为各种碳源对橘叶巴戟（*Morinda citrifolia*）悬浮细胞生长及蒽醌（anthraquinone）形成的影响。表 5-3 为蔗糖对长春花（*Catharanthus roseus*）悬浮细胞生长及利舍平（蛇根碱）（serpentine）形成的影响。有些培养物在仅加葡萄糖时便能正常生长，而有些培养物需要在培养基中加入果糖或蔗糖（2%～3%）才能正常生长。肌-肌醇对各种培养物都是必需的。

表 5-2　各种碳源对橘叶巴戟悬浮细胞生长及蒽醌形成的影响（Zenk 等，1975）

碳源	细胞生长（干重）/%	蒽醌形成/%	碳源	细胞生长（干重）/%	蒽醌形成/%
蔗糖	100	100	半乳糖醇	0	0
半乳糖	100	40	甘油	0	0
葡萄糖	100	30	甘露醇	0	0
果糖	90	20	鼠李糖	0	0
棉籽糖	50	50	山梨糖醇	0	0
乳糖	50	50	海藻糖	0	0
阿拉伯糖	0	0	木糖	0	0

注：除碳源外，培养基组成同 B_5-NAA 培养基；每种碳源质量分数为 2%。

表 5-3　蔗糖对长春花悬浮细胞生长及蛇根碱形成的影响（Fowler，1988）

影响因素	蔗糖质量分数/%			
	2	4	6	8
最大鲜重/（g/L）	278.2	372.0	506.0	464.0
最大干重/（g/L）	13.0	25.0	31.0	39.0
最大蛇根碱含量/（mg/g 干重）	5.24	9.02	9.24	8.05
蛇根碱产量/（mg/L）	44.7	145.2	149.7	163.0
蛇根碱生产力/[mg/（L·d）]	2.79	7.26	5.35	6.27

2. 二氧化碳

为了维持细胞生长以及使光自养培养物完全绿化，需要连续提供 2%～5% 的二氧化碳（CO_2）（Bergmann，1967）。通常，细胞生长随着 CO_2 质量分数的增加而增加，但也有例外。

5.2.4.4 植物激素

1. 生长素类

生长素类的影响因所用植物种类及生长素种类的不同而异。2,4-D 特别有利于薄壁细胞的生长，所以在植物细胞悬浮培养中，常加入适宜质量浓度的 2,4-D。Liu 等（2001）报道，含有 2 mg/L 2,4-D 的 MS 培养基适于多数甘薯品种的细胞悬浮培养，实现了高频次植株再生。

2. 细胞分裂素

细胞分裂素的效果受多种因素的影响，因所选用的植物种类、激素种类及浓度的不同而异。植物细胞中的细胞分裂素可被细胞分裂素氧化酶钝化。在烟草中，细胞分裂素的降解似乎受到外源细胞分裂素的调控，后者导致细胞分裂素氧化酶的含量迅速增加。细胞分裂素诱导细胞分裂，从而使细胞数增加，这种细胞数的增加是由一种修饰磷脂模式来决定的（Connett 和 Hanke，1987）。

3. 乙烯

内源乙烯生产是旺盛分裂细胞的特征，因此其生产受到生长素（IAA、NAA和 2,4-D）的促进。在非光合培养物中，乙烯同其他激素协同作用。乙烯诱导细胞壁增厚。用 2-氯-乙烯-磷酸处理释放出乙烯，结果液泡体积减小，导致致密的细胞发育。

5.2.4.5 培养基的 pH 及渗透压

1. pH

pH 对铁吸收以及悬浮细胞的生活力的影响是很大的。H^+ 浓度的变化常常影响特定酶反应。在有些培养中，悬浮细胞生活力的下降可通过添加椰子汁（10%）或聚乙烯吡咯烷酮（PVP，1%）来改善，这是因为它们具有缓冲作用（Robins等，1987）。

2. 渗透压

长期以来，渗透压对细胞生长的影响一直未引起重视。但是研究发现，在各种植物的悬浮培养中，增加葡萄糖、蔗糖、山梨糖醇，特别是甘露醇的浓度（0.3～0.6 mol/L），能够增加细胞干重和鲜重，同时使细胞体积变小（Kimball 等，1975）。

5.2.4.6 培养基成分对细胞悬浮培养物组成的影响

碳源对悬浮培养物组成的影响最显著。葡萄糖对细胞数、细胞团大小、细胞干重等的增加最有效。在帕尔斯猩红玫瑰的细胞培养中，在加入葡萄糖的情况下，每毫升培养基形成 103 800 个细胞，并且细胞团大小达到 100 个细胞（表 5-4）（Wallner 和 Nevins，1973）。

表 5-4　碳源对帕尔斯猩红玫瑰悬浮培养中细胞生长和细胞团形成的影响（Wallner 和 Nevins，1973）

碳源/（20 g/L）	干重/mg	细胞数/（个/mL）	细胞团大小（每个细胞团的细胞数）/个
葡萄糖	261	103 800	100
蔗糖	240	89 972	191
纤维二糖	115	56 442	138
棉籽糖	92	52 117	241
半乳糖	42	25 019	197

细胞团的数目和生长率也受培养基中的 NAA 和 KT 的影响。NAA 质量浓度由 0.1 mg/L 增加到 1.0 mg/L，能够导致每个细胞团的细胞数减少，而使细胞团数目增加；KT 的作用相反。

5.2.4.7　振荡频率

振荡频率（shaking frequency，stirring frequency）对悬浮培养中的细胞团大小、细胞生活力和生长均有影响。例如，玫瑰细胞在 300 r/min 下仍能存活而且不被损伤，可是烟草细胞只能耐受最大 150 r/min 的振荡。在毛花洋地黄（*Digitalis lanata*）的悬浮培养中，有 2 个明显的范围：一个在低振荡频率（80 ～ 100 r/min），对细胞生长的刺激极小；另一个振荡频率在 100 r/min 以上，对细胞生长的刺激作用明显（图 5-7）。Liu 等（2001）的研究表明，100 r/min 的振荡频率有利于甘薯细胞悬浮培养。

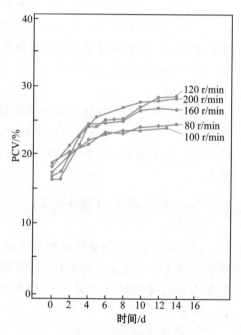

图 5-7　振荡频率对细胞生长（PCV）的影响（Kreis，1987）

5.2.4.8　培养条件

光的波长及光照强度对悬浮培养细胞具有影响。据报道，高光照强度能够提高烟草的绿色愈伤组织由来的单细胞植板效率，但抑制无叶绿素的培养物的细胞生长（Logemann 和 Bergmann，1974）。

一般来说，（26±3）℃的温度适合于植物生长。过高、过低的温度均不利于悬浮细胞的增殖。

5.3 植物体细胞无性系变异

在植物组织和细胞培养中，细胞及再生植株往往会出现各种变异。在这些变异中，有些是生理原因造成的，是不遗传的变异，另一些则是遗传物质发生改变的结果，是可遗传的变异。Larkin 和 Scowcroft（1981）曾提出，由任何形式的组织或细胞培养所获得的再生植株称为体细胞无性系（somaclone），而将这些植株中所表现出来的变异称为体细胞无性系变异（somaclonal variation）。体细胞无性系变异的概率一般为 1%～3%。体细胞无性系变异已成为获得遗传变异的一个新的重要来源，在种质创新和作物遗传改良中展现出巨大潜力。

5.3.1 体细胞无性系变异的来源及发生机制

植物组织和细胞培养中，细胞及再生植株都可能出现变异，这种变异具有普遍性，既不限于某些物种，也不局限于某些器官和组织。变异所涉及的性状也相当广泛，包括形态性状、生理性状、抗逆性、抗病性、雄性不育和生长习性等各种变异类型（表 5-5）。

表 5-5　几种重要作物的体细胞无性系变异

作物种类	外植体	变异性状
小麦	未成熟胚	株高、穗形、芒性、成熟性、分蘖数、叶片蜡质性，醇溶蛋白、淀粉酶含量和活性、耐盐性等
水稻	种子胚	分蘖数、穗形、育性、花期、株高、蛋白质含量等
玉米	未成熟胚	胚乳性状、玉米小斑病抗性等
甘蔗	愈伤组织	眼点病、斐济病毒病、霜霉病抗性，叶耳长度，酯酶同工酶、蔗糖含量等
马铃薯	原生质体、叶愈伤组织	块茎形状、产量、成熟期、株型、晚疫病抗性等
棉花	愈伤组织、悬浮细胞	黄萎病抗性等
大豆	子叶愈伤组织	耐盐性等
番茄	叶愈伤组织	雄性不育、花梗不连接、果实颜色、早疫病、枯萎病抗性，耐盐性等
大白菜	叶愈伤组织	黑斑病抗性等
烟草	花药、叶愈伤组织、原生质体	株高、叶形、叶色、产量、生物碱含量、还原糖含量等
苜蓿	未成熟子房	多叶状叶、叶柄长度、株型、株高、干物质含量等
油菜	花药、胚、分生组织	花期、生长习性、蜡质性、菌核病抗性等
锦橙	胚性愈伤组织	抗寒性等

在培养细胞或再生植株中出现的遗传变异主要有 2 种来源：一是在组织和细胞培养过程中发生的，其发生率一般随继代培养时间的增加而提高；二是起始外植体预先存在的变异，即起始外植体本身就是倍数性或遗传组成上不同的嵌合体。引起体细胞无性系变异的遗传基础主要有染色体数目变异、染色体结构变异、基因突变、DNA 扩增、转座子激活、DNA 甲基化和细胞质基因组的改变等。

5.3.1.1 染色体数目变异

染色体数目变异是组织培养中最常见的变异类型。染色体数目变异可分为整倍性变异和非整倍性变异两类。

1. 整倍性变异

整倍性变异（euploidy variation）是指以染色体组为单位发生的染色体数目变异，是组织和细胞培养中常见的一种变异类型，其发生率与植物种类、基因型及外植体的倍数性有关。就植物种类而言，有些物种具有较强的遗传保守性，染色体数目十分稳定，如麝香百合，由愈伤组织培养获得的再生植株几乎全部都是二倍体的；也有些物种的遗传保守性相对较弱，染色体数目比较容易发生变化，如在大白菜、甘蓝、烟草、水稻、石刁柏等植物的组织培养中都曾获得过染色体加倍的再生植株及倍数性不同的嵌合体（组织中除含有 $2x$ 细胞外，还含有 $4x$、$8x$ 甚至 $16x$ 的细胞）。

植物组织培养中，倍数性变异主要有 2 种来源：一是既存于外植体分化组织中的多倍体细胞，二是培养期间细胞发生了染色体加倍。一般来说，细胞的自然加倍主要是通过核内有丝分裂和核融合等方式完成的。在细胞有丝分裂过程中，若染色体分裂后细胞核不分裂，核内的染色体数目便会增加 1 倍，由 $2x$ 变为 $4x$，这一过程称为核内有丝分裂（endomitosis）；若细胞核分裂后细胞质不分裂，便会形成双核细胞，2 个细胞核若发生融合便形成了染色体数目加倍的细胞，这一过程称为核融合（nucleus fusion）。据研究，在植物组织和细胞培养中核内有丝分裂是更为普遍的现象。

在植物组织培养中，除偶倍数变异外还可见到奇倍数变异，如形成一倍体和三倍体等。奇倍数变异主要来源于多倍体细胞在有丝分裂期间的染色体错分配。例如，一个同源四倍体细胞在有丝分裂时若形成一个三极性的纺锤体，染色体便会被纺锤丝拉向三极，结果便会形成一极含有 4 个染色体组、一极含有 3 个染色体组和一极含有 1 个染色体组（4∶3∶1）等分离方式，最终形成三倍体和单倍体细胞。在大蒜组织培养中曾观察到细胞三极分离的现象（图 5-8）。

在植物组织培养中，染色体倍数

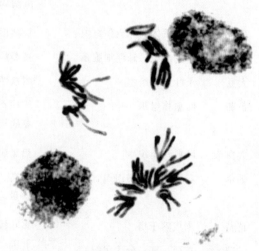

图 5-8　大蒜细胞有丝分裂（三极分离）
（Kumar 等，1978）

性变异对获得遗传上倍数性一致的无性系带来了一些麻烦，但也为人工获得多倍体提供了新的途径。例如，我们可以利用组织培养手段，获得那些用常规方法不易诱变成功的植物多倍体。

2. 非整倍性变异

非整倍性变异（aneuploidy variation）是指细胞中单个染色体的添加或减少，是在植物组织培养中常见的另一类染色体数目变异类型。大量的研究表明，即使在来源于一个单细胞系的再生植株中，染色体数目也不稳定，除整倍性变异外，还存在着非整倍性变异。这种非整倍性变异往往发生在细胞的分裂过程之中。例如，在有丝分裂中，倘若个别染色体滞后，而被排除在新形成的子细胞核之外，便会形成少于正常染色体数的细胞或个体（亚倍体，hypoploid）（图5-9）；倘若个别染色体的姊妹染色单体不分离而一起进入子细胞核内，便会形成多于正常染色体数的细胞或个体（超倍体，hyperploid）。此外，核碎裂也可以导致非整倍体的产生。

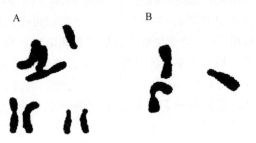

图 5-9　**纤细单冠菊培养细胞有丝分裂中期**（Singh，1975）
A. 二倍体（$2n=2x=4$）及核型；
B. 染色体缺少了1条（$2n=2x-1=3$）

例如，在红花菜豆胚柄和蚕豆子叶的离体培养中都曾观察到核碎裂现象，核碎块的大小不同，所含的染色体数也就不同，因此形成了大小不一致的小核。在有些情况下，各小核之间能形成隔膜，进而形成染色体数目不同的细胞（图5-10）。

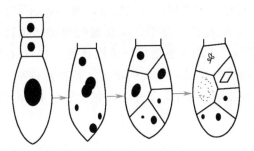

图 5-10　**红花菜豆胚柄细胞的核碎裂模式图**（参照 Bennici，1976，有改动）

非整倍体，特别是单倍体和三倍体，是很有价值的遗传材料，在基因定位及染色体工程育种中具有十分重要的作用。获得单倍体或三倍体的常规方法是从三倍体的自交或测交子代中鉴定分离。近年来通过组织培养在水稻、大白菜等作物中已成功获得了三倍体，为三倍体的选育提供了新的方法。

5.3.1.2　染色体结构变异

染色体结构变异主要包括缺失、重复、倒位和易位等类型。在植物组织培养中，染色体结构变异也时有发生，如 Karp 等（1984）在小麦幼胚组织培养中曾观察到染色体顶端缺失、相互易位、着丝粒融合、等臂染色体等结构变异类型。在各种染色体结构变异中，相互易位是发生概率较大的类型，也是在再生植株中较易被发现的类型，缺失特别是顶端缺失则一般很难在细胞群体中保留下来。

染色体结构变异的概率因不同的染色体而异。根据 Sacristan（1971）的观察，在经过长期培养的还阳参（$2n=2x=6$）细胞中，1 号染色体发生结构变异的概率为 47%，2 号为 82.3%，3 号为 64.6%。

5.3.1.3　基因突变

基因突变是指基因的核苷酸序列或数目发生改变而引起的变异。基因突变是体细胞无性系变异的另一个重要来源。Evans 等（2001）在番茄无性系的 230 个再生植株中发现了 13 个变异属于单基因突变；Phillips 等（1987）从玉米再生植株中分离出 45 个突变类型，包括胚乳缺陷型、矮生型、斑马状条纹叶、多分枝和雄花不育，均属于单基因突变，表现孟德尔式遗传；Wheeler 等（1985）在马铃薯再生植株中分离出的花色、叶形、薯皮色、薯肉色、芽眼深度等突变体也大多为单基因突变，但也有些是数量性状变异，如节间长度和薯块数量等，它们是由多基因控制的。

在体细胞无性系中出现概率较大的基因突变类型是抗病性突变，如在马铃薯再生植株中大约有 1% 是抗早疫病和晚疫病的。还有一些突变在一般情况下是不易识别的，如同工酶突变、营养缺陷型突变及抗性（抗除草剂、抗旱、抗寒、抗盐、抗药等）突变。这类突变体的识别和分离对理论研究和遗传改良具有重要意义。

5.3.1.4　DNA 扩增

DNA 扩增或减少与体细胞无性系变异有关。例如，核糖体 RNA 基因的扩增或减少在小麦、黑麦、玉米和烟草等植物的组织培养中均有发现。DNA 扩增或减少有可能增加或降低特定基因产物的合成数量，如 Depaepe 等（1982）在美花烟草（*Nicotiana sylvestris*）的花药培养中，对获得的单倍体植株进行染色体加倍后，再进行第 2 轮花药培养，如此反复进行，依次得到 1 代（H_1）、2 代（H_2）、3 代（H_3）等花培子代，结果发现随着世代的增加，植株逐渐变小、变矮，长势减弱，而细胞中 DNA 含量却逐渐增加了，其中增加的主要是 DNA 的重复序列。

5.3.1.5　转座子激活

在植物组织培养过程中，细胞常常处于高速分裂的状态，因而容易引起染色体的断裂。据研究，在染色体断裂部位的 DNA 修复过程中，属于异染色质的转座子容易发生去甲基化而被激活并发生转座作用，从而引起某些结构基因的活化、失活或位置变化。如 Peschke（1991）用无 Ac 因子活性的玉米为材料进行组织培养，发现有 3% 的再生植株 Ac 因子被活化。用转座子激活的理论可以解释体细胞无性系变异的广泛性和高频次等现象。

5.3.1.6　DNA 甲基化

DNA 甲基化能对组织培养等环境因素的刺激做出反应。Devaux 等（1993）通过限制性片段长度多态性（RFLP）分析，证实在大麦体细胞再生植株中确实发生了 DNA 甲基化状态的变化，但 DNA 甲基化状态的改变并不一定会引起再生植株的表型改变。

5.3.1.7 细胞质基因组的改变

高等植物中叶绿体和线粒体基因组是相对独立于核基因组的遗传物质。在组织培养中，常常会发现白化苗、雄性不育等变异现象，如在小麦花粉培养中经常会出现大量的白化苗，分析表明这种白化苗的叶绿体基因组丢失达80％以上（韦彦余等，2004）。又如 Landsmann 等（1985）在烟草原生质体培养中分离出了雄性不育株，分析发现雄性不育株缺失了约 40 kb 的线粒体 DNA。

5.3.2　培养细胞变异的筛选和鉴定

5.3.2.1　直接选择法

直接选择法是在确定了选择方向和选择因素之后，从选择培养基上直接把突变细胞分离出来的方法。直接选择法可分为正选择和负选择两种。正选择是使突变细胞在选择培养基上优先生长。抗性突变体的筛选常用此方法。例如，要筛选抗盐突变体，我们只要在培养基中添加高浓度 NaCl，即可便捷地筛选出抗盐突变体。负选择是使突变细胞在选择培养基上不能生长，而正常细胞可以生长，然后杀死活跃生长的正常细胞，并使未生长的突变细胞恢复生长。

5.3.2.2　间接选择法

当缺乏直接选择指标或直接指标对细胞极为不利时，可采用间接选择法。例如，脯氨酸含量与植物抗旱性有关，因此可通过筛选脯氨酸含量高的细胞突变体，间接地获得抗旱的突变体。

5.3.2.3　选择程序

体细胞突变体的筛选方法因不同植物、不同选择剂和不同选育目的而有所不同，一般的选择程序如图 5-11 所示。

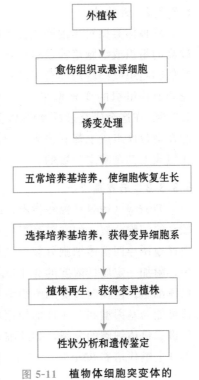

图 5-11　植物体细胞突变体的一般筛选程序

5.3.2.4　体细胞突变体筛选的特点

与在植株水平上选择突变体相比，在细胞水平上筛选突变体有很多优点。首先，可在相对小的容器内从很大量的细胞中选择突变体；其次，理化诱变剂尤其化学诱变剂可较均匀地直接接触细胞，可诱发较高频次的突变；第三，环境条件容易控制，可以设计出有效的筛选方法，甚至可以定向选择特异的突变。但值得注意的是，有些在细胞水平被确定的突变性状可能在再生植株中不能表达，而有些突变性状（雄性不育、早熟性、丰产性等）又只能在再生植株中出现，在细胞水平难以检出。

5.3.3　影响体细胞无性系变异的因素

影响体细胞无性系变异的因素主要有基因型、外植体、培养基、继代培养时间、温度和组织原有的倍数性等。

5.3.3.1　基因型

体细胞无性系的变异率与植物种类和基因型有关。如 Mccoy 等（1982）在不同燕麦品种的幼胚组织培养中发现，愈伤组织继代培养 4 个月后，品种'Tippeca-noe'的再生植株中约有 12％发生了染色体变异，而品种'Lodi'的变异率高达50％，表现出明显的基因型差异。

5.3.3.2　外植体

外植体类型对体细胞无性系的变异率亦有明显的影响。一般来说，由分化程度较高的组织或细胞培养获得的再生植株具有较高的变异率，由分生组织和分化程度较低的组织或细胞培养获得的再生植株则表现出较高的遗传稳定性。如起源于水稻花药愈伤组织的变异率平均为 4.38％，而起源于幼穗愈伤组织的变异率平均为1.3％。在迄今研究过的 90％以上的植物中，分化成熟的组织，如皮层和髓，其细胞在染色体组成上都有很大变异；而顶端分生组织，如根尖和茎尖，其细胞在染色体组成上都是基本一致的。

5.3.3.3　培养基

Torrey（1961）曾经指出，改变培养基成分，可以有选择地诱导和保持倍数性较高的细胞分裂。如在豌豆根尖培养物中附加激动素（KT）和酵母浸出液，能有选择地诱导四倍体细胞分裂；在纤细单冠菊（*Haplopappus gracilis*）的细胞培养中，附加一定质量浓度的 2,4-D，经 6 个月培养后可由完全二倍体细胞变为完全四倍体细胞，但在向日葵的组织培养中，没能证实 2,4-D 对细胞多倍化的促进作用，这可能与基因型和 2,4-D 的使用质量浓度有关；较高质量浓度的 NAA 能有选择地促进二倍体细胞的分裂，如纤细单冠菊的幼苗愈伤组织在含有 40 mg/L NAA 的培养基上继代培养 80 d 后二倍体细胞占 80％以上，在含有 1.0 mg/L NAA 的培养基上则几乎全部为多倍体细胞。

5.3.3.4　继代培养时间

一般而言，随着继代培养时间的延长，愈伤组织或培养细胞的变异率和变异范围会逐渐增加。如燕麦愈伤组织继代培养时间由 4 个月延长到 16 个月后，变异率由 33.3％上升到 80.0％，变异类型包括整倍性变异、非整倍性变异、染色体结构变异和基因突变等，其中变异率最高的是端着丝粒染色体，其次是易位和单体。又如在水稻愈伤组织经 9 次继代培养的再生植株中，雄性不育突变率比 4 次以下继代培养的高 10 倍左右。

5.3.3.5　温度

高温或低温条件能促进染色体变异。如胡含等（1981）在小麦花药培养中曾看到，接种后提高培养温度，可增加非整倍体和混倍体的比率。在常温（24℃）条件下培养，再生植株中各非整倍体的百分比为 7.81％，混倍体为 1.56％。但在接种后经高温处理（33℃）8 d，非整倍体和混倍体的比率均有明显提高（表5-6）。

表 5-6 欧柔小麦花粉植株（H_1）的倍性类型

处理	整倍体		非整倍体		混倍体	
	株数	百分比/％	株数	百分比/％	株数	百分比/％
24℃	58	90.63	5	7.81	1	1.56
33℃	145	85.29	19	11.18	6	3.53

5.3.3.6 组织原有的倍数性

一般来说，单倍体组织的二倍化现象比二倍体组织的四倍化现象更为常见。例如，申书兴等（1999）在大白菜小孢子培养中看到，由二倍体大白菜小孢子（$n = x = 10$）培养获得的再生植株中，绝大部分为自然加倍的二倍体，单倍体仅占极少数；而由四倍体大白菜小孢子（$n = 2x = 20$）培养获得再生植株中，仅有少数为自然加倍的四倍体。这表明，在细胞培养中处于二倍体水平上的细胞较处于单倍体水平上的细胞具有更高的遗传稳定性。

5.3.4 体细胞无性系变异的应用

植物体细胞无性系变异的应用主要有 3 个方面：①为体细胞杂交提供选择标记；②遗传代谢研究；③作物遗传改良。

5.3.4.1 为体细胞杂交提供选择标记

在植物原生质体融合中，细胞突变体可作为遗传标记或通过遗传互补选择杂种细胞。例如，烟草的硝酸还原酶缺陷突变体（NR^-）由于缺乏正常的硝酸还原酶，不能在以硝酸盐作唯一氮源的培养基上生长。Glimelius 等（1978）利用表型都为 NR^-、但突变位点不同的突变体 cnx 和 nia 进行原生质体融合，然后在以硝酸盐作唯一氮源的培养基上进行选择。由于只有发生融合的杂种细胞才能因互补作用而恢复硝酸还原酶活性，所以，只有杂种细胞才能在硝酸盐作氮源的培养基上生长。又如，两个具有不同抗性的细胞突变体融合，可以根据双抗性来选择杂种细胞。此外，色素等表型突变体也可作为遗传标记用于杂种细胞的选择。

5.3.4.2 遗传代谢研究

许多生化代谢途径及其遗传基础的阐明都是基于对原核生物营养缺陷型突变体的研究。随着植物组织和细胞培养的发展，植物细胞缺陷型突变体的筛选及其在遗传代谢研究上的应用也日益受到重视。例如，在烟草中已筛选出两种类型的硝酸还原酶缺陷突变体，分别为 cnx 和 nia。在突变体 cnx 中，与硝酸还原酶关联的 NADH-细胞色素 C 还原酶活性正常，但缺乏黄嘌呤脱氢酶活性；在突变体 nia 中，黄嘌呤脱氢酶活性正常，但缺乏 NADH-细胞色素 C 还原酶活性；烟草的硝酸还原酶是由 NADH-硝酸还原酶蛋白和辅因子两部分组成的。据此可以推断，cnx 和 nia 两个表型相同的突变，一个影响了酶蛋白，另一个影响了辅因子（Mende 等，1980）。

5.3.4.3 作物遗传改良

体细胞无性系变异在作物遗传改良中最有价值的应用是直接筛选有益的突变体。目前，突变体的筛选已涉及抗逆性、抗病性、营养品质、雄性不育等多种性状，其中研究得较多的主要有以下几个方面。

1. 雄性不育突变体

植物雄性不育（male sterility）是被子植物中的一种普遍现象，在作物杂种优势利用上具有重要价值。业已证明，通过组织培养能够以较高的比率诱发雄性不育。如张家明等（1998）在获得的 89 个棉花体细胞再生植株中发现有 9 个不育株，其中 1 株为雌、雄全不育，2 株为雄性不育，6 株为生理不育。遗传分析表明，2株雄性不育株的不育性受细胞核显性单基因控制，表现典型的孟德尔遗传。此外，在水稻、玉米等作物中，通过组织培养亦获得了雄性不育的突变体。

2. 抗氨基酸及氨基酸类似物突变体

在一些农作物的种子贮藏蛋白中，大都缺少这种或那种必需氨基酸。例如：大豆缺少甲硫氨酸；小麦缺少赖氨酸和苏氨酸；水稻缺少赖氨酸。因此，对氨基酸及其类似物抗性突变体的选择主要是出于改良营养品质的需要。

赖氨酸、苏氨酸、甲硫氨酸和异亮氨酸等氨基酸的合成都是以天冬氨酸为底物，受其末端产物反馈抑制调控的（图 5-12）。根据反馈抑制调控原理，在培养基中若加入一定量的氨基酸或氨基酸类似物，即构成选择培养基。例如，在培养基中加入一定量的赖氨酸和苏氨酸，即构成抗赖氨酸和苏氨酸细胞突变体的选择培养基。在这种选择培养基上绝大部分细胞就会死亡，能够存活下来的细胞很可能就是抗赖氨酸和苏氨酸的突变细胞。突变细胞对赖氨酸和苏氨酸反馈抑制不敏感，因此就会过量地产生和积累相应的氨基酸。

利用这种反馈抑制调控原理，目前已在大麦、玉米、水稻、芹菜等多种作物中筛选出了抗氨基酸或氨基酸类似物的细胞突变体。其中，Hibberd 和 Green（1982）获得的抗赖氨酸＋苏氨酸的玉米突变体，其抗性既能在细胞水平上表达，又能在植株水平上表达，培养物的游离苏氨酸含量比对照增加了 6 倍，籽粒的游离苏氨酸含量比对照增加了 75～100 倍，总苏氨酸含量增加 33%～59%。耿瑞双等（1995）获得的抗赖氨酸＋苏氨酸的玉米突变体，其籽粒的总赖氨酸含量比对照增高 28.1%。孔繁伦等（1995）筛选的抗赖氨酸＋苏氨酸的芹菜突变体，其再生植株的氨基酸含量比对照提高了近 10 倍。

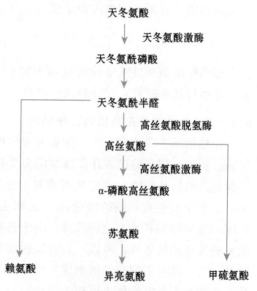

图 5-12　赖氨酸、甲硫氨酸、苏氨酸和异亮氨酸的代谢途径

3. 耐盐突变体

土壤盐渍化严重影响农业生产和生态环境，培育耐盐品种是解决问题的关键。研究表明，多数变异体的耐盐性是生理适应的结果，仅有少数几例是真实遗传的突变体。如美国 Colorado 州立大学（1982）筛选的耐盐烟草突变体和耐盐燕麦突变体，其再生植株的自交后代在 0.88% NaCl 溶液下仍具有耐盐性；日本鹿儿岛大学（1981）筛选的耐盐水稻突变体，其再生植株的耐盐性稳定，第 3 代在 1% NaCl 溶液中培养生长良好；郭岩等（1997）获得的耐盐水稻突变体，其耐盐性受 1 个主效基因控制，F_2 表现 3：1 的分离比例。

耐盐细胞突变体的筛选在林果和花卉育种中具有许多优越性。林果、花卉大多能无性繁殖，一旦筛选出耐盐突变体，就可以通过无性繁殖加以利用。赵茂林等（1986）对 4 个杨树品种进行耐盐变异体的筛选，获得了耐高盐碱的细胞系及再生植株。陈丽等（2007）结合化学诱变处理，进行杨树胚性愈伤组织耐盐变异体筛选，获得了耐 0.5% NaCl 的再生植株。王长泉等（2004）用 γ 射线作诱变剂，对石竹离体叶片产生的不定芽进行耐盐筛选，得到了耐 0.5%、0.7% 和 1.0% NaCl 的变异株系。

4. 抗除草剂突变体

选择抗除草剂突变体的目的在于获得能抗某种除草剂的作物新品种。Chaleff 等（1984）由组织培养筛选出了抗磺酰基脲类除草剂的烟草突变体，其再生植株表现出相应的抗性，并证实抗性是受显性单基因决定的。吕德滋等（2000）用小麦幼胚在含锈去津的培养基上诱导愈伤组织，筛选出了能耐 100～200 mg/L 锈去津的细胞突变体，并获得再生植株，这些再生植株经过两代自交后仍表现抗性。祝水金等（2003）以草甘膦作选择剂，结合诱变处理对棉花胚性愈伤组织进行筛选，获得了遗传性稳定的抗草甘膦的新品系。

5. 抗病突变体

利用病原菌分泌的毒素制作选择培养基，可以筛选出抗病突变体。在烟草、玉米、水稻、大麦、小麦、燕麦、马铃薯、油菜、番茄等作物中，用病原菌产生的毒素筛选抗病突变体都已获得成功。例如，Heszky 等（1992）从水稻体细胞无性系变异中直接选出了抗稻瘟病新品系，该品系不仅抗病性强而且其产品具有良好的烹饪性。郭立娟等（1996）用小麦根腐病和赤霉病的病菌毒素作选择剂，筛选出了一批抗根腐病和赤霉病的细胞突变体，并获得再生植株，其中一些株系的抗病性表现稳定遗传，已为许多育种单位作为抗病亲本所利用。赵晓明等（1996）以早疫病病菌的培养滤液为选择剂，筛选出了抗性细胞，由抗性细胞系分化出的再生植株对早疫病表现明显的抗性。胡玉林等（2008）用枯萎病菌孢子悬浮液为选择剂，筛选出了抗枯萎病的香蕉植株。

6. 抗金属离子突变体

在低 pH 的酸性土壤中，铝和锰的浓度高，对大多数作物的生长有害。目前在胡萝卜和烟草等植物中已筛选出抗铝、锰等金属离子的体细胞无性系。

5.4 植物次生代谢产物生产

现代植物学根据代谢活动与细胞生命活动的关系，将植物代谢分为初生代谢和次生代谢。初生代谢是包括呼吸作用和光合作用在内的直接影响植物生长与发育的代谢过程。次生代谢是指不直接参与植物的生长与发育过程，而从初生代谢途径衍生出来的代谢，一般认为次生代谢并非细胞生命活动所必需的。涉及植物初生代谢途径的中间产物和终产物统称为初生代谢产物（primary metabolites），涉及次生代谢途径的中间产物和终产物则称为次生代谢产物（secondary metabolites）。次生代谢产物是一类分子量较小的化合物，其分布具有种、属、器官、组织和发育阶段的特异性，在植物的生长发育以及与其他生物和环境的相互作用过程中起着十分重要的作用。许多次生代谢产物对人类健康和生活非常重要。

5.4.1 植物次生代谢产物的主要类型

根据代谢途径和化学结构，植物次生代谢产物可分为酚类化合物、萜类化合物和含氮化合物等主要类型。

5.4.1.1 酚类化合物

酚类化合物（phenolic compounds）包括黄酮类、醌类和简单酚类。黄酮类化合物（flavonoids）是一类色原烷（chromane）或色原酮（chromone）的 2-或 3-苯基衍生物，泛指由两个芳香环（A 环和 B 环）通过中央三碳链相互连接而成的一系列化合物，一般具有 $C_6—C_3—C_6$ 的基本骨架。植物体内黄酮类化合物的形成是由一分子桂皮酰辅酶 A（苯丙氨酸经桂皮酸途径产生）与三分子丙二酸单酰辅酶 A（乙酸-丙二酸途径产生）先缩合生成查尔酮，再由查尔酮在异构化酶的作用下异构化形成二氢黄酮。查尔酮和二氢黄酮是黄酮类化合物生物合成的重要中间体，二者在酶的催化下进一步转化衍生出各种结构类型的黄酮类化合物。黄酮类化合物是治疗心血管疾病的活性成分，异黄酮类化合物往往是具有抗菌活性的植保素（phytoalexin）。黄酮类化合物不仅具有广泛的生物活性和重要的药用价值，而且可用作食品、化妆品的添加剂，如甜味剂、抗氧化剂、食用色素等。

醌类化合物是由苯式多环芳烃衍生的芳香二氧化合物，按其环系统不同，可分为苯醌、萘醌、蒽醌和菲醌 4 类。醌是植物呈现颜色的主要物质基础，在植物体内的氧化还原反应过程中起着电子传递的作用。有些醌类化合物还具有抗菌、抗癌等生物活性。

简单酚类广泛分布于植物的叶片及其他组织中，对植物发育有一定的调节作用，有些酚类化合物具有抗菌活性，起植保素的作用。

5.4.1.2 萜类化合物

萜类化合物（terpenoids）是由异戊二烯单元组成的化合物，在植物体内通过异戊二烯途径产生，广泛分布于各类植物中。根据异戊二烯单元及其结构的不同，萜类化合物可分为单萜、倍半萜、二萜、二倍半萜、三萜和多萜。甾体类化合物的合成途径也源于萜类合成途径。单萜和倍半萜是植物挥发油和香料的主要成分，许多倍半萜和二萜化合物是植保素，有的具有重要的药用价值，如目前抗疟疾的最佳药物青蒿素（artemisinin）是一种倍半萜，抗癌药物紫杉醇（taxol）则是二萜生物碱。植物体内的三萜皂苷元和甾体皂苷元分别与糖结合形成的三萜皂苷和甾体皂苷，如人参皂苷和薯蓣皂苷，均为重要的药用成分。

5.4.1.3 含氮化合物

含氮化合物（nitrogen-containing compounds）主要包括生物碱、胺类、非蛋白质氨基酸和生氰苷。生物碱（alkaloids）是一类含氮的碱性天然产物，主要分布于双子叶植物中。多数生物碱是由氨基酸或生物胺衍生而来的，其他来源的生物碱包括萜类生物碱和甾体类生物碱。目前对生物合成途径研究得较为清楚的有烟草的烟碱、毒藜碱和吡咯啶生物碱，毛茛科植物的小檗碱，以及曼陀罗属（*Datura* spp.）植物的莨菪碱和东莨菪碱。生物碱大多具有生物活性，往往是许多药用植物的有效成分，如鸦片的镇痛成分吗啡、麻黄的抗哮喘成分麻黄碱、长春花的抗癌成分长春新碱、黄连的抗菌消炎成分小檗碱（黄连素）等。

胺类是 NH_3 中氢的不同取代产物，根据取代数目可分为伯、仲、叔和季胺 4 种，通常由氨基酸脱羧或醛转氨而产生。胺类化合物通常分布于植物的花器官中，有些胺类可调节植物的生长发育。在离体培养中，加入多胺有时可促进离体成花或其他器官的分化。

非蛋白质氨基酸是不属于植物蛋白质组成成分的氨基酸，已鉴定结构的这类氨基酸达 400 多种，多分布于豆科植物中，常有毒。非蛋白质氨基酸与蛋白质氨基酸类似，因而易被误用。非蛋白质氨基酸是一类蛋白质拮抗物。

生氰苷是由脱羧氨基酸形成的 *O*-糖苷，氰基来源于 α-碳原子和氨基。生氰苷是植物产生 HCN 的前体，现已鉴定出 30 种左右，如苦杏仁苷（amygdalin）和亚麻苦苷（linamarin）。

5.4.1.4 其他

除了上述 3 大类次生代谢产物外，植物还产生多炔类、有机酸类等次生代谢产物。多炔是植物体内发现的天然炔类，主要分布在菊科（Compositae）和伞形科（Umbelliferae）植物中，现已发现 1 000 种左右。有机酸是广泛分布于植物中的次生代谢产物，一些有机酸参与了植物代谢活动中的信号传递，如茉莉酸和水杨酸。

5.4.2 植物次生代谢产物的生物合成途径与调控

5.4.2.1 植物次生代谢产物的生物合成途径

在植物细胞中，各种代谢物都在一定条件下按照一定的途径进行生物合成。到目前为止，植物次生代谢产物的生物合成途径仍然没有完全清楚，但主要代谢产物的基本合成途径已经阐明。

1. 次生代谢产物生物合成的基本途径

植物次生代谢产物生物合成的基本途径主要包括多酮（或称聚酮）途径、莽草酸途径和甲羟戊酸（甲瓦龙酸）途径等（图 5-13）。

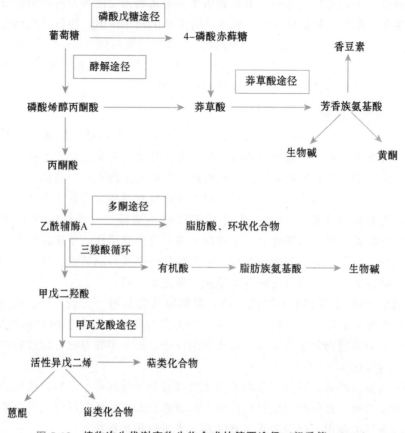

图 5-13　植物次生代谢产物生物合成的简要途径（郭勇等，2004）

多酮（polyketides）途径又称为乙酸-丙二酸途径，是乙酰辅酶 A 通过直线式聚合生成脂肪酸和环状化合物次生代谢产物的途径。

莽草酸（shikimic acid）途径是指磷酸烯醇丙酮酸与 4-磷酸赤藓糖缩合，经过莽草酸生成芳香族氨基酸的生物合成途径。莽草酸途径可以分为两个阶段：第一阶段是由磷酸烯醇丙酮酸与 4-磷酸赤藓糖缩合，再经过一系列变化生成莽草酸；第二阶段是莽草酸经过一系列反应，生成芳香族氨基酸。

甲羟戊酸（mevalonic acid，MVA）途径又称为甲瓦龙酸途径或甲戊二羟酸途径，是乙酰辅酶 A 经过甲戊二羟酸生成异戊二烯，再合成萜类和甾类化合物等异戊二烯类次生代谢产物的途径。

2. 生物碱的生物合成

生物碱的生物合成大部分从苯丙氨酸、酪氨酸、色氨酸、赖氨酸、鸟氨酸、天冬氨酸等 α-氨基酸经过一系列反应得到。此外，甲羟戊酸和乙酰辅酶 A 也参与生物碱的合成。

3. 香豆素的生物合成

香豆素（coumarin）是具有苯并吡喃酮骨架的一类次生代谢产物，广泛存在于芸香科、豆科、菊科、伞形科、茄科、瑞香科、虎耳草科等植物中，首先由苯丙氨酸脱氨生成肉桂酸（苯丙烯酸），再通过邻位羟基化而生成香豆酸（coumaric acid），然后脱水环化而生成。香豆素可以通过羟基化、糖苷形成等进一步形成其他香豆素类化合物。

4. 黄酮类化合物的生物合成

黄酮类化合物的生物合成开始阶段与香豆素的生物合成开始阶段一样，由苯丙氨酸开始，生成肉桂酸、对香豆酸，然后经过对香豆酰辅酶 A，生成查尔酮，再转化为其他类黄酮化合物。不同种类的黄酮化合物间的结构变化大多数为芳香环的羟基化、O-甲基化和糖苷的形成、氧杂环的氧化、氧杂环的重排、生成异黄酮等。

5. 蒽醌类化合物的生物合成

植物细胞中蒽醌类化合物的生物合成是由 5 个乙酰辅酶 A 分子经过多酮途径缩合生成萘醌，另外 3 个乙酰辅酶 A 分子经过甲瓦龙酸途径生成活性异戊二烯（二甲基烯丙基焦磷酸），然后两者缩合生成蒽醌类化合物。

5.4.2.2　植物次生代谢产物的生物合成调控

植物细胞生产次生代谢产物过程受诸多因素的影响。为了提高次生代谢产物的产量，首先要选育或选择使用优良的植物细胞，保证植物细胞培养的培养基和培养条件要符合植物细胞生长和新陈代谢的要求，还可以通过添加次生代谢产物的前体物质，添加某些诱导剂，控制阻遏物浓度，添加某些表面活性剂等方法，在基因水平、酶活性水平对次生代谢产物的生物合成进行调控。

1. 前体物质的调控

前体（precursor）是指处于目的代谢产物代谢途径上游的物质。处于代谢途径上游的化合物在特定酶的作用下生成其下游的化合物。上游化合物作为酶的底物，其浓度的高低决定了催化反应速度的大小，浓度高，则反应速度大。为了提高植物细胞生产次生代谢产物的产量，在培养过程中添加目标代谢物的前体是一种有效措施。

在辣椒细胞培养生产辣椒胺的过程中，添加苯丙氨酸作为前体，苯丙氨酸可以全部转化为辣椒胺，添加香草酸和异癸酸作为前体，亦可以显著提高辣椒胺的产量。阿托品（atropine）的前体苯丙氨酸或者酪氨酸添加到曼陀罗细胞培养液中，可以大规模提高阿托品的产量。在烟草细胞培养过程中，添加烟碱（nicotine）的前体物质烟酸，可以加速烟碱的合成，并且显著提高烟碱的产量。在人参（*Panax ginseng*）细胞培养过程中，加入甲戊二羧酸，可使细胞中人参皂苷的含量增加 2 倍。在黄花蒿（*Artemisia annua*）细胞培养过程中，在培养液中添加 0.1 mg/L 的青蒿酸，培养 8 d，可使青蒿素的合成量提高 3.2 倍。

2. 诱导子的调控

诱导子（elicitor）可以促使植物细胞中的物质代谢朝着某些次生代谢产物生成的方向进行，从而强化次生代谢产物的生物合成，提高某些次生代谢产物的产率。所以在植物细胞培养过程中添加适当的诱导剂，可以显著提高某些次生代谢产物的产量。

常用的诱导子有微生物细胞壁碎片和果胶酶、纤维素酶等微生物胞外酶。Zhou 等（1992，2007）用植物的寡糖素能明显促进三七（*Panax notoginseng*）和人参中活性成分三萜皂苷的合成。Rolfs 等（1987）用霉菌细胞壁碎片为诱导剂，使花生细胞中 L-苯丙氨酸解氨酶的含量增加 4 倍，同时使二苯乙烯合酶的含量提高 20 倍。Funk 等（2014）采用酵母葡聚糖作为诱导剂，可使细胞积累小檗碱的量提高 4 倍。郭勇等在鼠尾草细胞悬浮培养中添加 0.5 U/mL 的果胶酶，可使细胞中迷迭香酸的产量提高 62%。

3. 基因表达的调控

植物细胞次生代谢产物都是在酶的催化作用下生成的。细胞内催化次生代谢物生物合成的酶量的多少，很大程度上决定了该次生代谢产物的生成量。酶合成的调控在次生代谢产物生物合成调节中起着重要作用。酶的生物合成受到诸多因素的影响，其中转录水平的调控对酶的生物合成至关重要。

（1）酶生物合成的诱导　加进某些物质，使酶的生物合成开始或加速进行的现象，称为酶生物合成的诱导作用。诱导物一般可以分为酶的作用底物、酶的催化反应产物和作用底物类似物等三类。在植物次生代谢产物的生物合成过程中，催化次生代谢生物合成的酶往往不是细胞内固有的酶，而是在特定的条件下产生的，其中有一些是在诱导物的诱导下生成的。因此，诱导物的开发和应用，将对植物细胞培养生产次生代谢产物的研究起到积极的推动作用。例如，植物细胞培养基中经常含有硝酸盐，在细胞中硝酸根离子（NO_3^-）可以诱导硝酸还原酶的生物合成，该酶催化硝酸盐还原生成氨，而被细胞利用。

（2）酶生物合成的反馈阻遏　反馈阻遏作用又称为产物阻遏作用，是指酶催化反应的产物或代谢途径的末端产物使该酶的生物合成受到阻遏的现象。引起反馈阻遏作用的物质称为共阻遏物（co-repressor），共阻遏物一般是酶催化反应的产物或是代谢途径的末端产物。在植物次生代谢产物的合成过程中，有些催化次生代谢物合成的酶受到某些阻遏物的阻遏作用，导致该酶的合成受阻，直接影响次生代谢产物的生成。例如，植物细胞的次生代谢产物甾醇和萜类化合物是通过甲羟戊酸途径合成的，当植物甾醇量达到一定水平时，可以阻遏 3-羟基-3-甲基戊二酰辅酶 A 还原酶的合成。为了提高次生代谢产物的产量，必须设法解除阻遏物引起的阻遏作用。

（3）分解代谢物阻遏　分解代谢物阻遏作用是指某些物质（主要是葡萄糖和其他容易利用的碳源等）经过分解代谢产生的物质阻遏某些酶（主要是诱导酶）生物合成的现象。例如，葡萄糖阻遏 β-半乳糖苷酶的生物合成，果糖阻遏 α-淀粉酶的生物合成等。在植物细胞培养生产次生代谢产物方面，分解代谢产物阻遏现象比较少见。

4. 酶活性的调控

植物次生代谢产物的生物合成是在其对应的一系列酶的催化作用下进行的。这些酶的催化活性的强弱，决定了该次生代谢产物生物合成的速度，直接影响次生代谢产物的生成量。

影响酶活性的因素很多，主要有酶浓度、底物浓度、温度、pH，以及诱导剂和抑制剂的浓度等。在植物细胞生产次生代谢产物的过程中，细胞内酶浓度的高低受到基因的调节控制。底物浓度可以通过添加前体的方法来提高；温度和 pH 则通过工艺条件进行优化控制。除此以外，酶的激活和抑制作用对酶的催化活性有显著的影响。

（1）酶的激活作用　能够增加酶的催化活性或使酶的催化活性显示出来的物质称为酶的激活剂或活化剂。在激活剂的作用下，酶的催化活性提高或者由无活性的酶原生成有催化活性的酶。

常见的激活剂有 Ca^{2+}、Mg^{2+}、Co^{2+}、Zn^{2+}、Mn^{2+} 等金属离子和 Cl^- 等无机负离子。例如，氯离子（Cl^-）是 α-淀粉酶的激活剂，钴离子（Co^{2+}）和镁离子（Mg^{2+}）是葡萄糖异构酶的激活剂。有的酶也可以作为激活剂。

在植物细胞培养过程中，添加特定的激活剂，可以显著提高次生代谢产物的产量。例如水杨酸对苯丙氨酸裂解酶有激活作用，在红豆杉细胞培养基中添加 20 mg/L 的水杨酸，可以显著提高细胞中紫杉醇的含量；在银杏细胞培养基中添加 1 mg/L 的水杨酸，可以使细胞中银杏内酯的产量提高 90% 左右。

（2）酶的抑制作用　能够使酶的催化活性降低或者丧失的物质称为酶的抑制剂。有些抑制剂是细胞正常代谢的产物，它可以作为某一种酶的抑制剂，在细胞的代谢调节中起作用。例如，色氨酸抑制色氨酸途径中催化第一步反应的酶（邻氨基苯甲酸合成酶）的催化活性，从而抑制色氨酸的生物合成。大多数抑制剂是外源物质，主要的外源抑制剂有各种无机离子、小分子有机物质和蛋白质等。例如，银离子（Ag^+）、汞离子（Hg^{2+}）、铅离子（Pb^{2+}）等重金属离子对许多酶均有抑制作用，抗坏血酸抑制蔗糖酶的活性。在抑制剂的作用下，酶的催化活性降低甚至丧失，从而影响酶的催化功能。

在植物细胞生产次生代谢产物的过程中，可以通过添加某些酶的抑制剂调节代谢流的走向，从而提高目标次生代谢产物的产量。例如，植物细胞的次生代谢产物甾体和萜类化合物是通过甲羟戊酸途径合成的，已经知道甾体合成抑制剂氯化氯代胆碱（CCC）可以抑制甾体合成的限速酶活性，在黄花蒿细胞培养基中，添加 CCC 可以抑制细胞中甾体的合成，同时使青蒿素的含量显著提高。

5. 细胞透过性调控

植物细胞次生代谢产物是在酶的催化作用下于细胞内生成的。细胞膜的透过性对细胞内产物的分泌起到调控作用。为了增强细胞膜的透过性，可以采用添加表面活性剂或有机溶剂的方法。

（1）添加表面活性剂　表面活性剂可以与细胞膜相互作用，增加细胞的透过性，有利于酶和次生代谢产物的分泌，从而提高次生代谢产物的产量。表面活性剂有离子型和非离子型两大类。其中，离子型表面活性剂又可以分为阳离子型、阴离子型和两性离子型三种。

将适量的非离子型表面活性剂如吐温（Tween）、特里顿（Triton）等添加到培养基中，可以加速胞内产物分泌到细胞外，使产量增加。此外，添加表面活性剂有利于提高某些酶的稳定性和催化能力。

离子型表面活性剂对细胞有毒害作用，尤其是季胺型表面活性剂（如新洁尔灭）可作为消毒剂，对细胞的毒性较大，一般不能在植物细胞培养中使用。

（2）添加有机溶剂　有机溶剂可以通过与细胞膜的相互作用，增强细胞的透过性，有利于胞内产物分泌到细胞外，从而提高产量。在植物细胞生产次生代谢产物的过程中，经常通过添加有机溶剂的方法，进行两相培养。例如，在紫草细胞悬浮培养过程中添加一定量的十六烷，可以显著提高紫草素（shikonin）的分泌。

5.4.3　植物高产细胞系的筛选

　　近60年来，采用植物生物技术生产次生代谢产物的研究取得了飞速的发展，已经对400多种植物进行了研究，从植物培养物中分离到600多种次生代谢产物，其中60多种在含量上超过或等于其原植物。表5-7为采用植物生物技术生产次生代谢产物的例子。植物细胞或器官培养生产次生代谢产物实现工业化应用的关键之一是需要具有高产稳产的细胞系。在细胞培养过程中，次生代谢产物产量会不断降低，有时甚至会完全消失，因此，利用植物细胞系的异质及变异性反复不断地筛选出高产稳产细胞系具有积极意义。高产细胞系的筛选有很多方法，如目测法、单细胞克隆法、小细胞团法、抗性筛选法、单细胞荧光筛选法、琼脂小块法、负筛选法以及原生质体培养法。

表 5-7　采用植物生物技术生产次生代谢产物的例子（Chawla，2002）

化合物	植物种类	用途
除虫菊酯	茼蒿 (*Chrysanthemum cinerariifolium*)	杀虫剂
烟碱	烟草 (*Nicotiana tabacum*)	杀虫剂
鱼藤酮	毛鱼藤 (*Derris elliptica*)	杀虫剂
印楝素	印楝 (*Azadirachta indica*)	杀虫剂
植物蜕皮激素	假海马齿 (*Trianthema portulacastrum*)	杀虫剂
酒神菊素	酒神菊属植物 (*Baccharis megapotamica*)	抗肿瘤
鸦胆素	鸦胆子 (*Brucea antidysenterica*)	抗肿瘤
卡萨林 (Cesaline)	苏木 (*Caesalpinia gilleisii*)	抗肿瘤
脱氧秋水仙素	秋水仙 (*Colchicum speciosum*)	抗肿瘤
椭圆玫瑰树碱	玫瑰树 (*Ochrosia moorei*)	抗肿瘤
花椒素	美国崖椒 (*Fagara zanthoxyloides*)	抗肿瘤
三尖杉碱	日本粗榧 (*Cephalotaxus harringtonia*)	抗肿瘤
N-氧化大尾摇碱	大尾摇 (*Heliotropium indicum*)	抗肿瘤
美登素	美登木 (*Maytenus bucchananii*)	抗肿瘤
足叶草毒素	足叶草 (*Podophyllum peltatum*)	抗肿瘤
紫杉醇	短叶红豆杉 (*Taxus brevifolia*)	抗肿瘤
唐松草碱	唐松草 (*Thalictrum dasycarpum*)	抗肿瘤
雷公藤内酯	雷公藤 (*Tripterygium wilfordii*)	抗肿瘤
长春碱	长春花 (*Cantharanthus roseus*)	抗肿瘤
奎宁	金鸡纳树 (*Cinchona officinalis*)	抗疟药
地高辛	洋地黄 (*Digitalis lanata*)	强心剂、强胃剂

化合物	植物种类	用途
薯蓣皂苷元	三角叶薯蓣（*Dioscorea deltoidea*）	避孕
吗啡	罂粟（*Papaver somniferum*）	止痛
二甲基吗啡	苞罂粟（*Papaver bracteratum*）	止痛
莨菪胺	曼陀罗（*Datura stramonium*）	抗高血压
阿托品	颠茄（*Atropa belladonna*）	肌肉松弛剂
可待因	罂粟（*Papaver* spp.）	止痛
紫草素	紫草（*Lithospermum erythrorhizon*）	染料、抗菌剂
蒽醌	海巴戟（*Morinda citrifolia*）	染料、泻药
迷迭香酸	彩叶苏（*Coleus blumei*）	香料、抗氧化剂
茉莉油	茉莉（*Jasmium* spp.）	香水
甜菊苷	甜叶菊（*Stevia rebaudiana*）	甜味剂
番红素	番红花（*Crocus sativus*）	香料
辣椒素	辣椒（*Capsicum frutescens*）	辣味素
香草醛	香子兰（*Vanilla* spp.）	香料

5.4.3.1　植物高产细胞系的筛选策略

植物高产培养系（包括细胞、组织和器官）主要是通过愈伤组织培养、细胞悬浮培养及单细胞培养等几个阶段的筛选建立的。对每一筛选目标选择合适的培养方法是很重要的，因为这样可以使群体之间的变异性充分表现出来。在愈伤组织阶段主要采用目测法从愈伤组织的形状、颜色、大小等外部形态来初步判断其有用代谢产物含量的高低，但是该方法比较粗放。比较精确的方法是从分散性较好的愈伤组织或悬浮培养物中获得单个细胞进行培养，往往单细胞培养的自然突变率很低，一般在 $10^{-7} \sim 10^{-6}$。采用物理（紫外线、放射线）或化学等的方法处理，促进培养物分裂、增殖，由此突变率可提高到 10^{-3} 左右。再采用平板培养、条件培养、看护培养、微室培养（包括悬滴培养）等单细胞培养方法，即可得到单细胞无性繁殖系用于高产细胞系的筛选。有些植物细胞系易形成细胞团或颗粒结构，分散性差，建立单细胞悬浮体系比较困难，此时多采用小细胞团筛选法或抗性筛选法选出高产细胞系。植物高产细胞系筛选的思路见图 5-14。

5.4.3.2　植物高产细胞系的培养

采用植物生物技术生产次生代谢产物在工业上能脱颖而出，在于它能生产只能由植物产生或转化的、价格昂贵的、又有相当大市场潜力的化合物，因此，原始材料的选择是很重要的。细胞自身特性对培养细胞生长质量的影响最大，培养基成分的影响居于第二位。一般认为，次生代谢产物高的外植体诱导出的愈伤组织，其次生代谢产物的含量也相应地高，但也有例外。对次生代谢产物合成和积累的遗传学基础还不清楚，因此最好采用不同的遗传来源的材料建立细胞培养物，然后从中筛选出高产细胞系。

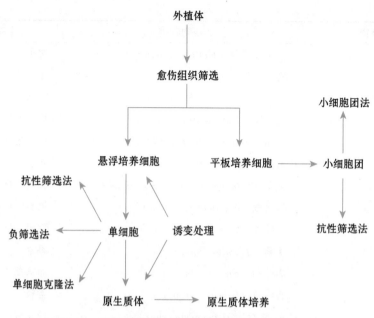

图 5-14　植物高产细胞系的筛选思路（梅兴国，2003）

　　愈伤组织培养是最简单、最容易的培养方法，也是其他两种培养方法的基础。但由于愈伤组织细胞以团块存在，个体变异的细胞不易表现出来，对于精确地选择来说，愈伤组织培养亦是最难的方法。通常采用直接的目测法及间接的小细胞团法筛选高产细胞系，如筛选花青素、萘醌、类胡萝卜素、叶绿素等含量的细胞系，这是由于色素上的变异通常在愈伤组织和悬浮培养细胞中就能直接表现出来。

　　与愈伤组织相比，细胞悬浮培养物分散性好，个体变异的细胞易表现出来。通常悬浮培养常常与细胞平板培养等方法结合起来使用。单细胞培养方法对于筛选高产变异系是最精确的方法，因为这种方法可以培养单细胞起源的培养物，所选择到的目标是同质的，这样不仅可以减少筛选时间，而且也利于选择系的稳定。利用单细胞培养的方法有两个关键：一是获得足够的单细胞。如采用物理的、化学的、酶解等方法，其中有一种粗糙的但快速的间接分析法是"细胞压榨法"。把少量烟草愈伤组织样品放于滤纸上并用两块玻璃板压榨，细胞汁液被滤纸吸收，然后用 Dragendorff 试剂喷雾，从颜色反应中可以半定量地估计样品中生物碱（烟碱）的含量。用此法测定了 1 000 个克隆的细胞，之后进行两次再克隆，分离到 5 个高产系。这些细胞系极为稳定并能保持 1 年以上的高产性能，但此技术只适用于积累较多产物的细胞，对含量微小的细胞就不适用了。二是使单细胞顺利生长并能继代下去。利用平板培养、条件培养、看护培养、饲喂培养、微滴培养及液体浅层培养等方法，在降低细胞密度的情况下提高细胞植板率，建立单细胞克隆体系，用于高产细胞系的筛选。利用单细胞培养方法进行高产变异系的筛选目前得到广泛应用。

5.4.3.3　植物高产细胞系的筛选方法

1. 目测筛选法

目测法是从愈伤组织的形状、颜色、大小和质地等外部形态来初步判断其有用代谢产物的含量高低的一种快速但比较粗放的筛选方法。用目测法进行高产系的筛选典型的例子就是 Yamamoto 等（1982）对铁海棠（*Euphorbia millii*）的培养细胞中具有高产和稳产花青素细胞系的筛选。他们建立了一种颇为简单有效并能长时间维持的筛选方法，即首先对铁海棠进行愈伤组织诱导，然后把愈伤组织分成许多小区块并都培养于相同的培养基上，对各小区块长大的愈伤组织其中的一半进行分析，另一半继续继代培养。选择最红的区块继续分离和分析，这样反复筛选了近30 代，在第 23 代之后细胞块色素含量的平均值保持稳定，并比原细胞株色素含量高 7 倍。这也证明了一个稳定的细胞系的最后成功是要经过长时间反复筛选的。Yamakawa 等（1983）利用此法通过不断重复筛选葡萄愈伤组织，得到了花青素含量为 1.0%～1.8% 的高产系，而从喂饲层中获得的单克隆花青素含量高达 3.4%。

此外，利用目测法还筛选出高产小檗碱的黄连细胞系。小檗碱是一种广谱的抗菌药，已从日本黄连等好几种植物的培养物中获得了小檗碱。Koblitz 等（1982）在培养小果博落回（*Macleaya microcarpa*）细胞时发现生物碱含量与黄色色素的形成成正比，并以此为标记，从中筛选出了含量为 0.4% 的原阿片碱（protopine）和别隐品碱（allocryptopine）的高产细胞系。紫草（*Lithospermum erythrorhizon*）细胞能产生萘醌色素紫草素，Tabata 等（1987）在从紫草实生苗建立的 45 个培养系中，通过不断重复筛选至 22 代时，得到了一个含紫草素 50～120 mg/g（鲜重）的培养细胞系。他们利用原生质体克隆，发现在 48 个细胞系中有 15 个系产生的紫草素比亲本高，最高含量比亲本高 2 倍。Fujita 等（1985）已利用所获得的细胞系进行大量商品化生产紫草素。当产物具荧光特征时，用目测法筛选就不需培养物本身颜色来体现了。Sasse 等（1982）用紫外线灯筛选骆驼蓬的愈伤组织，通过荧光斑点法筛选，获得了哈尔满生物碱含量比亲本高 10 倍的细胞系。同时，具荧光的细胞也可用荧光显微镜来分析。Deus 和 Zenk（1984）利用此法从长春花（*Catharanthus roseus*）细胞中分离具有强荧光的克隆细胞，荧光主要是由蛇根碱产生的，已建立了一个含量为 400 mg/L 蛇根碱的细胞系，并认为此方法比放射免疫分析法更有效，因为几乎所有的细胞系都不受什么限制地得到筛选。Ellis 等（1985）用显微分光光度法根据细胞内某成分的吸收波长，从众多牛舌草（*Anchusa officinalis*）的单细胞克隆中分析了它们合成酚类的能力，发现各克隆系产生的迷迭香酸能力不一致。

在红豆杉愈伤组织诱导的过程中，发现愈伤组织的生长速率和紫杉醇的含量与其颜色和质地有一定的关系。颜色浅、质地松散的愈伤组织生长快、含水量高，但是紫杉醇含量低；相反，颜色深、质地较结实的愈伤组织生长较慢、含水量较低，但紫杉醇含量较高。相关分析表明，紫杉醇含量与其含水量和生长速率呈负相关。赵德修等（1998）以水母雪莲（*Saussurea medusa*）的茎和叶片为外植体诱导愈伤组织，采用目测法得到浅黄色系和红色系，用紫外分光光度和高效液相法，测得离体培养浅黄色系中总黄酮的含量为 1.9%，金合欢素（jaceosidin）的含量为

0.42%，分别是红色系中的 2.3 倍和 3.9 倍，是原愈伤组织中的 2.6 倍和 4.2 倍。

Dougall 等（1980）对分离出的胡萝卜高产花青素细胞系再克隆时，发现子代细胞系的花青素产量各不相同。随继代次数的增加，高产细胞系产量有下降趋势，并且从低产的克隆细胞中再克隆之后可获得高产的克隆系。因此，认为用目测法选择的细胞系有时并不是真正的变异体，而仅仅是生理上不同状态的细胞。因为培养基成分常常也是影响产物积累的因素之一，所以，对分析选择细胞系的极大的不稳定性时常不能由遗传上的不稳定性来解释。目测法在过去的筛选工作中已取得很大的成功，被认为是一种较好的筛选方法。

2. 小细胞团筛选法

Kinnersly 和 Dougall 等（1980）从胡萝卜细胞中分离出稳定的细胞系。他们利用细胞团筛选方法对其悬浮细胞进行了 6 个月的筛选（12 代），其中小细胞团的花青素含量比未筛选的高 3 倍，而直径大于 63 μm 的细胞团的花青素含量却比未选择的低，这样的现象是由于小细胞团中内源激动素的降低有利于花青素的合成。Yamada 和 Sato 等（1984）利用细胞团块进行反复克隆筛选出了一个生长快、生物碱含量高的细胞系，细胞在 3 周内增殖 5～6 倍，最高小檗碱含量达 13%（干重），且相当稳定。Bariaud-Fontanel 等（1988）通过反复克隆法从唐松草（*Thalictrum petaloideum*）的细胞中获得了一个含 768 mg/L 小檗碱的高产稳产细胞系。杜金华和郭勇（1997）在玫瑰茄（*Hibiscus sabdariffa*）细胞系的筛选时采用小细胞团培养法获得了高产花色苷的细胞系。采用 B_5 培养基，其中氯化钙为 750 mg/L，pH 5.84，其余成分不变，于玫瑰茄愈伤组织的高色素区选择色深且颜色均一的小细胞团置于平板上，密封培养；20 d 后转接于三角瓶中进行继代培养，小细胞团的再生率可达 80%。在挑出的 200 个小细胞团中，有 163 个成活。在此期间淘汰色浅及含有黄色愈伤组织的不纯细胞系，继代培养 10 次。稳定时玫瑰茄细胞系中花色苷含量最高者为 2.33%（干重），比对照（筛选前）提高了 14.5 倍。

刘佳佳等（2001）用缺氧胁迫银杏小细胞团，选育高产黄酮苷细胞系。其方法是：将已多次继代所得松散的愈伤组织转入加玻璃珠的 MS 液体培养基培养 5 d，取出转入 MS 固体培养基，培养 10 d 后，加玻璃纸密封，继续培养 5 d，挑出存活的细胞团转入新的 MS 固体培养基进行增殖培养，在继代过程中剔除与细胞团颜色结构不一致的细胞。继代 3 次后，转入 MS 液体培养基培养，直至形成分散性良好的银杏悬浮细胞系。测定黄酮苷含量并与原来愈伤组织中的产量进行比较，结果选育出细胞系 TZG-1，培养周期 18 d，生长指数为 4.12，黄酮苷含量为 1.25%，比愈伤组织中的黄酮含量提高了 257.1%。

3. 抗性筛选法

利用抗性筛选有时也会获得高产细胞系。如很多植物细胞能利用庚二酸和丙氨酸合成生物素，但高浓度的庚二酸对细胞有很大毒性。Watanabe 等（1982）利用抗性筛选法，在悬浮培养中加入不同浓度的庚二酸，经过不断筛选，产生了能抗庚二酸毒性的细胞系，如从薰衣草细胞中获得了含量为 0.9 $\mu g/g$（鲜重）的高产生物素细胞系，比亲本的含量高 15 倍，比叶中的含量高 10 倍。Neumann 和 Zenk（1983）利用长春花细胞对 5-甲基色氨酸的抗性筛选也得到了产量为 565 mg/L 蛇根碱和阿吗碱的高产系。

4. 其他筛选方法

由于植物培养细胞中细胞生长速率与其产物积累并不存在一种绝对的线性关系，说明对高产细胞系的筛选的分析似乎不能按照主动的筛选方法来进行，而只有依靠直接的或间接的方法筛选愈伤组织、悬浮培养物或单细胞克隆来增加产物的积累。直接的筛选方法包括通过分离的克隆或愈伤组织直接地继代培养的所有技术。而当筛选的克隆细胞只有在进行细胞提取液的分析之后才能评价和只有一部分的克隆能继代培养时就应采用间接的分析方法。间接的分析筛选方法与直接分析法相反，间接分析法是建立在分析细胞提取物中次生代谢产物含量的基础上来揭示一个细胞系的合成能力的。用来检查的克隆不得不分成培养继代部分和化学分析部分。由于要从大量的细胞系中进行筛选，必须建立一种快速分析克隆的技术手段，并且要求在少量的组织样品中能够进行。

放射免疫分析法（RIA）可被认为是比较敏感和精确的方法，它可以从无数微量细胞样品中迅速地定量测定特殊的成分。Zenk 等（1978）首次建立和使用半自动 RIA 技术，对长春花细胞产生有用生物碱和高产系进行了精细的研究，从分批培养中的单细胞和小细胞团获得的 160 个克隆细胞中的蛇根碱含量为 0~1.4%，阿吗碱含量为 0~0.8%。他们成功分离的高产克隆在液体培养基中生物碱总量达 1.3%（干重），比原植物的含量高 1.5 倍。此法仅需 0.1 mL 的粗提液（单细胞水平）即可，每天能处理 200 个样品，并且其特异性极高。

除此之外，利用 RIA 法还成功地测定洋地黄（*Digitalis lanata*）细胞中强心苷含量；金鸡纳树组织中合成奎宁的能力和忍冬科某些培养物转化马钱子苷为次生马钱子苷的能力。建立一种 RIA 法需要至少 1 年时间，因此，目前该技术还未得到充分应用。

利用酶联免疫吸附测定（ELISA）法亦取得同 RIA 法一样灵敏的结果。Kanaoka 等（1984）建立了测定甘草苦质酸的 ELISA 法。之后 Robins 等（1984）利用此法测定了苏里南苦木（*Quassia amara*）、印度苦木（*Q. indica*）和苦木（*Picrasma quassioides*）植株及培养物中苦木素分布情况，并指出此法能检测低至每 0.1 mL 样品仅有 5 pg 的物质。GC-MS 方法可以达到与 RIA 法同样灵敏水平的结果，而且不限制在利用 RIA 法中只能检查一种单一的高度专性的化学品的问题。另一方法是"电细胞分类法"，这种方法可从细胞群中迅速筛选高产细胞，培养物的细胞能通过分类器（sorter）并使细胞所含某成分的荧光在所设计的波长下加强。此方法仅需小的并且唯一的细胞单位作为筛选目标，因此，认为原生质体是最适合的供试材料。1983 年 Browm 利用流式细胞仪法分析长春花原生质体的蛇根碱，他认为可以通过每秒分类 1 000 个细胞的高速率来筛选高含量蛇根碱的亚细胞群体。电细胞分类法对细胞无任何副作用，并能直接从选择的细胞中建立，因此，已越来越受到研究者们的重视。

Tam 等（1980）利用薄层层析（TLC）鉴别罂粟中可待因的高产细胞系也是一种较好的筛选方法。Matsumoto 和 Macek 等（1980）利用 HPLC 分别测定了烟草和澳洲茄中泛醌-10 和茄解定的高产细胞系。Nishi 等（1980）利用生物测试法从黄檗中筛选出高产小檗碱（267 μg/g 鲜重）细胞系。Suzuki 等（1988）设计了一种新的测定从微小的欧亚唐松草（*Thalictrum aquilegifolium*）细胞克隆释放小檗碱量的方法，以便于筛选高小檗碱含量的细胞系。在这个系统中，从细胞悬浮培养获得的细胞集聚体，生长在小块的琼脂培养基上，从细胞释放到琼脂小块中的小檗碱量，通过抗细菌的活性做对比来分析。采用这种琼脂小块法（agar piece method），他们从 1 000 个细胞克隆中分离出 4 个高小檗碱含量的细胞系。Adamse（1975）设计了一套流动细胞测定装置，并成功地对培养的万寿菊（*Tagetes erecta*）细胞进行了高噻吩含量细胞系的筛选。这一方法可在单细胞或原生质体水平上进行筛选。

5.4.3.4 诱变处理在植物高产细胞系筛选上的应用

诱变处理可大大地丰富细胞变异的程度，无论从单细胞的存活率，还是从单细胞克隆的植板率；无论从生长速率和次生代谢产物含量的变异程度，还是从两者在传代中表现出的稳定性都说明细胞对紫外辐射极其敏感。利用细胞的自然变异性筛选高产细胞系有其优势的一面，如植板率高、稳定性好、筛选量大和操作简单等，但自发突变率为 $10^{-7} \sim 10^{-6}$，诱变处理可使突变率增大到 10^{-3}，这对于能用简单方法检测含量高的产物特别有效而且快速实用。

应用各种物理的和化学的方法诱变处理，已在不少培养细胞中获得所需性状的突变体，有些突变体表现出了良好的生产能力。Nishi 等（1974）用化学诱变剂 N-甲基-N-硝基-亚硝基胍处理胡萝卜的细胞获得了很多变异克隆，它们在合成 β-胡萝卜素和番茄红素上各不相同，这些克隆的胡萝卜素含量比原来的细胞系高 3 倍，比原植物根增加 4 倍。Furuya 等（1983）用亚硝基胍和 γ 射线处理人参愈伤组织，得到了一个含粗皂苷 25.5%的突变体（对照为 21.1%）。郑光植等（1983）利用 4 kR/h 的 ^{60}Co γ 射线照射三分三（*Anisodus acutangulus*）愈伤组织，诱导出的一个愈伤组织突变系，其东莨菪碱含量为 0.177 mg/g（以干重计），比亲本高 30%，且很稳定。Watanabe 等（1982）利用 ^{60}Co 射线（10 kR/h）照射薰衣草细胞也获得了生物素含量为 0.425 μg/g（以鲜重计）的细胞系，比亲本高 7 倍。利用 ^{137}Cs X 射线照射长春花细胞也获得一个蛇根碱含量达 2%（以干重计）的突变系［对照为 0.12%（以干重计）］（Maisuradze 等，1986）。张华等（1999）采用应用 500～2 500 R 的 ^{60}Co γ 射线照射滇紫草细胞系，确定了应用 γ 射线处理促进紫草素合成的最适辐照剂量为 1 500 R，处理后的细胞系在生产培养基上培养 21 d 后紫草素含量达到 94.79 mg/g（以干重计），较对照提高了 144.6%，通过小团块选种法从中筛选到了色素含量高达 103.42 mg/g（以干重计）的高产细胞系 Mul-1，其营养生长与对照相比没有差别。

李耀维等（2000）采用 He-Ne 激光辐照雷公藤愈伤组织诱导突变，经初筛、复筛及突变株稳定性研究，筛选出一株次生代谢产物高产细胞系，其次生代谢产物产量较对照提高 45.2%，且遗传性状稳定。郭斌等（2002）采用 He-Ne 激光诱变葡萄皮诱导的愈伤组织的方法，选育高产白藜芦醇细胞系，产量比对照提高 40%左右。

梅兴国等（2001）在紫杉醇高产细胞系筛选时发现，紫外辐射能明显增加红豆杉细胞的异质性，紫外诱变单细胞使其植板率下降为原来的 1/3 左右，平板克隆培养 60 d，挑取克隆连续转接 4 次共得 78 个克隆系，其中克隆系 $C_{42}B-09$ 的生长速率和紫杉醇含量都较高，生长速率和紫杉醇含量分别为亲本的 1.13 倍和 6.25 倍，此克隆系传至第 2 代时基本保持稳定。

随着对产物合成途径的调控水平及酶水平知识的积累，利用诱变剂诱导高产目的化合物的突变体潜力是很大的。

5.4.3.5 植物高产细胞系的稳定性及保存

高产细胞系的稳定性可分为两种类型。一类是能够多年稳产、高产的，如继代了 25 年的大豆的细胞悬浮系仍具有高产黄酮类化合物的能力（Ermanno 等，2003）。这类细胞通常一开始就具有高产量，不必经筛选、克隆就能稳定多年。另一类如红豆杉等细胞系其高产性是不稳定的，造成高产系不稳定的原因尚不清楚，很可能是在培养过程中植物细胞染色体的数目或组型发生改变，部分原因可能是在继代过程中培养成分的微小变化造成产物的不稳定。

高产细胞系不稳定性是阻碍产品工业化生产的一个极大问题，因此必须寻找合适的解决方法。解决方法主要有以下 3 种：①从高产系中再不断克隆形成新的高产细胞系；②高产系出现不可逆退化时，干脆重新开始筛选；③尽量减少继代次数，因此可用矿物油包埋法、低温（0~4℃）保存法和超低温（−196℃）保存法保存高产细胞系。

除此之外，在继代时应严格遵守一种已定的方案，任何偏离都会使产生的代谢产物在质和量上发生显著变化。超低温保存法在保存植物细胞的研究中已经得到越来越广泛的使用，所保存的植物细胞已经证明有能力恢复其合成次生代谢产物的能力。李国凤等（1992）在对新疆紫草（*Arnebia euchroma*）细胞大量培养的研究中，采用超低温方法保存其高产细胞系获得成功。他们对继代生长 10 d 的愈伤组织，采用 7.5％二甲亚砜（DMSO）＋5％甘油＋5％蔗糖作保护剂，并应用逐步降温的冷冻程序，最终浸入液氮罐（−196℃）中保存，几个月后，愈伤组织经解冻后仍能恢复正常生长和保持合成紫草宁衍生物的能力。种质超低温保存技术的突破，对植物细胞大量培养的工业化生产无疑具有重要意义。

5.4.4 植物细胞大规模培养的生物反应器

植物细胞生物反应器是用于植物细胞培养过程中必备的设备。依据其结构的不同，植物细胞生物反应器有机械搅拌式反应器、气升式反应器、鼓泡式反应器、填充床式反应器、流化床式反应器、膜反应器等。

5.4.4.1 机械搅拌式反应器

机械搅拌式反应器是有搅拌装置的反应器（图 5-15），是在微生物和植物细胞大规模培养中最常用的一种生物反应器。它的最大优点是具有很高的溶氧系数，适用于对剪切力有较强耐受能力的植物细胞培养。但是大多数植物细胞对剪切力敏感、需氧量较低，因此，在植物细胞培养中较少使用。对于某些对剪切力的耐受性较强的细胞系，如烟草细胞、水母雪莲细胞，使用机械搅拌式反应器进行细胞悬浮培养，取得较好的效果。在植物细胞培养过程中，采用的机械搅拌式反应器，需要对搅拌桨叶改进，使之具有较好的搅拌效果，而其剪切力又不会破坏植物细胞。通常搅拌速度也要控制在一定的范围内。

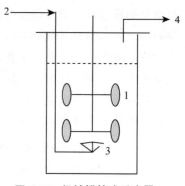

5.4.4.2 气升式反应器

气升式反应器是利用通入反应器的无菌空气的上升气流带动培养液进行循环，起供氧和混合两种作用的一类生物反应器。按照结构的不同气升式反应器可以分为内循环（图 5-16A，图 5-16B）和外循环（图 5-16C）两种。

图 5-15 机械搅拌式反应器
（郭勇等，2004）
1. 搅拌装置；2. 无菌空气入口；
3. 空气分布器；4. 空气出口

气升式反应器由于没有搅拌装置，剪切力较小，对植物细胞的伤害较少。培养液不断循环，混合效果较好，有利于提高细胞质量浓度和次生代谢产物的产量，在植物细胞培养中经常采用。例如，Fowler 等（1982）使用气升式反应器培养长春花细胞，细胞的质量浓度可以显著提高，达到 30 g/L；Alfermann 等（1987）采用气升式反应器培养洋地黄细胞，β-甲基异羟基洋地黄毒苷的产量高达 430 mg/L。其缺点是在气流量较小、细胞密度较大、培养液黏度较高的情况下，混合效果会受到影响。

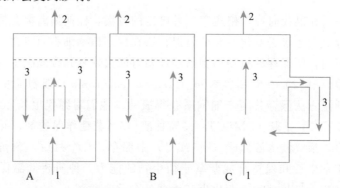

图 5-16 气升式反应器（郭勇等，2004）
A 和 B 为内循环；C 为外循环；1. 空气进口；2. 空气出口；3. 气流循环方向

为了强化气升式反应器的混合效果，可以采用带有低速搅拌装置的气升式反应器，在需要的时候启动低速搅拌器，在植物细胞不受破坏的前提下，强化混合效果。这种强化型的气升式反应器在紫草、西洋参等细胞的培养中取得较为理想的效果。

5.4.4.3 鼓泡式反应器

鼓泡式反应器是利用从反应器底部通入的无菌空气产生的大量气泡，在上升过程中起到供氧和混合两种作用的一类反应器，也是一种无搅拌装置的反应器，如图 5-17 所示。

鼓泡式反应器的结构简单，操作容易，剪切力小，氧的传递效率高，是植物细胞培养常用的一种反应器。郭勇等（2004）采用鼓泡式反应器进行玫瑰茄、胡萝卜、黄花蒿、大蒜、番木瓜等的细胞悬浮培养，取得良好效果。

5.4.4.4 填充床式反应器

填充床式反应器是一种用于植物细胞团和固定化细胞培养的生物反应器，如图5-18所示。填充床式反应器中的细胞团或者固定化细胞堆叠在一起，固定不动，通过培养液的流动，实现物质的传递和混合。其优点是单位体积的细胞密度大，对于具有群体生长特性的植物细胞，由于改善了细胞之间的接触和相互作用，可以提高次生代谢产物的产量。例如，Kargi等（1990）采用填充床式反应器培养固定化长春花细胞，其生物碱的产量明显高于悬浮细胞培养。但是由于混合效果较差，氧气的传递、气体的排出都受到一定的影响，温度和pH的控制也相对较为困难。此外，填充床底层细胞所受到的压力较大，容易变形或者破碎。为了减少底层细胞所受的压力，可以在反应器中间用托板分隔成2层或多层。

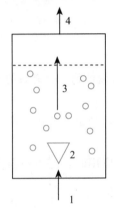

图 5-17 鼓泡式反应器（郭勇等，2004）

1. 进气口；2. 空气分布器；3. 气流方向；4. 排气口

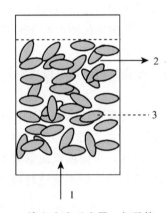

图 5-18 填充床式反应器（郭勇等，2004）

1. 进液口；2. 排液口；3. 固定化细胞

5.4.4.5 流化床式反应器

流化床式反应器是通过培养液和无菌空气的流动使细胞团或者固定化细胞处于悬浮状态的一种生物反应器，如图5-19所示。

流化床式反应器中细胞团或者固定化细胞以及气泡在培养液中悬浮翻动，混合均匀，传质效果好，有利于细胞生长和次生代谢产物的产生。缺点是流体流动产生的剪切力以及细胞团或固定化细胞的碰撞会使颗粒受到破坏。此外，流体动力学变化较大，参数复杂，使放大较为困难。Hamilton等（1984）采用流化床式反应器进行固定化胡萝卜细胞产生转化酶的研究，结果获得很高的转化酶活力。

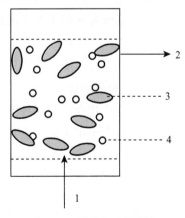

图 5-19 流化床式反应器

（郭勇等，2004）

1. 流体进口；2. 流体出口；

3. 细胞团或固定化细胞；4. 气泡

5.4.4.6 膜反应器

膜反应器是将植物细胞固定在具有一定孔径的多孔薄膜中，而制成的一种生物反应器。用于植物细胞培养的膜反应器通常为中空纤维反应器，如图5-20所示。

中空纤维反应器由外壳和醋酸纤维等高分子聚合物制成的中空纤维组成。中空纤维的壁上分布许多孔径均匀的微孔，可以截留植物细胞而允许小分子物质通过。

植物细胞被固定在外壳和中空纤维的外壁之间。培养液和空气在中空纤维管内流动，营养物质和氧气透过中空纤维的微孔供细胞生长和新陈代谢之需。植物细胞生成的次级代谢产物分泌到细胞外以后，再透过中空纤维微孔，进入中空纤维管，随着培养液流出

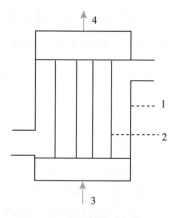

图 5-20　中空纤维反应器
（郭勇等，2004）
1. 外壳；2. 中空纤维；
3. 进液口；4. 排液口

反应器。收集流出液，可以从中分离得到所需的次生代谢产物。分离后的流出液可以循环使用。

中空纤维反应器结构紧凑，集反应与分离于一体，利于连续化生产。但是其清洗比较困难，只适用于植物细胞胞外代谢产物的生产。

综上所述，不同的反应器有不同的特点，在实际应用时，应当根据植物细胞或器官的种类和特性的不同进行设计和选择。

5.4.5　植物次生代谢产物的提取与制备

植物细胞或器官培养获得的次生代谢产物种类繁多，大多数存在于细胞内。要获得植物次生代谢产物，首先要进行细胞破碎，然后采用一定的溶剂，将所需的次生代谢产物提取出来，再采用现代生化分离技术，使目的产物与其他化合物分开，而获得符合研究或使用要求的次生代谢产物。植物次生代谢产物的提取与分离纯化主要内容包括细胞破碎、次生代谢产物的提取、离心分离、过滤与膜分离、沉淀分离、层析分离、电泳分离、萃取分离、结晶、浓缩与干燥等。

5.4.5.1 细胞破碎

植物次生代谢产物的种类繁多，它们存在于不同植物的不同部位。次生代谢产物大部分存在于细胞内，少量分泌到胞外。为了获得存在于细胞内的代谢产物，就得收集植物的组织、细胞并进行细胞或组织破碎，使细胞的外层结构破坏，才能进一步进行次生代谢产物的提取和分离纯化。

对于不同的植物组织和细胞，由于它们的结构不同，所采用的细胞破碎方法和条件亦有所不同。必须根据具体情况进行适当的选择，以达到预期的效果。

细胞破碎方法很多，可以分为机械破碎法、物理破碎法、化学破碎法和酶促破碎法等。在实际使用时应当根据植物细胞的特性、所需的次生代谢产物的特性等具体情况，选用适宜的细胞破碎方法，有时也可以将两种或两种以上的方法联合使

用，以便达到细胞破碎的效果，又不会影响代谢产物的活性。

5.4.5.2　提取

植物细胞次生代谢产物的提取是指在一定的条件下，用适当的溶剂处理原料，使所需的次生代谢产物充分溶解到溶剂中的过程。提取又称为抽提。

提取时首先应根据次生代谢产物的结构和溶解性质，选择适当的溶剂。一般说来，极性物质易溶于极性溶剂中，非极性物质易溶于非极性的有机溶剂中，酸性物质易溶于碱性溶剂中，碱性物质易溶于酸性溶剂中。

植物细胞次生代谢产物，如生物碱、萜类、甾体、香豆素、黄酮、蒽醌，一般含有较多的非极性基团，疏水性较强，所以通常采用有机溶剂提取；有些能够通过水蒸气蒸馏出来而不被破坏的次生代谢产物，如大蒜素、丹皮酚、麻黄碱，可以采用水蒸气蒸馏法提取。

从细胞、细胞碎片或其他原料中提取次生代谢产物的过程还受到扩散作用的影响。分子的扩散速度与温度、溶液黏度、扩散面积、扩散距离以及两相界面的浓度差有密切关系。一般说来，提高温度、降低溶液黏度、增加扩散面积、缩短扩散距离、增大浓度差等都有利于提高分子的扩散速度，从而增加提取效果。

为了提高次生代谢产物的提取率，并防止某些次生代谢产物的变性失活，在提取过程中还要注意控制好温度、pH 等提取条件。

5.4.5.3　沉淀分离

沉淀分离是通过改变某些条件或添加某种物质，使次生代谢产物在溶液中的溶解度降低，从溶液中沉淀析出，而与其他化合物相分离的技术过程。沉淀分离是在植物次生代谢产物的分离纯化过程中经常采用的方法。沉淀分离的方法有多种，如金属盐沉淀法、等电点沉淀法、有机溶剂沉淀法、盐析沉淀法、复合沉淀法、选择性变性沉淀法等。

5.4.5.4　层析分离

层析分离是利用混合液中各组分的物理化学性质（分子的大小和形状、分子极性、吸附力、分子亲和力、分配系数等）的不同，使各组分以不同比例分布在两相中。其中一个相是固定的，称为固定相；另一个相是流动的，称为流动相。当流动相流经固定相时，各组分以不同的速度移动，从而使不同的组分分离纯化。

层析分离设备简单、操作方便，在实验室和工业化生产中均得到广泛应用。植物细胞次生代谢产物可以采用不同的层析方法进行分离纯化，常用的有吸附层析、分配层析、离子交换层析、凝胶层析和亲和层析等。

5.4.5.5　萃取分离

萃取分离是利用物质在两相中的溶解度不同而使其分离的技术。萃取分离中的两相一般为互不相溶的两个液相，有时也可采用其他流体。萃取分离在植物次生代谢产物的分离纯化中被广泛使用，并已经工业化生产。按照两相的组成不同，萃取可以分为有机溶剂萃取、双水相萃取和超临界萃取等。

5.4.5.6　结晶

结晶是溶质以晶体形式从溶液中析出的过程。结晶是植物次生代谢产物分离纯化的一种手段。它不仅为次生代谢产物的结构与功能等的研究提供了适宜的样品，而且为较高纯度化合物的获得和应用创造了条件。

在结晶之前，溶液必须经过纯化达到一定的纯度。如果纯度太低，不能进行结晶。总的趋势是纯度越高，越容易进行结晶。为了获得更纯的次生代谢产物，一般要经过多次重结晶。每经过一次重结晶，纯度均有一定的提高，直至恒定为止。

在结晶时，溶液中次生代谢产物应达到一定的浓度。浓度过低无法析出结晶。一般说来，浓度越高，越容易结晶。但是浓度过高时，会形成许多小晶核，结晶小，不易长大。所以结晶时溶液浓度应当控制在介稳区，即溶质浓度处于稍微过饱和的状态。此外，在结晶过程中还要控制好温度、pH、离子强度等结晶条件，才能得到结构完整、大小均一的晶体。

5.4.5.7 浓缩与干燥

浓缩与干燥都是溶质与溶剂（通常是水）分离的过程，在植物次生代谢产物的分离纯化过程中是一个重要的环节。

浓缩是从低浓度溶液中除去部分水或其他溶剂而成为高浓度溶液的过程。浓缩的方法很多，离心分离、过滤与膜分离、沉淀分离、层析分离等都能起到浓缩作用。用各种吸水剂，如硅胶、聚乙二醇、干燥凝胶等吸去水分，也可以达到浓缩效果。这里主要介绍常用的蒸发浓缩。蒸发浓缩是通过加热或者减压方法使溶液中的部分溶剂气化蒸发，溶液得以浓缩的过程。如在一定的真空条件下，使溶液在60℃以下进行浓缩。影响蒸发速度的因素很多，除了溶剂和溶液的特性以外，还有温度、压力、蒸发面积等。一般说来，在不影响酶活力的前提下，适当提高温度、降低压力、增大蒸发面积都可以使蒸发速度提高。蒸发装置多种多样，在溶液浓缩中主要采用各种真空蒸发器和薄膜蒸发器。可以根据实际情况选择使用。

干燥是将固体、半固体或浓缩液中的水分或其他溶剂除去一部分，以获得含水分较少的固体物质的过程。物质经过干燥以后，可以提高产品的稳定性，有利于产品的保存、运输和使用。在干燥过程中，溶剂首先从物料的表面蒸发，随后物料内部的水分子扩散到物料表面继续蒸发。因此，干燥速率与蒸发表面积成正比。增大蒸发面积，可以显著提高蒸发速率。此外，在不影响物料稳定性的前提下，适当升高温度、降低压力、加快空气流通等都可以加快干燥速度。干燥速度并非越快越好，而是要控制在一定的范围内。因为干燥速度过快时，物料表面水分迅速蒸发，可能使物料表面黏结形成一层硬壳，妨碍物料内部水分子扩散到表面，反而影响蒸发效果。

在固体植物次生代谢产物的生产过程中，为了便于保存、运输和使用，产品一般都必须进行干燥。常用的干燥方法有真空干燥、冷冻干燥、喷雾干燥、气流干燥和吸附干燥等。

复习题

1. 简述植物单细胞的分离方法。

2. 植物单细胞培养有哪些主要方法?

3. 在进行植物单细胞培养时应注意哪些问题?

4. 简述细胞悬浮培养的方法及影响因素。

5. 什么是植物细胞的悬浮培养?简述分批培养和连续培养的特点。

6. 如何使植物悬浮培养细胞实现同步化?

7. 什么是体细胞无性系和体细胞无性系变异?

8. 简述体细胞无性系变异的来源及其发生机制。

9. 影响体细胞无性系变异的主要因素是什么?

10. 细胞水平上筛选突变体的优、缺点是什么?

11. 简述体细胞无性系变异在遗传研究和作物改良中的主要用途。

12. 什么是植物次生代谢?什么是植物次生代谢产物?

13. 根据代谢途径和化学结构,植物次生代谢产物主要分哪几类?

14. 植物次生代谢调控有哪些方面?

15. 植物高产细胞系的筛选有哪些方法?

16. 植物细胞或器官大规模培养有哪些培养系统?

17. 试述植物细胞或器官大规模培养与次生代谢产物生产的前景。

18. 植物次生代谢产物分离纯化有哪些方法?

6 植物原生质体培养与体细胞杂交

【**导读**】本章主要介绍植物原生质体和体细胞杂交的基本概念、方法和应用。通过对本章的学习，重点理解植物原生质体的基本概念，掌握原生质体分离和培养的基本方法，熟悉重要农作物原生质体培养的基本流程与方法；熟悉原生质体融合的主要方法以及杂种细胞的主要筛选方法，掌握体细胞杂种的主要鉴定方法。

6.1 原生质体的概念及特性

6.1.1 原生质体的概念

植物原生质体（protoplast）是指除去了细胞壁后裸露的球形细胞团。游离的原生质体很特殊，原生质体的外被质膜是完全裸露的，因此质膜成为外部环境与活细胞内部之间的唯一屏障。原生质体具体包括细胞膜和膜内细胞质及其他具有生命活性的细胞器。

6.1.2 原生质体的特性

植物原生质体的特点如下。

①细胞壁不复存在，外层只存留细胞膜，比较容易摄取外来的遗传物质，如游离的 DNA、质粒等。

②便于进行细胞融合，形成杂交细胞。

③与完整细胞一样具有全能性，仍可产生细胞壁，经诱导分化成完整个体。

原生质（protoplasm）是构成细胞的生活物质，是细胞生命活动的物质基础。原生质的化学组成决定了它既有液体与胶体的特性，又有液晶态的特性，使其在生命活动中起着重要的、复杂多变的作用。

原生质的物理特性：原生质含有大量的水分，使它具有液体的某些性质，如有很大的表面张力（surface tension），即液体表面有自动收缩到最小的趋势，因而裸露的原生质体呈球形；原生质具有黏性（plasticity）和弹性（elasticity）。原生质的黏性与弹性随植物生育期或外界环境条件的改变而发生变化。在显微镜下，可观察到细胞质不停地流动。原生质的流动是一种复杂的生命现象。原生质的流动在一定温度范围内随温度的升高而加速，且受呼吸作用的影响；当缺氧或加入呼吸抑制剂时，原生质的流动就减慢或停止。

原生质的胶体特性：构成原生质的蛋白质、核酸等生物大分子，直径符合胶粒范围，其水溶液具有胶体的性质。原生质胶体主要由蛋白质组成，蛋白质表面的氨基与羧基发生电离时可使蛋白质分子表面形成一层带电荷的吸附层。在吸附层外又有一层带电量相等而符号相反的扩散层。这样就在原生质胶体颗粒外面形成一个双电层。双电层的存在对于维持胶体的稳定性起重要作用。所有颗粒最外层都带有相同的电荷，使它们彼此之间不致相互凝聚而沉淀。蛋白质是亲水化合物，在其表面可以吸附一层很厚的水合膜。水合膜的存在，原生质胶体系统更加稳定。蛋白质是两性电解质，在两性离子状态下，原生质具有缓冲能力，这对细胞内代谢有重要作用。

原生质胶体颗粒的体积虽然大于分子或离子，但它们的分散度很高，比表面积（表面积与体积之比）很大。随着表面积增大，表面能也相应增加。由于表面能的作用，它可以吸引很多分子聚集在界面上，这就是吸附作用。吸附在细胞生理中具有特殊的作用，如增强对离子吸收、使受体与信号分子结合等。

胶体有两种存在状态，即溶胶和凝胶。溶胶是液化的半流动状态，近似流体的性质。在一定条件下，溶胶可以转变成有一定结构和弹性的半固体状态的凝胶，这个过程称为凝胶作用；凝胶转为溶胶的过程称为溶胶作用。原生质胶体同样也存在溶胶与凝胶两种状态。当原生质处于溶胶状态时，黏性较小，代谢活跃，生长旺盛，但抗逆性较弱；当原生质呈凝胶状态时，细胞生理活性降低，但对低温、干旱等不良环境的抵抗能力提高，有利于植物度过逆境。凝胶具有强大的吸水能力，凝胶吸水膨胀的现象，称之为吸胀作用（imbibition）。种子就是靠这种吸胀作用在土壤中吸水萌发。

原生质的液晶性质：液晶态是物质介于固态与液态之间的一种状态。它既有固体结构的规则性，又有液体的流动性；在光学性质上像晶体，在力学性质上像液体。从微观来看，液晶态是某些特定分子在溶剂中有序排列而成的聚集态。在植物细胞中，有不少分子如磷脂、蛋白质、核酸、叶绿素、类胡萝卜素及多糖等在一定温度范围内都可以形成液晶态。一些较大的颗粒像核仁、染色体和核糖体也具有液晶结构。液晶态与生命活动息息相关。

6.1.3　原生质体培养的研究进展

早在1892年，Klercker用机械方法首次从藻类中分离得到原生质体，但这种方法产量低，不能从分生细胞和其他液泡化程度不高的细胞中分离原生质体，因而未能被广泛使用。1960年，英国诺丁汉大学植物学系的Cocking首次用酶解法释放出原生质体。他从真菌培养物中分离得到纤维素酶，再用这种酶降解细胞壁，从番茄根尖游离出原生质体。不久，用细胞壁降解酶处理已被公认是最优的方法，利用此法能释放出大量一致的原生质体。在适当条件下，一些植物品种的原生质体已成功地被培养和长出细胞壁，并能进行细胞分裂。目前有很多酶制剂用于解离原生质体，多数采用商业性的水解酶类例如纤维素酶、果胶酶等。

现已能从许多植物的各种组织及培养细胞系制备出大量有活力的原生质体（表6-1）。从原生质体培养而再生植株的种类繁多，如番茄、芹菜、胡萝卜、甘蓝、青菜、油菜、石刁柏、马铃薯、黄瓜、玉米、烟草、大麦、燕麦、大豆、矮牵牛、百合、柑橘、甘蔗、红豆。其趋势仍以农作物和经济作物为主，但从一年生向多年生、从草本向木本、从高等植物向低等植物扩展。

表 6-1　国内外部分原生质体培养与植株再生研究

植物名称	外植体	原生质体来源	作者
禾本科			
水稻（*Oryza sativa*）	盾片	悬浮细胞	Fujimura 等，1985
	胚芽鞘	愈伤组织	Coulibaly 等，1986
	花药	悬浮细胞	Toriyama 等，1986
	根尖	悬浮细胞	Yamada 等，1986
	幼胚	悬浮细胞	Thompson 等，1986
	成熟胚	愈伤组织	王光远，夏镇澳，1986
	幼穗	悬浮细胞	雷鸣，李向辉，1986
	幼穗	悬浮细胞	孙宝林，李向辉，1986
	种子	悬浮细胞	Kyozuka 等，1987
	花药及幼穗	悬浮细胞	李良才，1988
	幼胚	悬浮细胞	陈秀芝，夏镇澳，1989
	成熟胚	悬浮细胞	李家新，1990
小麦（*Triticum aestivum*）	花药	悬浮细胞	Harris 等，1988
	成熟胚	悬浮细胞	王海波等，1989
	幼穗	愈伤组织	任延国等，1989
	幼胚	悬浮细胞	郭光沁等，1990
	未成熟胚	悬浮细胞	Vasil 等，1990
小偃麦（*Trititrigia*）	幼穗	悬浮细胞	王铁邦等，1990
大麦（*Hordeum vulgare*）	幼胚	悬浮细胞	Luhrs 等，1988
	幼胚	悬浮细胞	颜秋生，张雪琴等，1990
玉米（*Zea mays*）	花药	悬浮细胞	蔡起贵，郭仲琛等，1987
	花药	悬浮细胞	孙勇如，张丽明，1988
	幼胚	悬浮细胞	Rhodes 等，1988
	幼胚	悬浮细胞	Prioli 等，1989
	幼胚	悬浮细胞	Shillito 等，1989
	花药	悬浮细胞	张士波，郭仲琛等，1989
高粱（*Sorghum vulgare*）	幼穗	悬浮细胞	卫志明，许智宏，1990
谷子（*Setaria italica*）	成熟胚	愈伤组织	董晋江，夏镇澳，1990
甘蔗（*Saccharum officinarum* L.）	幼叶	悬浮细胞	Srinivasan 等，1986

植物名称	外植体	原生质体来源	作者
豆科			
大豆（*Glycine max*）	幼嫩子叶	幼嫩子叶	卫志明，许智宏，1988
野生大豆（*Glycine soja*）	幼嫩子叶	幼嫩子叶	卫志明，许智宏，1990
赤豆（*Phaseolus angularis*）	叶片	愈伤组织	葛扣麟等，1989
锦葵科			
棉花（*Gossypium hirsutum*）	下胚轴	悬浮细胞	余建明，陈志贤等，1989； 孙玉强、张献龙等 2004，2005
石蒜科			
洋葱（*Allium cepa*）	叶肉	叶肉	王光远等，1986
猕猴桃科			
中华猕猴桃（*Actinidia chinensis*）	叶片	愈伤组织	蔡起贵等，1988
葫芦科			
黄瓜（*Cucumis sativus*）	子叶	悬浮细胞	贾士荣等，1988
新疆甜瓜（*Cucumis melo*）	子叶	子叶	李仁敬等，1989
绞股蓝（*Gynostemma pentaphyllum*）	幼茎	悬浮细胞	张航宁，1995
伞形科			
胡萝卜（*Daucus carota*）	根	悬浮细胞	Grambow 等，1972
	根	愈伤组织	吴石君等，1977
当归（*Angelica sinensis*）	根	愈伤组织	贾敬芬等，1985
川芎（*Ligusticum wallichii*）	胚轴	试管苗胚轴	李忠谊，陈惠民，1986
石防风（*Peucedanum terebinthaceum*）	幼苗茎段	悬浮细胞	李忠谊，陈惠民，1987
芹菜（*Apium graveolens*）	叶片	叶片	宛新杉等，1988
防风（*Saposhnikovia divaricata*）	根尖、下胚轴、叶柄切段	悬浮细胞	盛世红，陈惠民，1990
十字花科			
油菜（*Brassica napus*）	叶片	叶片	Kastha 等，1974
	叶片	叶片	李良材等，1982
	根	根	许智宏等，1982
	子叶	子叶	吕德扬等，1982
甘蓝（*Brassica oleracea*）	子叶	子叶	吕德扬等，1982
	根	根	许智宏等，1982
	叶片	叶片	付幼英等，1985

续表 6-1

植物名称	外植体	原生质体来源	作者
芥菜（*Brassica juncea*）	子叶	子叶	李文彬等，1986
	子叶、胚轴	子叶、胚轴	赵军良等，1990
埃塞俄比亚芥（*Brassica carinata*）	子叶	子叶	杨美珠，贾士荣，1989
诸葛菜（*Orychophragmus violaceus*）	叶片	叶片	徐晓昕，许智宏，1988
茄科			
矮牵牛（*Petunia hybrida*）	叶片	叶片	Durand 等，1973
	叶片	愈伤组织	Vasil 等，1974
	叶片	叶片	李文彬等，1978
毛叶曼陀罗（*Datura innoxia*）	叶片	叶片	Schieder 等，1975
	叶片	悬浮细胞	Furner 等，1977
白花曼陀罗（*Datura metal*）	叶片	叶片	Schieder 等，1977
龙葵（*Solanum nigrum*）	叶片	叶片	Nehls 等，1977
普通烟草（*Nicotiana tabacum*）	叶片	叶片	蔡起贵等，1977
	叶片	叶片	Vasil 等，1974
烟花烟草（*N. rustica*）	叶片	叶片	王光远，夏镇澳，1980
	子叶	子叶	吕德扬等，1982
花烟草（*N. alata*）	叶片	叶片	李文彬等，1980
	叶片	叶片	张鉴铭等，1981
白茄（*Solanum melongena*）	叶片	叶片	Potrykus 等，1981
马铃薯（*Solanum tuberosum*）	叶片	叶片	李耿光，张兰英，1988
茄子（*S. melongena*）	子叶	子叶	李耿光，张兰英，1988
番茄（*Lycopersicon esculentum*）	子叶	子叶	王光远等，1989
玄参科			
毛花洋地黄（*Digitalis lanata*）	叶片	叶片	Li 等，1981
地黄（*Rehmannia glutinosa*）	叶片	叶片	Davey 等，1983
旋花科			
甘薯（*Ipomoea batatas*）	叶柄	叶柄	刘庆昌等，1992
芸香科			
柑橘（*Citrus reticulata*）	下胚轴	愈伤组织	邓秀新等；1988

6.2 植物原生质体分离

6.2.1 原生质体供体的选择

原生质体已经可以从许多种植物的组织和器官中分离得到，分离材料包括叶片、叶柄、芽尖、根、果实、胚芽鞘、胚轴、茎、胚芽、花粉粒、愈伤组织和细胞悬浮培养物等。植物幼嫩的叶片、茎尖、萌发种子的胚轴和子叶等是原生质体的良好来源。叶组织之所以是最常用的分离材料，是因为利用叶片不需要杀死植株就可以分离到大量一致的原生质体，而且叶肉细胞排列松散，酶试剂很容易到达细胞壁。

外植体来源的愈伤组织和细胞悬浮培养物，是目前植物中最广泛使用的原生质体来源的原始材料。它的优点是：材料不受外界环境的影响，试验的重复性好；原生质体的产量、活性及稳定性等比较理想；可以借鉴组织培养中的器官培养、花粉培养及细胞培养的经验，对原生质体的分化潜力做出初步的估价。运用外植体培养，经愈伤组织阶段后诱导器官的发生，不仅其培养基及培养条件可供在原生质体培养时参考，而且从这种愈伤组织得到的原生质体或许分化的潜力会比较高。但组织培养成功并不意味着原生质体培养就一定能成功，如小麦的花药培养早已获得了成功，而原生质体培养还有很多困难需要解决。

6.2.2 原生质体分离的基本方法

分离高质量的原生质体是进行原生质体培养和体细胞杂交的先决条件，对原生质体分离的要求是获得大量而又具活力的原生质体，因此，原生质体分离是原生质体培养的第一步，也是非常关键的一步，直接影响着原生质体培养的成功与否。原生质体的分离主要采用两种方法：机械法和酶解法。

6.2.2.1 机械分离法

机械分离法的原理是在渗透溶液中，细胞进行质壁分离，细胞内的物质渗出，接着植物组织被分割并发生质壁分离复原从而释放出原生质体。然而，如下一些缺点导致机械法很少被采用：

①此方法仅局限于特定的组织（具有较大的、液泡化细胞的组织）。

②原生质体的产量低，从液泡化程度低、高度分裂的细胞中分离的原生质体产量很低。

③该方法费时耗力。

④因破碎细胞释放物质的存在，原生质体的活力很低。

6.2.2.2 酶解分离法

酶解分离法是用纤维素酶、半纤维素酶和果胶酶等消化植物细胞壁及胞间层，从而释放大量原生质体的方法。原生质体的释放在很大程度上取决于用于消化细胞壁的酶的性质和组成。细胞壁有 3 种主要成分，分别为纤维素、半纤维素和果胶类物质。纤维素和半纤维素是细胞壁初生结构和次生结构的成分，而果胶类物质是连接细胞的胞间层的成分。分离植物原生质体的酶根据其作用大致可分为纤维素酶、半纤维素酶和果胶酶等（表 6-2），纤维素酶和半纤维素酶主要分别降解组成细胞壁的纤维素和半纤维素，而果胶酶主要是降解果胶层。

表 6-2　原生质体分离中常用的酶类

酶	来源	生产厂家
纤维素酶类		
纤维素酶 EA$_3$-867	*Trichoderma viride*	中国科学院上海植物生理研究所
Cellulase Onozuka R-10	*Trichoderma viride*	Kinki Yakult Manuf. Co. Ltd.，Nishinomiya，Japan
Cellulase Onozuka RS	*Trichoderma viride*	Kinki Yakult Manuf. Co. Ltd.，Nishinomiya，Japan
Meicelase P	*Trichoderma viride*	Meiji Seika Kaisha Ltd.，Tokyo，Japan
Cellulysin	*Trichoderma viride*	Calbiochem，California 92037，USA
崩溃酶（Driselase）	*Irpex lacteus*	Kyowa Hakko Kogyo Co. Ltd.，Japan
Cellulase	*Aspergillus niger*	Sigma Chemical Co.，St. Louis，MO 63178，USA
果胶酶类		
Pectolyase Y-23	*Aspergillus japonicus*	Kikkoman Shoyu Co. Ltd.，Japan
Macerozyme R-10	*Rhizopus arrhizus*	Kinki Yakult Manuf. Co. Ltd.，Nishinomiya，Japan
Macerozyme	*Rhizopus arrhizus*	Yakult Biochemicals Co.，Japan
Pectinase	*Rhizopus oryzae*	Sigma Chemical Co.，St. Louis，MO 63178，USA
Pectinal	*Aspergillus japonicus*	Rohm and Haas Co. Philadelphia，PA. 19105，USA
半纤维素酶类		
Hemicellulase H-2125	*Rhizopus* sp.	Sigma Chemical Co.，St. Louis，MO 63178，USA
Rhozyme HP-150	*Aspergillus niger*	Rohm and Haas Co. Philadelphia，PA. 19105，USA

6.2.3　原生质体的纯化

分离后的原生质体混合物中除了完整无损伤的原生质体之外，还含有未去壁的细胞、细胞碎片、叶绿体、微管成分、细胞团等组织残渣，这些成分在原生质体培养过程中会起干扰作用，只有将这些杂质和酶液除掉，才能进行培养。一般先将酶解混合物通过一定孔径的镍丝网（40～100 μm）过滤，除去未消化的细胞团和组织块等较大的杂质，收集滤液于离心管中。依植物材料和所使用的渗透压稳定剂不同，进一步的纯化常用的有以下几种方法。

沉降法：在酶解处理中用分子量较小的甘露醇作为渗透压调节剂时，将收集的滤液低速离心，使纯净完整的原生质体沉积于试管底部。转速的控制以将原生质体沉淀而细胞碎片等杂质仍悬浮在上清液中为准，一般于 $500\sim800$ r/min 转速下离心 $2\sim5$ min。用吸管小心地吸取上清液，加入新鲜溶液继续离心，除去上清液，如此重复 3 次。然后用原生质体培养基洗涤 1 次，收集管底纯净的原生质体，再用培养基将原生质体调整到一定密度后进行培养。这种方法的优点是纯化收集方便，操作简单，原生质体丢失少；但由于原生质体沉积在试管底部，造成相互间的挤压，容易引起原生质体的破碎，并且纯度不够好，常存在少量脱壁不完全的细胞和破碎的原生质体。

漂浮法：根据原生质体来源的不同，在酶解处理中用分子量较大的蔗糖作为渗透压调节剂时，将悬浮在少量酶混合液或清洗培养基中的原生质体沉淀和碎屑置于离心管内蔗糖溶液（21%）的顶部，于 1000 r/min 的转速下离心 10 min。原生质体将漂浮于溶液的表面，细胞碎片等杂质则下沉到管底，一条纯净的原生质体带出现在蔗糖溶液和原生质体悬浮培养基的界面上。用移液管小心地将原生质体吸出，转入另一个离心管中。这样反复地离心和重新悬浮 3 次，用原生质体培养基洗涤 1 次后调整到所需密度进行培养。这种方法的优点是可以收集到较为纯净的原生质体，可以避免在离心纯化过程中，因振荡撞击或挤压引起的原生质体破裂或损伤，所用药剂简单，成本低等。但高渗溶液对原生质体常有破坏，因而完好的原生质体数量较少。

界面法：这种方法的原理是，利用比重不同的溶液，经离心后使完整无损的原生质体处在两液相的界面之间，而细胞碎片等杂质沉于管底。用这种方法可获得更为纯净的原生质体。如由顶部 6% 聚蔗糖（Ficoll）和底部 9% 聚蔗糖（溶于含有 7% 山梨醇的 MS 培养基中）组成的梯度经 150 g 离心 5 min，细胞碎片将沉于管底，而原生质体漂浮于上部。

6.2.4 原生质体活力的测定

在原生质体培养前，需要先检测原生质体的活性。对于新分离出来的原生质体有以下几种测定方法。其中最常用的方法是荧光素双醋酸酯（fluorescein diacetate，FDA）染色法。

目测法：在显微镜下观察细胞的形态和流动性，以确定原生质体活力。但对在细胞周缘携有大量叶绿体的叶肉细胞原生质体来说，这种方法的作用不大。把形态上完整、富含细胞质、颜色新鲜的原生质体，转入低渗透压洗涤液或培养液中，可见到分离操作中被高渗液缩小了的原生质体会恢复原状。一般来讲，正常膨大的原生质体即是有活力的原生质体。

荧光素双醋酸酯染色法：FDA（二乙酸荧光素）是一种非极性无荧光的物质，能穿越完整的细胞质膜。FDA 一旦进入原生质体后，由于受到原生质体内酯酶的作用而分解形成有荧光的极性物质，即荧光素。荧光素不能穿越细胞质膜，积累在有活力的原生质体中，当用紫外光照射时，便产生绿色或黄绿色荧光。而无活力的原生质体不能分解 FDA，无荧光产生。因此，可以在荧光显微镜下通过观察细胞是否发出荧光来确定细胞活性。FDA 本身对植物细胞是活性染料，它既适合于研究单个原生质体，也适合于研究原生质体群体。

用 FDA 染色法测定原生质体活力的具体方法是：取纯化后的原生质体悬浮液 0.5 mL，置于 10 mL 离心管中，加入 FDA 贮存液（2 mg/L FDA 的丙酮溶液，0℃贮存），使其最终含量为 0.01%。用 FDA 处理的原生质体必须在染色后 5～15 min 内进行检测，因为 15 min 后，FDA 就从膜中游离出来了。混匀后室温放置 5 min 后，用荧光显微镜观察，激发光滤光片可用 QB-24（可透过 300～500 nm 的光），压制滤光片可用 JB-8（可透过 500～600 nm 的光）。发绿色荧光的原生质体为有活力的，不产生绿色荧光的为无活力的。由于叶绿素的关系，叶片、子叶和下胚轴的原生质体发黄绿色荧光的为有活力的，发红色荧光的为无活力的。以有活力的原生质体数占观察原生质体的总数的百分数表示原生质体活力。

原生质体活力 =（有活力的原生质体数/观察原生质体的总数）×100%

酚藏花红染色法：在原生质体悬浮液中加入酚藏花红（phenosafranine）溶液，使其最终含量为 0.01%。酚藏花红只能将无生命力的原生质体染成红色，活的原生质体不能被酚藏花红染色。

荧光增白剂染色法：荧光增白剂（calcofluor white，CFW）能够通过检测细胞壁再生的开始而确认原生质体的活力。荧光增白剂束缚在新合成的细胞壁中的 β-葡萄糖苷键，在 400 nm 激发光照射下可产生绿色荧光，通过观察质膜周围的荧光环可以观察到细胞壁是否合成。新制备的原生质体，如果细胞壁脱得干净，原生质体周围看不到绿色的荧光，叶肉原生质体则呈现红色荧光，这是叶绿素产生的荧光。在原生质体的培养过程中，有活力的原生质体随着细胞壁的再生，产生绿色荧光。

伊凡蓝染色法：用 0.025% 的伊凡蓝（Evans blue）溶液对原生质体进行染色，伊凡蓝不能穿过质膜，只有质膜受到严重损坏时，细胞才被染色；完整无损的活细胞不能摄取这种染料，因此可以通过细胞被染色与否确定细胞活性。

6.2.5 影响原生质体分离及活力的因素

获得大量的、完整的、有活力的原生质体，是原生质体培养成功的首要条件，哪些因素会影响原生质体的数量和活力呢？

1. 材料来源

首先是起始材料的基因型影响。种子植物不同科间原生质体培养再生植株的能力差别很大。在原生质体培养成功获得再生植株的植物中，种类最多的是茄科，随后依次为豆科、禾本科、菊科、十字花科和蔷薇科。柑橘属不同种植物在原生质体培养过程中也存在差异，甜橙类、橘柚类、柠檬类等再生相对容易，而宽皮橘类较为困难（郭文武等，1998）。

其次是供体植株的生理状态影响。同一基因型的植株生长在不同的环境条件中，它们的生理状态也会不同；即使生长在相同的条件下，用不同类型外植体制备的原生质体，甚至是同一类型外植体的不同部位制备的原生质体，在产量、活力以及离体培养时的反应也会有所不同。

2. 预处理

在游离原生质体前对供体材料进行预处理及预培养，可以提高某些材料原生质体的活力和分裂率。常用的预处理方法有：黑暗处理、低温处理、不同光质照射和CPW 13％甘露醇处理等。

从生长在非无菌条件下的植株上取来的材料，首先必须进行表面消毒。据 Scott 等（1978）的实验结果，对禾谷类植物叶片进行表面消毒时，效果好效率高的方法是把它们用苄烷铵（zephiran）（0.1％）、酒精（10％）溶液漂洗 5 min。叶片表面消毒的另一种方法是用 60％～70％ 酒精漂洗，然后再在超净工作台上使叶表面的酒精蒸发掉。

对于叶肉和子叶材料，要保证酶解能充分进行，必须促使酶溶液渗入叶片的细胞间隙中去。为达到这个目的可以采用几种不同的方法，其中应用最广泛的方法是撕去叶片的下表皮，然后以无表皮的一面朝下，让叶片漂浮在酶溶液中。由于柑橘等叶片的下表皮撕不掉或很难撕掉，可把叶片或组织切成小块（1～2 mm²/块）或宽 1～2 mm 的长条状或羽毛状，投入酶溶液中。之后真空抽滤 5～10 min，待组织中无气泡逸出为止，使酶液渗入组织中以提高酶解效率。

3. 酶处理

由于不同植物种类或同一植物的不同组织、器官以及它们的培养细胞的细胞壁结构组成不同，分解细胞壁所需的酶类也不同（表 6-3）。

表 6-3　分解不同植物组织、器官细胞壁所需的酶类

植物器官	酶的种类
叶片及其培养细胞	纤维素酶和果胶酶
根尖细胞	以果胶酶为主附加纤维素酶或粗制纤维素酶
花粉母细胞和四分体期小孢子	蜗牛酶和胼胝质酶
成熟花粉	果胶酶和纤维素酶

粗制的商品酶制剂中通常含有核酸酶和蛋白酶等杂质，影响酶的活性和原生质体的活力，因此有些研究者常在使用之前将这些酶纯化。常用的方法是将酶液在 4℃下通过 Bio-GelP6 或 Sephadex G-25 凝胶柱进行过滤纯化。酶的活性与 pH 有关。按照生产厂家的说明，纤维素酶 Onozuka R-10 和离析酶 R-10 的最适 pH 分别为 5～6 和 4～5。对这些酶的活性来说，最适温度是 40～50℃，而对细胞来说，这样的温度太高了。一般分离原生质体的最佳温度在 25～30℃，有利于保持原生质体的活力。酶解处理所遵循的原则是利用尽可能低的酶浓度和尽可能短的酶解时间以获得大量而有活力的原生质体。植物材料应按比例和酶液混合才能有效游离原生质体。一般叶片、子叶和下胚轴需酶量较少，而愈伤组织和悬浮细胞需酶量较大。每克材料一般用酶量 10～20 mL。一般来说，幼嫩的叶片去壁相对容易，1％～2％

的 Cellulase Onozuka R-10，2% 左右的 Macerozyme 添加少量的 Meicelase 或 Driselase 就可以达到要求，而愈伤组织和悬浮细胞则需要活性较强的酶和较高的酶浓度，如 Cellulase Onozuka RS、Pectolyase Y-23、Rhozyme 等。

4. 渗透压稳定剂

植物细胞壁对细胞有着良好的保护作用，除去细胞壁之后如果酶液中的渗透压和细胞内的渗透压不平衡，原生质体有可能失水皱缩或吸水涨破。因此，为了保持释放出的原生质体的活力和质膜稳定性，必须使原生质体处于一个等渗的环境中，使细胞处于微弱的质壁分离状。用于维持渗透压的高渗液叫作渗透压稳定剂。

渗透压稳定剂分为离子型和非离子型。非离子型包括碳水化合物，如甘露醇、山梨糖醇、葡萄糖、果糖、半乳糖或蔗糖；离子型包括 KCl、$CaCl_2$ 和 $MgSO_4 \cdot 7H_2O$ 等。渗透压稳定剂加在酶溶液、原生质体清洗介质和原生质体培养基中。

6.3 植物原生质体培养与植株再生

6.3.1 培养方法

原生质体的培养方法大体上可分为液体培养、固体培养和固液结合培养等几种方法，并由此还派生出一些其他方法。培养方法对于原生质体的生长和细胞分裂非常重要，不同的植物原生质体应采用不同的培养方法，同一种植物的不同组织、器官的原生质体采用不同的培养方法得到的结果也不同。一般认为，对于容易分裂的植物的原生质体，采用液体浅层和液体浅层-固体平板双层培养系统即可获得较好的结果。对于难以分裂的植物的原生质体，采用琼脂糖包埋、液体浅层-固体平板双层和看护培养系统效果较好。

6.3.1.1 固体培养法（琼脂糖包埋法）

用于固体培养介质最常见的是琼脂糖，也可以使用质量不同的琼脂。应该注意的是原生质体无细胞壁保护，培养基温度需冷却到 45℃ 才能注入原生质体。将悬浮在液体培养基中的原生质体悬浮液与热融并冷却至 45℃ 的含琼脂或琼脂糖的培养基等量混合，迅速轻轻摇动，使原生质体均匀地分布于培养基中。琼脂含量的选择应该是使与原生质体混合后形成较软的琼脂凝胶。将混合的培养基转移到培养皿中，冷却后原生质体将包埋在琼脂培养基中，最后用石蜡膜密封培养皿，倒置培养。该方法的优点是原生质体被彼此分开并固定了位置，可以避免原生质体集聚和细胞间有害代谢产物的影响；有利于对单个原生质体的胞壁再生和对细胞团形成的全过程进行定点观察；易于统计原生质体的分裂频率和植板效率。其缺点是对操作要求较严格；在原生质体悬浮液与琼脂或琼脂糖培养基混合时温度必须合适，太高时会影响原生质体活力，太低时培养基凝固较快原生质体分布不均匀；原生质体的生长发育比液体浅层法较慢；一旦被固定下来，将之转移到别的培养基就需要用手工操作了。目前该方法在常规培养时较少采用。

6.3.1.2 液体培养法

这是目前原生质体培养中广泛采用的方法。其优点是：①经过几天培养之后，可用有效的方法把培养基的渗透压降低；②稀释和转移操作较容易；③如果原生质体群体中的蜕变组分产生了某些能杀死健康细胞的有毒物质，可以更换培养基；④一些品种的原生质体在琼脂化固体培养基中不能分裂，可采用液体培养法；⑤经过几天高密度培养之后，可把细胞密度降低，或可把特别感兴趣的细胞分离出来。液体培养法包括以下几种。

1. 液体浅层培养法

将含有一定密度原生质体的液体培养基在培养皿底部铺一薄层，厚 1 mm 左右，用封口膜封口后，置于人工气候箱中静止培养。培养期间每日轻轻摇动 2～3 次，以加强通气。当原生质体经胞壁再生并形成细胞团后，立刻转至固体培养基上培养，方能增殖并分化成植株。Kameya（1972）用此法使胡萝卜根原生质体产生细胞团和胚状体。该方法的优点是操作简便，对原生质体的伤害较小，通气性好，代谢物易扩散，并且易于补充新鲜培养基，形成细胞团或小愈伤组织后也易于转移。其缺点是原生质体在培养基中分布不均匀，常常发生原生质体之间的粘连现象或造成局部原生质体的密度过高而影响原生质体再生细胞的进一步生长发育，并且难以定点观察和跟踪单个原生质体的生长发育过程。

2. 微滴培养法

用滴管将原生质体悬浮液分散滴在培养皿底部，每滴 50～100 μL，在直径为 6 cm 培养皿中可滴 5～7 滴，密封后进行培养，每 5～7 d 加 1 次。该方法的优点是可用倒置显微镜观察原生质体的发育过程，易于添加新鲜培养基，可用于较多组合的实验或进行融合体及单个原生质体的培养；还有一个优点是如果其中 1 滴或几滴发生污染，不会殃及整个实验。其缺点是原生质体分布不均匀，容易集中在小滴中央，微滴容易挥发而造成培养基成分浓度过高，同时必须防止失水变干。

3. 悬滴培养法

将悬浮有原生质体的培养液用滴管均匀地在无菌且干燥的培养皿盖中滴上数滴，每滴的量在 40～100 μL，其数目以滴与滴之间不相接触为原则。在皿底内加入少量培养液以保持湿度，将皿盖翻转过来盖于皿底上，培养皿盖被用作培养皿，培养小滴就能在盖子上悬挂着，用 Parafilm 膜封口后进行培养。悬滴培养法能培养比常规微滴方法较少的原生质体小滴。该方法的优点是所需材料少，生长快，容易添加新鲜培养基，不易污染，并且由于液滴的体积小，在一个培养皿中可以做很多种培养基的对照实验。该方法有利于原生质体的低密度培养，但和微滴培养法有类似的缺点，可用在液滴上覆盖矿物油的办法解决蒸发问题。

6.3.1.3 液体浅层-固体平板双层培养法

液体浅层-固体平板双层培养法是在培养皿的底部先铺一薄层含琼脂或琼脂糖的固体培养基，然后在固体培养基上，加入适宜原生质体胞壁再生和细胞分裂的液体培养基，再按一定的细胞密度注入原生质体制备液，以液体培养和固体培养相结合的方法培养原生质体并使其植株再生的方法。该方法的优点：固体培养基中的营养成分可以缓慢地释放到液体培养基中，以补充培养物对营养的消耗；同时培养物产生的一些有害物质，也可被固体培养基吸收，从而更有利于培养物的生长；使培养基保持很好的湿度，不易失水变干；还可以定期（3~4周）注入新鲜培养基；原生质体长壁速度和分裂速度很快。另外，在下层固体培养基中如果添加一定量的活性炭，可有效地吸附培养物所产生的有害物质，促进原生质体的分裂及细胞团的形成。但此方法不易观察原生质体发育过程。因为植物原生质体对培养密度比较敏感，一些学者在双层培养的基础上又发展了一些低密度的培养方法。

6.3.2 培养基

原生质体与植物细胞的主要差别是除去了细胞壁，原生质体培养所需的营养要求与培养植物组织和细胞的基本类同。原生质体培养基基本上是由植物组织和细胞培养的培养基修改而成的。纵观现有的原生质体培养基，都各有其特点，还没有普遍适用于各种植物的培养基。原生质体无论在结构上和代谢上与细胞毕竟有很大差异，在培养原生质体时，单纯模仿细胞培养基往往不能达到满意的培养效果，需要考虑到原生质体的独特要求。

6.3.2.1 无机盐

无机盐是组成培养基的主要成分，根据其含量可分为大量元素和微量元素。在原生质体培养的研究中，对微量元素的作用和影响很少涉及。一般认为原生质体培养基中的大量元素应比愈伤组织培养基中的浓度低。培养基中氮源的种类和浓度对原生质体的培养效果也很重要。其中值得注意的是大量元素的浓度和硝态氮与铵态氮的比例，研究表明，高浓度的铵态氮对有些植物的原生质体有毒害作用。

6.3.2.2 渗透压稳定剂

在原生质体培养时必须使其处于一个等渗或稍低于细胞内渗透压的外界环境，因此，在原生质体培养基中需有一定浓度的渗透压稳定剂来保持原生质体的稳定。渗透压稳定剂的种类对原生质体分裂的影响也较大。常用的渗透压稳定剂有甘露醇、蔗糖、山梨醇、葡萄糖、木糖醇及麦芽糖等。在原生质体培养时，随着细胞壁的再生和细胞的持续分裂，应不断降低培养基的渗透压，才会促进细胞团的生长和愈伤组织的形成。

6.3.2.3 有机成分

原生质体的生长发育需要氨基酸、维生素等各种有机成分。一般来讲，含有丰富有机物质的培养基有利于细胞分裂。如 Kao 等（1975）在培养蚕豆属的一个种 *Vicia hajastana* 的原生质体时，为了适应低密度的培养，设计了 KM8P 培养基，其中含有丰富的有机成分，包括维生素、氨基酸、有机酸、糖及糖醇、椰子汁等。这个培养基后来在原生质体培养中得到广泛的应用，并在许多研究中取得了良好的效果。

6.3.2.4 植物生长物质

植物生长物质对原生质体的生长发育是非常重要的。不同植物的原生质体培养对植物生长物质的种类和浓度的要求存在较大的差异，甚至同种植物不同细胞系来源的原生质体培养对植物生长物质的要求也不尽相同。总的来说，生长素和细胞分裂素是需要的，并需要二者的适当配比。同时，在原生质体的不同发育阶段如起始分裂、细胞团的形成、愈伤组织的形成、器官或胚状体的发生、植株再生等需要不断地对激素的种类和浓度进行适时调整。另外，在每一步调整激素时，还应考虑到激素的后效应。较为一致的趋势是原生质体培养的前期通常需要较高水平的细胞生长素或细胞分裂素，才能启动细胞壁的再生和细胞分裂；但激素并非是所有植物原生质体培养基所必需的，如柑橘原生质体在不加任何外源激素的情况下也能分裂形成多细胞团，进而发育成胚状体，添加激素反而有抑制作用。

6.3.3 植板密度

植板密度对原生质体培养成功与否影响很大，过低或过高的植板密度都不利于原生质体的培养。在适宜的密度范围内原生质体易于分裂增殖，过低的植板密度使原生质体内含物外渗而引起褐变，或原生质体再生细胞不能持续分裂，这可能是因为原生质体本身具有某种与分裂有关的物质，低密度时这种物质在培养基中达不到一定的浓度而影响原生质体的分裂增殖。如果密度过高，往往会造成营养不良或细胞代谢物过多，再生细胞团很小而且很快停止生长。

已发表的方法表明，原生质体培养密度范围为每毫升 5 000～1 000 000 个细胞，最合适的密度是每毫升约 50 000 个原生质体。在这样一种高密度的情况下，由个别原生质体形成的细胞团常在相当早的培养期就彼此交错地长在一起，倘若该原生质体群体在遗传上是异质的，其结果就会形成一种嵌合体组织。在体细胞杂交和诱发突变的研究中，最好是能获得个别细胞的无性系，为此就需要在低密度（每毫升培养基 100～500 个原生质体）下培养原生质体或由原生质体产生的细胞。通过这个途径还可在缺少适当的选择系统时追踪个别细胞的发育过程，这是目前体细胞杂交中的一个困难环节，也有可能把杂种细胞团分离出来。采用饲养层培养法可进行低密度原生质体的培养，其密度可低至每毫升 10～100 个原生质体。

6.3.4 细胞壁形成

培养体系中的原生质体一般在分离后的几小时内就开始了细胞壁再生，在合适的培养条件下可能需要 2 d 到几天完成这个过程。这时原生质体的体积增大，由原来的球形逐渐变成椭圆形，这种变化被视为再生新壁的象征。新合成的细胞壁可以用 0.1％荧光增白剂（calcofluor）染色后在荧光显微镜下观察，可见到绿色荧光围绕细胞的表面，证明细胞壁已经形成。也可用高渗溶液产生质壁分离的方法、电子显微镜观察技术和冰冻蚀刻法等进行再生细胞壁的研究。

电镜观察发现，原生质体培养数小时后新壁开始形成，先是质膜合成形成细胞壁主要成分的微纤维，然后转移到质膜表面进行聚合作用产生多片层的结构，以后在质膜与片层结构之间或在膜上产生小纤维丝，逐渐形成不定向的纤维团，最后形成完整的细胞壁。只有能形成完好细胞壁的再生细胞才能进入细胞分裂的阶段。生长活跃的悬浮培养中的原生质体比已经分化的叶肉细胞更快地出现微纤丝的沉积，例如蚕豆培养细胞的原生质体在培养后 10～20 min 即能开始壁的合成，而叶肉原生质体经 8～24 h 培养后才能在其周围见到细胞壁物质，大约 72 h 后才能形成完整的壁。在有些情况下，原生质体保持无壁状态可长达 1 周以上，甚至数月之久。燕麦胚芽鞘和蔷薇培养细胞的原生质体则只能轻度地再生细胞壁。

细胞壁的形成与细胞分裂有直接关系，凡是不能再生细胞壁的原生质体也就不能进行正常的有丝分裂。细胞壁发育不全的原生质体常会出芽，或体积增大，相当于原来体积的若干倍。此外，由于在核分裂的同时不伴随发生细胞分裂，这些原生质体可能变成多核原生质体。出现这些异常现象，除了上述原因之外，原生质体在培养之前清洗不彻底可能是一个重要原因。细胞壁再生越早，细胞分裂也就越快。细胞壁再生的快慢与以下条件有关。

（1）植物种类和取材时的生理状态　如葱的幼叶原生质体培养经 1.5 h 胞壁再生，成熟叶原生质体培养则需要经 4 h 才能胞壁再生；烟草胞壁再生时间为 3～24 h，其花粉原生质体细胞壁再生快，叶片则慢。

（2）培养细胞所处的时期　对数生长期细胞，胞壁再生快；而静止期细胞，胞壁再生慢。如用对数生长期的细胞制备大豆、巢菜原生质体，分离净化后立刻细胞壁再生。24 h 后就产生微纤丝的网状结构，而其他时期细胞壁再生速度要慢很多。

（3）酶解时所用质膜稳定剂种类　高国楠（1974）报道酶解大豆细胞壁时，加入葡聚糖硫酸钾和 Ca^{2+}，对细胞壁再生非常有利，一旦洗净酶液胞壁立即再生。其他质膜稳定剂胞壁再生速度则慢。

6.3.5　细胞分裂和愈伤组织的形成

细胞壁的存在是进行规则有丝分裂的前提，但并非所有的原生质体再生细胞都能进行分裂。因此，原生质体植板效率会有很大变化：低至 0.1%，高达 80%。原生质体培养数天后，胞质增加，细胞器增殖，RNA、蛋白质及多聚糖合成增加，不久即可发生核的有丝分裂及胞质分裂。凡能分裂的原生质体，可在 2～7 d 之内进行第 1 次分裂。在少有的情况下，第 1 次分裂之前的滞后期可持续 7～25 d 之久。开始第 1 次分裂的时间，随植物的种类、分离原生质体的材料、原生质体的质量、培养基的成分和培养条件而异，用幼苗的下胚轴和子叶、幼根、悬浮培养的细胞、未成熟种子的子叶等做材料分离的原生质体，一般比用叶肉分离的原生质体容易诱导分裂，进入第 1 次有丝分裂的时间要早。

除植物基因型的差异外，培养基和培养条件也影响原生质体的分裂频率。第 2 次细胞分裂发生在 1 周之内，到第 2 次细胞分裂结束后，培养体系中开始出现小的细胞团。3 周后形成肉眼可见的小细胞团，约 6 周后，出现直径约 1 mm 的细胞团。对大多数植物来说，在由细胞系到愈伤组织的培养过程中不需要额外调整培养基的主要成分，但可以补加一些新鲜的培养基。原生质体培养形成小的细胞团以后，如果仍然在原来的高渗培养基中培养，原生质体进一步的生长就会被抑制，因此必须转入无甘露醇或山梨醇的培养基上继续培养使其生长形成愈伤组织或胚状体，依一般的组织培养方法处理。

6.3.6　植株再生

原生质体培养形成愈伤组织以后，应将其转到分化培养基上诱导器官形成或胚胎发生，使其长成完整植株。形态器官的分化可通过愈伤组织诱导器官发生和体细胞胚胎发育成植株2条途径来实现。通过愈伤组织诱导器官发生的关键是选择合适的培养基和激素，激素的使用遵循细胞组织培养中激素使用的基本原则。但应注意，有些植物细胞本身能合成相当量的内源激素（生长素），外加大量激素反而不利于细胞的生长和分化。几篇报道已经表明：由植物器官形成的愈伤组织与由原生质体形成的愈伤组织的植株再生率是不同的。来自植物器官的愈伤组织常带有已发育的芽或有组织的结构，而这样的结构在起源于原生质体的愈伤组织中是没有的。

在原生质体培养再生植株的植物种类中，大多数是通过器官发生途径再生植株的，尤其是双子叶植物成功最多的几个科，如茄科、菊科和十字花科的大多数种以及豆科一部分种均是通过这种途径再生植株的；通过体细胞胚胎发生途径再生植株的植物种类，多数集中在禾本科、伞形科、葫芦科、豆科中的一部分种，茄科植物中只有少数种通过体细胞胚胎发生途径再生植株。大多数禾谷类作物的原生质体培养（如黑麦，图6-1）是通过体细胞胚胎发生途径再生植株的，这与分离原生质体大多使用幼穗、幼胚或成熟胚建立的胚性愈伤组织或胚性悬浮培养细胞为材料有关。

在使用胚性悬浮培养细胞时，应注意随着继代培养次数的增加，所分离的原生质体形成胚状体的能力会降低甚至丧失，所以用这种长期继代培养后的培养物分离的原生质体很难再生植株。可以通过超低温保存技术保存胚性愈伤组织或定期重新建立胚性悬浮培养细胞来克服这一困难。另外，在原生质体培养过程中要尽可能地缩短每个环节所需的时间，这也是保持培养物分化能力的有效措施。

有关离体原生质体再生植株的第一篇报道是关于 *Nicotiana tabacum*（Takabe等，1971）的。此后表现出这种潜力的物种名单不断增加。在过去几十年间，高等植物原生质体培养已经取得了重大成绩。总结原生质体植株再生成功的经验，有3个共性的关键因素：

①选择合适的基因型。

②利用胚性悬浮细胞或愈伤组织作为分离原生质体的材料。

③培养条件适宜。

尽管原生质体培养取得了令人鼓舞的成功，但原生质体培养得到的原生质体再生植株仅占已进行原生质体培养的数百种植物中的一部分，并且一般而言再生植株发生率不高。因此尚需不断改进培养基和培养方法，力争克服基因型的局限性并提高植株再生率。此外，目前所用的原生质体分离和培养的程序还比较复杂，稳定性和可重复性差，存在很强的经验性。对原生质体分裂、分化的潜在生理生化本质和机制，以及各种影响因素还需作深入的研究。从这个角度考虑，今后的工作应更注意研究基本规律，并使培养技术系统化、程序化，更简单实用。

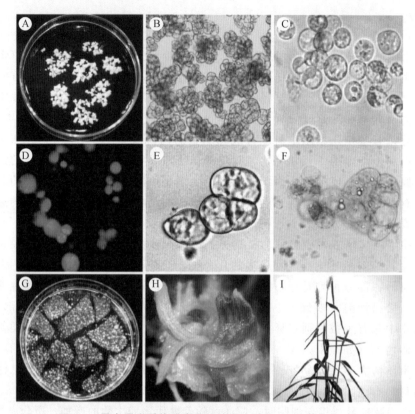

图 6-1　黑麦原生质体分离和植株再生过程（Ma 等，2003）

A. 用于原生质体分离的胚性愈伤组织；B. 胚性悬浮细胞系；C. 刚从悬浮细胞系分离的原生质体；

D. 用 FDA 染色法测定活力；E. 原生质体开始分裂；F. 形成细胞团；G. 进行原生质体培养；

H. 分化成芽；I. 形成再生植株

6.3.7　原生质体再生植株的遗传变异及其利用

原生质体来自植物的外植体，不经过有性过程。理论上，原生质体再生植株与供体植株在遗传和形态上应该一致，但在很多植物原生质体再生植株中，出现了一些与供体植株在遗传和形态上不尽相同的植株，这就是所谓的再生植株的变异，它是体细胞无性系变异的一种。产生这样的植株，有其优点，也有其不足。一方面，就种性保持而言，产生变异的植株是不利的，因为它不利于供体材料原有性状和遗传特征的保留，尤其在以原生质体作为超低温保存的材料时，如果发生变异，不利于材料的保存。但从另一个方面看，产生变异为选择新优材料提供了可能，为品种选育提供了材料。

6.4　植物体细胞杂交

6.4.1　体细胞杂交的意义及研究进展

多年来，人们一直利用亲缘关系密切的种间有性杂交改良栽培作物。但是，在多数情况下，成功的有性杂交仅限于种内的栽培品种之间或者一些亲缘关系相近的野生种与栽培品种之间的杂交。在不少情况下，种间杂交甚至栽培种内品种间杂交是不亲和的，这就严重限制了杂交育种中的野生资源利用和亲本自由组配。

体细胞杂交（somatic hybridization），在植物中亦即原生质体融合（protoplast fusion），为克服植物有性杂交不亲和性、打破物种之间的生殖隔离、扩大遗传变异等提供了一种有效手段。理论上讲，利用适当的物理或化学方法，可以将任何两种原生质体融合在一起；利用适宜的培养方法，可以由融合原生质体再生出杂种植株即体细胞杂种（somatic hybrid）。

就目前报道，植物体细胞杂交技术已经广泛应用于各种植物。如农作物：小麦、玉米、水稻、棉花、甘薯、花生等；园艺作物：白菜和甘蓝、油菜、花椰菜、青花菜、黄瓜、茄子、马铃薯、苹果、草莓、柑橘、香蕉、菊花等；中药材：虎杖、黄芪、柴胡等。

6.4.2 原生质体融合

早在 1909 年，Kuster 就报道了植物原生质体的偶发融合现象。1954 年，Hofmeister 简单地下结论：植物原生质体融合是一种特殊现象。自此，许多研究者利用几种方法实现了植物原生质体融合，并获得了体细胞杂种。植物原生质体融合可分为两种：自发融合（spontaneous fusion）和诱发融合（induced fusion），后者包括化学诱发融合和物理诱发融合。

6.4.2.1 自发融合

在酶解分离原生质体的过程中，有些相邻的原生质体能彼此融合形成同核体（homokaryon），每个同核体包含 2 至多个核，这种原生质体融合叫作自发融合，它是由不同细胞间胞间连丝的扩展和粘连造成的。在由幼嫩叶片和分裂旺盛的培养细胞制备的原生质体中，常见到这种自发的多核融合体（multinucleate protoplasts）。例如，在玉米胚乳愈伤组织细胞和胚悬浮细胞原生质体中，大约有 50% 是多核融合体。自发融合常常是人们所不期望的，在用酶溶液处理之前先使药物让细胞发生强烈的质壁分离，则可打断胞间连丝，减少自发融合的发生率。

6.4.2.2 诱发融合

1. 化学诱发融合法

利用 $NaNO_3$、高 pH-高 Ca^{2+}、聚乙二醇（PEG）等化学物质促进原生质体的融合。包括以下几种。

（1）$NaNO_3$ 融合法 1909 年 Kuster 首次在洋葱中观察到，低渗 $NaNO_3$ 溶液可以引起 2 个亚原生质体（subprotoplast）的融合。使用同样的原理，Power 等（1970）成功地进行了燕麦和玉米幼苗根尖由来的原生质体的种内和种间融合。其方法是：①将分离的原生质体悬浮在含有 5.5% $NaNO_3$ 和 10% 蔗糖的混合液中，然后在 35℃ 水浴锅中处理 5 min；②在约 1 200 r/min 下离心 5 min，使原生质体下沉；③收集原生质体，然后转入 30℃ 的水浴锅中处理 30 min，其间大部分原生质体进行融合；④用额外含有 0.1% $NaNO_3$ 的培养基轻轻取代混合液（不打破原生质体沉淀物）；⑤将原生质体沉淀物轻轻打破，再用培养基洗涤 2 次，植板培养。

Carlson 等（1972）用此融合方法获得第一个体细胞杂种。但是，$NaNO_3$ 融合法的一个明显缺点就是异核体的形成率不高，尤其是当用于高度液泡化的叶肉细胞原生质体融合时更是如此。因此，这一方法未被后人更多地使用。

（2）高 pH-高 Ca^{2+} 融合法　Keller 和 Melchers（1973）研究出一种将 Ca^{2+} 同高 pH 相结合融合烟草原生质体的方法，即高 pH-高 Ca^{2+} 融合法。其具体操作是：将两个原生质体的混合物放于含有 0.05 mol/L $CaCl_2 \cdot 2H_2O$ 和 0.4 mol/L 甘露醇（pH 10.5）的溶液中，在约 200 r/min 下低速离心 3 min，然后将离心管保持在 37℃水浴锅中 40～50 min。在多数例子中，用这一融合法可使 20％～50％的原生质体实现融合。使用这个方法，Melchers 和 Labib（1974）以及 Melchers（1977）在烟草属中分别获得了种内和种间体细胞杂种。

用此方法进行植物原生质体融合时，Ca^{2+} 浓度非常重要。Ca^{2+} 浓度因植物种类不同而有差异。在烟草中，当 Ca^{2+} 浓度低于 0.03 mol/L 时，原生质体很少聚集融合；当 Ca^{2+} 浓度为 0.05 mol/L 时，融合效果很好。融合液的 pH 也因所用植物种类的不同而异。在烟草中，pH 在 8.5～9.0 时，即可见原生质体的融合，但融合率不高；pH 为 9.5～10.5 时，融合效果理想。

（3）PEG 融合法　Kao 和 Michayluk（1974）建立了 PEG 融合法。他们用此方法诱发大豆与大麦、大豆与玉米、哈加野豌豆与豌豆的原生质体融合获得成功。自此，PEG 作为一种融合剂被广泛采用。其方法是：先将两种不同的原生质体以适当比例混合，用 28％～58％的 PEG（分子量为 1 500～6 000）溶液处理 15～30 min，然后将原生质体用培养基逐步进行清洗即可培养。

PEG 融合法的优点是双核异核体形成率高，重复性好，PEG 对大多数细胞类型来说毒性很低。Burgess 和 Fleming（1974）报道，当在 37℃下用含有 Ca^{2+} 的强碱性溶液处理时，产生的聚集体很大，每个聚集体中包含多个原生质体；而用 PEG 溶液处理时，多数聚集体只包含 2～3 个原生质体。另外，PEG 诱导的融合没有特异性，可使任何两种原生质体融合在一起，既能使植物原生质体间融合，也能使植物-动物、动物-酵母原生质体间融合。

（4）PEG-高 Ca^{2+}-高 pH 融合法　Kao 等（1974）发现，用含有高浓度 Ca^{2+}（0.05 mol/L $CaCl_2 \cdot 2H_2O$）的强碱性溶液（pH 9～10）清洗 PEG，比用培养基清洗能产生更高的融合率，从而将 PEG 融合法与高 Ca^{2+}-高 pH 融合法结合在一起，建立了 PEG-高 Ca^{2+}-高 pH 融合法。其做法是：①将两种不同的原生质体以适当的比例混合后，用细吸管滴于培养皿底部，使其形成小滴状；②在原生质体小滴上及其周围轻轻加上 PEG 溶液，处理 10～30 min，使原生质体粘连融合；③用高 Ca^{2+} 和高 pH 溶液清洗 PEG，再用培养基清洗去高 Ca^{2+} 和高 pH 溶液。

后来，不少研究者对此法又进行了修改。如 Power 等（1976）用含有 25％ PEG 6 000，40％蔗糖和 0.01 mol/L $CaCl_2$（pH 5.6）的融合液直接融合烟草属植物原生质体，然后用培养基清洗后进行培养。Liu 等（1992）用含有 30％ PEG 6 000，0.1 mol/L $Ca(NO_3)_2 \cdot 4H_2O$ 和 0.5 mol/L 甘露醇（pH 9.0）的融合液直接融合甘薯的原生质体，然后用 W5 液清洗 1 次，再用培养基清洗 2 次，也得到了理想的融合效果。

对于植物原生质体融合来说，PEG-高 Ca^{2+}-高 pH 融合法是一种最成功的方法。例如，在豌豆-大豆的原生质体融合中，使用这一方法时异核体的形成率高达50％，而单独使用高 pH-高 Ca^{2+} 法只能形成 4％～5％的异核体。

有不少因素影响原生质体的融合效率，主要包括：

（1）PEG 分子量 PEG 分子量大于 1 000 时，才能诱导原生质体发生紧密地粘连和高频次的融合，一般所用的 PEG 分子量为 1 500～6 000，质量分数范围为15％～45％。

（2）原生质体密度 原生质体密度过低，融合率也低；原生质体密度过高，则会出现大量的多重融合（multifusion）现象，影响双核异核体的形成。一般来说，原生质体密度为 10^6 个/mL 左右为宜。

（3）温度 适当高温（35～37℃）能提高融合率。Burgess 和 Fleming（1974）报道，高温特别有利于高度液泡化的原生质体的融合。

（4）PEG 的清洗 PEG 的清洗应逐步进行，剧烈地清洗将会减少异核体。

化学诱导融合的机制：原生质体的融合过程包括 3 个主要阶段：①聚集阶段，其间 2 个或 2 个以上的原生质体的质膜彼此靠近（图 6-2A，B）；②在很小的局部区域质膜紧密粘连，彼此融合，在 2 个原生质体之间细胞质呈现连续状态，即出现"桥"（图 6-2C）；③细胞质桥扩展，融合完成，形成球形的异核体（或同核体）（图 6-2D，E）。

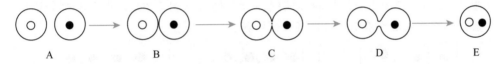

图 6-2　植物原生质体融合过程

A. 2 个彼此分离的原生质体；B. 2 个原生质体间发生聚集作用；C. 在局部区域质膜融合；

D. 细胞质桥扩展；E. 形成 1 个球形异核体

植物原生质体表面带有负电荷，表面电荷电压因物种不同而异，变动于-30～-10 mV。由于所带电荷性质相同，彼此聚集的原生质体的质膜并不能靠近到足以融合的程度。质膜融合发生的条件是，膜的贴近程度必须相当于分子距离1 nm 或者更小。高 pH-高 Ca^{2+} 能够中和正常的表面电荷，因此可使聚集原生质体的质膜紧密接触。据报道，0.01 mol/L $CaCl_2 \cdot 2H_2O$ 能够完全除掉烟草原生质体的电荷。高温能够促进质膜的融合，这是由于高温引起了质膜中脂类分子的紊乱，然后通过在紧密粘连的质膜中脂类分子的互作和混合，从而发生融合。

原生质体经 PEG 处理后立即聚集，形成由 2 个或更多原生质体组成的聚合体。质膜的紧密粘连既可发生在相当大的表面区域上，也可能局限于聚集区域内很小的部位，或是两种情况兼而有之。在紧密粘连区域彼此贴靠在一起的质膜发生局部融合后，其间就会形成细小的细胞质通道。随着这些通道的逐渐扩展，融合中的原生质体经过哑铃形期进而变成球形期。当将 PEG 清洗掉后，这些融合体由质壁分离状态恢复正常，重新出现活跃的胞质环流。这些现象又促进融合体变圆和细胞质混合，后者在 3～10 h 全部完成。

对于 PEG 诱导融合的真正机制目前尚不清楚。Kao 和 Wetter（1977）认为，PEG 分子具有轻微的负极性，故可与具有正极性基团的水、蛋白质和碳水化合物等形成氢键。当 PEG 分子链大到足够程度时，它在相邻的原生质体表面之间可起到一个分子桥的作用，于是发生了粘连。PEG 可与 Ca^{2+} 及其他阳离子结合。Ca^{2+} 可以在蛋白质（或磷脂）和 PEG 的负极性基团之间形成桥，因而可促进粘连。在清洗过程中，与质膜直接结合或通过 Ca^{2+} 结合的 PEG 分子将被洗掉，从而使电荷发生紊乱并重新分配。在两层膜紧密接触区域电荷重新分配的结果，就可能使一种原生质体和某些带正电荷的基团连到另一种原生质体的带负电荷的基团上去，或是情况相反，从而导致原生质体的融合。

2. 物理融合法——电融合法

电融合法是 20 世纪 70 年代末 80 年代初开始发展起来的一种融合方法，是由 Sanda 等（1970）和 Zimmermann（1982）建立的。其做法是：①将分离得到的原生质体用 0.5 mol/L 甘露醇溶液（可同时加入 0.001 mol/L $CaCl_2 \cdot 2H_2O$）洗涤 1 次（1 200 r/min，4 min 离心）；②收集原生质体，用这种洗涤液将原生质体密度调至（2～8）×10^4 个/mL，再以适当比例混合两融合亲本的原生质体；③将混合原生质体悬浮液滴入电融合小室中（图 6-3A），先给两极以交变电流，使原生质体沿着电场方向排列成串珠状（pearl chain）（图 6-3B），接着就给以瞬间高强度的电脉冲（pulse），使原生质体膜局部破损而导致融合（图 6-3C）；④电融合处理后，将融合产物移入培养基中，可直接进行培养。

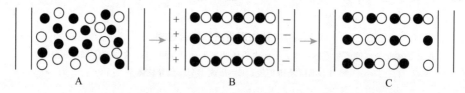

图 6-3　植物原生质体电融合示意图

A. 在融合小室中的混合原生质体；B. 原生质体沿着电场方向排列成串珠状；
C. 在电脉冲作用下原生质体发生融合

许多因素会影响原生质体电融合效率，包括原生质体密度、电极液中 $CaCl_2 \cdot 2H_2O$ 浓度、交变电流的强弱、电脉冲的大小以及脉冲期宽度与间隔等。电融合率一般为 20%～50%（Koop 等，1983），在一些实验中可达 100%（Zachrisson 等，1986）。另外，来源不同的原生质体对融合条件也有不同的要求。

电融合的优点是：①操作简便、快速，融合同步性好，可在显微镜下观察融合全过程，整个过程的各种参数容易控制；②一次可融合大量原生质体，特别适合于大量融合研究；③融合产物多数只包含 2～3 个原生质体，在各种参数适宜的情况下，还可进行特异融合；④电融合不使用任何融合剂，无任何毒害作用，因而融合细胞无须重复洗涤，可直接用于培养。另据郭文武等（1998）报道，在电融合过程中的电刺激还有促进柑橘细胞分裂和植株再生的作用。但是，电融合需要较贵的电融合仪，而且确定适宜的融合条件比较费时，因此目前仍不如 PEG 融合法使用广泛。

6.5 植物杂种细胞的选择

　　在经过融合处理后的原生质体群体中，既有未融合的双亲的原生质体，也有同核体、异核体和各种其他的核质组合。只有异核体是未来体细胞杂种的潜在来源，但异核体在这个混合群体中只占一个很小的比例，一般为 0.5%～10%，而且其生长和分化往往竞争不过未融合的原生质体等。因此，如何有效地鉴别和选择杂种细胞，一直被视为体细胞杂交成功的关键。

　　杂种细胞的选择方法大致可分为 3 种类型：①利用或创造各种缺陷型或抗性细胞系，用选择培养基将互补的杂种细胞选择出来；②利用或人为地造成两个亲本间原生质体的物理特性差异，从而选出杂种细胞；③利用或人为地造成细胞生长或分化能力的差异，从而进行选择。这 3 种方法在实际应用时往往相互配合，具体做法需视实验对象而定。

6.5.1 细胞系互补的选择方法

　　细胞系互补包括叶绿素缺失互补、营养缺陷互补、抗性互补等。前两种为隐性性状，后一种为显性性状，其互补原理是一致的。当非等位隐性基因控制的两个突变体细胞融合后，每一个亲本细胞贡献一个正常的等位基因，纠正了亲本对方的缺陷，使杂种细胞表现正常。当两个抗性系的原生质体融合时，每一个亲本的药物敏感性被亲本对方的抗性所掩盖，因而两个单抗的亲本融合后产生双抗的杂种细胞，用相应的选择培养基就能将杂种细胞选择出来。

　　Melchers 和 Labib（1974）将单倍体烟草彼此互补的叶绿素缺失突变体和光敏突变体的原生质体融合后，培养在高光强条件下，2 个月后形成了一个绿色的细胞团，从中再生的植株也为正常绿色。在 F_2 两种突变类型发生了分离。叶绿素缺失突变体还被用于合成烟草＋林生烟草的体细胞杂种。Gleba 等（1975）也使用了一个多少与此相似的选择系统。

　　Cocking 等（1980）用矮牵牛绿色野生种 *P. parodii* 作为一个亲本，用细胞质白化的 *P. inflata*，*P. parviflora* 等作为另一个亲本。在所用这些组合（图 6-4）中，若在融合处理之后将原生质体植板在 MS 培养基上，*P. parodii* 原生质体在很小的细胞团阶段即会遭到淘汰，只有另一个亲本的原生质体和杂种原生质体能够长成愈伤组织。具有杂种性质的愈伤组织由于表现

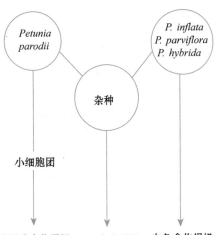

图 6-4　矮牵牛 *P. parodii*（野生型）与 *P. hybrida*，*P. inflata* 以及 *P. parviflora* 种间体细胞杂交选择方法模式图

绿色，可以很清楚地与亲本类型的组织区分开。

Wijbrandi 等（1988）融合了具有卡那霉素抗性但无再生能力的番茄原生质体与具有较高再生能力的秘鲁番茄的原生质体，将融合原生质体经卡那霉素选择培养基培养，获得了体细胞杂种。

6.5.2 利用物理特性差异的选择方法

原生质体的物理特性，如大小、颜色、漂浮密度等也可作为选择的依据。例如，叶肉细胞与培养细胞的颜色有显著差异，在融合处理后可在显微镜下用显微分离（microisolation）的方法，将杂种细胞逐个挑出。Gleba 和 Hoffmann（1978、1979）在拟南芥和油菜之间合成了一个属间杂种，方法是将油菜的叶肉原生质体与拟南芥培养细胞的原生质体融合，然后由 3～5 日龄的培养物中，用微吸管将单个融合产物分离出来，分别置于 "Cuprak" 培养皿中进行培养。亲本原生质体在最初所用的培养基上不能正常生长，这就相当于加入了选择压。Sundberg 等（1986）利用甘蓝叶肉细胞和培养细胞或下胚轴的原生质体进行融合，根据前者含有叶绿体、后者具有浓密的细胞质来鉴别杂种细胞，在倒置显微镜下用微分离器挑出单个细胞进行微培养，获得了体细胞杂种植株。

对于不具备物理差异的原生质体，可以人为地进行处理以便选择。如用荧光素双醋酸酯（FDA）对白化苗的原生质体染色后与正常的叶肉细胞原生质体融合，在紫外光下，前者呈现绿色，后者为红色，这样就很容易进行显微分离。Rusmussen 等（1997）在对马铃薯与其野生种的原生质体融合中，用这种显微分离方法所获得的再生植株全部为杂种，因而他们认为这是一种高效可靠的选择杂种的方法。也可先将不同亲本的原生质体用活性荧光染料如荧光素双醋酸酯、羟基荧光素、7-羟-6-甲氧香豆素等染上不同颜色，融合处理后用流式细胞计将杂合两种颜色的杂种细胞自动分离出来。

6.5.3 依据生长特性差异的选择方法

原生质体的植株再生能力是广为应用的选择依据。在种内、种间与属间的体细胞杂交实验中，只要亲本一方能再生植株，杂种细胞就能再生植株。因而可将原生质体的植株再生能力看作显性性状，用来淘汰无再生能力的一方亲本。

Brewer 等（1999）在 *Thlaspi caerulescens* 和欧洲油菜的体细胞杂交中，观察到一部分小细胞团浮在液体培养基表面，另一部分则黏贴在培养皿壁上。随后的 AFLP 分析表明，由漂浮的细胞团再生的植株绝大部分都是体细胞杂种。因此，可以根据杂种细胞与双亲细胞这种生长特性的不同来进行早期选择。

Xia 等（1996）和向凤宁等（1999）在小麦与 3 种近缘属间禾草的体细胞杂交中发现，融合克隆的生长速度大于未融合的双亲，存在着 "杂种优先生长" 的现象。这种生长速度的差异就可以用作选择的依据。

刘庆昌等（1994，1998）、张冰玉等（1999）、Guo 等（2007）、Yang 等（2009）将无再生能力的甘薯品种的原生质体与具有较高再生能力的野生种 *Ipomoea triloba*、*I. lacunosa*、*I. cairica* 等的原生质体以 2∶1 的比例混合后，用

PEG 融合法进行融合，以使野生种的原生质体得到充分融合，然后用野生种原生质体培养体系进行培养，获得的再生植株中大多数是种间体细胞杂种。

细胞在培养基上的生长差异还可以人为地产生。如利用一些代谢抑制剂处理原生质体以抑制其分裂。常用的抑制剂有碘乙酸（IA）、碘乙酰胺（IOA）和罗丹明-6-G（R-6-G）等。R-6-G 抑制线粒体氧化磷酸化，IA 和 IOA 则抑制糖酵解过程。线粒体氧化磷酸化和糖酵解都发生在细胞质中，是产生能量的过程，处理后的原生质体由于得不到能量的供应而生长发育受阻。只有当受到处理的原生质体与细胞质完整的原生质体融合，在代谢上得到互补，培养物才能正常生长。

6.6 植物杂种细胞培养、再生与体细胞杂种的鉴定

6.6.1 杂种细胞培养、再生

杂种细胞的培养方法与原生质体培养方法相似，这里不再赘述，其过程如图 6-5 所示。值得一提的是，前面所介绍的杂种细胞选择方法只是在体细胞杂交的一部分研究中适用。在不少情况下，由于缺乏合适的选择系统，或者选择系统使用起来非常复杂，往往对杂种细胞不加以选择，而是将含有异核体、同核体、未融合的原生质体等的融合产物直接进行混合培养，待再生出植株后再对其杂种性进行鉴定，以确定真正的体细胞杂种。

6.6.2 体细胞杂种的鉴定

由融合产物再生出植株后，必须对其杂种性进行鉴定，以证实体细胞杂种的真实性，并分析其与亲本之间的区别与联系。目前，常用的体细胞杂种的鉴定方法主要有形态学鉴定、细胞学鉴定、分子生物学鉴定以及流式细胞技术鉴定等方法。

6.6.2.1 形态学鉴定方法

形态学鉴定是最常用的鉴定方法，是利用杂种植株与双亲在表现型上的差异进行比较分析的方法。叶片大小与形状、花的形状与颜色、叶脉、叶柄、花梗及表皮毛状体等都可用作鉴定的指标。

另外，还可以利用转基因、诱变等方法人工创造双亲形态上的差异以增加鉴定的准确性。例如，Kaendler 等（1996）将 *rolC* 基因转入到二倍体马铃薯野生种 *S. papita* 中，使之具有特殊的表现型（顶端优势减弱，有大量侧枝，叶片浅绿，块茎小而数量多等），之后与马铃薯二倍体品系融合。结果表明，带有 *rolC* 基因表现型的再生植株均为体细胞杂种，无此表现型的则是马铃薯二倍体品系的再生植株。因此，他们认为 *rolC* 基因可作为一种显性形态选择标记，对再生植株进行早期鉴定。如果融合一方带有抗性基因，如抗病、抗虫、抗逆性等，也可将抗性性状作为体细胞杂种鉴定的指标（Matthews 等，1999）。

因为细胞在长期的培养过程中有时发生体细胞无性系变异，也会出现各种各样的形态变异，所以仅依据形态学特征常常不能正确判断杂种的真实性。形态学鉴定

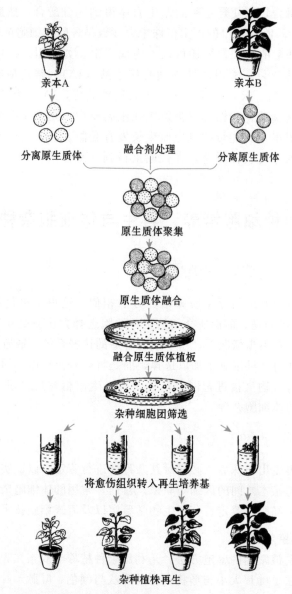

图 6-5　植物体细胞杂交与杂种植株再生过程（Reinert 和 Bajaj，1977）

只能作为参考指标，必须与其他鉴定方法相结合。

6.6.2.2　细胞学鉴定方法

细胞学鉴定方法包括经典细胞学鉴定方法和分子细胞学鉴定方法。

经典细胞学鉴定方法：经典细胞学鉴定方法是指通过对植株染色体数目、形态等的细胞学观察来鉴定体细胞杂种。其中对染色体数目的观察最为常用。一般来说，对称体细胞杂种的体细胞染色体数为融合双亲体细胞染色体数目之和；非对称杂种染色体数在受体染色体数和双亲染色体数目之和之间。根据染色体数目进行鉴定时，也要考虑体细胞无性系变异的影响。如果融合双亲染色体形态差异较大，通过染色体形态观察也可以鉴别杂种。例如，Yamashita 等（1989）根据甘蓝染色体具有小随体而芸薹染色体具有大随体这一差异，鉴定出了两者的体细胞杂种。又如 Babiychuk 等（1992）依据烟草和颠茄两者染色体大小的差异来鉴定体细胞杂种的染色体组成。

分子细胞学鉴定方法：目前用于体细胞杂种鉴定的分子细胞学方法主要是基因组原位杂交（GISH）。GISH 是利用各染色体组 DNA 同源性程度的差异，对某一染色体或某个物种的染色体组 DNA 进行标记，同时用适量的另一物种总 DNA 作封阻，以减少或消除探针 DNA 与非同源或部分同源 DNA 的交叉杂交，提高了探针 DNA 与同源 DNA 杂交的机会（图 6-6）。Mukai 等（1991）用 GISH 法鉴定了小麦与大麦的体细胞杂种。Jacobsen 等（1995）用 GISH 法对番茄和马铃薯的体细胞杂种与马铃薯回交后代的外源染色体进行了鉴定。Jeloder 等（1999）用 GISH 法确认了水稻和 *Porteresia coarctata* 的属间体细胞杂种。Yang 等（2009）用 GISH 法确定了甘薯与 *I. triloba* 的种间体细胞杂种。Shishido 等（1998）用多色基因组原位杂交（McGISH），鉴定了水稻（AA）与其近缘野生种（BBCC）体细胞杂种中的 3 套不同染色体组。

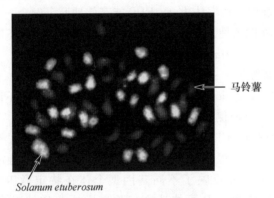

马铃薯

Solanum etuberosum

图 6-6　马铃薯与 *Solanum etuberosum* 的体细胞杂种的 GISH 鉴定（Dong 等，1999）

6.6.2.3　分子生物学鉴定方法

常用的鉴定植物体细胞杂种的分子生物学方法有 RFLP（限制性片段长度多态性，restriction fragment length polymorphism）、RAPD（随机扩增多态性，random amplified polymorphic DNA）、AFLP（扩增片段长度多态性，amplification fragment length polymorphism）、SSR（简单重复序列，simple sequence repeat）等。

RFLP：RFLP 是指一个物种或品种的 DNA 片段长度多态性，反映了 DNA 序列中核苷酸排列顺序的差异。用限制性内切酶酶切两融合亲本及再生植株 DNA，通过琼脂糖凝胶电泳分离大小不同的 DNA 片段，转移凝胶中的 DNA 到尼龙膜或硝酸纤维素膜上，用放射性同位素或生物素标记的探针进行 Southern 杂交，经放射自显影后即可进行杂种的鉴定。

用于分析的探针有寡核苷酸探针和单拷贝探针。用单拷贝探针虽费时、费力，但却是除测序外鉴定基因组差异的最灵敏的方法。单拷贝探针适于用来鉴定非对称体细胞杂种，它已经成功地被用于鉴定马铃薯等的非对称体细胞杂种（Foher 等，

1992；Puite 和 Schaart，1993；Xu 和 Pehu，1993；Oberwalder 等，1997，1998）。其中 Oberwalder 等（1997）发现用单拷贝探针证明已失去 32% 野生种基因组 DNA 的非对称杂种，却无法用寡核苷酸探针检测出来，因此后者不适于鉴定不对称杂种。

RAPD：RAPD 是在 PCR 基础上发展起来的分子标记技术。它以基因组 DNA 为模板，以 1 个随机的寡核苷酸序列（通常 10 个碱基）为引物，通过 PCR 扩增反应，产生不连续的 DNA 产物，扩增产物经琼脂糖或聚丙烯酰胺凝胶电泳后，用 EB 或银染，以检测 DNA 序列的多态性。RAPD 是目前应用最为广泛的杂种鉴定方法，它既可以鉴定对称杂种，也可以鉴定非对称杂种，而且特别适合于对大量再生植株的初步筛选鉴定。

AFLP：AFLP 是先将植物基因组 DNA 经限制性内切酶双酶切后，形成分子量大小不等的随机限制性片段，然后连上 1 个接头，根据接头的核苷酸序列和酶切位点设计引物，进行特异性扩增，最终通过聚丙烯酰胺凝胶电泳将这些特异的限制性片段分离出来，从而显示出扩增片段长度多态性。Brewer 等（1999）首次用 AFLP 鉴定体细胞杂种。他们认为，AFLP 能有效地鉴定融合一方亲本大部分染色体丢失的高度非对称性杂种。同年 Tian 和 Rose（1999）也用 AFLP 鉴定了 *Medicago truncatula* 和 *M. scutellate* 间的非对称体细胞杂种。

SSR：SSR 是高等生物基因组中普遍存在的 1～6 个碱基组成的简单重复序列，亦称微卫星 DNA（micro satellite DNA）。因其重复次数不同而造成每个座位的多态性。微卫星位点两侧的序列是相当保守的单拷贝序列，因此可以根据两侧序列设计一对引物进行 PCR 扩增，然后经聚丙烯酰胺凝胶电泳或高浓度琼脂糖凝胶电泳分离扩增产物，经 EB 或银染，从而精确地检测出特定位点微卫星的长度多态性。这种长度差异反映了不同基因型个体在特定微卫星位点的多态性。Mattews 等（1999）认为 SSR 可快速准确地鉴定原生质体融合后外源基因的渗入，并且由于微卫星 DNA 在高等生物基因组中普遍存在，SSR 可以在不同植物种中广泛应用。

6.6.2.4 流式细胞技术鉴定方法

流式细胞仪（flow cytometer）是对细胞进行自动分析和分选的装置（图 6-7，图 6-8）。它可以快速测量、存贮、显示悬浮在液体中的分散细胞的一系列重要的生物物理、生物化学方面的特征参量，并可以根据预选的参量范围把指定的细胞亚群从中分选出来。流式细胞计目前在杂种鉴定中的应用也很广，由于其效率较高，经常被用作对大量材料的初步筛选。流式细胞计也常用来鉴定杂种的倍数性及非对称杂种染色体的丢失。付春华等（2005）利用流式细胞技术对获得的 3 例柑橘体细胞杂种进行鉴定，结果表明所检测的 3 个组合共 9 株再生植株，有 8 株是四倍体体细胞杂种，1 株为二倍体叶肉亲本型杂种。

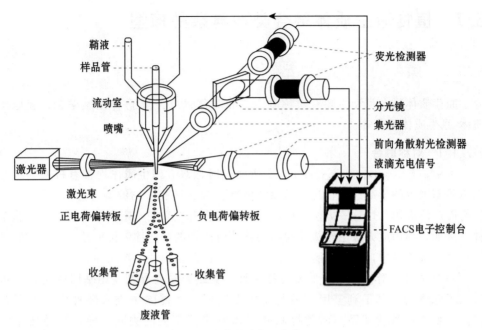

图 6-7　流式细胞仪工作原理

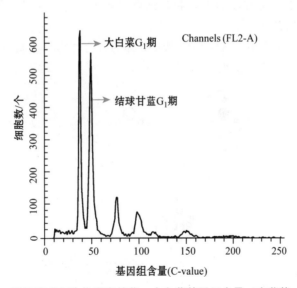

图 6-8　利用流式细胞仪测定甘蓝、大白菜基因组含量（李蔚等，2011）

6.7　植物原生质体融合类型与杂种核型

6.7.1　原生质体融合类型

原生质体融合类型主要有对称融合、非对称融合、配子-体细胞融合、亚原生质体-原生质体融合等。

6.7.1.1　对称融合

对称融合（symmetric fusion）是指融合时，双方原生质体均带有核基因组和细胞质基因组的全部遗传信息，是植物体细胞杂交最初采用的融合方法（图6-9），目前被广泛应用。用这一方法，已经获得了许多有性杂交不亲和的种属间体细胞杂种。例如，利用此方法已经成功地将马铃薯野生种的抗逆性、抗虫性、抗病性等基因转移到栽培种中，使体细胞杂交成为马铃薯商业化育种的新途径。

一般来说，对称融合多形成对称杂种，其结果是在导入有用基因的同时，也带入了亲本的全部不利基因，因此需要多次回交才能除去进入杂种中的不利基因。一些不利性状基因与所需性状基因紧密连锁而无法去除，导致育种效率降低。同时，种间杂种不育是体细胞杂交中存在的一个相当普遍的现象，尤其在亲缘关系较远的情况下。虽然通过体细胞杂交可以克服有性杂交障碍，但在体细胞水平上，仍会表现一定程度的不亲和，这就引起了分化、生长、发育受阻，影响生根以及生殖器官的形成。

另外，在对称融合中，常常会出现非对称的融合产物，如图6-9中所示的细胞质杂种（cybrid），这将在后面介绍。

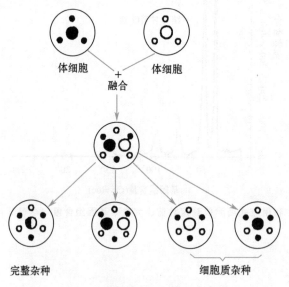

图 6-9　植物原生质体的对称融合

6.7.1.2　非对称融合

非对称融合（asymmetric fusion）是指一方亲本（受体，recipient）的全部原生质与另一方亲本（供体，donor）的部分核物质及胞质物质重组，产生不对称杂种。非对称杂种是一个广泛的概念，相对于对称杂种来说，至少亲本一方有部分染色体被消除；相对于胞质杂种来说，即使亲本一方染色体全部消除，仍保留着该亲本的某些核基因控制的性状。非对称融合只有供体方的少量染色体转入受体方细胞，故更有希望克服远缘杂交的不亲和性，并且得到的杂种植株可能更接近试验所要求的性状，减少回交次数甚至免去这一步骤便能达到改良作物的目的，使育种周期大大缩短。

非对称融合需要在融合前对一方原生质体（供体）给予一定的处理，如使用纺锤体毒素、染色体浓缩剂、γ射线、X射线、紫外线等，使其染色体部分破坏后用于体细胞杂交。这些处理可能会打断或破坏亲本一方完整的染色体结构，提高易位和片段杂交的可能性，从而实现遗传重组，最终将某些特定基因引入非对称杂种中。

非对称融合的一种典型情况，就是将一方原生质体用 IOA 等处理，抑制其细胞质，使其不能分裂；另一方原生质体用 X 射线等照射，破坏其细胞核（染色体），使其也不能进行分裂。然后将这两种原生质体进行融合，这样即可获得具有一方细胞质而具有另一方细胞核的杂种（图 6-10）。

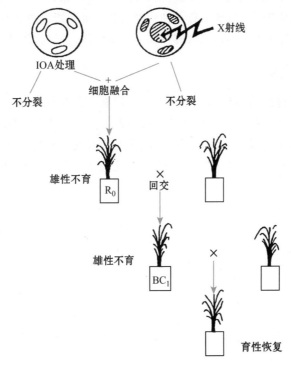

图 6-10　通过非对称融合生产水稻细胞质雄性不育系

6.7.1.3　配子-体细胞融合

配子-体细胞融合所选用的融合亲本一方是体细胞原生质体，另一方是性细胞即配子原生质体。近年来，随着花粉原生质体分离和培养的不断成功，配子-体细胞融合已经取得较大进展，为获得三倍体细胞杂种奠定了基础。到目前为止，已在烟草属、矮牵牛属、芸薹属、柑橘属等植物中开展了配子-体细胞原生质体融合研究，如 Pirrie 等（1986）将黏毛烟草小孢子四分体原生质体与普通烟草叶肉原生质体进行融合，获得了可育的三倍体种间杂种。

6.7.1.4　亚原生质体-原生质体融合

亚原生质体主要包括小原生质体（miniprotoplast，具有完整的细胞核，但只含部分细胞质）、胞质体（cytoplast，无细胞核，只含细胞质）和微小原生质体（microprotoplast，只有 1 条或几条染色体的原生质体）等，其中常用的是胞质体和微小原生质体。

胞质体与原生质体融合能得到胞质杂种，实现细胞器的转移。用细胞松弛素 B 处理或者用 Percoll 等渗密度梯度超速离心能够获得胞质体，目前已成功获得烟草、天仙子、胡萝卜、豌豆、玉米、大麦、小麦、油菜、番茄、大豆等植物的胞质体。通过胞质体-原生质体融合方法，目前已经成功获得烟草＋烟草、萝卜＋烟草、萝卜＋油菜、白菜＋花椰菜等组合的胞质杂种。

微小原生质体主要通过化学药剂处理结合高速离心获得。通过微小原生质体与原生质体融合，能够获得高度非对称杂种。据报道，将马铃薯的微小原生质体与番茄原生质体融合，得到的再生植株只含有供体 1 条染色体，但具有受体全部染色体。

6.7.2　杂种核型

在迄今为止所得到的各种体细胞杂种中，只有少数几种是双二倍体，其染色体数恰为两个亲本染色体数之和。现在还难以断定，是否近缘物种间通过体细胞杂交所产生的就会是真正的双二倍体。即使在两个有性杂交亲和的亲本之间产生的体细胞杂种中，也会出现染色体数不正常的现象。这表明，核质之间的互作导致了与有性杂种不同的结果。

有证据表明，染色体数偏差的另一个原因是两个以上的原生质体发生了融合，而无论融合之后的有丝分裂规则与否。在这方面令人感兴趣的是，有 3 个研究组都已由粉蓝烟草（$2n=24$）和郎氏烟草（$2n=18$）获得了体细胞杂种，他们的结果表明，改变融合方法和选择体系，可以产生倍数性水平不同的植株。如 Carlson 等（1972）使用 $NaNO_3$ 为融合剂，所得到的全部杂种植株都具有正常的 42 条染色体。Smith 等（1976）使用的是最有效的融合剂 PEG，所得到的杂种没有一株是真正的双二倍体，其染色体数变动在 56～64。Chupeau 等（1978）试验所得到的杂种，则是双二倍体和各种不规则类型的混合群体。

刘庆昌等（1994，1998）、张冰玉等（1999）、Zhang 等（2002）、Guo 等（2007）、Yang 等（2009）从所获得的甘薯（$2n=90$）与其近缘野生种 *I. triloba*（$2n=30$）、*I. lacunosa*（$2n=30$）、*I. cairica*（$2n=30$）等的约 3 000 株种间体

细胞杂种中，未发现一株其染色体数是双亲染色体数之和（$2n = 120$）的杂种，而且均存在着严重的染色体丢失现象，大多数杂种的染色体数在 43～90 条。

体细胞杂种倍数性水平的变异也可能是由原生质体的自发融合造成的，或是由原生质体供体细胞的细胞学状态造成的。培养细胞的原生质体可能比叶肉细胞原生质体更容易发生变异。为了减少染色体变异，应当尽量缩短由原生质体培养到植株再生所经历的时间。

在两个亲本中，只要一个亲本的染色体组确有一部分能够充分整合到另一亲本的染色体组中，那么染色体的选择性丢失可能会有其好处。两个亲本的染色体组完全组合到一起可能并不理想，当两个亲本亲缘关系太远而表现有性杂交不亲和时更是这样。

6.7.3 细胞质杂种

在有性杂交中，细胞质基因组只是来自双亲之一（母本），而在体细胞杂交中，杂种却拥有两个亲本的细胞质基因组。因此，后一种杂交途径就为研究双亲细胞器的互作提供了一个独特的机会。从实用上考虑，应用细胞融合技术，有可能使两种来源不同的核外遗传成分（细胞器）与一个特定的核基因组结合在一起，这种杂种称为细胞质杂种（cybrid）。

Power 等（1975）证实，经过原生质体融合和培养，有可能分离出一种细胞系，其中携有 1 个亲本的核和 2 个亲本的细胞质。他们把矮牵牛的叶肉细胞原生质体与爬山虎的冠瘿瘤培养细胞原生质体融合之后，筛选出 1 个细胞系，其中只含有爬山虎的染色体，但在一定时间内表现出某些矮牵牛的特性。经过不同作者对这些推测中的体细胞杂种的细胞质进行详细的鉴定后指出，双亲之一的质体常常发生选择性的消失。当质体可能还有其他细胞器的消失与双亲之一的核基因组的消失（或从一开始就不存在）同时发生时，将会出现各种可能的核质组合。体细胞杂种细胞系的这一特征，现已被用来在种内和种间转移细胞质雄性不育性。

Belliard 等（1977，1978）曾将雄性不育的 *Nicotiana techne*（以 Ts 表示，它是一个在 *N. debneyi* 细胞质中含有烟草核的核质杂种）和雄性可育的烟草品种 'Xanthi'（以 Xf 表示）进行细胞融合，然后在既适合于双亲也适合于杂种发育的（即未施用任何选择压的）条件下，培养这些原生质体混合物。当由存活下来的不同愈伤组织获得完整的植株后，他们以作为核性状的叶片形态和作为胞质性状的花器形态及育性（可育或不育）为基础，对这些植株进行分类。结果在 936 个再生植株中，有 654 株为亲本类型，57 株为完全杂种（叶形和花器特征为中间型，具有 96 条染色体），225 株叶形与 1 个亲本相同，但花器特征为中间型，染色体数 $2n = 48$。这 225 株被认为有可能是胞质杂种。最令人感兴趣的是，在这些胞质杂种中，多数是可育的 *techne*（Ti）和不育的 Xanthi（Xi）。所做的杂交实验证实了 Ti 和 Xi 的胞质杂合性。对其 F_2 叶绿体 DNA（ctDNA）所做的分析表明，在 1 个植株中，或是只具有这一种类型的 ctDNA，或是只具有另一种类型的 ctDNA，从未发现在同一植株中，同时具有两种类型 ctDNA 的情况。在体细胞杂种细胞中，叶绿体的分离看来是一种相当普遍的现象。在所研究过的番茄＋马铃薯的全部 4 株体细胞杂种中，都含有一个来自双亲的核基因组，但只含有 1 个亲本的叶绿体。Belliard 等（1987）的研究还表明，一种类型叶绿体的选择性消失，可能并不受核基因组的影响，Xi 和 Ti 两者含有的核基因组是相同的。在这种情况下，ctDNA 就不能充分解释细胞质不育性，因为有些具有 *techne* ctDNA 的植株是可育的，有些情况相反的植株也是可育的。

利用一种与上述 Belliard 等所用的相似方法，但是加入了选择压以抑制 1 个亲本或是双亲的生长，Zelcer 等（1978）和 Aviv 等（1980）成功地将细胞质雄性不育性由烟草转移给林生烟草，Izhar 和 Power（1979）则将其由矮牵牛转移给腋花矮牵牛。Gleba 等（1984）报道，他们在烟草属中获得了 12 种不同组成的杂种，在所有这些杂种中，只含有 1 个亲本的叶绿体。

6.8　植物体细胞杂交技术的应用

到目前为止，通过体细胞杂交技术已获得许多用有性杂交技术所不能得到的科间、属间、种间、种内等杂种，成功合成一些植物新类型，创制出一批优良的植物新品种或新材料。这些结果表明，体细胞杂交是克服植物有性杂交不亲和性、创制植物育种新材料的一种可行途径。另外，体细胞杂交也是获得各种细胞质杂种的有效方法。

6.8.1　用体细胞杂交合成植物新类型

Melchers 等（1978）将番茄与马铃薯的原生质体进行融合，获得属间杂种，称其为马铃薯番茄（pomato）或番茄马铃薯。其形态上倾向于番茄植株，花和叶具有杂种的特点，结有畸形的小果实，但在根部未形成块茎。据报道，将马铃薯栽培种与抗青枯病、抗软腐病、抗疫病、耐热的番茄属野生种 *L. pimpinellifolium* 的原生质体用 PEG 法或电融合法进行融合，获得了地下部形成块茎、地上部结果实的杂种，杂种的块茎形状因系统不同而有很大差异，果实形状也因系统不同而异。Jacobsen 等（1994）获得了二倍体马铃薯和番茄属间融合杂种，结有小番茄果实和马铃薯块茎，与马铃薯回交之后块茎明显变大（图 6-11）。

将赤甘蓝的杂交选拔型 ER159S 与

图 6-11　马铃薯和番茄属间融合杂种（左）和马铃薯回交一代（右）（Jacobsen 等，1994）

A. 花；B. 植株；C. 块茎

白菜的原生质体进行融合，获得了双二倍体杂种（$2n=38$），该杂种自交结实，与甘蓝及白菜进行回交，获得大量种子，由种子发育的个体性状发生了广泛分离。Sundberg 等（1988）将白菜型油菜与甘蓝的原生质体进行融合，获得了甘蓝型油菜（$2n=38$），大部分植株可育。Kisaka 等（1994）将水稻与胡萝卜的原生质体进行融合，在世界上首次成功获得单子叶植物与双子叶植物间的体细胞杂种植株。

6.8.2 用体细胞杂交创制植物育种新材料

Terada（1987）将稗草与水稻的原生质体进行电融合，获得杂种植株。到目前为止已获得水稻种内体细胞杂种以及种间、科间等远缘杂种。人们用体细胞杂交法已获得小麦与多种禾草等物种间的杂种植株或杂种细胞系（Xia 等，1996；向凤宁等，1999；周爱芬等，2001；Xia 等，2003；Li 等，2004；Zhou 等，2005）。陈凡国等（2001）和支大英等（2002）分别利用不对称体细胞杂交使得玉米和小麦的杂交获得成功。Szarka 等（2002）利用对称体细胞杂交也实现了玉米与小麦的基因交流，但仅获得了不育的具有双亲性状的杂种后代。

Bates（1990）进行普通烟草和野生种 *Nicotiana repanda* 的不对称融合，获得了抗烟草花叶病毒的可育杂种，并通过回交应用于烟草育种。龚明良等（1995）将普通烟草与 *N. nesophila*、*N. glauca*、*N. rustica* 的原生质体进行融合，获得种间体细胞杂种植株；对杂种植株经过多年自交和回交，育成品质优良、兼抗多种病害的烟草新品系。由 *N. sylvestris* + *N. plumbaginifolia* 的种间体细胞杂种和 *Atropa belladonna* + *N. plumbaginifolia* 的族间体细胞杂种筛选出抗除草剂的新材料。

在油菜体细胞杂交中，通过对杂种植株进行回交，获得了许多可育杂种。如从甘蓝型油菜和 *Eruca sativa* 获得的可育体细胞杂种植株与油菜回交，从回交后代中筛选出高芥子酸含量和低芥子酸含量的品系，已应用于油菜育种中（Fahleson 等，1988）。

自 1980 年 Butenko 和 Kuchko 首次将普通栽培种与二倍体野生种 *S. chacoense* 融合获得抗马铃薯 Y 病毒（PVY）的杂种植株以后，马铃薯体细胞杂交研究进入了快速发展时期，马铃薯曾一度被作为原生质体融合的模式植物加以研究，设计了大量融合组合，获得一大批体细胞杂种植株，并将很多野生种的优良基因导入栽培种中。例如，成功地将马铃薯的野生种 *S. brevidens* 的耐卷叶病毒性和耐冻性（Austin 等，1986），*S. etuberosum* 的耐病毒性（Novy 和 Helgeson，1994），*S. berthaultii* 的抗虫性（Serraf 等，1991），*S. commersonii* 的耐冻性（Cardi 等，1993）和抗细菌性枯萎病性（Laferriere 等，1999），*S. tarnii* 的抗晚疫病性（Thieme 等，2008）等的基因转移到马铃薯栽培种中，获得一批具有很高育种价值的新材料。

将多个甘薯品种的悬浮细胞原生质体同甘薯近缘野生种 *I. triloba*，*I. lacunosa*，*I. cairica* 等的叶柄原生质体进行融合，目前已获得大量种间体细胞杂种植株。一些杂种具有明显的膨大块根，育性正常，与甘薯回交获得一批回交后代，并从中筛选出抗旱新材料，不仅可望在甘薯育种中获得利用，而且为研究这些近缘野生种的优良基因提供了重要的材料（刘庆昌等，1991，1998；Zhang 等，2002；Guo 等，2007；Yang 等，2009）。

柑橘的体细胞杂交研究也很多。Grosser 等（1988）将不抗柑橘速衰病毒（CTV）的砧木酸橙与柠檬和枳橙进行体细胞杂交，获得了抗 CTV 的体细胞杂种。Guo 等（2002）将不抗柑橘裂皮病毒（CEV）的砧木枳与抗 CEV 的红橘进行融合，可望得到抗 CEV 的体细胞杂种。

将番茄品种'Kagome 70'与野生种 *L. chilense*（系统 LA1970）进行电融合，获得了具有抗病性的体细胞杂种，可望作为加工用番茄新品种选育的育种材料。

创造胞质雄性不育系的传统方法需要多次回交才能替换掉胞质供体的核基因组，并且很多具有胞质雄性不育性状的基因无法通过传统的方法转移到栽培种中去。体细胞杂交则为创造胞质雄性不育系提供了一条快捷的途径。Pelletier 等（1983）获得了具有雄性不育和抗阿特拉金（Atrazine）的油菜胞质杂种。Kameya 等（1989）用不对称杂交的方法融合了红甘蓝和萝卜的原生质体，两个亲本均是可育的，但得到了胞质雄性不育的甘蓝。

体细胞杂交还能用来恢复细胞质雄性不育植株的育性。Yamamoto 等（2000）用 8 个可育的胡萝卜品种与细胞质雄性不育胡萝卜（MS-1）进行非对称体细胞杂交，获得的胞质杂种中 20% 可育，这说明通过体细胞杂交恢复细胞质雄性不育植株育性的概率比较大。

复习题

1. 简述原生质体培养的主要流程。
2. 影响原生质体活力的因素有哪些？
3. 原生质体培养的纯化方式有哪些？
4. 试比较几种原生质体培养方式的优缺点。
5. 简述植物原生质体融合的主要方法。
6. 简述植物杂种细胞的主要筛选方法。
7. 鉴定植物体细胞杂种的方法有哪几种？
8. 植物体细胞杂交有哪些主要应用？

7　植物茎尖分生组织培养与脱毒技术

【导读】植物茎尖分生组织培养与无病毒苗木培育一直是植物细胞组织培养应用最多、最有效的技术之一。本章主要介绍植物茎尖分生组织培养的原理、基本方法、脱毒苗的培育和病毒检测方法以及几种主要植物的脱毒苗生产技术。通过对本章的学习，重点掌握植物茎尖分生组织培养的基本方法、脱毒苗的培育和病毒检测方法，熟悉几种主要植物的脱毒苗生产技术。

7.1　植物病毒种类及脱除方法

植物病毒可以引起植物病毒病，严重威胁着农业生产。全世界仅粮食作物每年因病毒病导致的损失高达 200 亿美元，经济作物因病毒病造成的损失，每年高达 600 亿美元（迟惠荣和毛碧增，2017）。目前，已有 900 多种病毒可引起植物病害。

7.1.1　植物病毒种类

7.1.1.1　植物病毒的基本概念

人类对于植物病毒的认识，是随着科学技术的发展逐步深入的。早在 17 世纪初，就有郁金香杂色花的记载，也看到有些植物表现花叶、黄化、矮缩等症状，但在当时人们对于病毒还一无所知，所以把这些异常现象，都归诸生理的或遗传的原因，或其他毒素的作用。直到 1886 年，德国人 Mayer 发现，把烟草花叶病植株的汁液，接种到无病烟草上，可以使健康植株发病，于是他断定烟草花叶病是由细菌引起的。1892 年，俄国人 Ivanowski 又发现，烟草花叶病的病原物，可以通过细菌不能通过的微孔漏斗，因此他认为烟草花叶病的病原不是细菌，而是一种"传染性活液"。1898 年，荷兰人 Beijerinck 把这种传染性活液定名为病毒。其后又经过近 40 年，美国人 Stonley（1935）把烟草花叶病毒提纯，得到它的结晶体，证实病毒是一种含有核酸的蛋白质，并逐步明确病毒是由一种核酸和蛋白质衣壳组成的非细胞形态的分子生物。近年来，还发现了单独不能增殖也无侵染力的卫星病毒，这是目前所知的最小病毒。

根据目前的认识，可把病毒概括为：病毒是一种非细胞形态的专性寄生物，是最小的生命实体，仅含有一种核酸和蛋白质，必须在活细胞中才能增殖。

7.1.1.2　植物病毒的种类

病毒是一种极其微小、形状固定的有机体，大小介于 10～300nm。根据构成病毒基因组核酸类型（DNA 或 RNA）、单链还是双链核酸、脂蛋白包膜是否存在、病毒形态、核酸分段状况（即多分体现象）等基本特征进行分类。其中病毒粒子形状是分类中的首选条件，病毒主要分为杆状、线状、球状。不同形态的病毒其大小也不相同，计量单位用纳米（nm）表示。线状病毒一般长 480～1250 nm，宽 10～13 nm；杆状病毒一般长 130～300 nm，宽 15～20 nm；杆菌状病毒一般长 58～240 nm，宽 18～90 nm；球状病毒实际是一个多面体，直径在 16～80 nm。

7.1.2　植物病毒传播途径

7.1.2.1　植物病毒的分布

植物病毒在不同地理区域的分布差异较大，同一种植物在不同地区感病的病毒种类和优势小种也不相同。不同种类的植物病毒侵染了同一种植物后，或同种植物侵染了不同种病毒，病毒在植物体内的分布都有较大差异。植物病毒在寄主体内呈不均匀分布。一般情况下，绝大多数植物病毒不能侵染到植物分生组织，分生组织尤其是茎的顶端分生组织往往不带毒或带毒量非常少。

7.1.2.2　植物病毒的传播

病毒是专性寄生物（obligate parasite），生存发展必须在寄主间转移。病毒不能靠自身的力量主动侵入植物细胞，只能借助外力。植物病毒从一个植株转移或扩散到其他植物的过程称为传播（transmission）。根据自然传播方式，病毒分为介体传播（vector transmission）和非介体传播（no-vector transmission）。有的植物病毒主要靠介体（一种或多种）有效传播，有的则可通过介体或非介体有效传播。病毒的传播相当复杂，受气象、自然环境、农业生产等条件的多方面影响。

1. 介体传播

病毒依附在其他生物体上，借其活动而进行传播及侵染。常见的传播介体有动物和植物两类。动物介体有昆虫、螨类、线虫和真菌等，80％病毒传播依赖昆虫。其中蚜虫有 200 多种能传播 160 多种病毒，叶蝉有 130 多种能传播病毒，蚜虫为最主要的介体。植物介体有菟丝子。

2. 非介体传播

指病毒在传递过程中没有其他有机体介入的传播方式，包括汁液接触的机械传播、嫁接传播和花粉、种子传播。无性繁殖材料和其他农产品传带而扩大病毒分布的情况也是一种非介体传播。

7.1.3　植物脱毒的方法

许多优良的传统品种，经过长期栽培，导致病毒病害日益严重，难以控制，尤其对无性繁殖作物危害更为严重。目前还缺乏防治病毒病的有效药剂。病毒病已成为生产上的严重问题。应用组织培养技术获得无毒植株，是当前生产上最有效的防治病毒病的方法。植物脱毒后生长势增强，产量和品质显著提高，且产量的提高幅度最高可达300％。

植物脱除病毒的方法有多种，包括物理、化学和生物方法，其中茎尖培养脱毒法因效果最理想，应用范围更广。经过人工脱毒处理已经脱除了目标病原物的植株称为脱毒植株或无毒苗（virus-free plant）。无毒苗的培育，无疑满足了农作物和园艺植物生产发展的迫切需要。自从 20 世纪 50 年代发现通过植物组织培养的方法可以脱除严重患病毒病植物的病毒，恢复种性，提高产量和品质以来，组织培养脱毒技术便在生产实践中得到广泛应用。有不少国家或地区已将其纳入常规良种繁育体系，有的还专门建立了大规模的无病毒种苗生产基地。我国是世界上植物脱毒和快繁生产从事最早、发展最快、应用最广的国家，目前已建立了马铃薯、甘薯、草莓、苹果、葡萄、香蕉、菠萝、番木瓜、甘蔗等作物的无病毒种苗生产基地。

7.1.3.1　热处理脱毒

1889 年，印度尼西亚爪哇有人发现，将患枯萎病（现已知为病毒病）的甘蔗，放在 50～52℃的热水中保持 30 min，甘蔗就可去病，后续生长良好，以后这个方法便得到了推广应用。现在在世界上很多甘蔗生产地区，每年在栽种前把几千吨甘蔗切段放在大水锅里进行脱毒处理。

1. 热处理的原理

热处理（heat treatment）利用病毒病病原与植物的耐热性不同，将植物材料放在高于正常温度的环境条件下处理一段时间，使病毒钝化，失去活性，而植物的生长不受影响；或在高温条件下植物的生长加快，病毒的增殖速度和移动速度跟不上植物的生长速度而被抛在其后，使植物新生部分不带病毒。

2. 热处理的方法

热处理方法有两种：一种是热水浸泡；另一种是高温空气处理。

热水浸泡处理是将剪下的接穗或种植材料，在 50℃的热水中浸泡数分钟或数小时。该方法简便，但易使材料受损伤，温度到 55℃时则大多数植物会被杀死。该方法适用于甘蔗、木本植物和休眠芽。

高温空气处理是将旺盛生长的植物在 35～40℃条件下处理，处理时间的长短因病毒种类不同可由数分钟到数周不等。热处理之后要立即把茎尖切下来嫁接到无病的砧木上。该方法对活跃生长的茎尖效果较好，既能消除病毒，又能使寄生植物有较高的存活机会。目前热处理大多采用这种方法（图 7-1）。

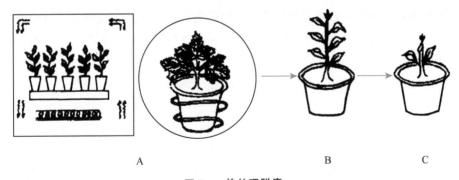

A　　　　　　　　　　B　　　　　　C

图 7-1　热处理脱毒

A. 热处理 38℃；B. 切取嫩梢（1.5～2 cm）；C. 嫩梢嫁接

利用热处理消除病毒的一个主要限制是，并非所有病毒都对热处理敏感。热处理只对那些球状的病毒（如葡萄扇叶病毒、苹果花叶病毒）或线状的病毒（如马铃薯 X 病毒、Y 病毒，康乃馨病毒）有效果，而对杆状病毒（如牛蒡斑驳病毒、千日红病毒）不起作用。所以，热处理也不能除去所有的病毒，同时处理效果也不一致。

7.1.3.2　超低温脱毒

超低温疗法（ultra low temperature）是近年新兴起的一种基于超低温保存开发（Wang 等，2009）的，在液氮中对感染病毒的样品进行短时间处理以根除病毒的方法。可同步实现优良种质资源离体脱毒、快繁和中长期保存的目的。

1. 超低温脱毒原理

含有成熟液泡细胞内含有较多的自由水，在超低温条件下易形成引起细胞死亡的微小冰粒，而分裂较快的茎尖分生组织细胞胞质浓，无成熟液泡，自由水含量低，在超低温条件下不会产生冰晶致死，从而存活。经过液氮的超低温处理后，大多数茎尖细胞受到严重损伤而死亡，无论茎尖剥离大小，茎尖处仅有生长点的顶端分生组织存活。利用超低温处理对细胞选择性杀伤的特点，最终能获得脱毒植株。

2. 超低温脱毒方法

超低温脱毒包括玻璃化法、小滴玻璃化法、包埋脱水法和包埋玻璃化法等 4 种处理方式。剥离 0.5～2.0mm 大小的茎尖进行玻璃化处理，可对葡萄病毒 A（GVA）达到 97％的脱除率。利用小滴玻璃化法、包埋脱水法和包埋玻璃化法 3 种脱毒方法成功脱除马铃薯感染的马铃薯卷叶病毒（PLRV）和 PVY，其中对 PL-RV 的脱除率为 83％～86％，而对 PVY 的脱除率高达 91％～95％。

7.1.3.3　茎尖培养脱毒

White（1943）首先发现在感染烟草花叶病毒的烟草植株生长点附近，病毒的含量很低甚至没有病毒，病毒含量且随着植株部位及年龄的不同而异。在这个启示下，Morel 等（1952）从感染花叶病毒的大丽菊分离出茎尖分生组织（0.25 mm），培养得到的植株嫁接在大丽菊实生砧木上，检验为无病毒植株，从此茎尖培养就成为解决病毒病的一个有效途径。

茎尖培养脱毒法是目前应用最广、效果最为理想的方法，特别是其与物理方法和化学方法相结合，使植株脱毒效果更为明显，且植株再生率显著提高。该法的详细内容将单独介绍。

7.1.3.4　微体嫁接脱毒

微体嫁接（micrografting of shoot tip）是组织培养与嫁接方法相结合来获得无病毒苗木的一种新技术。特点是将 0.1～0.2 mm 的茎尖作为接穗，嫁接到由试管中培养出来的无菌实生砧木上或实生苗（种子实生苗不带毒）上，连同砧木一起继续进行试管培养，愈合成为完整的植株。接穗有砧木的哺育很容易成活，故可培养很小的茎尖，易于消除病毒。该技术的应用已在柑橘、苹果上获得成功。

微体嫁接方法：①试管砧木的准备。种子一般是不带病毒的，可用种子萌发长成实生苗作砧木。其方法是种子低温层积（lamination）处理后去皮、灭菌，接种在 MS 固体培养基上，25℃暗培养 15 d，使其发芽。②茎尖嫁接。将发芽的上胚轴切下（带 2 片子叶），采用劈接法（cleft graft）将接穗插入两片子叶中间组织。然后移入培养基中，接穗在砧木的哺育下生长发育。③嫁接苗的培养。嫁接后将其置于光照强度 1 000~4 000 1x、光照时间 16 h/d 和温度 27℃条件下培养。嫁接 1 周后接穗和砧木均产生愈伤组织，2~3 周后完全愈合，5~6 周后接穗发育成具有4~6 叶的新梢。

微体嫁接脱除病毒的关键：①剥离技术。一般取小于 0.2 mm 的茎尖嫁接可以脱除多数病毒。②培养基。须考虑砧木和接穗对营养组成的不同要求，方能收到良好效果。③接穗取材时间。不同季节接穗嫁接成活率不同，苹果 4~6 月取材嫁接成活率较高，10 月到翌年 3 月前取材嫁接成活率低。

影响微体嫁接成活的因素主要是接穗的大小。试管内嫁接成活的可能性与接穗的大小呈正相关，而无病毒植株的培育与接穗茎尖的大小呈负相关。所以，为了获得无病毒植株，可以采用带有 2 个叶原基的茎尖分生组织做接穗。微体嫁接技术难度较大，不易掌握，与实际应用还有相当距离。但随着新技术的发展与完善，微体嫁接技术也会有很大发展。

7.1.3.5 抗病毒药剂脱毒

抗病毒剂的作用机理主要包括抑制病毒侵染、抑制病毒增殖和诱导植物抗性等方面。目前，应用于植物病毒脱除的化学试剂有利巴韦林（病毒唑）、宁南霉素、5-二氢尿嘧啶、大黄素甲醚、盐酸吗啉胍、氯溴异氰尿酸、香菇多糖、壳寡糖等。

山家弘士（1986）为了探讨抗病毒醚对脱除苹果茎沟病毒的效果，用加抗病毒醚的培养基，对感染苹果茎沟病毒的试管苗进行培养。检测结果表明，用加抗病毒醚的培养基，继代培养 80 d 以上的试管苗，不管抗病毒醚浓度高低都脱除了病毒。抗病毒醚对苹果褪绿叶斑病毒（ACLSV）和苹果茎沟病毒（ASGV），在苹果植株体内都有抑制其增殖效果。在加抗病毒醚的培养基中增殖的新梢，新梢顶端部分在继代培养过程中，逐渐脱除了病毒，其原因系抗病毒醚的药理作用，并非药剂本身的直接活动，而是作用于寄主的代谢方式，从而阻止病毒的增殖。

对于抗病毒药剂的应用效果，因病毒种类不同而有差异。目前用此法也不可能脱除所有病毒，如果使用不当，药害现象比较严重，此种脱毒处理还处于探索阶段。

7.1.3.6 珠心组织脱毒

柑橘、杧果等多胚植物的珠心细胞很容易形成珠心胚。病毒通过维管组织移动，因珠心组织与维管组织没有直接联系，珠心组织一般不带或很少带毒，所以可通过珠心组织培养获得无病毒植株。1976 年，Millins 通过珠心组织培养获得了柑橘、葡萄的无病毒植株。

7.1.3.7 基因编辑技术的应用

CRISPR/Cas 介导的基因编辑技术是一种可以在动植物体内对 DNA 序列进行定点突变的新技术。高彩霞团队利用 CRISPR/Cas 9 系统对水稻和小麦的 5 个基因进行了定点敲除，首次实现对病毒所依赖的宿主基因进行定点突变或编辑，从而获得抗病毒作物，这为抗病毒育种提供了新的思路和选择。Pyott 等（2016）利用 CRISPR/Cas 9 系统在拟南芥植物中引入真核翻译延伸因子（eIF4E）突变，产生 PVY 抗性等位基因，从而获得抗马铃薯 Y 病毒属（*Potyvirus*）种质。

7.2 植物茎尖分生组织培养

茎尖分生组织培养是切取茎的先端部分（小至 10 μm 到几十微米的茎尖分生组织部分），进行无菌培养，使其发育成完整植株的过程。1922 年，Kotte 和 Robbins 切取豌豆、玉米、棉花茎尖，接种在含有无机盐、葡萄糖和琼脂的培养基上培养成苗，开始了最早应用茎尖进行组织培养的研究。茎尖分生组织培养方法简便，繁殖迅速，且茎尖遗传性比较稳定，易保持植株的优良性状，因此在基础理论研究和实际应用中具有重要价值。

茎尖分生组织培养取材便利，培养条件能严格控制，可排除其他组织部位及一些不利条件影响，有利于形态建成（morphogenesis）研究，从而为植物组织培养理论研究奠定了基础。利用茎尖组织培养进行突变体筛选，可扩大种质筛选范围，为育种提供有价值的材料。木本花卉等的育种中采用茎尖组织培养可大大缩短育种年限，加快育种进程。植物茎尖分生组织不含病毒或病毒含量极低，对其进行离体培养可获得无病毒（virus-free）植株。无病毒苗的培育在农业生产上正发挥着越来越大的作用。许多在常规条件下无法生长和繁殖的植物，应用茎尖培养可快速扩繁其优良种苗。几乎所有的植物可通过茎尖培养途径快速繁殖。茎尖分生组织培养的应用取得了良好的经济效益和社会效益。

7.2.1 茎尖分生组织培养脱毒原理

植物茎尖分生组织脱毒的主要原理是依赖病毒在植物体内分布的不均匀性。感染病毒的植物体内不同组织和部位病毒分布不均匀，其中感病植株根尖和茎尖组织中病毒含量极低，并且越靠近顶端分生组织，病毒含量越低。生长点（0.1～1.0 mm 区域）则几乎不含或含病毒很少。病毒颗粒在寄主植物体内主要通过维管束转移，而茎尖无维管束，病毒只能通过胞间连丝在寄主体内缓慢转移，而顶端分生组织细胞分裂速度快，导致在茎尖生长点病毒含量少，甚至几乎检测不出病毒。

不同植物为脱除病毒以及一种植物要脱去不同种类的病毒所需茎尖大小是不同的。通常茎尖培养脱毒效果的好坏与茎尖大小呈负相关，即切取茎尖越小，脱毒效果越好；而培养茎尖成活率的高低与茎尖的大小呈正相关，即切取茎尖越小，成活率越低。具体应用时既要考虑脱毒效果，又要考虑提高成活率，因此，一般切取0.2～0.3 mm 带 1～2 个叶原基的茎尖作为培养材料较好。

7.2.2 材料的预处理

7.2.2.1 材料的准备

茎尖培养在植物组织培养中应用最早，茎尖也是组织培养中应用较多的一个取材部位。茎尖形态已基本建立，进行培养生长速度快，繁殖率高，因此茎尖培养在无性繁殖植物的快速繁殖上应用广泛。一般说来，带有叶原基的茎尖易于培养，成苗快，培养时间短。但要获得无病毒植株，理论上茎尖越小越好。如小于 0.1 mm

的生长点，去病毒效果较好，但成活率低，培养时间要延长至 1 年或更长时间。实际应用时，根据病毒种类不同切取大小 0.1～1 mm 的生长点，即可获得无病毒植株。

培养用的茎尖组织，以取自田间或盆栽植物的材料为宜，因其节间长，生长点组织也大，容易分离。番茄可取 10 d 左右苗龄植株的茎尖，带 1 个叶原基，大小约 0.3 mm。薯芋类、球根类常在沙培或基质培养后采其萌芽。可直接切取石刁柏、兰花、菊花、草莓等的茎尖培养。

在植物茎尖培养中，对一些难以灭菌的材料也可先将种子消毒，获得无菌苗，然后用无菌苗获取无菌芽或生长点。

7.2.2.2 温度处理

将热处理与茎尖分生组织培养结合起来，则可以取稍大的茎尖进行培养，这样能够大大提高茎尖的成活率和脱毒率。

尽管茎尖分生组织常常不带病毒，但不能把它看成是一种普遍的现象。研究表明，某些病毒实际上也能侵染正在生长中的茎尖分生区域。Hollings 和 Stone (1964) 证实，在麝香石竹茎尖长 0.1 mm 的顶端部分，有 33％带有麝香石竹斑驳病毒。在菊花中，由长 0.3～0.6 mm 茎尖的愈伤组织形成的全部植株都带有病毒。已知能侵染茎尖分生组织的其他病毒有烟草花叶病毒（TMV）、马铃薯 X 病毒以及黄瓜花叶病毒（CMV）。Quak (1957，1961) 将康乃馨用 40℃ 高温处理 6～8 周，以后再分离长 1 mm 的茎尖培养，成功地去除了病毒。所以热处理和茎尖培养结合，可以更有效地达到脱毒的目的。

热处理可在切取茎尖之前的母株上进行，即在用热处理之后的母体植株上，可以切取较大的茎尖（长约 0.5 mm）进行培养。或者先进行茎尖培养，然后再将试管苗进行热处理，也可获得较多的无病毒个体。热处理结合茎尖培养脱毒法不足之处是脱毒时间相对延长。

7.2.3 茎尖分生组织培养方法

7.2.3.1 材料的消毒

来自温室或田间的材料通常是带有微生物的，在培养前必须进行严格的消毒（sterilization）处理，以保证茎尖组织培养顺利进行。获得无菌材料的方法，主要是用药剂表面灭菌。使用的药剂种类、剂量和处理时间因不同材料对药剂的敏感性不同而异。通常要求消毒剂既要有良好的灭菌作用，又要易被无菌水冲洗干净或易自行分解，且不会损伤材料，影响植株生长。茎尖培养常用的消毒剂有漂白粉（1％～10％的滤液）、次氯酸钠（0.5％～10％）、升汞（0.1％～1％）、酒精（70％）、过氧化氢（双氧水）（3％～10％）等。为提高灭菌效果，常采用多种药剂配合使用。茎尖表面具蜡质层，灭菌药剂不易黏着的外植体，可加入少量浸润剂如吐温-20 或吐温-80，以提高灭菌效果。

取材可在春秋两季。组织培养用茎尖多取自田间。视其清洁程度，先用自来水流水冲洗材料 5 min，然后用中性洗衣粉（液）清洗，注意勿损伤试验用茎尖，再用自来水流水冲洗 30 min，以备消毒。茎尖灭菌前严格清洗，先用 70% 酒精浸 0.5～1 min，去除酒精，再用 0.1% 升汞（加 1～2 滴吐温-20），浸泡 8～10 min 后倒出消毒液。消毒完毕，用无菌蒸馏水冲洗 3～4 次，准备茎尖剥离。

7.2.3.2　茎尖分生组织剥离

茎尖分生组织分离的难易，首先与植物种类有关。马铃薯、百合的茎尖分生组织为半球形，比较大，容易分离；大丽菊、日本泡桐等，对生叶的原基一直着生到生长点附近，要分离不带叶原基的生长点较难；草莓茎随着生长进入先端渐次凹陷，致使生长点难以分离；菊花的叶原基有毛密生缠绕，生长点小，不易剥离。其次，因茎尖培养目的不同所取茎尖大小各异，所以茎尖分离难易也有差异。茎尖越小，分离越难，脱毒效果越好，但成苗率越低；若不脱毒，仅利用茎尖进行快速繁殖，茎尖可大一些，甚至可带 2～3 片幼叶，分离也容易操作。

在超净工作台中，消毒好的材料置双目解剖镜下，左手用镊子固定茎尖，右手握解剖刀（针），借助解剖镜将幼叶或叶原基一一切除，使生长点裸露出来，按预定要求大小切取分离生长点附近组织即可。通常切取 0.1～0.2 mm 大小，仅留 1～2 个叶原基的茎尖分生组织。也可将材料置于灭过菌的载玻片或滤纸上，两手持解剖针、小刀、镊子等按上述方法除掉叶原基。分离的生长点组织，切口朝下接种在培养基上，分离时注意勿使茎尖受伤，动作要快捷。

对不同植物茎尖培养时，茎尖分离方法大同小异。如薄荷、草石蚕等双子叶植物，先切下一段长 1～5 cm 正生长的芽，去掉一些肉眼可视的较大叶片，表面消毒后，在解剖镜下，去除生长点外围叶片，直至剥出晶莹发亮的光滑圆顶为止。然后用解剖刀在生长点周围作 4 个彼此成直角的切口，再从切口部分取下生长点圆顶，此时的圆顶不带叶原基，大小不超过 0.2～0.5 mm。水稻、小麦等单子叶植物茎尖的分离与双子叶植物基本相同，只是禾谷类单子叶植物茎尖外面常有叶鞘包裹，所以取材时连同叶鞘一起取下，再按上述方法剥取茎尖。

7.2.3.3　茎尖分生组织培养

以 MS 培养基为基本培养基，附加 0.5～1.5 mg/L BA＋0.01～0.05 mg/L NAA＋30 g/L 蔗糖＋5.5～7.0 g/L 琼脂，pH 为 5.8。培养条件为温度 26～30℃，光照强度 1 500～2 000 lx，每天光照 10 h。一般需培养 3～4 个月，中间要转换 3～4 次新鲜的培养基，有少部分接种材料分化出新芽。茎尖脱毒培养繁育程序见图 7-2。

7.2.4　影响脱毒效果的因素

茎尖分生组织离体培养的再生能力和脱毒效果，与培养基、外植体及其生理发育时期、培养条件、热处理等因素有着十分密切的关系。

7.2.4.1　培养基

正确选择培养基，可以显著提高茎尖组织培养的成苗率。培养基是否适宜，主要取决于它的营养成分、生长调节物质和物理状态。通常以 White、Morel 和 MS 培养基作为基础培养基。提高培养基中钾盐和铵盐的含量有利于茎尖的生长。MS 培养基的无机盐含量过高应予稀释。培养基中碳源一般用蔗糖或葡萄糖，含量为 2%～4%。

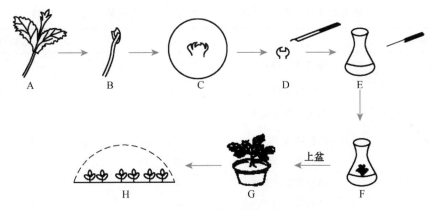

图 7-2　茎尖脱毒培养繁育程序

A. 采样；B. 去外叶；C. 剥离茎尖；D. 切取分生组织；

E. 茎尖培养；F. 茎尖再生植株；G. 病毒鉴定；H. 防虫网内繁殖脱毒苗

茎尖组织培养时，植物生长调节物质种类与含量的配比对茎尖生长及发育具有重要作用。较大的茎尖外植体（＞0.5mm）在不含生长调节物质的培养基中也能产生完整植株，但加入少量（0.1～0.5 mg/L）的生长素或细胞分裂素或二者兼有常常是有利的。由于双子叶植物中植物激素可能是在第二对最幼嫩的叶原基中合成的，所以茎尖的圆顶组织生长激素不能自给，必须供给适宜浓度的生长素与细胞分裂素。在生长素中应避免使用易促进愈伤组织化的 2,4-D，宜选用稳定性较好的 NAA 或 IAA。此外，GA_3 在一些植物的茎尖培养中也有一定作用。但需要注意的是：不同植物的茎尖对植物生长调节物质的反应各不相同，需反复试验并配以综合培养条件才能取得理想的效果。

茎尖组织培养既可使用液体培养基，又可采用固体培养基。固体培养操作便利，培养条件易控制，因此应用较多。但遇到固体培养基容易诱导外植体材料愈伤化或发生褐变严重时，最好使用液体培养基。

7.2.4.2　外植体

在最适培养条件下，外植体的大小决定茎尖外植体的接种存活率和脱毒效果，如木薯茎尖长 0.2mm 时，能形成完整植株，小的茎尖则形成愈伤组织或只能长根。不同植物及同一植物要脱去不同病毒所需茎尖大小是不相同的（表 7-1），因此，既要保证茎尖足够大容易成苗，又需要使茎尖足够小以根除病毒。叶原基的存在与否影响着形成植株的能力，如在大黄（*Rheum palmatum*）离体顶端分生组织培养时，外植体必须带2～3 个叶原基，叶原基可能向分生组织提供生长和分化所必需的生长素和细胞分裂素。

茎尖培养中，顶芽茎尖比腋芽尖培养效果好，茎尖最好取自生长活跃的芽上。如果只有一个顶芽，为增加脱毒植株总数，也可采用腋芽。取芽的时间也很重要，表现周期性生长习性的树木更是如此，如温带树种，应在春季取材。茎尖培养效率与外植体存活率、茎发育程度、茎生根能力及脱毒程度相关。

表 7-1　病毒在植物不同种和品种茎尖中的分布及脱毒效果（王蒂，2017）

植物种类	病毒	茎尖大小/mm	脱除病毒的品种数
甘薯	斑纹花叶病毒	1.0～2.0	6
	缩叶花叶病毒	1.0～2.0	1
	羽毛状花叶病毒	0.3～1.0	2
马铃薯	马铃薯 Y 病毒	1.0～3.0	1
	马铃薯 X 病毒	0.2～0.5	7
	马铃薯卷叶病毒	1.0～3.0	3
	马铃薯 G 病毒	0.2～0.3	1
	马铃薯 S 病毒	小于 0.2	5
大丽菊	花叶病毒	0.6～1.0	1
香石竹	花叶病毒	0.2～0.8	5
百合	各种花叶病毒	0.2～1.0	3
鸢尾	花叶病毒	0.2～0.5	1
大蒜	花叶病毒	0.3～1.0	1
矮牵牛	烟草花叶病毒	0.1～0.3	6
菊花	花叶病毒	0.2～1.0	3
草莓	各种花叶病毒	0.2～1.0	4
甘蔗	花叶病毒	0.7～0.8	1
春山芥	芜菁花叶病毒	0.5	1

7.2.4.3　培养条件

在茎尖组织培养时，温度控制主要依植物种类、起源和生态类型来确定。茄科、葫芦科、兰科、蔷薇科、禾本科等喜温性植物，温度一般控制在 26～28℃；十字花科、百合科、菊科等冷凉性植物，温度宜控制在 18～22℃或 25℃以下。通常情况下，大多数离体茎尖培养均置于恒定的培养室温度下进行。

茎尖组织培养中，光培养的效果通常好于暗培养。马铃薯茎尖培养初始阶段最适光强为 100 lx，4 周后应增加至 200 lx，当幼茎长至 1 cm 高时，光强则骤增至 4 000 lx。但也有例外，如天竺葵茎尖培养需要一个完全黑暗的时期，这可能有助于减少多酚物质对成苗的抑制作用。

茎尖组织培养容器（试管、三角瓶）内相对湿度常达到 100%，培养瓶以外环境对瓶内湿度没有直接影响，因此，在应用时常忽略对培养环境的湿度调控。但周围环境的相对湿度对培养基水分、细菌生长等有间接影响，从而制约了茎尖培养的顺利进行。空气相对湿度过低，培养基易干涸，则培养基渗透压会改变，从而影响到培养组织、细胞的脱分化、分裂和再分化等；环境湿度过高，各种细菌、霉菌易滋生，其芽孢和孢子侵入培养瓶，造成培养基和培养材料污染。一般周围环境相对湿度为 70%～80% 较宜。

7.3 脱毒植株的病毒检测方法

采取各种脱毒技术获得脱毒苗后，其植株是否真正脱毒，必须经过严格的鉴定和检测，确认为无病毒存在，方可进行扩大繁殖，推广到生产上作为无毒苗应用。检测的方法有多种。

7.3.1 指示植物法

指示植物（indicator plant）是指接种某种病毒后能快速表现特有症状的寄主植物，又称鉴别寄主。利用接种后指示植物上产生的枯斑作为鉴别病毒种类的标准，也叫枯斑和空斑测定法。它只能用来鉴定靠汁液传染的病毒。对指示植物侵染的方法有摩擦接种和介体接种。

指示植物法最早是美国的病毒学家 Holmes（1929）发现的。他用感染 TMV 的普通烟草的粗汁液和少许金刚砂相混，然后在心叶烟（一种寄主植物）的叶子上摩擦，2～3 d 后叶片上出现了局部坏死斑。在一定范围内，枯斑数与侵染性病毒的含量成正比，且这种方法条件简单，操作方便，故一直沿用至今。指示植物法是一种经济而有效的检测方法。

病毒的寄主范围不同，所以应根据不同的病毒选择适合的指示植物。此外，要求所选的指示植物一年四季都可栽培，并在较长时期内保持对病毒的敏感性，容易接种，在较广的范围内具有同样的反应。指示植物一般有两种类型：一种是接种后产生系统性症状，病毒可扩展到植物非接种部位，通常没有明显局部病斑；另一种是只产生局部病斑，常表现出坏死、褪绿或环斑。

摩擦接种的方法：取被鉴定植物幼叶 1～3 g，在研钵中加 10 mL 水及少量磷酸缓冲液（pH 7.0），研碎后用两层纱布滤去渣滓，再在汁液中加入少量的 27～32 μm 金刚砂作为指示植物的摩擦剂，目的是使指示植物叶面造成小的伤口，而不破坏表面细胞。然后用棉球蘸取汁液在指示植物叶面上轻轻涂抹 2～3 次进行接种，再用清水冲洗叶面。接种时也可用手指涂抹，或用纱布垫、海绵、塑料刷子及喷枪等来接种。接种工作应在防蚜温室中进行，保温 15～25℃，接种后 2～6 d 可见到症状出现。

多年生木本果树植物及草莓等无性繁殖的草本植物，采用汁液接种法比较困难，通常采用嫁接接种的方法，即以指示植物作砧木，被鉴定植物作接穗，可采用劈接、靠接、芽接、叶接等方法嫁接，其中以劈接法为多（具体嫁接方法见 227 页 7.4.3.4 草莓病毒主要鉴定方法）。

7.3.2 免疫测定法

7.3.2.1 抗血清鉴定法

植物病毒是由蛋白质和核酸组成的核蛋白，因而是一种较好的抗原（antigen），给动物注射后会产生抗体。这种抗原和抗体所引起的凝集或沉淀反应就叫作血清反应。抗体是动物在外来抗原的刺激下产生的一种免疫球蛋白，主要存在于血清中，故含有抗体的血清即称为抗血清（antiserum）。不同病毒产生的抗血清都有各自的特异性，因此，用已知病毒的抗血清可以来鉴定未知病毒的种类。这种抗血清在病毒的鉴定中成为一种高度专化性的试剂，且其特异性高，检测速度快，一般几小时甚至几分钟就可以完成。血清反应还可以用来鉴定同一病毒的不同株系以及测定病毒浓度的高低。所以，抗血清法成为植物病毒鉴定中最有用的方法之一。

抗血清鉴定法要进行抗原的制备，包括病毒的繁殖、病叶研磨和粗汁液澄清、病毒悬浮液的提纯、病毒的沉淀等过程；要进行抗血清的制备，包括动物的选择和饲养、抗原的注射、采血、抗血清的分离和吸收等过程。血清可以分装在小玻璃瓶中，贮存在 $-25\sim-15℃$ 的低温冰箱中，有条件的可以冻制成干粉，密封冷冻后长期保存。病毒的血清鉴定法，主要是依据沉淀反应原理，具体有试管沉淀试验、点滴沉淀试验、凝聚试验、凝聚扩散试验等多种测试鉴定方法。

7.3.2.2　酶联免疫吸附测定法

酶联免疫吸附测定（enzyme linked immunosorbent assay，ELISA）法是近年来发展应用于植物病毒检测的新方法。它具有极高的灵敏度、特异性强、安全快速和容易观察结果的优点。

ELISA 法的原理是把抗原与抗体的免疫反应和酶的高效催化作用结合起来，形成一种酶标记的免疫复合物。结合在该复合物上的酶，遇到相应的底物时，催化无色的底物产生水解，形成有色的产物，从而可以用肉眼观察或用比色法定性、定量判断结果。

该方法操作简便，无须特殊仪器设备，结果容易判断，而且可以同时检测大量样品。近几年来，ELISA 法广泛地应用于植物病毒的检测上，为植物病毒的鉴定和检测开辟了一条新途径。

7.3.3　分子生物学鉴定法

分子生物学鉴定法具有高精度和高灵敏度的特点，已经成为植物病毒检测的重要方法。分子生物学鉴定法主要包括核酸分子杂交技术、双链 RNA 电泳技术、聚合酶链式反应（PCR）技术、核酸序列扩增技术、环介导等温扩增技术等。

根据病毒 $3'$ 核苷酸序列设计的寡核苷酸引物，进行 PCR 扩增，经琼脂糖凝胶电泳，产生带有脱毒特异性 DNA 片段，通过对 RT-PCR 产物限制性分析，区分各种病毒。在 PCR 检测技术中，根据使用模板类型和扩增方式等的不同，又可分为 8 种技术，即反转录 PCR（reverse transcription PCR，RT-PCR）技术、多重 RT-PCR（multiplex RT-PCR）技术、免疫捕获 RT-PCR（IC-RT PCR）技术、实时荧光定量 RT-PCR 技术、竞争荧光 RT-PCR 技术、杂交诱捕反转录 PCR 酶联免疫吸附测定（HC-RT-PCR-ELISA）技术、简并引物 PCR（PCR with degenerate primer）技术、巢式 PCR（nest PCR）技术。裴光前等（2011）利用 ELISA 和 RT-PCR 技术进行了葡萄卷叶病毒（grapevine leaf roll virus，GLRV）的检测，总检测率达 81%，并检测到 6 种葡萄卷叶病毒，但不同病毒检测率差异很大，变异幅度为 3.4%～62.1%，且与 ELISA 和 RT-PCR 的检测吻合率很高。

7.3.4 电子显微镜鉴定法

现代电子显微镜（electron microscope）的分辨能力可达 0.5 nm，因此利用电子显微镜观察，比生物学鉴定更直观，而且速度更快。主要方法是直接用病株粗汁液或用纯化的病毒悬浮液和电子密度高的负染色剂混合，然后点在电镜铜网支持膜上观察；也可将材料制作成超薄切片，然后分别在 1 500 倍、2 000 倍、3 000 倍下观察。能够清楚地看到细胞内的各种细胞器中有无病毒粒子存在，并可得知有关病毒粒体的大小、形状和结构。这些特征是相当稳定的，如果取材时期合适，鉴别准确，故对病毒鉴定是很重要的。尤其对不表现可见症状的潜伏病毒来说，血清法和电镜法是可行的鉴定方法。在实践中也往往将几种方法连用，以提高检测的可信度。

由于电子的穿透力很低，样品切片必须很薄，厚度为 10～100 nm。通常做法是将包埋好的组织块用玻璃刀或金刚刀切成厚 20 nm 的薄片，置于铜载网上，在电子显微镜下观察。能否观察到病毒，还取决于病毒浓度的高低，浓度低则不易观察到。总之，电子显微镜鉴定法是目前较为先进的方法，但需一定的设备和技术。

7.4 几种主要植物的脱毒苗生产技术

7.4.1 马铃薯

马铃薯（*Solanum tuberosum*）是仅次于玉米、水稻、小麦的世界第四大粮食作物。中国马铃薯种植面积和总产量占世界第一位。由于具有耐旱，耐贫瘠，高产稳产，适应性强，营养丰富，以及耐贮藏运输等特点，马铃薯在世界范围内被广泛种植。马铃薯不仅能作为粮食、蔬菜，还是重要的加工原料，对确保粮食安全、农民农业增收起着非常重要的作用。

马铃薯在种植过程中易受病毒侵染而退化。危害马铃薯的病毒有 20 多种。由于马铃薯是无性繁殖作物，病毒在母体内增殖、转运和积累于所结的薯块中，并且世代传递，逐年加重。我国马铃薯产区主要为害的病毒有：马铃薯 X 病毒（PVX）、马铃薯 Y 病毒（PVY）、马铃薯 A 病毒（PVA）、马铃薯 S 病毒（PVS）、马铃薯卷叶病毒（PLRV）和马铃薯纺锤块茎类病毒（PSTV）。PLRV 能使块茎产量减少 50%～80%。目前，生产马铃薯的地区都利用茎尖培养技术进行马铃薯无病毒植株培养，并在离体条件下生产微型薯和在保护条件下生产小薯再扩大繁育脱毒薯，对马铃薯增产效果极为显著。把茎尖脱毒技术和有效留种技术结合应用，并建立合理的良种繁育体系，是全面大幅度提高马铃薯产量和质量的可靠保证。

7.4.1.1 茎尖脱毒技术

1. 材料选择和消毒

一般多采用马铃薯块茎室内发芽，芽经热处理（38℃）两周。然后取长 1 cm 左右的顶芽或侧芽。或在生长季节从大田取顶芽和腋芽，顶芽的茎尖生长要比取自腋芽的快，成活率也高。对于田间种植的材料，还可以切取插条，在实验室的营养液中生长。由这些插条的腋芽长成的枝条，要比直接取自田间的枝条污染少得多。

消毒的方法是将 1～3 cm 的顶芽或侧芽用自来水冲洗干净，先用 70％酒精处理 30 s，再用 10％漂白粉溶液浸泡 5～10 min 或 0.1％升汞浸泡 4～5 min，然后用无菌水冲洗 2～3 次，消毒效果可达 95％以上。

2. 茎尖剥离和接种

消毒好的茎尖放在 10～40 倍的双筒解剖镜下进行剥离。一手用镊子将茎芽固定，另一手用解剖针（刀）将幼叶和大的叶原基剥掉，直至露出圆亮的生长点（图 7-3）。用解剖刀将带有 1～2 个叶原基的小茎尖切下，迅速接种到培养基上。

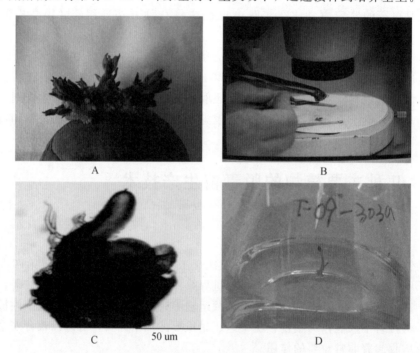

图 7-3　马铃薯茎尖剥离、培养过程

A. 马铃薯幼芽；B. 茎尖剥离；C. 显微镜下的马铃薯茎尖生长点；D. 茎尖培养

3. 茎尖培养

马铃薯的茎尖培养，MS 和 Miller 基本培养基都是较好的培养基，而且附加少量（0.1～0.5 mg/L）的生长素或细胞分裂素或两者都加，能显著促进茎尖的生长发育，其中生长素 NAA 比 IAA 效果更好。少量的赤霉素类物质（0.8 mg/L），在培养前期有利于茎尖成活和伸长，但如质量浓度过高或使用时间过长，会产生不利影响，使茎尖不易转绿，最后叶原基迅速伸长，生长点并不生长，整个茎尖变褐而死。

马铃薯茎尖分生组织培养一般要求培养温度（25±2）℃，光照强度前 4 周是 1 000 lx，4 周后增加至 2 000～3 000 lx，每天光照 16 h。

4. 病毒检测及形态学鉴定

茎尖培养的再生苗切段繁殖数瓶后，每株的后代留一部分保存，另一部分进行病毒鉴定。血清学方法灵敏度高，获得检测结果迅速，是目前检测病毒的较好方法。检测呈现阳性反应者全部淘汰，对阴性反应的植株再进行指示植物鉴定，经指示植物鉴定不带病毒的确定为脱毒苗。脱毒苗扩大繁殖前，还应取出一部分移栽或诱导试管薯播种到大田，检查其是否发生变异，是否符合原品种的生物学特性和农艺性状。

7.4.1.2 影响茎尖脱毒的因素

1. 茎尖大小

马铃薯茎尖无毒区为 0.1～0.3 cm 及以下，但各种不同病毒之间存在差异。因此茎尖培养脱毒的效果，与茎尖大小直接相关，茎尖越小脱毒效果越好，但再生植株的形成也较困难。如由带 1 个叶原基的茎尖培养所产生的植株，可全部脱除马铃薯卷叶病毒，80％的植株脱除马铃薯 A 病毒和 Y 病毒，约 50％的植株可脱除马铃薯的 X 病毒。

2. 病毒种类与感染数量

不同病毒的分布范围不同，被去除的难易程度差别较大。马铃薯 Y 病毒和卷叶病毒无毒区为 1～3 mm，X 病毒无毒区为 0.2～0.5 mm，S 病毒无毒区在 0.2 mm 以下。因此脱毒从易到难顺序为：马铃薯卷叶病毒（PLRV）、马铃薯 A 病毒（PVA）、马铃薯 Y 病毒（PVY）、马铃薯奥古巴花叶病毒（PAMV）、马铃薯 M 病毒（PVM）、马铃薯 X 病毒（PVX）、马铃薯 S 病毒（PVS）和马铃薯纺锤块茎病毒（PSTV）。该顺序也不是绝对的，因品种的不同、培养条件的不同、病毒的不同株系等而有所变化。

3. 热处理

部分马铃薯品种经严格的茎尖脱毒培养后仍然带毒，并不是操作不严或后期感染所致，而是因为某些病毒也能侵染茎尖分生区域，如对于 PSTV 用茎尖培养法很难获得无病毒苗，对于 PVX 和 PVS 用常规的茎尖培养法脱毒率也仅在 1％以下。不能仅仅通过茎尖培养来消除的病毒，采用热处理却可大大提高脱毒率。因此，采用热处理法与茎尖培养相配合，才能达到彻底清除病毒的目的。

具体方法是将块茎放在散射光下使其萌芽，芽长 1～2 cm 时，用 35℃的温度处理 1～4 周，处理后取尖端 5 mm 接种培养；或发芽接种后再用 35℃处理 8～18 周，然后再取尖端培养。对于 PVX 和 PVS，脱毒效果较为理想。为彻底清除马铃薯纺锤块茎病毒（PSTV），需对植株采用 2 次热处理，然后再切取茎尖进行培养。第 1 次是 2～14 周的热处理，经茎尖培养后，选只有轻微感染的植株再进行 2～12 周的热处理，经 2 次处理产生的部分植株就会完全不带 PSTV。

连续高温处理，特别是对培养茎尖连续进行高温处理会引起受处理材料的损伤，因此，若要消除马铃薯卷叶病毒（PLRV），采用 40℃（4 h）、20℃（20 h）两种温度交替处理，比单用高温处理的效果更好。

7.4.1.3 微型薯生产技术

由试管苗在保护条件下生产的重 1～30 g 的微小马铃薯，被称为微型薯。作为种薯的微型薯不带病毒，质量高，具有大种薯生长发育的特征特性，能保证马铃薯高产不退化，增产效果一般在40％以上。微型种薯是马铃薯良种繁育的一项改革。许多国家或地区已经在马铃薯良种繁殖体系中采用微型薯生产方法，并且以微型薯的形式作为种质保存和交换的材料。微型薯生产包括试管苗扩大繁殖和微型薯诱导2个阶段。

1. 脱毒苗单茎段扩大繁殖

将脱毒试管苗的茎切段，每个茎段带有1～2个叶片（腋芽），每个培养瓶中接10～25个茎段进行培养。培养条件是温度22℃，光照16 h，光强1 000 lx。国内外常采用的培养基有：①MS＋3％蔗糖＋0.8％琼脂；②MS＋2％蔗糖；③如果试管苗长势弱，前期扩繁时可以使用壮苗培养基，MS＋50 mg/L CCC＋6.0 mg/L BA＋0.8％琼脂或 MS＋50～100 mg/L 香豆素或 MS＋3％蔗糖＋4％甘露醇＋0.8％琼脂。脱毒苗扩繁到生产所需数量，当小植株长到4～5 cm时，就可以进行微型薯生产。

2. 微型薯生产

常见的马铃薯微型薯的生产方式有三种。

（1）容器内诱导微型薯　容器内诱导微型薯要求有一定量的激素，并且要在黑暗条件下进行。激素的种类及配比需求量在不同研究者中有不同的结果。从微型薯的形成时间和数目综合比较，以国际马铃薯中心（CIP）研究并推广的方法为好，但这一方法在实践中较难被接受，原因是 CCC 和 BA 价格昂贵。从国情出发，冉毅东等（1993）研究采用廉价的香豆素代替 CCC 和 BA，用食用白糖代替蔗糖，同样效果很好。因此，建议采用 MS＋50～100 mg/L 香豆素的液体或固体培养基进行微型薯的诱导。诱导程序见图7-4。

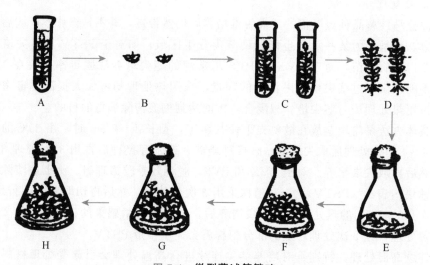

图 7-4　微型薯试管繁殖

A. 试管苗；B. 茎切段；C. 腋芽形成小植株；D. 切取中部茎段；

E. 液体繁殖；F. 植株增殖；G. 加香豆素；H. 微型薯形成

与单茎段扩大繁殖不同，微型薯诱导必须在黑暗条件下进行，否则只有植株生长，而没有小薯形成。培养温度要求22℃。

（2）温网室生产脱毒薯的方式　这是目前国内外生产上最常见的马铃薯原原种生产方式。主要生产过程是先将试管苗从试管中栽植到温室中，经过一段时间的生长，待试管苗发出新根且适应了外部环境条件之后，将苗移植到网棚当中或者在温室中直接生长，当季生产的小薯块即为原原种。从技术角度来看，这种生产方式比较简单，容易掌握，目前大多数生产者采用这种方式来生产马铃薯原原种。由于基质的不同，当季所生产的块茎大小和结薯数量也不相同。常规使用的基质多为蛭石、珍珠岩、草炭或者加入一些农家肥，按照一定的比例混合配制。这种基质适合密植，所生产的原原种薯块较小，但单位面积收获的原原种薯数量较多，每平方米可以收获 150 个左右，单重一般为 3～20 g。也有用土壤直接做基质的，这种土壤基质所结的原原种薯数量较少，一般每平方米不足 100 个，但种薯块较大，单重一般为 20～60 g，可供切块种植。传统的原原种生产方式都有一个共同的特点：均在开放的环境条件下生产，与外界直接接触。因此，生产时尤其用网棚生产时，需要做好蚜虫的防治工作，定期喷施防蚜药剂，避免蚜虫传播病毒。

（3）气雾法生产原原种　气雾栽培法是将适于马铃薯不同时期发育的营养液适时适量地喷于保持在黑暗状态下的马铃薯植株根际，生产马铃薯小薯的一种栽培技术。气雾栽培又称喷雾栽培，它是利用喷雾装置将营养液雾化为小液滴状，直接喷射到黑暗状态下的植物根系，以提供植物生长所需的水分和养分的一种无土栽培技术。作物悬挂在一个密闭的栽培装置（槽、箱或床）中，而根系裸露在栽培装置内部，营养液通过喷雾装置雾化后喷射到根系表面。它是所有无土栽培技术中根系的水气矛盾解决得最好的一种形式，同时也易于自动化控制和进行立体栽培，提高温室空间的利用率。气雾栽培法的优点是解决根系氧气的供应问题，提高养分和水分的利用率，养分供应快速而有效。

马铃薯气雾栽培不仅仅能提高产量，减少病害与连作的危害，更重要的是可以按块茎的大小要求进行分批标准化采收，即使植株的生物转化率得以最大化发挥，又能收获整齐一致的产品，大大提高了商品率与市场竞争力。气雾栽培生产出的小薯水分含量高，皮孔较大，容易腐烂，储藏要加强管理。

7.4.2　甘薯

甘薯（*Ipomoea batatas*）为旋花科的多年生植物。甘薯是我国主要粮食作物之一，也是饲料和重要的轻工业原料。我国近年来甘薯种植面积达到 550×10^4 hm^2，占世界的 60％以上，是世界上最大的甘薯生产国。甘薯是一种采用无性繁殖的杂种优势作物，但营养繁殖易导致甘薯病毒病蔓延，致使甘薯产量和质量降低，种性退化。在引起甘薯品种退化的诸因素中病毒占主导。病毒病已成为我国甘薯生产的最大障碍之一，每年造成的损失巨大。侵染甘薯的病毒有 10 多种，它们主要是：①甘薯羽状斑驳病毒（SPFMV）；②甘薯潜隐病毒（SPLV）；③甘薯花椰菜花叶病毒（SPCLV）；④甘薯脉花叶病毒（SPVMV）；⑤甘薯轻斑驳病毒（SPMMV）；⑥甘薯黄矮病毒（SPYDV）；⑦烟草花叶病毒（TMV）；⑧烟草条纹病毒（TSV）；⑨黄瓜花叶病毒（CMV）；此外还有尚未定名的 C-2 和 C-4。我国甘薯易发生病毒病的病原主要是前两种病毒（王庆美等，1994）。甘薯病毒病基本是随营养繁殖体传播的，也可由桃蚜、棉蚜等传播。

7.4.2.1 甘薯脱毒技术

1. 材料选择和消毒

选择脱毒甘薯品种时需充分考虑该地区的气候条件、土壤条件及栽培条件，选择适宜当地栽培的高产、优质或特殊用途的生长健壮甘薯品种植株作为母株，取枝条，剪去叶片后切成带 1 个腋芽或顶芽的若干个小段。

剪好的茎段用流水冲洗数分钟后，用 70%酒精处理 30 s，再用 0.1%升汞消毒 10 min 或 2%次氯酸钠溶液消毒 5 min，无菌水冲洗 3 次。

2. 茎尖剥离和培养

把消毒好的芽放在解剖镜下，用解剖刀剥去顶芽或腋芽上较大的幼叶，切取 0.3~0.5 mm 含有 1~2 个叶原基的茎尖分生组织，接种在培养基上。

甘薯茎尖培养较理想的培养基为 MS+0.1~0.2 mg/L IAA+0.1~0.2 mg/L BA+3%蔗糖，若补加 0.05 mg/L GA_3 对茎尖生长和成苗有促进作用。培养基 pH 为 5.8~6.0。培养条件以温度 25~28℃，光照 1 500~2 000 lx 每天 14 h 为宜。

不同品种的茎尖生长情况有差异。一般培养 10 d 茎尖膨大并转绿，培养 20 d 左右茎尖形成 2~3 mm 的小芽点，且在基部逐渐形成黄绿色愈伤组织。此时应将培养物转入无激素的 MS 培养基上，以阻止愈伤组织的继续生长，使小芽生长和生根。芽点基部少量的愈伤组织对茎尖生长成苗有促进作用，愈伤组织的过度生长对成苗则非常不利且有明显的抑制作用。

3. 茎尖苗的初级快繁和病毒检测

当试管苗长至 3~6 cm 时，将小植株切段进行短枝扦插。除顶芽一般带 1~2 片展开叶外，其余全部切成一节一叶的短枝。切下的短枝立即转接于三角瓶内无激素的 MS 培养基中，条件同茎尖培养。2~3 d 后，切段基部即产生不定根，30 d 左右长成具有 6~8 片展开叶的试管苗。

待初级快繁到一定数量后，将同一株号的试管苗分成 3 部分：一部分保存；另一部分直接用于病毒鉴定；再一部分移入防虫网室内的无菌基质中培养，鉴定其生物学特性。茎尖培养产生的试管苗，经严格病毒检测后，才能确认为脱毒苗。

甘薯病毒的检测有多种方法，如目测法、指示植物法、血清学检测法、电镜观察法及分子生物学方法。目测法是根据甘薯叶和薯块上出现的典型症状进行判断的，可初步剔除病株，但对一些潜隐性病毒无法检测；指示植物法即根据指示植物巴西牵牛（*Ipomoea setosa*）是否新生出明脉、斑点、变色等症状进行判断，此法简单、成本低，但不能区分病毒种类；血清法为酶联免疫吸附测定（ELISA）法或在此基础上改进的电结合酶联免疫吸附测定（Dot-Blot ELISA）法等，是目前使用最广泛和较为可行的方法。

7.4.2.2 种薯的繁育

为满足生产上对脱毒甘薯苗的大量需求，可采用实验室试管苗快繁和温网棚繁殖方式来实现。实验室内繁殖是在无菌条件下，将脱毒苗一叶一节切段，扦插于不添加任何植物生长调节剂的 1/2 MS 培养基中，在培养过程中保持充足的光照和适宜的温度，此条件下繁育的薯苗为原原种苗。温网棚繁殖需在幼苗 5～7 叶时打开瓶口，在室温炼苗 5～7 d，移栽到适合的基质中使其结薯，即为原原种薯。生产上多采用蛭石、珍珠岩、沙土或疏松的土壤等作为基质，移栽前需要对基质进行消毒。为防止病毒的再次侵染，应采取适当的隔离和预防措施，如采用 40 目防蚜网覆盖塑料大棚和周围 500 m 内无带毒空间，定期喷洒防治蚜虫的药剂。

原种生产也应在防虫条件下的无病原土壤上进行，以原原种薯（苗）为种植材料，必要时可采用以苗繁苗的方法，而取得较多的原原种苗。原原种苗培育的种薯即为原种。

种薯可分为不同的等级。一级种薯的生产要求：在隔离地块上栽培原种，地块四周 500 m 以上范围内不栽同种植物，注意及时防病治虫。二三级脱毒种薯生产地块的条件可适当降低，种薯每种一年降一级。脱毒种薯、种苗用于生产，增产效果一般可维持 2～3 年。其后就应更换新的脱毒种苗、种薯。

7.4.3 草莓

草莓在植物分类上属蔷薇科（Rosaceae）草莓属（*Fragaria*），在园艺学上属小浆果。其果肉鲜美，有特殊的浓郁芳香气味，具有较高的营养价值。草莓素有"水果皇后"之美称。草莓有适应性广、结果早、生长周期短等特点，地理分布极为广泛，世界上大多数国家或地区都有栽培，是一种重要的经济作物。

草莓是多年生宿根草本植物，主要以葡匐茎繁殖和分株繁殖。在栽培过程中，草莓很容易受到 1 种或 1 种以上病毒的侵染，造成病毒在体内积累且世代相传，使草莓病毒危害愈加严重，致使草莓果小、畸形、品质差、叶子皱缩、生长缓慢、产量大减。草莓病毒的种类多达 62 种，其中分布广泛、危害严重的草莓病毒包括斑驳病毒（SMoV）、轻型黄边病毒（SMYEV）、镶脉病毒（SVBV）、草莓皱缩病毒（SCrV）和草莓潜隐环斑病毒（SLRSV）等 5 种。SCrV 是草莓危害性最大的病毒。目前我国各草莓种植区均有草莓病毒存在，带毒株率在 80％ 以上，多数品种特别是一些老品种，其大部分病株同时感染几种病毒，经济损失十分严重。

7.4.3.1 热处理法脱毒

1. 材料的准备

培育准备热处理的盆栽草莓苗，要注意根系生长健壮。严禁栽植后马上进行热处理，最好在栽植后生长 1～2 个月再进行热处理。草莓苗最好带有成熟的老叶，以增加对高温的抵抗能力。为防止花盆中水分蒸散，可把花盆用塑料膜包上，增加空气湿度。

2. 热处理方法

将盆栽草莓苗置于高温热处理箱内，逐渐升温至 38℃，箱内湿度为 60％～70％，处理 12～50 d；或每天在 40℃下处理 16 h、35℃下处理 8 h，变温处理 4～5 周，温度处理时间因病毒种类而定。如草莓斑驳病毒，用热处理比较容易脱除，在 38℃恒温下，处理 12～15 d 即可脱除；草莓轻型黄边病毒和草莓皱缩病毒，热处理虽能脱除，但处理时间较长，一般需 50 d 以上；而草莓镶脉病毒，因为耐热性强，用热处理法不容易脱除。

植
物
生
物
技
术
导
论

7.4.3.2 茎尖脱毒培养

为了提升草莓的脱毒效果，常将热处理与茎尖培养结合起来，茎尖可适当取长，培养也容易成功。对于某些需要高温才能脱除的病毒（SVBV、SCrV），可以先热处理，而后取在处理中长出的新茎尖进行脱毒组织培养；也可先茎尖培养，再热处理，或是先水浴热处理再茎尖培养。

1. 取材和消毒

在草莓匍匐茎生长季节，最好是 8 月份，取田间生长健壮的匍匐茎顶端长 4～5 cm 的芽子数个，用手剥去外层大叶，用自来水充分冲洗，然后进行表面消毒。先用 70% 酒精漂洗 30 s，再用 0.1%～0.2% 升汞或 10% 漂白粉上清液消毒 3～15 min，消毒时间依材料老嫩而异，然后用无菌水冲洗 3～5 次。

2. 接种和培养

材料消毒后，置于超净工作台上的双筒解剖镜下，用解剖针一层层剥去幼叶和鳞片，露出生长点，一般保留 1～2 个叶原基，切取 0.2～0.3 mm，立即放入三角瓶培养基中。如经热处理后的植株生长点可取大一些，一般切取 0.4～0.5 mm，带有 3～4 个叶原基。

草莓分化培养基及繁殖培养基为 MS＋0.5～1.0 mg/L BA，pH 6.0 左右。培养条件为温度 20～25℃，光照强度 1 000～2 000 lx，每天光照 10 h。培养 30 d 左右，材料即开始分化新芽，新芽不断生长和增殖，便形成一堆幼嫩的小芽丛。待长满瓶后进行继代繁殖、诱导发根等一系列操作。

7.4.3.3 花药培养脱毒

1974 年日本大泽胜次等首先发现草莓花药培养出的植株可以脱除病毒，并得到了植物病理学家和植物生理学家的证实。花药培养脱毒现在已作为培育草莓无病毒苗的方法之一。

1. 取材和消毒

于春季在草莓现蕾时，摘取发育程度不同的花蕾，用醋酸洋红染色，压片镜检，观察花粉发育时期。当花粉发育到单核期时，即可采集花蕾剥取花药接种。如果没有染色镜检条件的，可以掌握花蕾的大小，观察花蕾发育到直径 4 mm、花冠尚未松动、花药发育直径 1 mm 左右时采集花蕾。

材料先用流水冲洗几遍，在 4～5℃ 低温条件下放置 24 h，然后进行药剂消毒。方法是将花蕾先浸入 70% 酒精中 30 s，再用 10% 漂白粉或 0.1% 升汞消毒 10～15 min，倒出消毒液，再用无菌水冲洗 3～4 次。

2. 接种和培养

在超净工作台上，用镊子小心剥开花冠，取下花药放到培养基中，每个培养瓶内接种 20～30 个花药。

诱导愈伤组织和植株分化培养基：MS＋1.0 mg/L BA＋0.2 mg/L NAA＋0.2 mg/L IBA。

小植株增殖培养基：MS＋1.0 mg/L BA＋0.05 mg/L IBA。

诱导生根培养基：1/2 MS＋0.5 mg/L IBA，20 g/L 蔗糖。

培养温度 20～25℃，光照强度 1 000～2 000 lx，每天光照 10 h。培养 20 d 后即可诱导出小米粒状乳白色大小不等的愈伤组织。有些品种的愈伤组织不经转移，在接种后 50～60 d 可有一部分直接分化出绿色小植株。但不同品种花药愈伤组织诱导率不同，直接分化植株的情况也有差异。此时附加 0.1～0.2 mg/L 2,4-D 对有些品种的诱导率和分化率有提高的效果。

近些年，植物组织培养发展迅速，很多植物瓶外生根获得成功，草莓的瓶外生根已在生产中应用，而且移栽成活率可达 90% 以上。这种做法不仅降低了无毒苗的生产成本，而且缩短了培养时间，简化了培养程序。

7.4.3.4 草莓病毒主要鉴定方法

草莓脱毒苗的检测方法有指示植物小叶嫁接鉴定法、电镜检测法、分子生物学检测法和血清学检测法。目前最常用的方法是指示植物小叶嫁接鉴定法。

1. 指示植物小叶嫁接鉴定法

从待检植株上采集幼嫩成叶，除去左右两侧小叶，将中间小叶留有 1～1.5 cm 的叶柄削成楔形作为接穗。同时在指示植物上选取生长健壮的 1 个复叶，剪去中央的小叶，在两叶柄中间向下纵切 1.5～2 cm 的切口，然后把待检接穗插入指示植物的切口内，用细棉线包扎接合部。每一指示植物可嫁接 2～3 片待检叶片。为了促进成活，将整个花盆罩上聚乙烯塑料袋或放在喷雾室内保湿，这样可维持 2 周时间（图 7-5）。若待检植株染有病毒，在嫁接后 1.5～2 个月，待检植株新展开的叶片、匍匐茎会出现病症。

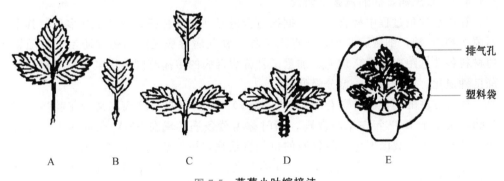

图 7-5 草莓小叶嫁接法

A. 待检复叶；B. 待检接穗；C. 指示植物；D. 嫁接；E. 套袋保湿，促进接穗成活

2. 电镜检测法

20 世纪八九十年代，开始应用电镜检测草莓病毒病，鉴定脱毒效果。应用电镜可以直接观察草莓细胞中有无病毒粒子的存在以及病毒颗粒的大小、形状和结构，来判断草莓组培苗是否完全脱毒。但电镜观察时容易受到破碎的植物细胞器以及病毒含量、病毒粒子形状的干扰而影响判断结果。因此，最好结合指示植物、分子生物学等方法，使结果更准确。

3. 血清学检测法

由于不同的病毒刺激所产生的抗血清都有各自的特异性，所以可以用已知病毒的抗血清检测出未知病毒的种类。抗血清在病毒检测中已成为一种高度专化的试剂。抗血清特异性强、检测速度快，是一种比较理想的病毒检测试剂。最为常用的是酶联免疫吸附测定（ELISA）法，目前已有 14 种草莓病毒或类似病毒可用 ELISA 进行检测。

4. 分子生物学检测法

分子生物学检测法是通过检测病毒核酸来证实病毒的存在。此方法灵敏度高、特异性强，有着更快的检测速度，操作也比较简便，可用于大量样品的检测。核酸检测法主要有 PCR 技术、双链 RNA（dsRNA）技术、多重 RT-PCR 技术等。

7.4.4 甘蔗

甘蔗（*Saccharum officinarum*）属禾本科（Gramineae）甘蔗属（*Saccharum*）。甘蔗属的种类很多，与栽培和育种关系较大的主要有热带种、中国种、印度种、割手密、大茎野生种、河八王、肉质花穗野生种等。其中热带种为栽培种之一，原产于南太平洋、大洋洲诸岛，后传入我国。目前，中国甘蔗产量位居世界第 3 位。现在广东、广西、福建、海南、四川、台湾、云南等地区广为种植的是热带种与其他种或野生种杂交而成的一批高产、高糖、抗逆性较强的具有热带种亲缘的杂交种。

甘蔗是中国最主要的糖料作物，其种植面积占糖料作物总面积的 85％左右。蔗糖产量占食糖产量的 90％以上。甘蔗生产通常是以蔗茎节上的或留在土中茎基上的腋芽无性繁殖的。因长期连作，甘蔗种性退化，产量、质量急剧下降。

7.4.4.1 甘蔗病毒病的危害及研究

甘蔗在种植过程中病害很多。据报道全世界已发现甘蔗病害有 120 多种，其中真菌病约 78 种，细菌病 9 种，病毒病 7 种。甘蔗病毒病无法用药剂防治，且随繁殖材料种茎远距离传播，加大、加重了甘蔗病毒病的传播范围和侵染程度，致使甘蔗良种退化、产量锐减、糖分降低。

危害甘蔗的病毒有甘蔗花叶病毒（SMV）。该病也叫嵌纹病，又名花叶病、黄条病，最早于 1892 年在爪哇发现，当时称为黄条病。现在 SMV 在世界多数甘蔗产区都有发生。我国发生比较普遍的也是嵌纹病，嵌纹病病原有 A、B、H 和 J 等 4 个生理小种，主要由蚜虫传播。此外蔗刀也会传播嵌纹病，即斩过带病蔗种的蔗刀再斩健康蔗种时，可将病毒传到健康蔗茎中。甘蔗斐济病也是一种严重危害甘蔗的病毒病，遍及世界甘蔗产区。另外，甘蔗白叶病、波条病、条斑病、宿根矮化病及萎缩病都对甘蔗生产有程度不同的影响。除此以外，玉米矮花叶病毒（MMV）、玉米条纹病毒（MSDV）也会侵染甘蔗。

澳大利亚从感染斐济病的甘蔗芽的生长点切取极小的一块组织进行培养，育成无病植株。1971 年美国也从甘蔗组织培养分离出抗嵌纹病品种。我国广西一些科研单位先后采用组织培养技术，均获得大量试管苗，对加速我国良种甘蔗的繁殖及脱毒进程起了极大的作用。

7.4.4.2 甘蔗脱毒培养技术

1. 材料选择和消毒

取样季节以夏秋两季为好。此时期气温高，光照强，雨水充沛，甘蔗处于旺盛生长阶段，故在 5～10 月份取材，其愈伤组织诱导率可达 80％～90％，而且质量高，色样白亮，有的外植体很容易产生颗粒状细胞团并且直接长出绿苗。可供脱毒培养的材料有腋芽和茎端生长锥。以茎端生长锥为材料时，因其被多层幼叶紧密包裹在内，尤其是位于茎端生长锥 6 cm 以内的叶段，生长锥通常是无菌的。仅需用75％酒精将这段呈卷筒状的幼叶外表消毒灭菌，经无菌水冲洗干净后，将茎段幼叶全部剥除便可露出生长锥，切下后放入无菌水中将切口处的酚、酮类物质清洗干净便可接种。以腋芽为材料时，应从生长健壮的新植蔗叶梢包裹的那部分幼嫩茎段上取芽，用手术刀切取单芽。腋芽外被鳞片，经 75％酒精浸泡 10～20 s，再用 0.1％升汞液浸泡 15 min，用无菌水冲洗干净便可接种。

2. 接种与培养

腋芽剥去外层芽鳞、叶鞘，切取较小芽端进行接种。

供腋芽和顶芽培养用的培养基（何新民等，1994）如下。

①诱导腋芽产生丛生芽的培养基：MS＋2～3 mg/L BA＋0.5 g/L 活性炭＋2％～3％蔗糖；

②诱导生根培养基：1/2 MS＋1.5～2.0 mg/L NAA＋0.4～0.8 mg/L IBA＋0.5～3.0 mg/L 多效唑（MET，PP$_{333}$）。

将腋芽接种在液体的诱导丛生芽培养基中做浅层静置培养，或者置于滤纸桥上培养，也可使用琼脂培养基培养，效果均较好。pH 以 5.8～6.0 为宜。在室温25～30℃和自然散射光或者荧光灯照明 2 000～3 000 lx，每天光照 10～12 h 条件下诱导丛生芽。待丛生芽产生，可分芽继代繁殖至一定数量后，转至生根培养基上，在相同条件下诱导生根。

3. 影响腋芽繁殖和生根的因素

在甘蔗腋芽诱导芽发生过程中，腋芽伤口处产生的醌类化合物是影响芽发生的重要因素之一。在培养基中添加 0.5 g/L 活性炭吸附有毒性的醌类物质，对腋芽的诱导有很显著的促进效果，腋芽存活率提高 32％～56％。

在诱导丛生芽发生的培养基中，细胞分裂素对丛生芽的发生起决定性作用。低水平的细胞分裂素只能让主芽生长，不产生丛生芽。当细胞分裂素浓度过高时，丛生芽便迅速产生，但芽丛纤细矮小，呈圆球状，培养液中醌类物质亦多。因此，在诱导丛生芽产生的初期，使用 2～3 mg/L BA 较为理想，产生的丛生芽较多，苗亦健壮，培养基中醌类物质亦少，苗生长快。此外，在培养过程中，苗体内激素有累积现象，因此继代培养以不超过 10 代为宜。继代次数过多，苗的质量下降，死亡率也高，苗变纤细，对根的诱导和移栽成活率均有不利影响。

多效唑（MET）对甘蔗试管苗诱导生根有作用，使用量在 0.5～3.0 mg/L 范围内，根的诱导率最高，可达 98％，根粗壮，苗的质量也较好，移栽成活率高（何新民等，1994）。

甘蔗腋芽的培养方式可用（半）固体培养、液体培养和固液双层培养等，但以液体培养最佳。液体培养能促进丛生芽发生，所得幼苗在的假茎粗细、苗数、根数、根粗等方面优于用其他培养方式所得的苗（何明和张子健，1992）。

7.4.4.3　热处理脱毒

甘蔗在生长过程中除受病毒侵染外，各种病害也较多，而热处理对甘蔗宿根矮化病（细菌性病害）、甘蔗黑穗病（真菌性病害）等的去除效果较好。热处理的方法如下：

①温水处理：将蔗种切段放在 50～52℃温水中处理 2～3 h。

②热气处理：热气处理的工具是大型电热鼓风恒温箱，以 54～58℃处理 8 h，此法必须用全茎蔗苗，不可斩成双芽苗，要密闭处理箱门，以避免水汽外溢。

③混合蒸汽处理：用蒸汽与空气混合后输入处理箱，使空气温度保持 50～52℃处理 4 h。

7.4.5　香蕉

香蕉（*Musa nana* Lour.）原产于亚洲热带地区，后流传分布到南北纬各 30°之间的热带和亚热带的广阔地区，成为世界主要鲜果种类之一。香蕉栽培具有速生、丰产的特点，果质优良，全年都能上市。我国栽培香蕉也有 2 000 多年历史，是世界上栽培香蕉历史最悠久的国家之一。

香蕉在植物分类学上属芭蕉科（Musaceae）芭蕉属（*Musa*），种类和品种繁多，为常绿性多年生大型草本植物。目前，具有商业价值的栽培品种，几乎全是营养性结实，果内没有种子或种子完全退化，属于三倍体植物。

香蕉是利用球茎发生的侧芽（俗称吸芽）来延续生命的，栽培上亦以其吸芽作种苗进行繁殖。通常每个母株旁每年可以长出一至数个吸芽。当吸芽长成小植株后，已收果的母株便被砍掉。此种繁殖速度很有限，而且各吸芽之间的性状也不同，生长速度和收获时间都不一致，植株间产量差异较大。

在我国香蕉生产中，一些病毒病害常常给生产造成严重损失，如香蕉束顶病毒（BBTV）形成的病害叫香蕉萎缩病，群众称之为蕉公。香蕉幼株感染此病，不能抽蕾结果，若在后期感染此病，即使偶尔抽出花蕾，但果实瘦小，没有经济价值。此外，香蕉花叶心腐病（cucumber mosaic virus strain banana，黄瓜花叶病毒香蕉株系）也严重威胁香蕉产业。据报道，所有的具有商业价值的香蕉栽培种（*Musa*，AAA）都已被病毒感染，*Musa* 实生苗也带有病毒，即使有些不表现明显的症状，但其感染贯穿整个栽培过程。

香蕉组织培养的成功，既可消除病毒病害的侵染，建立无病毒繁殖系，又可使香蕉苗的繁殖率数十倍、数百倍地提高。我国于 20 世纪 80 年代开始进行香蕉试管苗的快速繁殖和脱病毒苗的培育，并很快实现了工厂化育苗。

7.4.5.1　茎尖培养脱毒

1. 吸芽的选择和灭菌

吸芽是香蕉组织培养的主要材源。它是由香蕉基部球茎上长出的一种侧芽，俗称吸芽。按其生长于母株的位置和抽出先后顺序分为 1 路芽、2 路芽、3 路芽和 4 路芽等。还有一种俗称"隔山飞"的吸芽。"隔山飞"是在母株采收果穗后，距其残茎一定距离处长出的吸芽。此类芽增殖力最强，接种后抽芽快，分化能力强。这可能是与残株的营养物质较多地转移到该芽有关。这种吸芽是用于组织培养的最佳材料。

从田间取回的吸芽，经自来水冲洗干净，再用洗衣粉洗 2～3 次。仔细剥去外层苞片，切去基部部分组织，保留具有顶芽和侧芽原基的小干茎（直径 5～10 cm），置超净工作台上，经紫外灯灭菌 30～40 min 后，用 0.1%升汞（含 0.1%吐温-80）溶液浸泡 15～20 min，其间常翻动，以便材料充分灭菌，然后用无菌水冲洗 3～4 次。

2. 吸芽的接种和培养

接种时，将吸芽置于无菌大培养皿上，用手术刀将吸芽切成若干小块，每块约 1 cm×1.5 cm×2 cm，每块应具有 1～2 个芽原基。用镊子将材料接种到培养基中，材料不能倒放，基部切口应插入培养基内。可供吸芽培养较好的培养基有：①MS+5.0 mg/L BA+1.0 mg/L KT+2%～3%蔗糖；②MS+1.0～3.0 mg/L BA+0.2～1.0 mg/L NAA+2%～5%蔗糖；③MS+100 mg/L 肌醇+0.5 mg/L 盐酸硫胺素+0.5 mg/L 吡哆醇+2.0 mg/L 甘氨酸+5.0 mg/L 烟酸+5.0 mg/L BA+0.1 mg/L IBA+2%蔗糖；④MS+10.0 mg/L BA+15%椰子汁+2%～5%蔗糖。纵观上述培养基可见，促进香蕉分化和生长所用的生长调节剂以细胞分裂素（2.0～5.0 mg/L BA）为主，生长素只需少加或不加，原因可能与蕉芽中内源生长素含量较丰富有关。培养物置于 25～28℃温度下培养，初期可不照光，待芽萌动后，每天光照 10～12 h，2 000～3 000 lx。待长出一定数量的丛生苗（经 40～60 d，视品种和培养条件而异），便可供作切取茎尖用。

3. 茎尖的切取和培养

从培养的丛生芽中选取一些较粗壮的、基部膨大（已形成基盘）的无根苗 3～5 cm，用无菌水洗涤干净，在超净工作台上借助双目显微镜观察，进行操作。用镊子将小叶片剥除，直至生长点充分暴露，然后用微型解剖刀切取大小为 0.5～1.5 mm、带有 1～2 个叶原基的茎尖，接种至液体培养基内进行振荡培养。待茎尖长至 3～5 mm 时，便可转移至固体培养基上，切勿倒置或斜放。

可供茎尖培养效果较好的培养基为改良 MS 培养基，由 MS 无机盐，附加 0.5 mg/L 盐酸硫胺素、2.0～5.0 mg/L BA 和 2%～5%蔗糖组成。置于 25～28℃培养室内培养，每天光照 10～12 h，1 000～2 000 lx（姚军等，1991）。如果取自的母株经检测确认为无病毒者，由其吸芽长出的苗通常是无病毒的。因此，只要母株经鉴定确实不带病毒，可省去茎尖培养环节。

7.4.5.2　热处理结合茎尖培养脱毒

Lioyd 等（1974）将经过 35～43℃湿热处理 100 d 的香蕉地下茎所产生的侧芽，进行顶端分生组织培养，获得了小植株，经与指示植物鉴定，没有发现病毒。用该种方法脱毒，可节省中间环节，还可取稍大一些茎尖（带 3～4 个叶原基）培养，克服了小茎尖操作难度大，培养技术复杂的缺点，存活率高，脱毒效果好。

脱去病毒的香蕉试管苗，只是将植株体内的病毒脱除，并没有增强其抗病能力，故移栽苗木必须放在保湿、保温、防虫的大棚内，覆盖上 400 μm 尼龙网纱。育苗场要远离病毒源，附近不得种植黄瓜、茄类、烟草、豆类等作物，防止媒介蚜虫传播病毒。

7.4.6 大蒜

大蒜（*Allium sativum* L.）是一种花粉败育型的百合科葱属植物，以其鳞茎（蒜头）、蒜薹和幼株供食，是我国一种重要的出口蔬菜。商业化生产主要采用鳞茎无性繁殖。病毒的侵染、积累和传播导致大蒜品种老化、退化严重，产量和商品性降低，给生产造成很大损失，严重制约了大蒜产业发展。因此，进行大蒜品种改良，提高鳞茎质量，改进繁殖方法等的研究十分重要。

7.4.6.1 大蒜脱毒苗培育

大蒜病毒病在世界各地普遍发生，是大蒜"种性退化"的主要原因。已侵染我国大蒜的病毒有 9 种，主要有大蒜花叶病毒（GMV）、洋葱黄矮病毒（OYDV）、韭葱黄条纹病毒（LYSV）、大蒜潜隐病毒（GLV）、大蒜退化病毒（GDV）、大蒜褪绿条斑病毒（GCSV）等。大蒜潜隐病毒（GLV）和大蒜褪绿条斑病毒（GCSV）可使鳞茎产量降低 20%～60%，混合感染可降低 80%，尤其是洋葱黄矮病毒（OYDV）和大蒜褪绿条斑病毒（GCSV）最具毁灭性。目前防治大蒜病毒病的有效方法是利用组织培养手段进行脱毒。大蒜多种器官可用于组织培养脱毒。目前脱除大蒜病毒的方法主要有茎尖培养、花序轴（rachis）培养、茎盘（stem disc）培养、体细胞胚培养等 4 种。脱毒后，植株生长势强，鳞茎增大，大蒜产量可提高 55%～114%，蒜薹产量可提高 66%～175%。

1. 茎尖培养脱毒

病毒在大蒜鳞茎中分布并不均匀。一般而言，植株内病毒数量随远离分生组织顶端部位而增加，在顶端分生组织中病毒数量极少至无病毒。为了提高脱毒效果，常结合热处理，入选鳞茎在 4℃下储藏 30 d 左右打破休眠，再置于 37℃下钝化病毒 1～2 个月。

培养方法：处理好的蒜瓣表面消毒后，取长 0.2～0.9 mm 的带一个或不带叶原基的茎尖，接种在附加一定激素的培养基（MS、B_5、LS）上。培养基含蔗糖 30 g/L，琼脂 8 g/L，pH 5.8～6.0。培养温度 25℃，光照强度 1 200～2 000 lx，每天光照 12 h。培养 40 d 后，培养物开始分化，形成侧芽，100 d 后形成丛生芽。茎尖增殖的芽数量因基因型的不同和培养基的激素水平的不同而异，附加 2.0 mg/L 6-BA＋0.6 mg/L NAA 对芽的增殖效果最好。

2. 花序轴培养脱毒

大蒜花序轴顶端分生组织具有很强的腋芽萌发潜力并且多数病毒不能通过分生组织和种子传播。因此，采用花序轴离体培养也可达到脱毒目的。离体培养操作简便，是一种高效培育大蒜脱毒种苗的技术。花序轴培养需要较高的 pH 和较高质量浓度的细胞分裂素以及一定质量浓度的 GA_3。

当大蒜进入生殖生长期后，于晴天在田间采摘蒜薹，用消毒后的工具剪取蒜薹总苞段。70%酒精表面消毒 1 min，再用 0.1%的升汞灭菌 12 min，无菌水冲洗 4～5 次后，剥去外层苞叶，横切花序轴顶部，去除花茎部分，将花序轴接种于固体培养基上。

花序轴初代培养的培养基为 B_5＋0.1 mg/L NAA＋2 mg/L 6-BA，pH6.5。

继代培养的培养基为 MS＋2 mg/L 6-BA＋0.1 mg/L NAA＋0.05 mg/L GA_3＋20 g/L 蔗糖，pH 6.2。

3. 茎盘（圆顶）培养脱毒

带或不带有茎尖的鳞茎基部是大蒜组培脱毒的理想外植体。将带有茎盘的鳞茎基部切成立方体小块，放在70%的酒精中消毒5 min，去掉储藏叶和营养叶，剩下约厚1 cm 的茎盘，每个茎盘分成4份，接种到 LS 固体培养基上，置于25℃、3 000 lx、光照 16 h/d 条件下培养。大约1周后茎盘外植体表面出现多个圆顶状结构，并长出愈伤组织，2周分化出绿芽，3周茎长至1 cm 左右。此外，在茎盘培养的基础上，Ayabe 和 Sumi（2001）进一步发展了茎盘圆顶的培养技术。在茎盘培养的早期，茎盘的表面长出多个圆顶状结构，这种结构的内部细胞和形成过程均与大蒜鳞茎的茎尖培养相似。在相同的环境条件下，将分离的圆顶状结构接种到 LS 固体培养基上，感染病毒的大蒜会出现黄色的花叶或条斑症状，健康植保的叶片则没有症状而呈深绿色。

7.4.6.2　大蒜病毒检测

形态观察法、指示植物法、电子显微镜技术、血清学检测和 RT-PCR 法在大蒜病毒检测上都有应用。

1. 形态观察法

大蒜病毒病症状的主要表现为花叶、扭曲、矮化、褪绿条斑和叶片开裂等。据其在田间的表现，直接剔除病株，保留正常生长植株，但对症状不明显的病毒不宜用此方法，如大蒜潜隐病毒。

2. 指示植物法

鉴定大蒜病毒的常用寄主有茄科、藜科、十字花科和百合科等植物。它们对某种病毒有化学专一性反应，因此可作为指示植物。在利用的蚕豆（*Vicia faba*）和千日红等寄主植物上可分离出 GLV 和 GMV；利用苋色藜可检测到 GLV-G；通过人工接种鉴定，在昆诺藜上可观察到大蒜普通潜隐病毒（GCLV）病斑。

3. 血清学检测

自1992年 Messiaen 等用血清反应首次在大蒜中检测出大蒜花叶病毒（GMV）后，利用血清沉淀反应和 ELISA 进行病毒定性、定量分析的应用日益广泛。Clack 和 Admas（1997）用 ELISA 技术对 OYDV、LYSV、SLV，TMV、PVY 等病毒进行了鉴定。深见正信（1991）利用 Dot immuno-binding assay（DIT）检测 OYDV 和 GLV。

4. RT-PCR 法

RT-PCR 法根据病毒 3′核苷酸序列设计的寡核苷酸引物，进行 PCR 扩增，经琼脂糖凝胶电泳，产生带有脱毒大蒜特异性 DNA 片段，通过对 RT-PCR 产物限制性分析，区分各种大蒜病毒。

7.4.6.3　脱毒苗繁殖

将经检测无病毒的植株保存于用80～100目尼龙网的网室内，定期进行检测，发现病株尽早拔出，并装入事先准备好的塑料袋中，带出田外深埋，并对工作人员和工具进行消毒。当抽薹时在网室内选长势健壮、无病的植株作为种蒜，可按株做好标记，收获后单独储藏。

复习题

1. 简述植物茎尖分生组织培养的主要应用。
2. 简述常用植物脱毒原理与方法。
3. 简述茎尖分生组织脱毒的原理。
4. 植物茎尖分生组织培养包括哪些主要步骤？
5. 利用植物茎尖分生组织培养生产脱毒苗时应注意哪些问题？
6. 如何检测所生产的脱毒苗是否真正无毒？
7. 简述马铃薯脱毒微型薯的主要生产方式。
8. 简述甘薯脱毒种薯的生产过程。

8 植物离体繁殖技术

【导读】本章主要介绍植物离体繁殖的途径、基本方法和相关技术。通过对本章的学习，重点掌握植物离体繁殖的意义和离体繁殖的途径，理解培养技术的有关原理。在掌握各种离体繁殖途径的理论基础上，重点掌握腋芽萌发的特点及其影响因素。熟悉几种常见植物离体培养的方法，了解其技术特点和应用范围。离体培养技术的生产过程是对植物传统繁殖方式的扩展，通过学习了解其特点，进一步加深对植物离体培养技术原理的认识和强化在实践中应用的能力。

8.1 植物离体繁殖的意义

植物离体繁殖（propagation in vitro）又称植物快繁或微体快繁（micropropagation），是指利用植物组织培养技术对来自优良植株的器官、组织和细胞进行离体培养，使其短期内获得遗传性一致的大量完整再生植株的技术。植物快繁是植物组织培养技术在农业生产中应用最广泛、产生效益最高的研究领域，涉及的植物种类繁多，技术日益成熟并程序化，繁殖速度突破了植物自然繁殖的界限，成就了工厂化育苗的梦想。植物快繁目前主要应用于以下方面：加速某些难繁或繁殖速度低的植物，特别是一些珍稀名贵、需要保存发展的濒危植物的繁殖；进行用有性繁殖的方法难以保持品种特性的异花授粉植物的繁殖；进行脱毒植物的繁殖；进行原种很少但生产上有急需推广的植物的繁殖。植物离体繁殖与传统营养繁殖（vegetative propagation）相比，具有以下优越性：①繁殖率高。由于不受季节和气候影响，可周年繁殖，短期内材料能以几何级数增长，繁殖系数大，周期短。②培养条件可控性强。培养室为材料人为提供适宜的培养基和环境条件，便于调控。③占用空间小。一间 30 m^2 培养室，可同时存放 1 万多个培养瓶，培育数十万株苗木。④管理方便。材料在室内离体条件下生长，省去了田间繁杂管理，室内可进行自动化控制，管理方便。⑤便于种质保存和交换。调控生长条件抑制生长或采用超低温储存，使培养材料长期保存，便于种植资源的交换和转移。另外，繁殖途径较多，材料用量少，可获得无毒苗，经济效益高。

8.2 植物离体繁殖途径

植物细胞的全能性是植物组织培养的理论基础，细胞的脱分化和再分化是离体培养过程中细胞全能性实现的基本过程。在植物离体繁殖过程中，培养物多数要经历从外植体到小植株形成的过程，即通过外植体的形态发生（morphogenesis）再生完整植株（regeneration of plantlet）。植物种类、外植体类型及培养基组成等影响接种材料的生长、分化和再生，使外植体的器官形成方式表现出一定差异。在培养条件下，植物外植体细胞经过再分化形成完整个体可以通过以下 4 种器官发生途径。

8.2.1　顶芽和腋芽萌发途径

着生在枝条顶端的顶芽是植株上最活跃的生长点之一，发育旺盛，但数量较少。腋芽是侧芽的一种，是指从叶腋所生出的定芽。腋芽萌发又叫侧芽萌发（formation of axillary bud）。多年生落叶植物中，一般一个叶腋只着生一个腋芽，如杨、柳、苹果。但有些植物如金银花、桃、桑等的叶腋内，腋芽不止一个。一株植物有多个腋芽，可满足组织培养外植体来源丰富的要求。在植物的离体培养中，外植体携带的顶芽和腋芽在适宜的培养基和培养环境中萌发，可以不断发生腋芽而成丛生状芽，将丛生芽切成单个芽转入生根培养基中，诱导生根成苗。这种途径的繁殖系数首先决定于侧芽原基的数目，再就是培养基诱导侧芽萌发的能力及继代培养的次数。例如，月季（*Rosa chinensis*）携带腋芽的茎段外植体在含有适宜浓度的 BA 和 NAA 的培养基中培养，可促使腋芽萌动，经过 2～3 周后，即可在叶腋处长出数量不等的丛生芽。将丛生芽切分成单个芽苗或小芽丛，不断继代增殖培养，可获得大量无根小苗，将无根小苗进行生根培养后，即可获得大量完整再生苗。草莓采取这种方式，半个月内可增殖 10 倍，1 年内 1 棵草莓母株可产生数以百万计的再生苗。

外植体携带的芽，在适宜的培养环境中，也可萌发、生长成一短枝，将短枝剪下，切成带芽茎段进行继代增殖，得到大量无根苗，再进行生根培养，获得完整再生苗。该方法可一次成苗，遗传性状稳定，培养过程简单，移栽成活率高。因为与林果枝条的扦插繁殖（cutting propagation）方法类似，该方法也称为微型扦插（miniature cutting）。众多花卉、马铃薯、葡萄等多种植物的组培苗繁殖常采用此法。

多数植物可通过丛生芽发生途径获得再生苗。这种方法不经过愈伤组织诱导阶段，能使无性系后代保持母体特征，在优良品种快速繁殖中起着重要作用，在生产中被广泛采用。但因材料种类各异及随继代次数增加，材料的变异率会提高而增殖率会下降，所以要根据材料本身的特性合理掌握激素配比，严格控制激素浓度，以最大限度地提高繁殖系数而降低变异率，保证良种的优良特性不发生改变。若仅切取顶芽的顶端分生组织部分进行培养，可获得脱毒植株。

8.2.2　不定芽发生途径

除顶芽和腋芽以外，从植物体上的任何部位或组织产生的芽都称为不定芽。在植物组织培养过程中，可利用植物生长调节物质等多种调控手段，使培养物快速、大量地产生不定芽，这是实现快速离体繁殖的重要途径之一。

在组织培养中，不定芽的发生方式有两种：一种是从外植体表面受伤的或没有受伤的部位直接分化出不定芽来，只需进行生根培养，即可形成完整植株。这种途径称为器官型不定芽途径，即直接不定芽发生途径。其不经过愈伤组织阶段，如球根秋海棠（*Begonia tuberhybrida* Voss.）、非洲紫罗兰（*Saintpaulia ionantha*

Wendl)、百合（*Lilium brownii* var. *viridulum*）、贝母（*Fritillaria*）、虎尾兰属（*Sansevieria* Thunb.）、朱蕉属（*Codyline*）、观赏凤梨（*Ornativa pineapple*）、原叶莲花掌（*Aeonium simsii*）等植物的叶或根培养。另一种途径是先从外植体上产生愈伤组织，再由愈伤组织分化出不定芽，这种途径叫作器官发生型不定芽途径，也称为间接不定芽发生途径。

不定芽发生途径是许多植物离体快繁的主要方式，其不定芽发生的数量及增殖率要大于顶芽、腋芽的发生途径。例如，在通常情况下，秋海棠属只沿切口端形成芽，而培养在含 BA 的培养基上时，插条的全部表面都可形成芽。

采用适当的激素组合可以使一些通常不能进行营养繁殖的植物器官产生芽体，如除虫菊及亚麻的叶和茎切段可以作为外植体进行离体繁殖。外植体可以是多种器官，如根、茎、叶、花、果实、种子等。Takayama（1982）报道的一种秋海棠属杂种（*Begonia×hiemalis*）在离体培养时，大小 7 mm×7 mm 的叶块，1 年内可产生 10^{14} 株再生植株。园艺植物中单子叶的香蕉及球根类的花卉，在离体培养时一般从腋间分生组织萌发不定芽；也有从根、茎段及叶片上直接发生的，如秋海棠可从叶表面形成芽；有的单子叶植物的贮存器官上也会发生不定芽，如风信子、兰花及百合，可诱发产生原球茎，并可以此作为外植体进行不断增殖。

经过愈伤组织途径或多次继代培养后，易导致细胞分裂不正常，增加再生植株的变异率，所以要严格控制继代次数。李淑英等（1989）发现，北蕉（M. AAA group giant cavendish Beijiao）诱导不定芽产生，当继代 5 次时，变异率为 2.14％，继代 20 次后则 100％发生变异，因而香蕉继代培养一般不超过一年，控制在 8 代以内。值得注意的是，有色彩镶嵌的叶子、带金边或银边等特征的观赏植物，通过不定芽途径再生植株时，可能会失去这些具有观赏价值的特征。因此这类植株的快繁最好通过顶芽、腋芽萌发芽途径进行。

8.2.3 体细胞胚发生途径

体细胞胚也称为胚状体，是在离体培养下，体细胞或生殖细胞不经过受精过程，但经过了胚胎发育过程所形成的胚的类似物。它起源于非合子细胞，是组织培养的产物，属无性胚。在组织培养中，外植体在适宜的培养环境中，经诱导产生体细胞胚，形成胚根原基和胚芽原基，不经生根培养即可直接形成完整再生植株。体细胞胚的发生有两种途径，直接途径和间接途径。直接途径就是从外植体表皮细胞直接诱导分化出体细胞胚，如兰草叶片在培养过程中，可直接从叶片表皮细胞上产生体细胞胚（图 8-1）；槐树种子的子叶在组织培养过程中，可在切口处产生愈伤组织的同时在子叶组织中分化出体细胞胚。其他如下胚轴、茎表皮等外植体细胞在脱分化后可直接产生体细胞胚，由表皮细胞经不等分裂，产生 1 个胚细胞和 1 个胚柄细胞，前者进一步分裂形成体细胞胚。间接途径是培养的材料在培养条件下，首先形成愈伤组织，其后愈伤组织再进一步分化发育形成体细胞胚或经细胞悬浮培养形成体细胞胚。

胚状体发生途径具有成苗数量大、成苗速度快、苗结构完整的特点，是外植体增殖系数最大的途径，为植物组织培养中器官发生的最有效途径之一。体细胞胚再

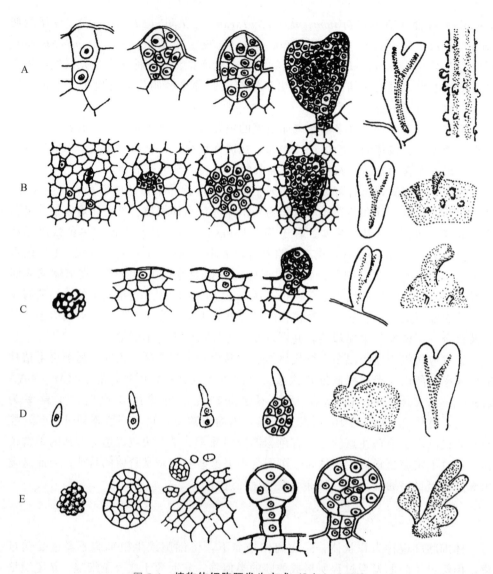

图 8-1 植物体细胞胚发生方式（Johri，1982）

A. 由外植体外层细胞直接产生体细胞胚；B. 由外植体组织内的细胞产生体细胞胚；

C. 愈伤组织表层细胞分化为体细胞胚；D，E. 单个或多个单细胞形成体细胞胚

生的小植株与通过不定芽、顶芽、腋芽的发育途径获得的小植株相比，具有显著的不同：①体细胞胚具有明显的双极性（double polarity）。体细胞胚多起源于单细胞，本身具有根端和茎端的两极分化，从小就是一个根芽齐全的微型植物，无须诱导生根。因此胚状体的结构完整，成苗率高，成为人工种子的良好材料。②生理隔离（physiological isolation）。体细胞胚形成后与母体的维管束联系较少，即体细胞胚发育成的小植株与周围愈伤组织或母体极少有联系，出现生理隔离现象，小植株独立形成，易于分离。而通过其他途径获得的小植株，最初是由分生细胞形成单极性的生长点，发育成芽，致使芽苗与母体组织或愈伤组织的维管束、表皮层等结构紧密联系，转接生根时，需要切割分开。③遗传特性稳定。大多数体细胞胚起源于

单细胞，在其产生和发育过程中，一旦形成即通过了分化过程，结构即稳定，无须较长时间的脱分化与再分化过程，细胞变异率较低，形成的再生植株，其遗传特性相对稳定。而其他器官发生途径的再生植株来源复杂，形成的个体常为嵌合植株。④发生数量大，增殖率高。植物胚状体形成之后，在适宜条件下可再生胚状体，即形成大量次级胚状体。例如，石龙芮的胚状体萌发成苗后，在其表面可形成约550个的次级胚状体，只要条件具备，胚状体即可大量发生（图8-2）。

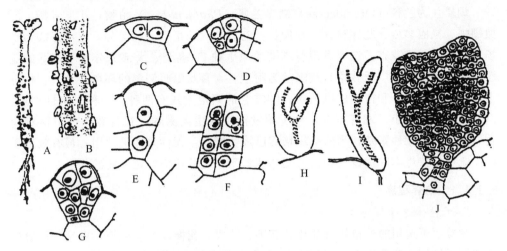

图8-2　石龙芮幼苗下胚轴胚状体发生过程（Johri，1982）

A. 培养1个月的幼苗，下胚轴上产生许多胚状体；B. 下胚轴一部分；C. 两个表皮细胞，可由此产生胚状体；
D～G. 原胚发生过程；H和I. 已分化子叶、胚根及原维管束的胚状体；J. 心形胚状体

8.2.4　原球茎的形成途径

在兰属植物的组培过程中，发生一种特殊的原球茎形成（formation of protocorm），可以认为是体细胞胚胎发生的一种变型。

原球茎（protocorm）最初是指兰花种子萌发过程中的一种形态学构造。在兰花种子萌发初期，胚逐渐膨大冲破种皮一端，呈珠粒状，它是短缩的、由胚性细胞组成的、类似嫩茎的器官。在兰科植物的组织培养中，通过诱导茎尖等适宜的外植体也能产生一些类似于原球茎的结构，通常把这种结构物称为类原球茎或拟原球茎（protocorm-like-body，PLB）。通常把类原球茎和由兰花种子萌发形成的原球茎统称为原球茎。原球茎是兰科植物特有的一种快繁方式，由茎尖或腋芽外植体经培养产生原球茎，它可以进行增殖，形成原球茎丛。由外植体诱导产生原球茎后，切割原球茎进行增殖，或继续培养使其转绿，叶原基发育成幼叶，产生毛状假根，再将其转移培养生根，形成完整植株。在组织培养过程中产生的球状突起（原球茎）和根状茎（丛生型原球茎）虽外形差别显著，但内部结构却都具有双子叶植物根的特征。芽可以在球状突起、根状茎节部和根状茎的顶端发生。芽的顶端分生组织与随后产生的根的分生组织共同构成胚状结构，与单子叶植物种子胚相似。

8.3　几种主要植物的离体繁殖技术

8.3.1　蝴蝶兰

蝴蝶兰为兰科（Orchidaceae）蝴蝶兰属（*Phalaenopsis*）植物，花形奇特、形似蝴蝶、艳丽多姿、花序整齐、花期长，有着"兰花皇后"的美誉，近年来成为市场上重要的年宵花卉。迄今发现有蝴蝶兰原生种 70 多个，大部分分布于潮湿的亚洲地区，在世界上广泛栽培。蝴蝶兰为附生兰，喜欢温暖潮湿的环境，其气生根可吸取空气中的水分和树中的腐殖质。蝴蝶兰的繁殖方式有两种。一种是有性繁殖，但其种子非常细小，发育不全，种子萌发需要共生菌滋养，在自然条件下极难萌发。另一种是无性繁殖，当前组织培养已成为蝴蝶兰无性繁殖最常用、最有效的手段，既可保持母本的优良性状，又能快速繁殖，充分适应兰花工业的需求。

8.3.1.1　培养程序

1. 外植体选择与处理

蝴蝶兰可选用的外植体有叶片、茎尖、茎段、花梗以及根部等，再生苗可通过外植体诱导原球茎获得，也可以通过诱导丛生芽获得。原球茎诱导途径增殖系数高、成苗数量大，但是变异率高，且诱导时间长；而丛生芽诱导途径技术难度较低，再生苗遗传稳定性好，诱导周期短。常采用蝴蝶兰带花芽的花梗作为外植体诱导丛生芽。选择生长健壮、无病虫害的蝴蝶兰母本植株单独隔离培养，当其花梗抽出约 15 cm 时较为适宜取材。在整个花梗中，靠近顶端的节着生花蕾，中部和基部的节都生有苞叶覆盖的腋芽。基部节所着生的腋芽萌发能力弱，最为适宜的外植体是中部几节的腋芽。将花梗从母株上取下，流水冲洗 10 min，剪成 2～3 cm 带芽的段，置于 75％酒精中浸泡30 s，用 0.1％ $HgCl_2$ 溶液浸泡 8～10 min，无菌水冲洗 5～6 次，无菌滤纸吸干残余水分，切取 2 cm 左右带芽的花梗接种到诱芽培养基上。

2. 诱芽培养

诱芽培养基为 MS＋2.0 mg/L 6-BA＋0.1 mg/L NAA，pH5.8。培养 7～10 d 侧芽开始萌动，30～50 d 侧芽可伸长到 1～2 cm，即可切下进行增殖培养。在培养基里添加 10％椰子汁可促进侧芽的萌发。继续用 1/2 MS＋3.0～5.0 mg/L 6-BA＋0.5～1.0 g/L 胰蛋白胨＋150～200 mL/L 椰乳培养基培养 20 d 左右，侧芽即可萌发长出 2 片叶，将其切下可直接继代或者诱导原球茎。培养温度 25～28℃，光照强度 2 000～2 500 lx，光照时间 12 h/d。

将切好的花梗外植体芽体向上 45°斜插入改良 MS＋5.0 mg/L 6-BA＋0.5 mg/L NAA 培养基进行幼芽培养。培养基里添加适量蛋白胨、酸水解酪蛋白、椰汁，培养温度 28℃，暗培养 1 周后，转入每日光照 12 h，光照强度 1 200～2 000 lx 的条件下继续培养，这样可有效降低褐变率。60 d 左右，每个腋芽均可长出丛生芽。

3. 增殖培养与壮苗

将初代培养获得的小苗切分为单苗，0.5 cm 以下的芽保持 2～3 个为一团不分离，转接于丛生芽增殖培养基（改良 MS＋3.0 mg/L 6-BA＋0.2 mg/L NAA）中。培养基中添加适量蛋白胨、酸水解酪蛋白、椰汁、苹果汁，培养温度（26±1）℃。每 2 个月继代 1 次，增殖倍率可保持 3 倍。继代次数超过 15 次则容易产生变异。

当增殖芽达到一定数量后，将丛生芽苗切分为单苗转入壮苗培养基（1/2 MS＋1 g/L 蛋白胨＋0.2 g/L 酸水解酪蛋白＋10％苹果汁＋50 g/L 马铃薯泥＋1 g/L 活性炭＋20 g/L 蔗糖＋10 g/L 葡萄糖）中，生长 60 d 左右，芽苗叶色光亮，可转入生根培养。

4. 生根培养

将壮苗培养得到的蝴蝶兰无根苗切成单棵，转入生根培养基（1/2 MS＋1 g/L 蛋白胨＋0.2 g/L 酸水解酪蛋白＋0.3 mg/L NAA＋0.3 mg/L IBA＋10％ 苹果汁＋10％ 椰汁＋50 g/L 马铃薯泥＋50 g/L 香蕉泥＋1.5 g/L 活性炭）中，20 d 后开始生根，60 d 左右，根数达 2～3 条，待苗高 6～7 cm，叶片数达 4 片以上即可进行驯化移栽（图 8-3）。

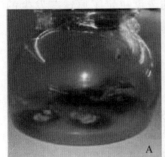

图 8-3　'阿里山'蝴蝶兰组培过程（林秀莲等，2015）

A. 花梗诱导；B. 腋芽增殖；C. 生根培养

5. 移栽驯化

将试管苗放置于温度为 22～30℃的温室中炼苗，适当遮阴，20～30 d 后取出小苗，清洗根部附着的培养基，放于 0.1％的高锰酸钾溶液中杀菌 5 min，取出后种植于育苗杯或盆中。

8.3.1.2　原球茎诱导

除用花梗作为外植体，经不定芽诱导成苗以外，以蝴蝶兰茎尖、叶片、花梗、根尖等作为外植体，均可诱导原球茎，原球茎诱导途径增殖系数较高、成苗数量大。

1. 原球茎的诱导

将茎尖、叶片等外植体经消毒处理后，接种于原球茎诱导培养基中。

茎尖诱导原球茎的培养基为 KC＋0.5～2.0 mg/L BA＋0～0.5 mg/L NAA。

叶片诱导原球茎的培养基可选用的基本培养基较多，如 KC＋3.0 mg/L BA；1/2 MS＋2.0 mg/L BA＋0.5 mg/L NAA＋50 mL/L CM；MS＋5.0 mg/L BA

$+0.5$ mg/L NAA$+0.1$ g/L Ac$+150$ mL/L CM；MS$+4.0\sim6.0$ mg/L BA$+$1.0$\sim$2.0 mg/L NAA，添加 0.5$\sim$1.0 g/胰蛋白胨、150$\sim$200 mL/L 椰乳。

2. 原球茎的增殖与分化

接种的茎尖经 4$\sim$6 周的培养即可形成原球茎，将未伸长的原球茎进行不断的继代培养，便可实现原球茎的快速增殖。不同的植物品种原球茎的增殖效率不同。对不易增殖的品种，可采取液体振荡培养，抑制极性的形成而有利于原球茎增殖。对于易褐变的品种，通过液体培养可以减轻褐变的发生。研究发现，固体与液体培养交替进行不仅原球茎的增殖率高，而且原球茎长得结实、分化力强。

原球茎增殖和分化的培养基为 MS$+0.1\sim5.0$ mg/L BA$+0.5\sim1.0$ mg/L NAA。该培养基中可添加胰蛋白胨 0.5$\sim$1 g/L、椰乳 200 mL/L，能促进分化和增殖。一般培养 45$\sim$60 d 转接 1 次。

3. 生根培养

将高达 3$\sim$4 cm 的小苗接种到生根培养基中，培养 30 d，根长为 1 cm 后可炼苗移栽。

生根培养基为 1/2 MS$+0.5\sim1$ mg/L NAA，附加椰乳 200 mL/L。

在蝴蝶兰的工厂化生产中，植物激素 BA、NAA 的浓度决定了原球茎发生的诱导速度，而椰子汁、香蕉泥和马铃薯泥等天然有机添加物质对蝴蝶兰组培苗的一致性及其生根壮苗、移栽成活有明显的促进作用。

8.3.1.3 提高离体繁殖效率的主要措施

1. 外植体选择

蝴蝶兰外植体材料的选择非常重要，不同器官之间分化能力差异很大。合适的外植体不仅能减少变异率，还能缩短诱导时间。蝴蝶兰的外植体可选用叶片、茎尖、茎段、花梗以及根部，但蝴蝶兰是典型的单轴类兰花，极少发生侧枝，切取顶芽就意味着牺牲母株，造成浪费。因此，常选用花梗作为外植体，其培养操作简便，易获得较多遗传稳定的不定芽。

2. 防止褐变

在蝴蝶兰组织培养过程中，材料非常容易出现褐变，尤其是切取茎尖进行脱毒时，茎尖太小，容易褐变导致死亡。褐变产生的醌类物质扩散到培养基中，会对培养材料造成毒害，进而影响植物体内酶的活性，阻碍植物正常代谢，严重时导致材料死亡。在蝴蝶兰组织培养中，常用抑制剂来控制褐变的产生。一类是吸附剂，主要包括活性炭、柠檬酸和聚乙烯吡咯烷酮（PVP）等。活性炭可以有效抑制蝴蝶兰材料褐变，但其不利于蝴蝶兰组培苗生根和丛生芽诱导。另一类是抗氧化剂，主要有维生素 C、谷胱甘肽等。还可加入褐变防止剂（芸香苷，Rutin）50$\sim$100 mg/L。除此以外，按时更换培养基、及时切除材料的褐变部分，采取液体培养等措施也能有效抑制褐变的发生。

3. 防止玻璃化

在蝴蝶兰组胚过程中会出现玻璃化苗，这往往是生长调节剂使用过量导致的，可以通过降低培养基中细胞分裂素浓度、增加琼脂浓度、控制培养温度等途径避免。发生玻璃化的原球茎，可转入无生长调节剂的培养基中经 2$\sim$3 代恢复培养，大多原球茎即可恢复正常。

4. 提高继代增殖率

蝴蝶兰组织培养中原球茎的增殖是一种主要方式。影响原球茎增殖的原因很多，但激素组合及培养方式是较为重要的因子。一般采用低无机盐的 MS 培养基为基本培养基，添加不同浓度的 BA、NAA、2,4-D、KT 等植物激素来提高继代增殖率。

5. 提高移栽成活率，防止病毒感染

首先，要培育壮苗，提高苗的质量能够增加移栽后的生长量，从而缩短植物开花前的营养生长期。为了改变小苗的生长状况，当芽高 3 cm 左右时，可转入 B_5 ＋2.0 mg/L NAA＋0.3% Ac 的培养基中，使根芽协调生长。培养后期适当增大培养容器，调整光照强度为 2 000 lx，每天光照 12 h。

其次，应注意移栽时各种环境因子要协调。炼苗 3～5 d 后，移植于通气、透水、保湿的基质中，在高湿、弱光下缓苗 6～10 d，移至 15～25℃、相对湿度 80% 的条件下护养，定期补施营养液。移栽成活的植株 2～3 年即可开花。

建兰花叶病和齿兰环斑病毒病会严重损伤蝴蝶兰叶片，进而导致植株生长不良，影响花朵质量，降低观赏性，给企业带来严重经济损失。这些病毒的侵染主要是由不规范操作引起的。在操作中要注意接触过染病植株的剪刀、镊子、手套等不要接触健康植株或材料，以免造成交叉污染。选取健康的蝴蝶兰植株作外植体，操作时，所用仪器和器具要进行彻底的消毒处理。

8.3.2 康乃馨

康乃馨（*Dianthus caryophyllus*）又名香石竹、麝香石竹，是石竹科石竹属的多年生草本花卉，品种繁多，原产于欧洲的地中海地区，现在世界各地广泛栽培，我国早有引种，许多地区均有商业生产。康乃馨茎叶清秀，姿态高雅，花色繁多，色彩娇艳。其单花花期长，耐瓶插，有极高的观赏价值，是世界著名的四大切花之一。康乃馨以制作花束、花篮居多，是美化室内外的上品。

康乃馨的常规繁殖方法是采取侧芽进行扦插繁殖，但长期的扦插繁殖导致病毒病危害严重，造成切花质量变劣，产量降低。现已查明的主要病毒种类有：康乃馨花叶病毒（Carnation mosaic virus）、康乃馨斑驳病毒（Carnation mottle virus）、康乃馨线条病毒（Carnation steak virus）、康乃馨潜伏病毒（Carnation latent virus）、康乃馨环斑病毒（Carnation ring spot virus）、康乃馨蚀环病毒（Carnation etched ring virus）及康乃馨脉斑病毒（Carnation vein-mottle virus）等。康乃馨茎尖组织培养能够脱除病毒，获得无毒苗。茎尖培养与脱毒苗生产已成为康乃馨种苗繁殖的主要技术。

8.3.2.1 外植体的选择与消毒

目前已获成功的外植体类型有茎尖、带侧芽的茎段、叶片及花芽等。在培育脱毒苗时，以选择茎尖及带侧芽的茎段为好。一般采用茎尖培养结合热处理的方法培育脱毒苗。在优良品种中选择生长健壮、无病害的优良植株，在 36～38℃ 培养30～60 d，热处理期间要尽量保持植株旺盛生长。保留顶部 2～3 对未展开叶，切取顶芽。用洗衣粉水洗净，吸干水分，在超净工作台上用70％酒精消毒30～60 s，用0.1％升汞消毒6～10 min，无菌水冲洗6～8次；在解剖镜下剥去嫩叶，切下0.3～0.4 mm的茎尖，迅速接种到培养基上，防止茎尖外植体失水干燥。

8.3.2.2 茎尖培养

在茎尖培养时，不同的研究者采用的培养基及激素用量有所不同。培养基常用MS、Holley-Baker等。康乃馨茎尖接种在MS＋1.0 mg/L BA＋0.2 mg/L NAA培养基上，约1周后茎尖转绿，4周后即可在茎基部长出芽丛，诱导率达85％以上。

茎尖培养除采用固体培养外，采用液体振荡培养或液体滤纸桥培养效果更佳。液体培养可诱导增殖出大量芽丛，增殖系数高，之后将芽丛切分成单芽，转移至固体培养基上培养。

整个培养阶段的温度控制在25℃左右。诱导芽丛阶段光周期为12～14 h，光强为2 000～3 000 lx。

8.3.2.3 试管苗的增殖

茎尖诱导培养30 d左右，将丛生芽的嫩茎切成带1～2个茎节的小段，接种于增殖培养基中培养。康乃馨试管增殖培养对激素适应范围广，可采用MS＋0.5～4.0 mg/L BA＋0.05～2.0 mg/L NAA＋0.05～0.5 mg/L IBA培养基。我国研究者多采用MS＋2 mg/L BA＋0.2 mg/L NAA的培养基。康乃馨在培养基MS＋0.5 mg/L BA＋0.1 mg/L NAA中也能良好增殖。采用液体培养基优于固体培养基。

康乃馨每3～4周就可继代增殖1次。当试管苗增殖到一定数量后，分出一部分试管芽生根培养，进行病毒鉴定。

8.3.2.4 生根与移栽

康乃馨比较容易生根。将长2～3 cm的嫩梢切下，直接转至1/2 MS＋0.1～1.0 mg/L NAA＋0.1～1.0 mg/L IBA培养基中生根培养。生长素也可单独使用。在培养基中加入10 g/L活性炭可促进生根。康乃馨亦可在试管外扦插生根。

当试管苗长出根形成小植株时即可进行炼苗移栽。在试管外的整个操作过程要在防病毒条件下进行。

对移栽用的营养钵及土壤基质要进行消毒，基质可以是细河沙、无菌蛭石、草炭土及腐殖质土，把它们平铺在育苗钵或育苗盘内，定植后用双层遮阳网进行遮光，及时喷雾或喷水以保证空气湿度达90％以上。经过2～3周，当植株长出新叶片时可以用稀释的肥液进行追肥。当根系长至育苗盘底部时，就可定植于露地。

8.3.2.5 病毒鉴定

为了确定试管苗是否还存在病毒，要进行病毒鉴定。病毒鉴定要在试管苗期、生长中期和开花期分别进行。用指示植物进行病毒鉴定的做法是：取脱毒后的康乃馨幼叶1～3 g，加5倍的水或0.1 mol/L磷酸缓冲液研磨成汁备用；用500～600 μm金刚砂磨破藜科指示植物的叶片，然后用灭菌后的棉球蘸康乃馨叶汁涂抹伤口，之后用无菌水冲洗，大约1周后，鉴定伤口处是否产生病毒感染的特殊坏死斑。在鉴定期间为了防止蚜虫传毒，要利用纱网进行隔离，鉴定无病毒感染后，才可以确定试管苗作为育苗母株。此外，病毒鉴定还可采用电子显微镜检测法、血清鉴定法和核酸检测法等。

8.3.2.6 试管苗变异的鉴定

对经过鉴定确认无病毒的植株，还要鉴定植株的品种特性是否发生变异。具体做法是：取驯化后的试管苗和外植体母株的扦插苗同时定植，培育到开花，调查其生长发育过程中分枝和开花状况。通过调查了解，要筛选出与母株形态特征完全一致或非常接近的试管苗作为采穗母株培养，对发生变异的植株应根据其性状的变异内容和程度决定去留，一般的淘汰，有价值的可作为新品种来培育。

8.3.2.7 脱毒苗的保存与扩繁

经严格的病毒学鉴定和试管苗变异鉴定后，在扩繁过程中要采用防虫网纱严格防止病毒再次侵染。脱毒苗在栽培繁殖过程中，要注意土壤、肥料和灌溉水的消毒，防止蚜虫、螨虫等传毒。

8.3.2.8 其他外植体培养

花瓣和子房也可以作为外植体培养出再生苗。将外植体常规消毒后，接种到 MS+1.5 mg/L 2,4-D+1.5 mg/L NAA+1.0 mg/L 6-BA 的固体培养基上，约 15 d 可长出浅黄绿色愈伤组织。然后将花瓣愈伤组织和子房愈伤组织分别转到 MS+6.0 mg/L 6-BA+1.0 mg/L NAA 培养基上继续培养，20 d 后花瓣愈伤组织转为深绿色并分化出浓绿色芽，进一步培养获得再生苗。而子房愈伤组织约需 30 d 分化出浅绿色丛生芽，然后生根形成完整的再生植株。

8.3.3 苹果

苹果属蔷薇科（Rosaceae）苹果属（*Malus*）。苹果育苗的传统方法是采用实生播种的砧木苗嫁接栽培品种。随着苹果生产的迅速发展，采用传统的育苗方法已不能满足生产上对高质量苗木的需求，而应用苹果茎尖离体培养技术，可进行快速繁殖和脱除病毒，使一些顽固的病毒性病害得到彻底根除。特别是苹果新品种的引种和推广，利用组织培养技术可以缩短时间，加快苗木繁育，对推动我国苹果的高效益生产具有十分重要的意义。

8.3.3.1 离体繁殖技术

苹果离体繁殖需经过以下几个步骤：①外植体接种。②起始培养形成芽丛和嫩茎。③继代培养。利用切分芽丛或嫩茎扦插，反复转移到新的继代培养基上，进行试管内扩大繁殖。④生根培养。将试管嫩茎扦插在生根培养基上，使嫩茎分生不定根，形成完整的试管小植株。⑤驯化和移栽。

1. 外植体培养物的建立和起始培养

（1）外植体来源　外植体主要用茎尖和茎段，茎尖多在早春叶芽刚萌动或生长为 1~1.5 cm 嫩茎时剥取，茎段用新梢先端未木质化或半木质化的部分。

（2）适宜的取材时间和预处理　早春叶芽萌动后，取生长健壮的发育枝中段，流水冲洗后剪成带单芽的茎段，剥去两三个鳞片，置于烧杯中，进行表面消毒，再用无菌水冲洗 4~5 次，除去消毒液，在无菌操作条件下剥取茎尖，接种在起始培养基上。未萌动的枝条，可在 20～25℃ 条件下水培催芽，待萌芽后再剥芽切取茎尖接种。外植体表面消毒常用 0.1%～0.2% $HgCl_2$＋0.1% 吐温-20，消毒 8～15 min，或 2% 次氯酸钠消毒 15～20 min。外植体接种全年均可进行，但不同季节外植体的分化能力和表面带菌情况不同，对接种成败有很大影响。建议用早春嫩梢，因其污染最少，接种最易成功，且分化增殖快。外植体切取的大小依培养目的而定。用于快速繁殖时茎尖较大，一般为 0.5～2.0 mm；用于脱除病毒时，通常是切取带一两个叶原基的微小茎尖（0.2 mm）进行培养。

（3）培养条件　以 MS 为基本培养基，附加 0.5～1.5 mg/L BA＋0.01～0.05 mg/L NAA＋30～35 g/L 蔗糖＋5.5～7.0 g/L 琼脂，pH 为 5.8。在培养基中附加 50～100 mg/L 谷胱甘肽或水解酪蛋白，有利于部分材料外植体的分化。外植体接种后放置在一般培养室光照培养形成绿色丛芽。

2. 继代培养

苹果茎尖培养的增殖方式主要是丛生芽块的分割和嫩茎扦插。在实际应用时，这两种方法可同时使用。培养基以 MS 为基础，附加 0.5～1.0 mg/L 细胞分裂素（BA）和 0.05 mg/L 生长素（NAA、IBA、IAA）。继代培养周期以 25～35 d 为宜，过长则茎易老化，叶片变黄脱落，太短影响增殖效率。培养条件温度为（25±2）℃，光照强度为 1 500～2 000 lx，光周期为 14～16 h/d。

3. 生根培养

当新梢叶片充分展开后，切取长 3～4 cm 的新梢，将其基部浸入 100 mg/L 的 IBA 溶液中 15～30 min，然后插入 1/2 MS（不加任何生长调节物质，蔗糖降至 20 g/L）培养基上，20 d 左右可以陆续生根。有研究结果显示，在 1/2 MS 基本培养基中，添加适当浓度的 IBA 和 NAA，可促进根的分化，17 d 可见根尖伸长，30 d 时生根率达 96%，根系健壮且有须根，植株叶色浓绿。也可以将切下的新梢接种到附加 0.5～1.0 mg/L IBA 的 Bruce 和 Start 培养基上，诱导根的形成。

4. 驯化和移栽

（1）驯化　生根培养 20～25 d，当不定根长至 1 cm 时，将培养瓶移至 20～35 klx 强光下，继续培养 20 d 左右，进行强光闭瓶锻炼。然后揭开瓶盖锻炼 2～5 d，使叶片适应低湿环境，再进行移栽。

（2）移栽　从瓶内取出经过锻炼的生根试管苗，除去根部培养基，移栽到营养钵中，置于温室或塑料大棚中。基质选用通气性好，保水力强的材料。30 d 左右后，将其直接转移到大田。要避免在低温季节移栽，成活率以春季最高。

8.3.3.2　影响茎尖培养的主要因素

1. 初代培养的效率

在初代培养阶段，消毒方法及控制褐变是首要考虑的环节。在生长季节的前期，接种较易成功。随着夏季的到来，气温升高，湿度增大，表面消毒不易成功。苹果茎尖在切取后形成了伤口，在切口处很快会渗出一些酚类物质，导致培养基褐变，材料失活而培养失败。解决的办法是：消毒前材料的清洗要细致，在用消毒液处理时先要浸入 75% 的酒精中消毒，主要是起浸润的作用，使消毒液能够渗入材料的表面。对褐变要依据发生程度采取不同的措施，轻微褐变的可以及时转换新鲜的培养基，褐变严重的则需在培养基中加入抗氧化剂，常用的有 5.0～10.0 mg/L 维生素 C、聚乙烯吡咯烷酮（PVP）及活性炭（Ac）等。外植体接种后，先在弱光下培养 1 周，再在正常光照条件下培养，也可有效减轻褐变现象。

2. 继代培养的激素组合

在组织培养实践中，因苹果材料的品种类型及培养中试管苗的生理状态不同，需要经常调整激素组合。主要观察试管嫩梢的生长和侧芽分化情况，调查生长动态、数量的增加、嫩茎的质地和叶片的状况。在正常情况下，叶片绿色而色调较深，新鲜有活力，无黄化叶、枯死叶，嫩茎尖在生长。若嫩梢的茎叶颜色发暗，或者通体透明（玻璃化），或者侧芽处的叶片较大而生长点处的叶片很小（停止生长），或叶片变黄枯焦，就说明培养基条件不合适，应予以调整。

3. 生根率

影响生根的因素主要有材料本身的状况和生根条件两方面。就材料本身而言，主要是基因型的差异，如苹果的砧木类型较易生根，栽培品种较难；不同的品种生根率不同，日本引进的'男恋姬'早熟苹果，生根率可达 96%，金冠、红富士生根率达 85% 以上，新红星则较难，生根率一般不超过 60%。试验资料还显示，随着继代次数的增加，可以提高生根率。在生根过程中的适当处理（如暗培养）也可以提高生根率。

诱导生根的激素种类主要是各种生长素，以 IBA 为最常用。有很多报道在培养基中添加其他成分可以提高生根率，如培养基中添加根皮酚可提高 M_{26} 的生根率（Jones，1977），添加 PP_{333} 可提高生根率 90% 以上（马锋旺，1988）。苹果组培无根芽苗，还可采用瓶外生根方式，降低生产成本（马荣群，2017）。

4. 预防玻璃化

玻璃化（vitrification）现象是茎尖培养过程中一种常见的生理失调症，它可导致繁殖系数降低，培养物不易生根，难以通过驯化而移栽成活。导致玻璃化的因素很多，其中最重要的是激素组合。在不同品种的组培过程中，各种激素浓度配比有较大差异，试验数据显示，高浓度的激素组合虽可在短时间内提高组培苗的增殖倍数，但同时也会增加玻璃化苗和畸形苗出现的概率。因此在培养过程中关键是要调整好 BA 的浓度水平。适当提高培养基中生长素的浓度，以及在培养基中添加 PVP 可以有效防止玻璃化现象。

8.3.4　葡萄

葡萄（*Vitis vinifera* L.）属葡萄科葡萄属植物，在园艺学上属浆果类。葡萄是多年生藤本植物，原产亚洲西部，在世界各地均有种植。葡萄易栽培，可生食或制葡萄干，酿酒，提取酒石酸，根和藤能入药。在全世界的水果生产中葡萄的产量和栽培面积仅次于苹果、柑橘而居第 3 位。近年来，葡萄生产已成为我国农业和果树产业的重要组成部分。我国葡萄总产量、鲜食葡萄栽培面积和产量已连续多年居世界首位。葡萄果实美观艳丽，肉质柔软多汁，风味甜酸可口，不同成熟期能均衡上市，所以市场价格也比较高。葡萄成为一种稳定而收入高的栽培水果。近几年来，葡萄栽培的技术革新取得了显著效果，设施栽培方兴未艾，市场对优质种苗的需求量大增。葡萄常规主要繁殖方法有扦插育苗和嫁接繁殖，但受母株及砧木的限制，繁殖数量有限，育苗周期长且易于传播病害。为了快速繁殖优质脱毒种苗，越来越多的国家和地区采取茎尖组织培养法，既可快速育苗，还可克服葡萄长期营养繁殖致使病毒累积而产生的退化现象。

陶建敏等（2005）对美人指葡萄叶片、叶柄和茎段不定芽离体器官发生途径诱导再生植株进行了研究。以茎段为外植体在 MS+1.0 mg/L BA+0.01 mg/L IBA 培养基上分化效果最好，再生率达 75.0%；叶片和叶柄分别在不同培养基上都能诱导不定芽再生，但再生率不高。

中国野生葡萄资源丰富，且丰产性好，品质优于美洲葡萄（*Vitis labrusca*），对主要真菌病害有较强的抗性，抗逆性亦强，是作为抗性砧木及杂交育种的宝贵材料，但多数种和株系扦插生根困难。张剑侠等（2006）以中国野生葡萄 12 个种 22 个株系的单芽茎段为外植体进行了离体培养与快速繁殖研究。结果表明，除塘尾刺葡萄外所有株系在 MS+0.5~1.0 mg/L BA+0.2 mg/L IBA 培养基中均有较好的萌芽效果，在 1/2 MS+0.1~0.2 mg/L IBA 培养基中继代生根良好。部分外植体在 1/2 MS+0.2 mg/L IBA 培养基中具萌芽和生根的双重作用，可一次成苗。采用珍珠岩和营养土两步炼苗，成活率可达 90% 以上。

8.3.4.1　初代和继代培养

选取生长充实健壮的葡萄半木质化茎段，纱布包裹于水龙头下冲洗一夜，剪成单芽茎段放在烧杯的蒸馏水中，放入 4℃ 冰箱 1 h（利于芽的萌发）。取出后于超净工作台上，用 75% 酒精消毒 60 s，0.1% $HgCl_2$ 消毒 8 min，用无菌水冲洗 4~5 遍，剪去两端接触消毒液部分，用无菌滤纸吸干多余水分，接种于 MS 培养基（不添加任何植物生长调节剂）上进行芽的诱导培养。培养温度（25±2）℃，光强 1 500~2 000 lx，光周期 14 h/d。4~7 d 开始萌芽，25 d 左右，外植体携带的单芽可萌发生长到 5~6 cm，萌发率达 97%。

将单芽剪成带叶的 1~1.5 cm 单芽茎段，转接到增殖培养基（1/2 MS+0.2 mg/L IBA+20 g/L 蔗糖）中进行增殖培养。也有的研究采用丛生芽诱导培养基，直接由茎段外植体诱导丛生芽并增殖，培养基为改良 MS+0.1~0.3 mg/L IBA，也可用 0.3 mg/L IAA，添加 2%~3% 蔗糖，pH 5.6。葡萄的侧芽萌发及增殖阶段不添加 BA 也能进行。外植体接种后即可置于培养室中培养成芽丛。以长满瓶的芽丛为材料进行继代繁殖，培养基成分同前，但其中个别成分可做适当调整。如降低肌醇的用量，有利于大多数品种的增殖；继代培养期间采用较高的培养容器，有利于试管苗嫩梢的延伸生长，繁殖效率高。

8.3.4.2　壮苗生根及驯化炼苗

选取在增殖培养过程中生长健壮、高 1.5~2.5 cm 的不定芽苗，接种在 1/2 MS+0.2 mg/L IBA+20 g/L 蔗糖的培养基上，进行壮苗和生根培养。30 d 后可长成多且有须根的健壮根系，生根率达 100%。葡萄试管苗因品种不同可改用 0.1 mg/L IAA 或 0.05 mg/L NAA，生根率也在 90% 以上。可在培养基中加入 0.5% 的活性炭，根系生长旺盛，幼苗健壮。增殖阶段采用带叶单芽茎段接种，可加快芽萌发速度，提高繁殖系数，生根率高且根数多，成苗率高。

有研究结果表明：蔗糖质量浓度为 15～20 g/L 对葡萄试管苗的生根最有利；pH 对试管苗平均根系数量、根粗、根长和根冠比影响显著，在一定范围内，生根数与平均根长随 pH 升高而减小，平均根粗与根冠比随 pH 的升高而增大；琼脂质量浓度显著影响葡萄试管苗生根，随着琼脂质量浓度的增加根原基产生时间延迟，平均根长和根冠比降低，而平均根粗和生根数增加；平均根粗随温度的升高略有下降，平均根长和根冠比随培养温度的升高而增加，在 35℃ 时降低；平均生根数、根长、根冠比和根粗均随光照强度的增强而增大。

为了提高快繁效率，降低成本，还可应用瓶外生根技术。具体做法是：把嫩梢由瓶中取出，切取长 2 cm 的茎段，以 5 mg/L IBA 溶液浸泡嫩茎基部 1～5 h，然后扦插于蛭石基质中，浇水后覆以塑料薄膜，保温、保湿培养，20～30 d 即可生根。

诱根成功的试管苗体表几乎没有保护组织，气孔开张，自养能力很弱，不能直接移入露地。需要通过驯化炼苗改善幼苗的结构和功能，才能保证移栽成活。

葡萄试管苗移栽比较困难，移栽前须进行炼苗。炼苗可分两步：首先进行光培炼苗，即揭开生根苗瓶塞，置瓶于温室中，光照强度为 20～40 klx，培养 3～7 d，当叶片颜色转为浓绿，富有光泽时即可出瓶。然后沙培炼苗，把经过光培的葡萄培养苗由瓶中取出，洗净培养基移植于沙床上，株距 3～4 cm，行距 8～10 cm，外搭小拱棚，温度 25～30℃，湿度 80% 以上，光照强度 0.7～10 klx，3～5 d 后逐渐通风，光照强度增至 40 klx，1 周后即可拆去外搭的小拱棚。沙培后复壮的幼苗移入富含有机质的营养钵中，置于温室培养 10～20 d，待幼苗长出两三片新叶时即可移栽大田，成活率可达 90% 以上。对弱小苗则可适当延长炼苗期。

8.3.4.3　大规模移栽技术及管理要点

（1）提高试管苗的驯化效果　发根的试管需要移至一定温度条件下的温室中栽培，直至苗长大，发出 5～6 片新叶为止。在这一驯化过程中，试管苗的健壮程度是必要条件。

（2）炼苗的方式和介质　经过光培、沙培及营养钵炼苗逐步过渡的方式效果较好，试管苗的生长较为稳健。沙和蛭石作为炼苗介质试管苗成活率较高。

（3）移栽时土壤的温度、湿度控制　土壤质地以疏松沙土掺入少量有机质利于苗的成活，空气湿度为 80%～100%。土壤湿度的保持方法是在移栽当时灌透水，使土壤含水量接近饱和状态后，立即加塑料薄膜覆盖 2 周，第 3 周开始每天揭开塑料薄膜 1 次，移栽后第 4 周即可去掉覆盖物。这时根据温室情况，每天或隔 1 d 喷水 1 次，不干旱为度，也不要过湿以免烂根。

8.3.4.4　其他离体培养途径

葡萄组培可选用的外植体类型较多，可以是器官，也可以是原生质体或者胚。再生途径也有多种，除了上述通过芽诱导成单芽和丛生芽获得快繁苗木的再生途径外，也可以采用子房、叶柄等外植体诱导出愈伤组织，再进一步分化产生不定芽，诱导生根，进而发育为完整植株。但此法变异率相对较高。目前也有少数品种采用胚状体发生途径来获得葡萄再生苗。

1. 胚胎及花药培养

胚胎培养对于培育优质无核品种具有重要作用，而花药培养可以获得单倍体植株，进而通过人为染色体加倍获得不同倍性的植株，对于葡萄育种具有重要意义。

（1）胚培养　可选取成熟胚、幼胚和未成熟胚进行培养。成熟胚培养方法：取成熟浆果的种子，在超净工作台上消毒后接种于附加了适量 GA_3 和 IAA 的 Nitsch 培养基中，待种胚萌发出真叶后，转移到低无机盐 MS 培养基上成苗，可在培养基中添加适量 IAA 促进苗的生长；幼胚培养方法：葡萄盛花后 30 d，采集幼果，于低温条件（5±1）℃下预处理 40 d 左右，消毒后取出种子，剥出幼胚接种到培养基上培养成苗；未成熟胚培养方法：取葡萄浆果软化期前的未成熟合子胚外植体，接种于添加适量生长素与细胞分裂素的培养基中诱导胚性愈伤组织，体细胞胚经培养可萌发形成再生植株。

（2）胚珠培养　通过胚珠培养可使胚在胚珠中进一步长大，然后取出、继代、发芽、形成植株。研究表明，胚珠接种的最适宜时期是花后 40～45 d，Nitsch 或 Nitsch-Nitsch 培养基是胚发育较为适合的基本培养基，可添加一定浓度赤霉素和生长素来打破休眠。胚珠培养 60～80 d 后，将幼胚取出转入添加了适量 BA 和 NAA 的 1/2 MS 培养基中，诱导胚萌发并可直接成苗。

（3）花药培养　采用花药及未受精子房进行培养诱导体细胞胚的发生，可为倍性育种、突变体选育、细胞工程及基因工程提供材料或受体。1990 年，Cersosimo 等培养葡萄花药形成了愈伤组织，再分化形成了胚或器官，获得了与母体植株具有遗传相似性的二倍体植株；1995 年，Perl 等将 4 个无核葡萄的花药接种培养，诱导产生了体细胞胚；1993 年，曹孜义等将二倍体欧亚种'Grenach'的花药接种在添加了植物调节激素的 B_5 培养基上，培养获得了三倍体葡萄。

2. 原生质体培养

（1）葡萄原生质体的分离　获取葡萄原生质体的理想材料是愈伤组织和细胞悬浮培养液。将材料在黑暗条件下预培养 16～72 h，加入 0.1%～1% 的纤维素酶和 0.1%～0.5% 的果胶酶混合，按材料：酶液＝1：1（质量比）进行酶解，时间为 4～20 h，酶解完成后收集并纯化原生质体。酶解在恒温（25～28℃）、暗条件下进行，低速摇动能够加速原生质体释放。

（2）原生质体培养与植株再生　葡萄原生质体培养多采用 B_5、MS、D_2 和 CPW-13M 基本培养基，以 0.5mol/L 甘露醇或葡萄糖为渗透压稳定剂，通常在培养基中添加 0.5～2.0 mg/L 6-BA。添加的生长素则因葡萄品种的不同而不同，如添加 2.0 mg/L NAA 或者 0.2～1.0 mg/L 2,4-D。另外，加入一些有机物也会促进原生质体的分裂。当原生质体分裂形成小细胞团后，转入增殖培养基进一步形成愈伤组织，再诱导形成胚状体进而获得再生植株。胚状体诱导常采用的培养基有 Nitsch-Nitsch、Nitsch 和 B_5，添加的植物生长调节剂有 6-BA、NAA 和 TDZ。

3. 茎尖无病毒苗培育

葡萄果树较容易感染病毒病，其病毒种类多，分布广，危害大。葡萄植株被病毒侵染后，生长势明显变弱，果实品质下降，产量降低。葡萄病毒病的发生和危害具有以下几个特点：一是具有潜隐性，如葡萄卷叶病仅表现在葡萄成熟叶上，葡萄扇叶病仅在春夏季表现症状；二是由多种病毒同时侵染植株的复合侵染较为普遍；三是局部侵染后扩散到全株，植株永远带病；四是危害时间长，很难通过物理、化学、生物等方法防治。葡萄病毒病还会导致扦插育苗生根能力差、嫁接不亲和、抗病虫害能力下降等诸多不良后果。目前葡萄的脱毒方法主要有茎尖培养脱毒、茎尖微体嫁接脱毒、热处理结合茎尖培养脱毒以及化学处理脱毒、体细胞胚再生脱毒和超低温脱毒等。

（1）茎尖培养　春季葡萄芽萌动后，取茎尖经常规消毒处理，在超净工作台上解剖镜下剥取 0.3～0.4mm 茎尖分生组织接种在 MS 培养基上，培养基添加 1.5～2.0 mg/L 6-BA，蔗糖用量常为 20 g/L。经分化增殖，再诱导生根长成完整植株，经检测无病毒后即可作为原种母树，扩大繁殖后用于生产。

（2）茎尖微体嫁接　需预先在试管内培养无菌砧木。选取适宜的母株放入光温充足的温室培养以促其生长，然后取其茎尖常规消毒，在超净工作台上解剖镜下切取 0.1～0.16mm 的微小茎尖，嫁接在砧木上，进行纸桥培养。温度为 25～28℃，光照由弱渐强，用 1/4 MS 培养液滴灌促其生长。获得的植株经病毒检测无毒后，进入无病毒母本园和采穗园，再经大量繁殖便可提供无病毒繁殖材料。

（3）热处理结合茎尖培养　将预备脱毒的葡萄砧木或栽培品种盆栽放在 25～28℃下促其快速抽枝，待新梢长出 2～3 片叶后，温度调至 37～40℃，将光照增强至 4 000～6 000 lx，相对湿度控制在 60%～80%，经 30～50 d 恒温处理后，取其新梢顶端。将其按照常规消毒处理后，在超净工作台上解剖镜下切取 0.5～1.0 mm 的茎尖分生组织，接种在 MS+2.0 mg/L BA，并附加 20 g/L 蔗糖的培养基上，培养分化，成苗后经检测无毒，即可大量繁殖利用。

8.3.5　蓝莓

蓝莓（*Vaccinium uliginosum*）又名蓝浆果、越橘，为杜鹃花科（Ericaceae）越橘属（*Vaccinium* spp.）植物，原产于美国佛罗里达州北部，是 20 世纪初发展起来的经济价值较高的新兴优良果树。它含有花青苷以及多种抗氧化成分，具有低糖、低脂肪等特点，对明目、抗癌、延缓神经衰老、预防心血管疾病有明显效果，被联合国粮农组织列为五大健康食品之一。传统的种子和扦插繁殖法生产种苗慢，耗时长，还可能发生种性退化，给蓝莓的规模化生产带来困难。采用组织培养技术可在短期内获得大量整齐一致、遗传稳定的种苗。

8.3.5.1　初代培养

于晴天上午取生长健壮，腋芽饱满的一年生枝条，去掉叶片，剪成长 1.0～1.5 cm 的单芽茎段，用饱和洗衣粉澄清液浸泡 10 min，用流水冲洗 30 min，在超净工作台上用 75% 酒精消毒 30 s，再用 0.1% $HgCl_2$ 消毒 6～10 min，无菌水冲洗 5～6 次，用无菌滤纸吸干残余水分，接种到 WPM+1.0 mg/L ZT+0.3 mg/L IAA+0.5 mg/L GA_3 培养基上进行芽诱导。置于温度（25±2）℃，光照强度 1 500～3 000 lx，光周期 12 h/d 的条件下培养诱导单芽。

8.3.5.2　增殖培养

当初代培养诱导出来的不定芽长至 2～3 cm 时，将其切下，剪成长 1.0～

1.5 cm带芽茎段，接种于WPM＋0.8 mg/L ZT＋0.3 mg/L IAA培养基上进行增殖培养。60 d后，试管苗生长健壮，株高可达4.5 cm以上，增殖倍率6.4倍。

8.3.5.3 生根培养

在超净工作台上，将增殖培养得到的高6～8 cm的健壮芽苗剪切成长2 cm的段，插入培养基（WPM＋0.6 mg/L IBA＋1.0 g/L活性炭）中进行生根培养，45～60 d生根。

也可采用瓶内浅层生根方式诱导生根。在超净工作台上将增殖培养40 d、高5 cm左右的芽苗切成单苗，在灭菌处理过的100 mg/L IBA溶液中浸泡5 s，竖插于生根培养基（1/2 WPM＋20 g/L蔗糖＋1.0 g/L活性炭）中。使其基部与液体培养基接触，瓶底放1张滤纸支撑芽苗。7 d后可在芽苗基部附近形成根原基，15 d长出5～10条长0.5～1.0 cm的白根，形成完整植株，根系发育良好。移栽过程不需清洗苗，可揭盖直接进行炼苗移栽。

8.3.5.4 炼苗移栽

将生根的小植株移栽于草炭土：河沙＝1：1的基质中，搭建小拱棚封闭保湿40 d。小植株恢复健壮后慢慢放风，每隔2周浇灌1次0.5％硫酸亚铁溶液。再经室外炼苗1周，就可移栽到沙壤土中。在生长季浇灌$FeSO_4$溶液2～3次，保持土壤湿润，加盖遮阳网。移栽后当年生长量可达50 cm，第二年春天即可有60％植株开花结果。

8.3.5.5 瓶外生根

大量研究证明，蓝莓组培苗在瓶内生根较慢、生根率低，因此多采用瓶外生根。方法为：将经过炼苗的瓶苗取出，在800倍多菌灵溶液中洗净根部附着的培养基，剪成3 cm左右茎段，于1 000～3 000 mg/L IBA生根剂里浸蘸后立即捞出，插入厚5～7 cm、经灭菌处理过的水苔苗床中，株行距4～5 cm。扦插后搭建小拱棚保湿，第1周保持棚内湿度在95％以上，温度20～28℃，之后2周相对湿度维持在85％～90％，20 d后可生根。

张贤萍等（2013）将'园蓝'品种的分化瓶苗在自然环境下放置3 d，搬至温室炼苗7 d。待苗逐步适应外界的温度、光照条件后，从瓶中取出，用清水洗去基部附着的培养基，将瓶苗基部膨大部分以及基部3、4片剪除，用800倍多菌灵溶液浸泡10 min，清水冲洗后在催根液中浸5 min，扦插到高架苗床（基质为椰糠与水苔体积比6：4，其下铺设厚10 cm珍珠岩，浇足水）上，其上搭建小拱棚，保持温度为25～32℃，适当遮阴处理。小苗13 d即可生根，35 d时生根率达98％，根数可达30根，平均根数和根长均优于普通苗床。

8.3.6　桉树

桉树（*Eucalyptus robusta* Smith）是桃金娘科（Mytaceae）桉属（*Eucalyptus*）植物的总称，共有945个种、亚种和变种，绝大多数原产于澳洲及邻近岛屿，19世纪引种至世界各地。桉树具有种类多、适应性强、用途广、经济价值高等特点，是世界上最主要的木纸浆原料树种，也是我国南方主要的造林树及发展速生丰产林的战略树种，在我国云南、广东、广西等省（自治区）多有种植。桉树是异花授粉多年生木本植物，间间天然杂交导致杂种繁多，后代分化严重，因此有性繁殖难以保持树种优良性状，实生苗造林的林分分化大，产量低，质量差。而采用扦插、压条等常规繁殖方法育苗的成活率低，难以提供大量优质苗木来满足造林的需要。组培快繁可以保持桉树优良品种特性，并且快速繁殖种苗，从而实现桉树造林产业化和规模化，使桉树品种资源得以高效利用。

8.3.6.1　无性培养体系的建立

桉树有明显的生长期和休眠期，外植体的采集应在植株生长的旺盛时期，通常以春夏为宜，外植体消毒容易且容易成活。选取春季桉树枝条中上部半木质化茎段作为外植体。将外植体放在自来水下冲洗 30 min 后放入 0.5% 洗衣粉溶液浸泡 15 min，自来水冲洗干净，于超净工作台上用 70% 酒精消毒 30 s，放入 0.1% $HgCl_2$ 消毒 10~15 min，无菌水冲洗 5~6 次，用无菌滤纸吸干残留水分，剪切成 0.5~1 cm 的带芽茎段插入芽诱导培养基。

将带芽茎段接种于培养基（MS+0.5~1.0 mg/L 6-BA+0.1~0.5 mg/L NAA）上进行丛芽诱导培养。30 d 后，每个外植体可形成一个或多个芽。1 个赤桉茎段外植体能产生 17~22 个芽。在无菌条件下，将丛生芽中较大的个体切成长约 1 cm 的茎段，较小的个体切分成单株或小丛芽块，再转接到增殖培养基上，经 30 d 左右培养又可诱导长出大量密集的丛生芽。如此反复分割继代培养，即可在较短时间内得到大量的无根苗。桉树品种众多，不同品种的启动培养基差异较大。刘奕清等（2005）将桉树腋芽茎段外植体接种在 EU+0.5 mg/L BA+0.2~0.5 mg/L NAA 培养基中，25 d 后外植体基部开始膨大，同时腋芽萌动。45 d 后芽苗可长至高 1.5 cm。芽诱导阶段可以暗培养，或者利用室内自然散射光，到继代增殖、壮苗生根培养阶段，每日光照 12 h，光照强度 1500~2000 lx，温度（26±3）℃。

史密斯桉茎段外植体的适宜初代培养基为 MS+0.2 mg/L BA+1.0 mg/L IBA 或 F+0.5 mg/L BA+0.3 mg/L IBA。而柠檬桉茎段在改良 MS+0.1~2.5 mg/L BA+0.1~0.5 mg/L NAA 培养基上，腋芽最高诱导率达 73%。

腋芽长到 1~2 cm 时，切取腋芽转入继代增殖培养基上，30 d 后，每个腋芽可以增殖产生 5~6 个芽，形成丛生芽。适宜的增殖培养基为 EU+0.5 mg/L BA+0.2 mg/L IBA。

桉树再生苗也可以由愈伤组织经不定芽分化成完整植株。在无菌条件下，将经过消毒的茎段切成长 1 cm 外植体，接种到 MS+1.0 mg/L 6-BA+0.5 mg/L KT+0.5 mg/L IBA 培养基上。12 d 左右即可从切口处产生愈伤组织，再经过 2 周左右培养，可见有愈伤组织陆续分化出无根芽苗。通常由腋芽外植体诱导出的愈伤组织所产生的不定芽较少，每块愈伤组织上能产生 10~20 个，但芽苗粗壮；由茎段节间外植体诱导出的愈伤组织所产生的不定芽较多，相同大小愈伤组织块上能产生 50 个以上的无根苗，但芽个体较小。经继代培养后转入壮苗培养基，进行壮苗培养。适宜浓度的新型植物活性剂 FLC 与 NAA 或 IBA 组合具有更佳的愈伤组织诱导和芽分化效果，桉树愈伤组织诱导能力明显高于常规的 BA 与 NAA 外源激素组合。在愈伤组织诱导培养基（1/2 MB+0.5 mg/L FLC+0.1 mg/L NAA+100 mg/L

维生素 C）中，茎段外植体接种 14 d 后，愈伤组织诱导率达 93%。将愈伤组织转入诱芽培养基（1/2 MB＋0.5 mg/L FLC＋0.1 mg/L NAA），30 d 即可看到绿色的不定芽长出。

8.3.6.2　壮苗及生根培养

在继代培养中，多以获得大数量的有效丛生芽为目的，导致一定数量的丛生芽生长不够健壮，需进行壮苗培养。将带有 3～4 个芽的芽块转入壮苗培养基（1/2 MS＋0.5～1.0 g/L 活性炭）中，每 25～30 d 转接 1 次，可以获得茎秆粗壮、叶色翠绿的壮苗。培养温度（27±2）℃，光照强度 1 000 lx，光照时间 8 h/d。邓恩桉的壮苗培养基为改良 MS＋0.1 mg/L NAA，巨尾桉的为改良 MS＋0.15 mg/L NAA＋0.3 mg/L 6-BA＋20 mg/L 维生素 C＋25 mg/L 维生素 B$_2$。当经过继代壮苗的芽苗长到高 1.5 cm、茎粗 1.0 mm 时，将丛生芽切成单株，转入生根培养基进行生根。25 d 后再生芽苗长根，根白而健壮，长 1～2 cm，每株有根 4～5 条，生根率达 96% 以上。不同桉树品种使用激素浓度差异较大，本沁桉和边沁桉在 1/2 MS＋0.2 mg/L NAA 或 1/2 MS＋1.5 mg/L IBA 培养基中，生根率可达 95% 和 93% 以上。赤桉和巨尾桉在 1/2 MS＋0.5 mg/L NAA＋1.0 mg/L IBA 和改良 1/2 MS＋2.0 mg/L NAA＋1.5 mg/L IBA 培养基中，生根率分别为 99.5% 和 98%。

8.3.6.3　炼苗移栽

研究结果显示，桉树试管苗接种在合适的培养基上，一般 10～12 d 即开始长根，到 21 d 时即可达到生根的高峰期，根长约 1 cm。此时，将桉树生根苗连瓶一起置于室外自然条件下炼苗 7～10 d，待苗充分木质化后，出瓶，洗净附着在根部的培养基，移栽于经 0.2% 高锰酸钾消毒的黄心土或黄心土：蛭石＝4∶1（体积比）的混合基质中。淋透水，利用小拱棚保持湿度在 85% 以上。开始时遮光 70%，15 d 后减至 50%，待幼苗长出 1～2 对新叶后即可撤掉遮阳网。加强苗木肥水管理与病虫害防治，苗木成活率可达 95%。经 50～60 d，苗高 15～20 cm 时，可出圃。

8.3.6.4　应注意的问题

①使用培养基类型众多，桉树品种众多，不同品种采用的基本培养基和激素组合多有不同。培养基种类有 MS、改良 MS、1/2 MS、改良 1/2 MS、N$_6$、ER、改良 H、VPW、改良 VPW、F、EU 等，需在培养基中添加适量的抗坏血酸、柠檬酸和半胱氨酸等抗褐变剂。

②材料污染率随温度升高明显增大，1～4 月污染率较低，7 月污染率超过 20%，所以外植体取材时间最好控制在春季。6、7、8 月要注意培养环境的消毒，每月 1 次，用高锰酸钾（3～66 mL/m^3）和甲醛（4～6 mL/m^3）进行室内熏蒸。若是工厂化生产，在此季节应减少生产量。

③细胞分裂素 BA 对桉树不定芽的增殖具有良好的促进作用，但 BA 的用量低于 1.0 mg/L 为宜，用量在 2.0～3.0 mg/L 时，连续多代培养后再生芽苗容易退化；生长素 NAA 和 IBA 对不定芽的伸长有明显的促进作用；活性炭对桉树再生芽苗具有较明显的壮苗效果，用量以 0.5～1.0 mg/L 为宜；生根效果以 IBA 最好，IBA 适用于较多种类的桉树品种，其次是 ABT，但有的材料如'雷林 1 号'桉在

没有生根促进剂处理的情况下也有很高的生根率。继代培养代数以 5～6 代为宜，之后芽苗容易退化。

8.3.7 芦荟

芦荟（*Aloe* spp.）属百合科（Liliaceae）芦荟属（*Aloe* L.）植物，为多年生常绿植物，分布于热带和亚热带地区，是一类集药用、食用、美容与观赏于一身的热带植物，有极高的开发应用前景。芦荟的主要药用成分是芦荟宁和香豆酸等，味苦、性寒，有清热导积、通便、杀虫、通经之功能，可用于治疗热结便秘、经闭、痔热虫积等症，外用可治疗癣疮、龋齿、烫伤、皮肤皲裂等症。芦荟在日本、韩国、美国素有"万应良药""家庭医生""天然美容师"之称。1996 年，联合国粮农组织将其誉为"21 世纪人类的最佳保健品"。随着芦荟的各种医药、功能食品、美容化妆品相继问世并深受消费者喜爱，芦荟产业已在国内外成为新的开发热点，芦荟的种植面积在日益扩大。芦荟植株生长数年后才能开花结实，种子很少，又细小，不耐保存，发芽率很低。采用传统的扦插繁殖和分株繁殖等方法已满足不了生产上对芦荟种苗的需求，而采用组织培养方法可以大大加快其繁殖速度，提供性状稳定的优良种苗。

8.3.7.1 无菌培养物的建立

取盆栽芦荟植株或大田植株的上端或吸芽，将材料生长点及附近组织切成 4～5 cm 大小，置于自来水下冲洗干净。然后用 2% 洗洁精或饱和洗衣粉溶液浸泡 5 min，其间不停搅动，倒去洗涤剂后，用自来水冲洗干净。置于超净工作台上用 70% 酒精消毒 1 min，立即用 0.15% 升汞溶液消毒 10 min，再用无菌水冲洗 4～5 次，吸干残余水后切成 0.3～0.5 cm 大小，接种到初代培养基上。温度控制在 (26±3)℃，光照时间为 11～14 h/d，光照强度为 1 000～1 500 lx。

在芦荟的初代培养及诱导侧芽分化的过程中，均可以采用 MS＋2.5 mg/L BA＋0.2 mg/L NAA 培养基。培养 1 个月后，可直接诱导出丛芽。接种后 40 d，平均每个外植体可诱导 4 个粗壮浓绿的侧芽。

要注意的是，外植体接种初期极易发生褐变，导致培养物死亡。为避免此现象的发生，可以在培养基中添加抗氧化剂，如 PVP、抗坏血酸和活性炭、水解酪蛋白等。适时切除褐变部分进行转接或缩短继代时间。

8.3.7.2 继代培养

将在初代培养基上培养了 40 d 左右的侧芽转接到 MS＋2.0 mg/L BA＋0.1 mg/L NAA 培养基上培养，1 周左右每个芽体都能分化出 4～6 个新芽，25 d 后，每个芽周围又可长出 4～6 个侧芽，形成大量芽丛，此时即可切下来再进行继代增殖培养。以后每 25 d 可继代增殖 1 次。在第 1 至第 4 次继代增殖过程中，随着继代次数的增加，每个芽丛平均新增殖芽数亦明显增多，到第 4 代达到高峰，第 5 代增殖率明显下降。无菌芽苗培养代期为 25～35 d，芽苗长势旺盛，增殖率最高。此阶段 6-BA 浓度对芽的增殖有较大影响，随浓度的升高，芽分化效果变差，且易发生褐变，芽生长变形、脆弱、卷曲；如果继代次数过多，芽苗会产生变异。为了使芽苗生长健壮、旺盛，继代培养几代后，可适当降低培养基中 6-BA 的浓度，当芽苗状态良好时，可进行生根培养。

8.3.7.3 生根培养

芦荟增殖芽长到 2~3 cm 即可转入生根培养基（1/2 MS＋0.1 mg/L BA＋0.2 mg/L IBA 或 1/2 MS＋0.5 mg/L NAA）中，光照强度增加到 3 000 lx，10 d 左右开始生根，15 d 左右生根率达 100%，平均根数可达 6 条。

8.3.7.4 壮苗培养

为了使植株健壮，使之能在移栽后保证较高的成活率，当在生根培养基上形成完整植株后，将植株转接到 1/2 MS＋2.0 mg/L IBA＋0.3% Ac 的壮苗培养基上进行壮苗培养。经 20 d 左右培养，平均每个试管植株长出 7~8 条粗壮的侧根，叶色浓绿。当苗高达 6~7 cm、根长为 1~1.5 cm 时即可炼苗移栽。

8.3.7.5 移栽与管理

芦荟试管苗移栽前应将培养瓶搬出培养室，并敞开瓶口于有太阳散射光的普通房间内炼苗 3~4 d，温度保持在 20℃左右。移栽时，可先向瓶中加少量水并摇动培养基，然后用镊子将试管苗轻轻取出，洗净基部黏附的培养基，用 1 000 倍高锰酸钾溶液浸泡消毒，稍加晾干后进行移植。基质不宜过湿。采用沙壤土：草炭＝2：1 混合基质可使移栽苗成活率达 90%以上。芦荟喜干燥、暖热的环境，温度应控制在 20℃以上，光线不可太强，最初 10 d 用塑料薄膜保持相对湿度 80%左右，3~5 d 浇水一次，"不干不浇，浇则浇透"，以后逐渐去除薄膜直至过渡到自然状态。移栽初期幼苗有转黄现象，这是初期适应反应所致，不影响成活率。经 2 周的过渡，植株又恢复生长，叶片逐渐转绿。当抽出新叶时，便可将植株移植于大田。

8.3.8 石斛

石斛（*Dendrobium nobil* L.）是兰科附生植物（epiphytes）的重要代表，又名不死草、林兰、禁生等。其品类众多，我国的 76 种石斛属植物中，有近 40 种可入药，其余还有供观赏、制作香料等用途的种。石斛作为重要的中药材，在我国历朝历代的医药典籍和民间偏方中十分常见。铁皮石斛（*Dendrobium officinale*）由于含有多糖、生物碱、氨基酸、菲类化合物等大量有益于人体健康的药用活性成分，有生津益胃、清热养阴的功能，可用于治疗热病伤津、口干烦渴、病后虚热、阴伤目暗等疾病。现代药理研究表明，石斛还具有抗肿瘤、抗凝血、降脂降压、提高免疫力、抗衰老等功效，被誉为"中华九大仙草之首"，民间将其称为"救命仙草"。石斛茎干燥加工后称为"枫斗"，具有极高的药用价值和经济价值，市场需求量很大。野生石斛由于种子细小、不含胚乳，在自然条件下极难萌发成苗，营养繁殖生产周期长，存活率低，自然繁殖能力极低，对生长环境的要求又极为严苛。长期的盲目采挖和生态环境遭到破坏，使得野生铁皮石斛资源濒临灭绝。野生铁皮石斛已被《国家重点保护野生植物名录》（第二批讨论稿）列为Ⅰ级保护植物。自然繁殖的石斛种苗不能满足市场的需求，而利用组织培养技术可以有效解决种苗的供给问题，从而扩大种植面积。

组织培养获得石斛再生植株的途径主要有两种。一是器官发生型，通过外植体组织培养，分化成芽，诱导生根；二是原球茎发生型，即通过对外植体组织培养，产生胚性愈伤组织并增殖，随后形成类胚组织原球茎，进而发育成完整植株。

8.3.8.1 茎段培养

以铁皮石斛为例，阐述石斛的茎段培养过程如下。

1. 外植体选择与处理

从一年生的铁皮石斛植株上选取生长健壮的茎段，除去叶片和膜质叶鞘，流水下冲洗 30 min，用洗衣粉水浸泡 20 min，继续用流水冲洗干净。在超净工作台上用 75% 酒精消毒 30 s，无菌水冲洗 3 次，再放入 0.1% $HgCl_2$ 溶液浸泡 10 min，无菌水漂洗 6 次，无菌滤纸吸干茎段外表水分。将茎段剪成长 1.0～1.5 cm 的带节小段，插入丛芽诱导培养基（MS＋1.0 mg/L 6-BA＋120 g/L 香蕉泥）中。10 d 后茎节部芽体出现突起，产生丛生簇芽。15 d 后，丛芽诱导率达 94%。

2. 丛芽诱导及增殖

30 d 左右长成健壮的芽体，继续培养至芽展开 2 片叶，将芽从茎段上切下，转入丛生芽诱导培养基（MS＋1.0 mg/L 6-BA＋0.05 mg/L NAA＋120 g/L 香蕉泥）上，进行丛生芽诱导培养。30 d 左右，芽基部长出绿色丛生芽。将丛生芽转接到相同培养基上进行增殖培养，50 d 继代增殖 1 次。随着继代次数增加，增殖速度逐渐加快，增殖系数可达 5～8 倍。

3. 生根培养

丛生芽逐渐长大成苗，再将丛生芽切成单苗，将单苗转入培养基（1/2 MS＋0.8 mg/L NAA＋120 g/L 香蕉泥）中进行生根培养。生根率可达 100%，生根系数达 4.12。生根阶段将蔗糖用量降低至 20 g/L，有利于根的形成与生长。

在工厂化育苗中，在生根培养基内添加 2% 石斛菌根共生菌液，可促进生根。

4. 炼苗移栽

待石斛组培苗高 3～4 cm、小叶 5～8 片、根 4～5 条时，将其移至自然光照下，用遮阳网遮光，进行常温闭瓶炼苗，1 周后揭去遮阳网，继续开瓶炼苗 3～7 d。炼苗温度以 15～30℃ 为宜，光照不高于 7 000 lx。将小苗取出，用清水洗净根部琼脂，再用 5% 甲基托布津 1000 倍液浸根 3～5 min，放在阴凉通风处晾至根系呈白色后，移入基质。铁皮石斛是气生根植物，移栽基质应以疏松且通透性好的原料为主，通常选用粉碎的松树皮作为移栽基质。栽后 7 d 内湿度保持在 90% 左右，之后为 70%～80% 即可，铁皮石斛长势好，根系发达，成活率可达 95% 以上。移栽后，注意定期喷施杀菌剂，注意水分管理，防止烂根烂苗。

以石斛茎段为外植体，还可经"带芽茎段—类原球茎—丛生芽分化—生根—再生植株"途径实现离体繁殖。将带芽茎段经常规消毒处理后，接种于 MS＋1.0 mg/L 6-BA＋1.0 mg/L NAA 培养基上，45 d 后类原球茎诱导率为 97.8%，形成的类原球茎呈浅绿色或绿色，颗粒状膨大，生长快，且有少量类原球茎开始分化，其形态学顶端有圆锥状的叶原基突起。将类原球茎转移到增殖培养基（MS＋2.5 mg/L 6-BA＋1.0 mg/L IBA）上进行增殖，30 d 后，类原球茎大量增殖，形成形态饱满、结构疏松、浅绿色的类原球茎，增殖倍率达 7.9。将增殖得到类原球茎分散开，选取生长良好、整齐一致的类原球茎在相同培养基上进行培养，30 d 后，丛芽诱导率可达 97.3%。60 d 后，将茎叶健壮、高 2～3 cm 的无根丛生芽，分离成单株，接转到生根培养基（MS＋0.5 mg/L NAA）中，30 d 后生根率为 100%，根生长快，平均根数 5.5 条，根长 6 cm（图 8-4）。培养温度（25±2）℃，光照时间 12 h/d，光照强度 2 000 lx。各阶段培养基中均添加马铃薯泥 60 g/L 和活性炭 0.5 g/L。

图 8-4　铁皮石斛茎段类原球茎诱导形成再生植株的过程（袁芳等，2019）

A. 铁皮石斛带节茎段；B，C. 茎段诱导的类原球茎和不定芽；

D. 类原球茎增殖；E. 类原球茎分化形成丛生芽，同时增殖产生更多的类原球茎；F. 生根苗

也可将带腋芽茎段经消毒处理后，接种于 N₆＋2.0 mg/L 6-BA＋0.2 mg/L IBA 培养基中，诱导原球茎的形成。将诱导形成的原球茎转入增殖分化培养基（N₆＋0.1 mg/L 6-BA＋5%～10%香蕉泥和马铃薯泥）中，连续两次继代增殖，得到丛生芽。将丛生芽转入 N₆＋0.2 mg/L NAA＋10%香蕉泥培养基中生根壮苗。转接 3 次后，苗高可达 6～8 cm，根长 3～4 cm，此时即可炼苗移栽。

在以茎段为外植体诱导原球茎获得再生植株的方式中，6-BA 与 NAA 比值高时更有利于原球茎的诱导，但 6-BA 与 IBA 组合比 6-BA 与 NAA 组合更有利于铁皮石斛茎段类原球茎的诱导、增殖和丛生芽分化，生根阶段 0.3～1.0 mg/L NAA 和 IBA 均能诱导芽苗生根，但 NAA 诱导生根的整体效果优于 IBA。

5. 其他石斛所需培养条件

石斛品种繁多，有 1 500 多种，但真正被广泛利用的只有几十种。在霍山石斛（*Dendrobium huoshanense* C. Z. Tang et S. J. Cheng）的茎段培养时，在 1/2 MS＋1.0 mg/L 6-BA＋1.0 mg/L NAA 培养基中，丛芽诱导数和诱导率分别为 2.5 和 87%；以 MS 为基本培养基添加 0.5 mg/L NAA 和 0.8 mg/L 6-BA，60 d 时丛芽增殖倍率可达 4 倍。在生根培养基中添加 0.4 mg/L NAA 和 0.1 mg/L IBA 可使平均根数、平均根长和生根率达 7.0 条、4.7 cm 和 100%，且根系生长快，生长健壮。用发酵的树皮

做基质，组培苗生长更为健壮，生长速度快，成活率达 90％以上。生长素的种类和浓度影响生根效果，浓度过低不利于生根，浓度过高生根慢且易形成愈伤根。有研究认为，生长素中 IBA 的生根效果最好，但也有研究表明，较高浓度的生长素和较低浓度的细胞分裂素组合可以产生最佳的生根效果。龚建英等（2019）对精品盆栽泼墨石斛（*Dendrobium* Enobi Purple 'Splashi'）的组培研究中发现，高质量浓度（3.0 mg/L）的 6-BA 与低质量浓度（0.5 mg/L）的 NAA 组合有利于不定芽的诱导，而高质量浓度（4.0 mg/L）的 NAA 与低质量浓度（0.2 mg/L）的 6-BA 组合有利于泼墨石斛丛生芽增殖，增殖倍率达 5 倍。在曲茎石斛（*Dendrobium flexicaule* Z. H. Tsi, S. C. Sun et L. G. Xu）组培苗增殖时，MS 和 B_5 培养基添加相同浓度的 6-BA，均能较好地增殖，但 B_5 培养基中组培苗的增殖效果优于 MS 培养基；在相同基本培养基 B_5 中，添加 NAA 的增殖效果（增殖系数、平均株高、生长情况）明显好于添加 2,4-D 和 IAA 的。在曲茎石斛组培中，不同继代周期对组培苗的增殖有影响，继代周期为 50 d 时，其增殖系数、株高好于 30 d 和 70 d。光照环境对培养材料的株高有影响，有研究表明，LED 白光下培养材料株高的一致性优于荧光灯下的培养材料。

香蕉泥对铁皮石斛的鲜质量、根数、茎高有促进作用，在促进茎的伸长方面效果尤为显著；马铃薯泥对铁皮石斛的根长、茎粗影响不大，但在鲜重和茎高等方面有显著促进作用；添加一定量的活性炭可以促进铁皮石斛根的生长。在基础培养基里添加一定量香蕉泥、马铃薯泥和活性炭有利于铁皮石斛的壮苗生根；添加马铃薯泥和活性炭，有利于铁皮石斛原球茎的增殖和分化。

以茎段为外植体快繁，具有较好保持母体优良性状的优点，但诱导率相对较低。随着石斛属以及兰科其他植物越来越多无菌播种技术的成功，发现通过无菌播种规模化快繁种苗更为简单、快捷，可降低育苗成本。

8.3.8.2 种子培养

1. 无菌萌发培养

用石斛种子为外植体的研究很多。一般选取石斛八成熟至成熟硕果，在流水下冲洗 60 min，洗衣粉水浸泡 20 min，流水洗净，在超净工作台上用 75％酒精消毒 30 s，0.1％ HgCl_2 消毒 8 min，无菌水冲洗 5～6 次。在无菌条件下用刀片将种子剥开，将种子均匀播在诱导培养基表面。或将种子加入无菌水成悬浮状态，用吸管吸取悬浮液，接种于培养基上。

2. 种胚萌发与原球茎形成

将'丹霞'铁皮石斛种子接种于 1/2 MS＋20％马铃薯泥的培养基上，进行原球茎培养，3 d 后种胚和种皮不断膨大，颜色由褐色逐渐变成绿色，10 d 后种胚明显膨大并转绿，21 d 形成球形原球茎。不同品种对培养基要求不同，不同激素或无激素培养基对不同品种的效应也有所差异。铁皮石斛种子在 1/2 MS＋2.0 mg/L 6-BA＋0.1 mg/L NAA 的培养基上，培养 20～30 d 可看到种胚明显膨大，由黄绿色转变为绿色，70 d 后可分化为石斛小苗。转入 MS＋0.5～2.0 mg/L NAA＋0.2～0.5 mg/L IBA 的培养基上进行生根培养，约 60 d 后，生根率可达到 100％。如果将铁皮石斛种子接种在无外源激素的 1/2 MS 培养基上，35 d 萌发率达 93％，将原球茎转入 MS＋1.5 mg/L 6-BA＋0.5 mg/L NAA 的增殖培养基中，增殖系数为

14.8；在原球茎分化成苗的培养基（MS＋0.5 mg/L 6-BA＋0.2 mg/L NAA）上，分化率达92％，长势良好。将组培苗转移到1/2 MS＋1.5 mg/L NAA 的生根培养基中，生根率达98％。

适合'报春'石斛种子萌发和原球茎增殖的培养基为 MS＋0.1 mg/L NAA＋1.0 mg/L 6-BA＋30 g/L 蔗糖。鼓槌石斛在1/2 MS＋1.0 mg/L NAA＋8％马铃薯泥＋0.1％活性炭的培养基中，20 d 即可在培养基表面观察到浅绿色的原球茎体，30 d 左右时，培养基表面即可布满成熟的原球茎。80 d 左右，培养基表面长满具1～2片真叶的实生小苗。暗培养有利于种子的萌发，20 d 后胚突破种皮时，应及时转到光照条件下培养，否则形成的原球茎瘦弱纤细，容易出现白化现象。

此外，黄草石斛种子在合适的培养基上，25～27℃下暗培养，可先诱导出愈伤组织，每月继代1次，3次后将愈伤组织置于光照条件为12 h/d，1 000～1 500 lx 下培养，愈伤组织会逐渐变绿，形成原球茎。原球茎的增殖很快，而且原球茎无性系长期继代培养仍可以保持较强的再生植株能力。原球茎在1/2 MS 培养基上，2个月可再生出完整小植株。

3. 培养条件

种子作为外植体，所需要的培养基以 MS 和1/2 MS 较为常用，N_6、B_5、KC、SH 也可以。N_6、MS、SH 可提高石斛种子萌发率，对种胚苗茎增粗有促进作用。培养基中加入20～30 g/L 蔗糖，可使原球茎更易增殖与保存。大量研究表明，石斛种子在培养基中不添加植物生长激素的条件下也可以正常萌发，生长成苗，但使用激素有促进作用。当6-BA、NAA 的质量浓度不超过2.0 mg/L 时，可促进鼓槌石斛种子的胚发育和成苗，质量浓度过高则抑制胚的发育。原球茎在 NAA 质量浓度为0.1 mg/L、6-BA 质量浓度为1.0 mg/L 的培养基中生长，原球茎增殖系数可达8.2，且丛芽生长表现良好。NAA 在1.0 mg/L 以下范围内随质量浓度升高，石斛种胚苗茎秆生长健壮，株高及鲜重增加、叶数和根数增多。石斛种子萌发和生长发育的不同阶段，对天然提取物的需求不同。种子萌发和原球茎诱导阶段，可以不添加天然提取物，但香蕉泥、椰乳、马铃薯泥具有良好促进作用。在原球茎增殖和分化阶段添加20％～30％的马铃薯泥和20％左右的香蕉泥具有良好效果；在壮苗生根阶段，可添加较多香蕉泥、较少的马铃薯泥以及6％左右活性炭。在石斛的组织培养中，适宜温度为（25±2）℃，光照时间为10～12 h/d，光照强度为1 500～2 000 lx。有研究发现，用石斛小菇、赤霉素、硝酸镧等液体处理剂灌根，能有效提高大棚铁皮石斛组培苗的株高、茎粗，起到良好的促生效果。

以种子为外植体的繁育途径为：种子萌发—愈伤组织诱导—原球茎诱导—原球茎分化—发芽—生根—完整植株，前期诱导耗时较长，但一旦进入原球茎分化阶段，即有较大的增殖系数，苗生长健壮整齐，可在一定时间内获得大量成苗。以茎段为外植体的繁育途径为：茎段—丛生芽—生根—完整植株，成苗周期短，自接入培养基中10 d 后，其茎节部就有芽体突起，并产生丛生芽簇，生长较快，芽体粗壮，30 d 后能生成健壮完整的芽体，短期代数就可以直接用于生根，不需要经过原球茎诱导阶段。但增殖系数小，苗生长不整齐（图8-5）。

对于石斛的组培苗工厂化而言，选用种子作为外植体具有利于无菌体系建立、

 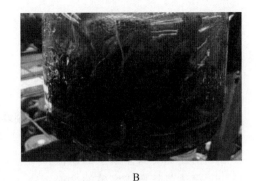

A   B

图 8-5　石斛茎段出芽苗与种子出芽苗（饶宝蓉等，2017）

A. 石斛茎段出芽苗　B. 石斛种子出芽苗

增殖倍率高、生长周期短和苗长势整齐一致等优点。

8.3.8.3　茎尖培养

1. 外植体选择与处理

以金钗石斛（*Dendrobium nobile* L.）为例。取材前 2～3 周将母体植株置于温室内培养，选择健壮无病茎尖剪下，常规消毒后接种到愈伤组织诱导培养基上。或者直接采用无菌试管苗，剥取 0.1～0.4 mm 的茎尖组织，接种到液体培养基中进行纸桥培养。

2. 生长和分化

培养 4～5 周，外植体形成愈伤组织。将愈伤组织切下转接到芽诱导培养基上。愈伤组织逐渐分化出原球茎，并萌发出不定芽。将不定芽切成数丛，转接到继代培养基上。当小苗长到高 1～2 cm 时将其切下，转移到生根培养基上。经过 5～6 周的培养，苗高可达 3～4 cm，并形成健壮根系。

3. 培养基和培养条件

金钗石斛愈伤组织诱导培养为 MS+0.1 mg/L NAA+2.0 mg/L 6-BA；芽诱导培养基为 MS+0.05 mg/L NAA+0.5 mg/L 6-BA+1 mg/L 腺嘌呤+50 mg/L 椰乳；继代培养基为 MS+0.05 mg/L NAA+0.5 mg/L 6-BA；生根培养基为 1/2 MS+0.5 mg/L NAA。所有培养基均添加 30 g/L 蔗糖，7 g/L 琼脂，pH5.8。培养温度 26～28℃，光照时间 10～12 h/d，光照强度 1 500～2 000 lx。

8.3.8.4　其他营养器官培养

石斛组织培养，依据不同培养需要，还可选取芽、叶片、根等作为外植体。将花色独特、观赏价值极高的泼墨石斛的高位芽放在合适的培养基上，其不定芽的诱导效果明显优于侧芽和花梗，而且能同时实现种苗快繁和保持品种特有的典型泼墨的花色特征。石斛叶片和根段在适宜的培养基上，能诱导愈伤组织。采用石斛的根段作为外植体，接种在 N_6+0.5～1.0 mg/L NAA+0.5～1.0 mg/L 6-BA 的培养基上可诱导形成胚状体群或芽簇，且极易分离，再转接在 N_6 或 MS 培养基上也能在短期内培养获得大批优质石斛组培苗。

复习题

1. 植物的离体繁殖有何意义？
2. 植物的离体繁殖途径有哪些？蝴蝶兰离体繁殖的主要技术途径有哪些？
3. 简述葡萄离体繁殖的意义。
4. 简述葡萄离体繁殖的途径。
5. 简述芦荟离体繁殖的过程。
6. 什么是兰花的原球茎、类原球茎、种子非共生萌发？
7. 体细胞胚发育途径有什么特点？
8. 蝴蝶兰离体繁殖的外植体为何常采用花梗？
9. 石斛组织培养的主要途径有哪些？
10. 简述石斛茎段培养程序。

9 植物种质资源离体保存

【导读】本章主要介绍植物种质资源离体保存的原理和技术。通过对本章的学习，了解种质资源保存的重要性，掌握种质资源超低温保存和常规保存的原理，重点掌握种质资源常温保存、低温限制保存以及超低温保存的方法和技术。

种质资源（germplasm resources）是在漫长的历史过程中由自然演化和人工创造而形成的重要自然资源，积累了由自然和人工引起的丰富遗传变异，是植物生产和育种的物质基础。在植物育种的发展史上，育种的重大突破都与种质资源的发现和利用密切相关，而且未来的农业生产在很大程度上取决于对种质资源的占有和利用程度。因此，种质资源的收集和妥善保存是保持植物遗传多样性、维持农业持续稳定发展的前提，是植物资源研究的重要内容。

受自然力、气候变化、生态恶化和人类活动影响，植物种质资源减少或流失的问题日益严重。研究人员发现，自 1753 年卡尔·林奈的《植物种志》出版以来，已有大约 1 234 个植物物种灭绝。在这些物种中，有一半以上被重新发现或重新分类为另一种生物物种，这意味着仍有 571 种物种被推测为灭绝。有生物学家估计，如果没有人类活动的干扰，在过去 2 亿年中，平均大约每 27 年才有一种被子植物灭绝。近百年来，由于人类干扰栖息环境，植物物种灭绝的速度提高了上百倍。仅从生物基因的角度看，每失去一个植物物种，就意味着失去了一种独特的基因库，这无疑是一种不可估量的巨大损失。

鉴于目前人为破坏植被之严重和自然界本身的潜在性演变，以及作物品种趋向单一性生产造成的品种资源的大量流失，必须及早采取有效措施，积极成立国家、国际区域和世界性的植物引种制度与保存机构，大力开展植物种质资源的科研攻关，加强植物种质资源的收集和保存工作。种质资源保存（germplasm conservation）是资源研究的基础，以维持一定样本数量、保持各样本的生活力及原有的遗传变异为目的，因此，要在适宜环境条件下进行种质资源的长时间保存。种质资源应该保持遗传完整性，并有较高的活力，能通过繁殖将遗传特性传递下去，还要有足够的群体，在繁殖过程中减少遗传漂移，使繁殖前后保持最大的遗传相似性。

植物种质资源保存的方法有原生境保存（*in situ* conservation）和非原生境保存（*ex situ* conservation）。前者是指在原来的生态环境中，就地进行繁殖保存种质，如建立自然保护区或保护小区，甚至保护点等途径来保护作物及经济林木的野生近缘植物物种。后者是指将种质保存于该植物原生态生长地以外的地方，包括异地保存（种质圃或植物园保存）、种质库（种子）保存、离体（试管）保存和基因文库等。植物种质资源可以分为 4 类，即正常性种子植物、中间性种子植物、顽拗性种子植物和无性繁殖植物。能产生正常性种子的植物种质资源通常是在低温库以种子形式进行保存的。不能产生正常种子的植物种质资源通常在田间种质圃、植物园、原生境保护区（点）进行野外保存和在试管苗库、超低温库进行离体保存。原生境保存和异地保存成本较高，且易受自然灾害、病虫害的侵袭。种子保存占用空间小且能保存多年，但是种子生活力会随保存时间的延长而下降；种子常受到病虫的危害而丢失，另外以无性繁殖为主的植物用种子繁殖时会因分离而出现性状变异。

基于上述原因，从 20 世纪 60 年代开始，发展了植物组织培养离体保存种质的技术。种质资源的离体保存（germplasm conservation in vitro）是指对离体培养物（包括小植株、器官、组织、细胞或原生质体）采用限制、延缓或停止其生长的处理进行保存，在需要时可重新恢复生长并再生植株的方法。迄今为止，离体保存种质已在多种植物上得到应用，已经或正在建立离体种质保存库。

9.1　植物种质资源离体保存的意义

植物种质离体保存技术是在植物组织培养基础上发展起来的。1969 年，Galzy 将葡萄分生组织得到的再生植株在 9℃下保存，每年继代 1 次，转到 20℃下能很快恢复生长，利用该技术将试管苗保存了 15 年。这是离体保存种质的首次报道。1973 年，Nag 和 Street 将胡萝卜细胞在液氮（－196℃）中冷冻后成功再生。1974 年，Mullin 等将无病毒草莓试管苗在 4℃下保存了 6 年之久。1975 年，Henshaw 和 Morel 首次提出离体保存（*in vitro* conservation）植物种质的策略，受到植物界的高度重视。1980 年，国际植物遗传资源委员会增加了对营养繁殖材料收集保存研究的支持，1982 年还专门成立了离体保存咨询委员会。随后，有关国际组织和许多国家或地区相继建立了植物种质离体基因库，许多不能用常规种质保存的植物已采用这种方法得以保存。目前，组织培养技术保存种质已在 1 000 多种物种和品种上得到了应用，并取得了很好的效果。但是，组织培养体的维持还有困难，在植物组织和细胞的培养过程中，不断的继代培养会引起染色体和基因型的变异，从而一方面可能导致培养细胞的全能性丧失，即分化形成新植株能力的丧失；另一方面，具有一些特殊性状的细胞株系，例如具有某种特殊产物的细胞系，以及具有某种抗逆性的细胞系，这些十分宝贵的性状，也有可能在继代培养时发生丢失。随着组织和细胞培养工作的迅速发展，具有特殊性状的细胞系日益增多，特别是细胞工程和基因工程的发展，需要收集和储存各种植物的基因型，使之不发生改变，所有这些都需要建立一种妥善的种质保存方法。

鉴于传统保存方法的缺陷以及新种质材料对保存方法的特殊要求，使得离体保存技术很快发展成为植物种质保存的重要途径和方法。植物离体保存的优点在于：①具有很高的增殖率。离体种质保存在限制生长或停止生长的状态下，当转接到有适宜的营养、温度和光照条件的人工环境后，可迅速恢复生长。②在相对少的空间内可保存大量的种质。保存的材料体积小，占用空间小，可以节省大量的人力、物力及财力。③免遭病虫害的袭击。离体种质保存在无菌密闭环境下，不受病虫危害，也不受一般的自然灾害的影响。④可以保存一些特殊的种质，如远缘杂种的不育后代、体细胞杂种植株以及一些挽救的濒危物种等。⑤便于种质的交换与发放，减少检疫手续等。

几十年来，各种离体保存技术逐渐发展起来。总的来说，按保存时间长短，离体保存可分为短期、中期和长期保存；按照保存的方式，离体保存可分为一般保存（general conservation）、缓慢生长保存（slow growth conservation）和超低温保存（cryopreservation）。一般保存是指在常规培养条件下对培养物通过不断继代的方法进行保存，是一种短期保存方式，对种质的交换和脱除病毒很有帮助。保存的材料随时可以进行扩繁，但长期连续继代会导致污染和遗传变异的发生。缓慢生长保存是在保证植物种质遗传完整性的前提下限制试管苗的生长，减少继代次数，达到中期保存植物种质资源的目的。缓慢生长保存可采用的方法很多，从操作方式上大致可分为两类。一是调整培养基成分，如调整碳含量、改变激素种类和含量以及增加渗透调节物质；二是改变保存条件，如光照和含氧量。上述方法虽然原理不同，但都能达到限制生长的目的。超低温保存是停止生长的保存方法，属于长期保存方法。按照保存的温度，离体保存可分为常温限制保存（restricting conservation at ordinary temperature）、低温保存（conservation at low temperature）和超低温保存（cryopreservation），前两种均属于中期保存方法。下面就以保存温度为划分依据，对植物种质资源离体保存方法进行阐述。

9.2　植物种质资源的常温离体保存

在正常条件下的组织培养不适合种质保存。因为在正常的组织培养中，培养物处于最适合的营养调控下。人为控制适宜光照、温度和湿度条件，材料生长很快，需经常进行继代。这样的保存方式不仅使保存工作量加大和费用升高，也导致在继代中的污染和由取样的随机性造成基因资源的丢失。理想的保存方法是使培养物处于无生长或缓慢生长状态下，使植物的生长受到抑制，减少继代次数，达到长期保存目的。需要时培养物可以迅速恢复正常生长。抑制生长的外植体可以是茎段、茎尖及愈伤组织。

常温限制保存是指在正常培养温度下，通过减少培养基成分、提高渗透压、添加生长延缓剂或抑制剂、干燥、降低氧分压、改变光照条件等，限制培养物的生长，使转移继代的间隔时间延长达到保存种质的方法，是离体种质保存的一种常用方法。不同限制保存方法的基本原理基本相似，都是通过严格控制一种或几种培养条件，使培养物以极慢的速度生长，从而延长继代培养的时间间隔。在培养过程中，首先要注意保持培养基的湿度，避免水分蒸发、培养基干燥引起试管苗失水死亡。此外培养物由于长期处在不良的营养条件或生长环境中有可能产生变异，所以要定期进行细胞学、遗传学和生产性状的鉴定，确保种质遗传性状的稳定。

9.2.1　饥饿法

饥饿法是在培养基中减少 1～2 种营养元素，或者降低某些营养物质的含量，或者略微改变培养基成分，使培养植株处于最小生长量从而延长继代间隔的保存方法。植物生长发育状况依赖于外界养分的供给，如果养分供应不足，植物生长缓慢，植株矮小。通过调整培养基的养分水平，可有效地限制细胞生长。

葡萄茎尖培养物在低含量硝酸铵的 MS 培养基上，标准的培养条件下保存 262～290 d 的存活率比在低温（5～10℃）下的 MS 培养基上保存的存活率要高。菠萝组培苗在 MS 标准培养基保存 1 年后，存活率低、长势差，而在 1/4 MS 无机盐＋全量有机物＋3% 蔗糖的培养基上保存 1 年，小苗全部存活，长势很旺盛，所有小苗都未产生愈伤组织。咖啡分生组织培养的小植株在无蔗糖的 1/2 MS 培养基上，可保存 2～2.5 年。菠萝试管苗在 3 种不同培养基即无菌水、完全 MS 及 1/4 MS（无机盐质量分数只有完全 MS 的 25%，有机质含量与完全 MS 等同）于 25℃，每天 16 h 光照下，1 年后保存效果存在较大差异。其中在 1/4 MS 培养基中保存效果最好，试管苗保存率及再生率均达 100%。其次是无菌水，保存 1 年后 81% 的植株仍保持活力，且活力高于保存在完全 MS 培养基中的试管苗，该技术已被美国 Hilo 国家无性系资源圃用于菠萝种质保存。而四季橘来自成熟胚培养的试管苗在附加低浓度生长调节剂的大量元素减半的 MS 培养基上，每年继代 1 次或不继代，大部分试管苗能保持 2 年，转移到新鲜培养基上可迅速恢复生长，大量增殖成苗。

此外，培养基中碳源种类及含量对培养物保存效果有明显影响。用 1% 果糖代替 2% 蔗糖的培养基明显减缓番木瓜芽培养物生长，保存 12 个月后，100% 芽体恢复生长。柑橘茎尖培养物在含 1.5% 蔗糖培养基上保存效果最好。因此，有人建议对于热带作物，可用这种方式代替低温保存。在（27±1）℃、黑暗条件下，成熟的椰子合子胚在不含蔗糖、含 2 g/L 活性炭的改良 MS 培养基中培养 6 个月后存活率为 100%，而在含 15 g/L 蔗糖不含活性炭的改良 MS 培养基中，保存 1 年后有 51% 的合子胚存活并能再生植株。MS 改良培养基中的碳源对甘薯不同种源试管保存的效果不同，由蔗糖改为乳糖、甘露糖或葡萄糖，甘薯试管苗生长会受到抑制，但碳源不同、甘薯品种不同，试管苗受抑制的程度不同。其中乳糖对于不同品种间芽体生长力的影响较不一致，甚至使'台农 66 号'的生长完全停滞。甘露糖及葡萄糖能有效地抑制芽体的生长，且仍保持生命，而麦芽糖及果糖对外植体生长抑制效果较小。若以半乳糖及阿拉伯糖为碳源，对甘薯'台农 57 号'及'台农 66 号'皆造成芽体生长停滞，且有褐变死亡现象。若以 3% 葡萄糖作为抑制外植体的主要碳源，可延长继代培养周期 6 个月之久。

9.2.2　高渗保存法

高渗保存法是指利用培养基的高渗透压，减少离体培养物吸收养分和水分的量，减缓生理代谢过程，从而减缓生长速度，达到抑制离体培养材料生长，延长继代间隔周期的种质资源保存方法。一般在培养基中添加高渗化合物，这类化合物提高了培养基的渗透势负值，造成水分逆境，降低细胞膨压，使细胞吸水困难，减弱新陈代谢活动，延缓细胞生长。不同植物培养物保存所需要的渗透物质含量不一样，但试管苗保存时间、存活率、恢复生长率受培养基中高渗物质含量影响的变化趋势基本相同，呈抛物线形。这类化合物在保存早期对试管苗存活率影响不大，但随着时间的延长，对延缓培养物生长，延长保存时间的作用愈加明显。一般情况下，通过改变蔗糖、甘露醇、山梨醇的含量来调整渗透压。很多培养材料适合的蔗糖含量为 3%，蔗糖含量提高到 10% 左右后即可明显抑制培养物的生长。甘露醇常作为渗透调节物质添加在培养基中形成渗透胁迫，由于不容易被外植体吸收利用，所以能长期保持培养基的高渗效果，较为持久地抑制外植体生长，起到离体保存作用。在合适质量浓度范围内，随甘露醇质量浓度升高，延缓作用越强，离体保存效果越好。如魔芋不定芽低温保存时，在培养基中加入 20 g/L 甘露醇，有利于芽的低温保存。马铃薯试管苗培养在 6～10℃ 低温下，培养基中添加 4% 甘露醇，可保存 1～2 年，存活率在 90% 以上。此外甘露醇和蔗糖复合处理进行种质离体保存在很多植物上取得了较好效果，二者的作用质量浓度一般为蔗糖 15 g/L ＋甘露醇 15 g/L。蔗糖在培养基中有双重作用，低含量的蔗糖因使培养基缺乏营养，延缓植株生长，高含量蔗糖形成渗透胁迫抑制植株生长。而低含量蔗糖与近似含量甘露醇组合在未形成渗透胁迫前提下，相互间的平衡有利于提高试管苗存活率。

9.2.3　生长抑制剂保存法

　　生长抑制剂保存法是指在培养基中添加适当浓度的生长抑制剂，延缓培养材料的生长速度从而延长继代间隔时间的保存方法。生长抑制剂是一类天然的或人工合成的外源激素，具有很强的抑制细胞生长的生理活性。试验表明，完善和调整培养基中的生长调节剂配比，特别是添加生长抑制剂，利用激素调控技术，不仅能延长培养物在试管中的保存时间而且能提高试管苗质量和移植成活率。常用的生长抑制剂有矮壮素（2-氯乙基三甲基氯化铵，CCC）、多效唑（PP_{333}）、N-二甲氨基琥珀酰肼酸（B_9）、脱落酸（ABA）等。

　　天然生长抑制剂脱落酸（ABA）具有抗赤霉素的作用。它可作为变构效应剂，通过变构作用而抑制有关促进生长的酶活性，阻碍 RNA 聚合酶的活性，抑制 DNA 的合成，阻止外植体生长活动。脱落酸使用质量浓度不宜高，最大用量一般为 5～10 mg/L，否则植株会出现叶片黄化、早衰等症状，导致生活力下降。马铃薯茎尖培养物在含有脱落酸和甘露醇或山梨醇的培养基上保存 1 年后，生长很健壮，转移到 MS 培养基上生长正常。多效唑、高效唑（S3307）、矮壮素和三唑类植物生长抑制剂，主要通过缩短植株节间而起到矮化作用。木薯在常温下试管苗保存的适宜多效唑质量浓度为 1.0～1.5 mg/L 或 B_9 和 S3307 质量浓度均为 0.5～1.0 mg/L，保存 240 d 时存活率超过 90%，试管苗根系发达、叶色浓绿、生长健壮。甘蓝型油菜试管苗在培养基中添加多效唑保存，生长抑制效果明显增强，转管频率由原来的 3 个月延长到 6 个月。猕猴桃试管苗在附加多效唑的 MS 培养基中、19℃ 下保存 11 个月后，存活率为 90%。多效唑抑制草莓试管苗生长的同时，还有明显的促根作用。适宜含量的 CCC 具有延缓葡萄试管苗的生长、抑制节间伸长的作用，含量过高则有害，最适作用含量一般为 10～20 mg/L。高效唑显著抑制葡萄试管苗茎叶的生长从而促进根系的加粗，提高根冠比，使试管中扦插的葡萄茎段产生极度缩小的微型枝条，宜于试管内的长期保存。青鲜素（顺丁烯二酸酰肼，MH）抑制植物顶芽和侧芽生长。由于培养物本身的遗传基础、来源、生理状况、内源激素水平以及培养条件（培养基成分、光照、温度等）的差异，植物组织培养物缓慢生长保存的有关文献中尚无通用的生长抑制剂种类、含量的配方，生长抑制剂的作用效果和适用含量因品种的不同而异。

9.2.4 低压保存法

低压保存法是指通过降低培养容器中的气压或氧分压，抑制培养材料生长速度从而延长继代间隔时间的保存方法。低压保存包括低气压保存和低氧分压保存两种方法。低气压系统（LPS）是通过降低培养物周围的大气压而起作用的，其方法是使与植物材料接触的所有气体的分压降低。低氧分压系统（LOS）则是在正常气压下（101.308 kPa），加入氮气等惰性气体使其中的氧分压降到预定大小。用 LPS 和 LOS 保存不同组织器官和种类，发现在低于 6 665 Pa 的氧分压下，外植体生长速率和生长量均降低，无论有结构还是无结构的植物组织均受低氧分压的影响，且不会导致培养物表型上的差异。

低氧分压用于植物组织培养物保存的想法是由 Caplin（1959）提出的。Bridge 和 Staby（1981）首次报道采用降低培养物周围的大气压力或改变氧含量来保存植物组织培养物，烟草、菊的小植株在低氧分压环境中保存 6 周后取出，自然生长到成熟，整个生长发育过程中没有发生表型变化。Augereau 等（1986）证实，用矿物油覆盖技术成功地保存了多种植物愈伤组织，将胡萝卜愈伤组织保存于试管中，上面覆盖一层植物油，使培养物与空气隔绝，在 26℃ 条件下，5 个月继代 1 次，保存活力达 3 年之久。桃及桃×柠檬杂种茎尖培养物在 0℃、低氧（0.20%～0.25%）条件下保存 12 个月，不仅全部成活，而且后期再生能力强；12℃、25℃ 缺氧环境可代替低温保存 4～6 月。目前，有些学者极力倡导这种保存技术。但有学者认为该法很可能会导致外植体玻璃化，恢复生长缓慢，且外植体一部分或全部死亡。然而，有关低氧对细胞代谢功能的影响还有待研究。

低气压保存法中氧气浓度不可降得过低，否则造成毒害，材料生长速度极度下降。LPS 中培养基在低气压下易失水，这对物种保存来说，会限制培养物贮藏时间。通过增高培养室的相对湿度或减少每小时的空气交换量，可缓解这一矛盾。

关于低压保存的原理有以下几种解释：一种认为，二氧化碳的量随氧分压的降低而减少，加之温度较低，因此呼吸作用减弱；另一种认为低氧下，空气不断流动，带走了乙烯等有毒气体，因而延缓培养物衰老。该方法可在常温下进行，非常适合对冷敏感的热带植物的离体保存。

9.2.5 干燥保存法

干燥保存法是指将愈伤组织或者体细胞胚等培养物，适当干燥失水处理后进行保存的方法。水分是植物细胞进行生理活动的基础，含水量降低后细胞活动减弱，生长速度减慢，可延长继代间隔时间。此法与传统的种子贮藏相似。但愈伤组织和体细胞胚对于脱水比较敏感，因此，要进行预处理以促进干燥培养物的存活率。一般做法是将蔗糖浓度增至 0.15 mol/L 或更高，预处理 12～20 d。蔗糖可能作为低温保护剂改变细胞中水分结构，或者间接增加干物质含量，从而提高培养物的存活率。同时核酸、蛋白质等所携带的信息不会因水分的丢失而丧失，而且它们的保存也需结晶水。大多数双子叶植物干燥保存必须预处理；禾本科植物可以不经预处理，直接干燥保存。

干燥方法有两种，即胶囊化处理（encapsulation treatment）和脱水处理。前者是将培养愈伤组织块等放在灭菌的明胶等胶囊（0.5 cm³）中密封，在实验室中放置几天进行干燥。后者是将培养物用无菌硅胶干燥或放入高浓度蔗糖培养基干燥或将培养物放在灭菌滤纸上，置于空气层流橱中，无菌空气流干燥。

干燥后的愈伤组织或体细胞胚一般用 0℃ 以上低温或室温进行贮藏。其温、湿、气等保存条件，可依据相应种子贮藏条件来选择。有报道将足叶草（*Podophyllum hexandrum*）体细胞胚胶囊化后，可贮藏 4 个月不继代。紫花苜蓿（*Medicago sativa*）体细胞胚含水量降至仅 15％ 时，即使放在室温下也能保存 8 个月。

9.2.6 低光照保存法

低光照保存法是指适当减弱培养物的光照强度或减少光照时间，进而减缓试管苗生长达到延长继代间隔周期的保存方法。如在温度 16～20℃、光强 1 000 lx 的培养条件下（培养基中含 1％甘露醇）草莓试管苗只能保存 7 个月，但在温度 10℃、光强 500 lx 条件下，可以保存 15 个月，且存活率在 80％ 以上。利用低温、弱光照和生长抑制剂处理的最小量生长条件保存马铃薯种质资源在国内外已得到广泛应用。光照和昼夜温差是植物生长过程中的重要影响因素，在组织培养研究中经常用光照和昼夜温差来调控培养物生长状态及分化方向等。多数研究证明，长时间、高强度的光照有助于苗的成长和干物质积累，而短时间、低强度的光照有利于愈伤及胚性愈伤的形成以及某些次生代谢产物的积累。植物组织培养物在生长保存过程中，是否需要光照，除愈伤组织在黑暗中保存外，其他材料要求不一。一些研究者认为，适当减弱光照强度、缩短光照周期有利于延缓培养物生长，光照过强，易使培养物变枯，光照过弱，培养物生长纤弱，到后期不能维持自身生长而死亡。另一些研究者认为，在暗中保存的方法大多与低温相配合，具体实例见 9.3.1 节。也有报道强光有利于保存。在卓越红花械离体保存中，光照时间和光照强度都对离体材料的生长及分化有影响，而且影响效果持久，交互作用显著，不能以单一因素而论。光照 24 h 条件下，所有指标都是弱光高于强光，随着光照时间减少，差异越来越小并逐渐转为强光高于弱光。

9.3 植物种质资源的低温离体保存

9.3.1 低温保存的方法

低温离体保存是一种使培养物缓慢生长的保存方法，是通过控制培养温度（一般是非冻结温度）来限制培养物各种生长因子的作用，使培养物生长减少到最低限度，从而延长继代间隔周期。在低温保存植物培养物过程中，正确选择适宜低温是保存后植物高存活率的关键。植物对低温的耐受力与它们的起源和最适生长的生态条件有关，不同植物乃至同一种植物不同基因型对低温的敏感性不一样。植物对低温的耐受性不仅取决于基因型，也与其生长习性有关。热带作物对低温的耐受能力较温带作物差。通常认为，温带植物在 $0 \sim 6 ℃$ 下保存，而热带植物最适低温为 $15 \sim 20 ℃$。Mullin 和 Schlegel（1976）在 $4 ℃$ 的黑暗条件下将离体培养的 50 多个草莓品种的茎培养物保持其生活力长达 6 年之久，其间只需每几个月加入新鲜的培养液。葡萄和草莓茎尖培养物分别在 $9 ℃$ 和 $4 ℃$ 下连续保存多年，每年仅需继代一次。苹果茎尖培养物在 $1 \sim 4 ℃$ 下贮存 12 个月，仍未失去其生长、再生的能力，移至常温（$26 ℃$）下，这些材料均能再生植株。梨试管苗在 $4 ℃$ 下，每 2 年继代一次，保存后，材料田间生长正常。猕猴桃茎尖培养物在 $8 ℃$、黑暗条件下保存 1 年后，全部成活，且能产生很多茎尖。芋头茎培养物在 $9 ℃$、黑暗条件下保存 3 年，仍有 100% 的存活率。

关于常温限制保存和低温保存中的遗传变异，相关报道较少。欧洲山杨（*Populus tremula*）可以在 $10 ℃$ 下保存 1 年，而不影响活力恢复，但是在低温下能检测到脱落酸、脯氨酸及超氧化物歧化酶等合成活跃，低温处理 3 天即能检测到 2 种新合成蛋白。大量研究证明低温胁迫能引发植物的一系列生理变化，甚至影响基因表达，但还不明确低温胁迫是否会引起遗传变异。一般来说，材料只有在添加了生长抑制剂或渗透物质的情况下，才会发生较大变异，而采用降低培养温度、缩短光照时间、降低光照强度和采用营养控制的方法，材料一般不会发生变异。

9.3.2　影响低温保存的因素

影响植物材料低温保存效果的因素是多方面的，以下主要从培养基、保存温度以及外植体大小三个方面进行分析。

9.3.2.1　培养基

培养基的选择（主要是生长延缓因子的种类）是一个重要因素。它直接关系到材料存活率的高低、生长恢复的快慢及遗传稳定性等问题。低温保存中常用的生长延缓因子主要有甘露醇、山梨醇、ABA、BA 等。其中 ABA 一般造成保存后材料恢复生长延迟。低量甘露醇有较好的保存效果。在培养基中，甘露醇的主要作用是增加培养基的渗透势，以减少不定芽对培养基水分的吸收，并影响对培养基成分的吸收利用，降低不定芽的代谢强度，从而达到延缓生长的目的。

培养基中抑制生长的物质种类或数量不适宜，会影响保存效果。例如在苹果试管苗保存中不加 BA 或添加 ABA 的处理，存活率较低。而在四季柑胚培养离体保存中加入低量 CCC 和 ABA 等生长延缓剂可适当降低生长速度。因此，不同材料所用抑制物量亦不同。常温下，高质量浓度的细胞分裂素 BA（8 mg/L BA）可离体保存芋 370 d，而苹果试管苗仅需 0.5 mg/L BA 即可。

培养基中有毒物质的积累，可能是琼脂不纯，含有对植物材料有毒的杂质，也可能是在培养过程中，植物材料产生的有害物质（如多酚化合物的氧化褐变）得不到及时清除导致的，这些都会降低低温保存的材料存活率。

9.3.2.2 保存温度

保存温度是低温保存中另一个重要因素，它关系到材料保存时间的长短和存活率的高低。一般温带作物贮存温度在 0～12℃ 或 6～12℃；而热带作物为 14～18℃ 或 15～20℃（辛淑英，1989）。不适的低温会破坏细胞膜系统及酶活性。

9.3.2.3 外植体大小

保存材料大小也是直接影响低温保存效果的一个重要因素。材料太小不利于保存。材料太小时，在低温下组织内形成氧自由基，而保护性酶如 POD，SOD 等活性不足以及时清除这种高度反应性的自由基，造成生物膜氧化、细胞器及生物大分子功能丧失，导致细胞死亡。另外，转接中的切割伤害，尤其是低温胁迫，使某些材料组织富含的多酚化合物氧化成醌，导致蛋白质和酶的失活，可引起组织细胞代谢失调，最终组织死亡。

此外，培养器皿的封口材料也会影响保存效果。柑橘试管保存时，分别以棉塞、棉塞加聚乙烯膜以及橡胶塞等作封口材料，发现用棉塞加聚乙烯膜保存效果最好。

9.4 植物种质资源的超低温离体保存

超低温保存是指在 −196℃ 的超低温中保存种质资源的一整套生物学技术。植物材料在如此低的温度下，调节和控制细胞生长代谢的各类酶的作用受到极大抑制，新陈代谢活动基本停止，处于"生机停顿"或"假死"状态。经过超低温保存后，处于"假死"状态的植物材料能保持正常细胞的活性、形态发生潜能和遗传稳定性，从而达到长期保存植物材料的目的。超低温保存在理论上可以无限期保存种质资源，因此成为长期稳定地保存植物种质资源及珍贵实验材料的一个重要方法。

半个多世纪以来，超低温保存技术发展很快。利用超低温冷冻技术成功保存了血细胞、淋巴细胞、杂交瘤细胞、骨髓、角膜、皮肤、人和动物精液、动物胚胎等。但植物细胞体积大、液泡化程度高，对冷冻极其敏感，因此，超低温保存技术难度大。1922 年 Knowlton 将金鱼草花粉在 −180℃ 冷冻后仍获得一定程度的萌发率，是植物种质超低温冷冻保存的最早报告。1956 年 A. Sakai 首次报道耐寒桑树枝经冷冻脱水后超低温保存能存活；1968 年 R. S. Quatrano 报道了亚麻培养细胞经二甲基亚砜（DMSO）预处理后能够抗 −50℃ 低温；1971 年 Latta 报道胡萝卜悬浮细胞在液氮（−196℃）中保存成功，且再生出胚状体；1976 年 M. Seibert 报道了麝香石竹茎尖超低温保存成功。之后超低温保存技术在植物种质资源保存方面的研究逐渐深入，保存技术由最初的快速冷冻法和慢速冷冻法发展为玻璃化法、干燥冷冻法、包埋脱水法等新的方法，应用范围逐渐扩大，已有近千种植物成功进行了超低温保存。一些植物种质资源实现了规模化超低温保存，如苹果、桑树休眠芽和马铃薯茎尖。外植体材料类型有原生质体、悬浮细胞、愈伤组织、体细胞胚、胚、花粉、茎尖、分生组织、芽和种子等，各类型材料超低温保存的优缺点及适用物种见表 9-1。

植物生物技术导论

表 9-1　超低温保存材料类型的优缺点及适用物种（陈晓玲等，2013）

外植体材料类型	优缺点	适用物种
种子	超低温保存操作简单，可大大延长种子寿命	珍稀、濒危、野生正常性种子，中间性种子（番木瓜、茶、杏、阳桃、柑橘、油棕），短寿命种子，顽拗性种子（橡胶）
茎尖分生组织	超低温保存的一种理想材料，可维持遗传稳定性；所需保存空间较小	适用植物范围广，包括温带和热带植物
休眠芽（枝条）	超低温保存操作简单，可以避免超低温保存后进行组织培养的污染问题；但需专用仪器设备如程序降温仪等来精确控制降温速度，取材时间受季节限制，所需保存空间较大，解冻复苏后需要熟练的嫁接技术	耐寒木本植物，如温带、亚温带植物（苹果、桑、李、柿、核桃、柳树、榆木），热带植物还未见报道
花粉	超低温保存操作简单，可保持特定的基因型，解决杂交育种时的花期不遇或地理隔离等问题，也可免去每年种植同一父本材料；取材时间受季节限制	短寿命的三核型花粉（禾本科、十字花科、菊科等）、顽拗性种子植物（没有其他长期保存方案）
合子胚（胚轴）	超低温保存操作简单；体积小、具有形态发生潜力的芽尖和根尖，解冻复苏后能生长成正常植株	正常性种子（花生）、非正常性种子（椰子、佛手瓜、榛子、咖啡、橄榄、杏、茶、柑橘、木菠萝、棕榈）
愈伤组织和体细胞胚	相对容易，方法简单，需要预先建立完善的胚性愈伤诱导组培体系，对超低温保存前需要确定愈伤组织维持高度扩繁和再生能力的状态。有的物种需要使用程序降温仪进行降温速度精确控制，但超低温保存后是否能维持较高的遗传稳定性，尚存在争议	很多物种，如冷杉属、云杉属、松属、栎属、油棕、柑橘属、苹果、草莓、洋橄榄、甜樱桃、芦笋、甘薯、水稻

　　植物种质超低温保存有如下优点：①长期保持种质遗传性的稳定；②保持培养细胞形态发生能力；③保存稀有珍贵及濒危植物的种质资源；④保存不稳定性的培养物，如单细胞；⑤长期贮存去病毒的种质；⑥防止种质衰老；⑦延长花粉寿命，解决不同开花期和异地植物杂交上的困难；⑧便于国际的种质交换；⑨经过超低温保存后的再生植株，有可能产生高抗寒性的新材料；⑩用于超低温保存的设备较简便，不需要大量的基本建设投资。因此，超低温保存技术具有重要的意义和广阔的应用前景。

9.4.1　超低温离体保存的原理

植物的正常生长发育是一系列酶反应活动的结果。植物细胞水分由自由水和游离水组成，含水量很高。植物处于超低温环境中，细胞内自由水被固化，仅剩下不能被利用的液态束缚水，酶促反应停止，新陈代谢活动被抑制，植物材料将处于"假死"状态。在低温冷冻下，被储存的细胞有极大的结冰致死的风险。结冰的危险性存在于两个过程：细胞冷冻的过程和从液氮移出的解冻过程。如果在降温和升温处理过程中材料没有发生化学组成的变化，而物理结构变化是可逆的，那么，保存后的细胞能保持正常的活性和形态发生能力，且不发生任何遗传变异。因此超低温保存的核心技术是阻止在这两个过程中细胞内的水转变为冰。

纯水在0℃下结冰，植物细胞内的水由于含有无机盐或有机分子使冰点下降，结冰的最低温度是−68℃，所以含水细胞或组织的贮藏温度必须低于−70℃。在这样的超低温下保存而不丧失形态发生能力，一般认为有两大理论基础。第一个是细胞冷冻结冰与伤害理论。生物细胞在有防冻剂存在的降温过程中，随着温度降低，胞外首先冻结，到−10℃时细胞外介质结冰已基本完成。由于细胞膜阻止细胞外水进入细胞内，细胞内水处于超冷状态而不结冰，造成细胞内外的蒸汽压差，细胞按其蒸汽压梯度脱水。只要降温速率不超过脱水的连续性，脱水和蒸汽压变化保持平衡，细胞内水不断向细胞外扩散，细胞原生质浓缩，从而使胞内溶液冰点平稳降低。这种逐渐除去细胞内水分的过程称为"保护性脱水"。保护性脱水能有效地阻止细胞质和液泡内结冰，但也往往造成"溶液效应"。这是因为过度脱水使细胞内盐浓度上升，有害物质积累，蛋白质分子间形成二硫键，破坏蛋白质和酶的结构，膜的完整性受到伤害。除此之外，若冷却速度加快，细胞内的自由水来不及扩散而在胞内结冰，还能造成机械伤害。因此冷冻保存就是以避免产生这两种伤害为目的的。第二个是溶液的玻璃化理论。溶液经晶核形成和晶核生长过程而固化。溶液在降温时，如果没有均一晶核或晶核生长缺乏足够时间，就首先形成过冷的溶液，即低于冰点而不结冰的液态。继续降温，均一晶核开始形成，这时候的温度称为均一晶核形成温度，也叫过冷点。如果降温速度不够快，就形成尖锐的冰晶；降温速度足够快，均一晶核很少或几乎没有形成，或均一晶核生长缺乏足够的时间，溶液就进入无定形的玻璃化状态。此时的温度称为玻璃化形成温度。在玻璃化形成过程中，细胞迅速通过冰晶生长危险温度区，没有因冰晶形成对细胞造成的机械伤害，也没有溶液效应对细胞的损伤，细胞就不会死亡。

在超低温保存中，只有使保存的材料进入玻璃化状态才能避免对细胞产生伤害。材料玻璃化的程度有部分玻璃化和完全玻璃化。部分玻璃化是指胞内玻璃化。细胞在适度脱水后，快速投入液氮，迅速通过了冰晶生长的温度区，从而使细胞内进入玻璃化状态。早期的保存方法如快冻法、慢冻法和其他方法，细胞都是通过部分玻璃化而存活的。完全玻璃化是细胞内外的溶液在快速降温过程中均进入玻璃化，可以通过使用高浓度保护剂或增加静水压力而实现。因为随着保护剂浓度提高或静水压力增加，均一晶核形成温度下降，玻璃化形成温度升高，两者相交有可能产生稳定的玻璃化。

常见的冷冻保护剂有二甲基亚砜（DMSO）、聚乙二醇（PEG）、甘油及多种糖类等。防冻剂一方面在溶液中产生强烈的水合作用，提高溶液的黏滞性，从而可在温度下降的同时降低冰晶形成和增长的速度；另一方面可以增加细胞膜透性，加速细胞内的水流到细胞外结冰，从而防止细胞内结冰的伤害。复合保护剂比单一保护剂更容易使材料进入玻璃化，如 10% DMSO＋8% 葡萄糖＋10% PEG＋0.3% $CaCl_2$ 处理。DMSO 既能增加细胞膜透性，加快胞内水分向胞外转移的速度，又能进入细胞，增大溶质数量从而抑制细胞内冰晶的形成；PEG 在细胞外能延缓冰晶的增长速度，配合 DMSO 使胞内水分外移；糖和 Ca^{2+} 能保护细胞膜，加强整个细胞膜体系的稳定性。

9.4.2　超低温离体保存的方法

超低温保存基本程序为：植物材料选择、材料预处理、材料冷冻处理、冷冻保存、解冻、再培养和细胞活力检测等。

9.4.2.1　植物材料（培养物）的选择

用于超低温保存的材料主要有五类：①种子；②幼胚和体细胞胚；③花粉；④茎尖、休眠芽；⑤愈伤组织、悬浮细胞、原生质体。

植物材料（培养物）的选择是超低温保存的第一步。材料的特性（植物的基因型、抗冻性及细胞、组织和器官的年龄、生理状态等）、材料大小、取材部位均影响超低温保存效果，因此，应根据植物种类，选择适宜进行超低温保存的材料类型，并适时取材。

选择遗传稳定性好、容易再生和抗冻性强的离体培养物作为保存材料是超低温保存成功的关键。植物组织、细胞培养物的生长年龄与生理状态也决定着冷冻细胞生活力。一般而言，细胞小而细胞质浓厚的分生细胞或组织比细胞大而高度液泡化的细胞或组织容易存活。若对培养细胞进行超低温保存，幼龄的培养细胞存活率高。选用悬浮培养细胞时，悬浮培养细胞必须频繁地（间隔5～7 d）继代培养。在这一培养条件下，多数细胞处于分裂对数期的幼龄状态中，其抗冻力较强。选用固体培养愈伤组织时，亦以频繁（间隔10～15 d）继代的愈伤组织为佳。胚状体的保存也是如此，幼龄球形胚的存活率最高，心形胚次之，子叶形胚最低。从野外取材来说，在冬季取材可达到较高的存活率。

此外，选择材料时也要考虑材料的相对大小。材料太小增加切取难度，加大切取对材料的伤害，不利于解冻后材料生长的恢复，甚至不经任何处理直接转接到培养基上也难以存活；材料太大则影响预培养效果，尤其是减慢冷冻和解冻速度，造成材料结晶伤害，降低冻存效果，以致造成试验失败。因此，材料大小应以既保证所取材料可以在培养基上独立生长，又要有尽量小的体积，以利于冷冻、解冻时材料应对温度的变化。如以生长点为外植体进行超低温保存时，材料大小以 0.3～0.5 mm 为宜，带 1 对叶原基，既利于保存，还可以通过生长点培养脱除若干病毒病原。

9.4.2.2　材料预处理

预处理目的主要是提高分裂象细胞的比例和减少细胞内自由水含量，使材料达到最适于超低温保存的生理状态，提高组织细胞的抗寒力。预处理的方法有预培养和低温锻炼。

对于愈伤组织和悬浮细胞而言，处于指数生长早期，具有丰富稠密、未液泡化的细胞质，细胞壁薄，体积小等特点，比在延迟期和稳定期细胞耐受冻害能力强。因此要通过缩短继代培养时间，从细胞周期中除去延迟期和稳定期，提高分裂象细胞比例，减少细胞内自由水含量。这种方法对某些培养物而言，细胞还是过大，可提高培养基中糖的含量或添加甘露醇、山梨醇、脱落酸、脯氨酸、二甲基亚砜等诱导抗寒力提高的物质预培养 7～12 d，增强细胞的抗寒能力。茎尖分生组织、胚（轴）和顽拗性种子也可用不同浓度蔗糖或甘露糖的培养基进行 1～7 d 的预培养。

低温锻炼是提高低温敏感植物超低温保存效果的一种有效方法。外植体放在 2～3℃低温下锻炼数天，处理后可明显提高材料的抗冻力。在冬天采取抗寒植物芽进行超低温贮存，发现在 −10～−3℃下分段预处理 20 d 左右，可大大提高液氮保存材料的存活率。有的甚至在将植物材料在放入液氮之前，先经过 −20℃或 −70℃的低温预冻，仍可取得较好效果。将水稻悬浮培养细胞放入 −70℃条件 18 h，将草莓茎尖放在 −30～−20℃下预冷，解融后细胞能恢复生长，草莓茎尖还形成了植株。

在超低温处理前，还必须对材料进行冷冻保护剂处理。除一些对脱水不敏感的材料以外，几乎所有的植物材料都需经过冷冻保护剂处理，超低温保存后方能存活。冷冻保护剂种类很多，但大体可归为两大类：一类是能穿透细胞的低分子量化合物，如二甲基亚砜，各种糖、糖醇等物质；另一类是不能穿透细胞的高分子量化合物，如聚乙烯吡咯烷酮、聚乙二醇等。大多数冷冻保护剂在保护细胞的同时也产生对细胞的毒害作用，其保护作用和毒性大小与保护剂剂量呈正相关。但是，如果几种具有相同保护效应，而各自产生毒性不同的冷冻保护剂混合使用，保护效果呈叠加效应，毒性则相互削弱或消除。确定适宜的冷冻保护剂种类、含量是植物组织、细胞超低温保存成败的关键因子之一，但是冷冻保护剂种类和含量多数依研究者的经验而定。冷冻保护剂对细胞毒性大小随其含量增加及处理温度升高而加大，因此一般先将保护剂在 0℃左右下预冷，然后在冰浴上与细胞培养物等体积量逐点加入，再在冰浴上平衡 30 min 至 1 h。也有人先加入稀释 4 倍的冷冻保护剂，再过渡到预定的含量。玻璃化冷冻保护剂因其浓度高、毒性大，处理时更须小心。总的原则是，冷冻保护剂处理必须保证细胞充分脱水，同时防止冷冻保护剂的毒害和渗透压造成细胞损伤。

9.4.2.3　冷冻方法

冷冻方法有慢冻法、快冻法、干燥冷冻法、玻璃化冷冻法和包埋法等。

慢冻法是指以每分钟 0.1～10℃的降温速度，从 0℃降到 −30～−40℃，随后浸入液氮；或者以缓慢的速度连续降到 −196℃。慢冻法是最传统的超低温保存方法。只要降温速度适宜，在冷冻保护剂作用下，慢冻法既可避免在细胞脱水时细胞内产生冰晶，又能防止因溶质含量增加引起的"溶液效应"。原生质体、悬浮培养细胞等细胞类型一致的培养物，采用这种方法效果很好。

快冻法是将材料从 0℃或者其他处理温度直接投入液氮。该方法是超低温保存中最简单的方法，不需要复杂昂贵的设备。超速冷冻可使细胞内的水还来不及形成冰晶就降到了－196℃的安全温度，从而避免了细胞内结冰的风险。对高度脱水的植物材料，如种子、花粉及很抗寒木本植物枝条或冬芽较适宜，但对含水量较高的细胞培养物一般不适合。

分步冷冻法是把慢冻法和快冻法结合起来的一种冷冻方法。即先用较慢的速度使培养物降至某一种温度，停留约 10 min 或不停留再降到－30～－40℃，在此温度下保持 30 min 至 1 h 或不停留直接投入液氮。据研究认为，停留是诱导细胞外溶液结冰，使细胞内外产生蒸汽压差，进行保护性脱水。否则，细胞外有可能产生非均一的冰晶，对细胞会产生严重伤害。这种冷冻方法在多数培养物超低温保存中获得初步成功。

干燥冷冻法是将样品在高含量（0.5～1.5 mol/L）渗透性化合物（甘油、糖类物质）培养基上培养数小时至数天后，经硅胶、无菌空气干燥脱水数小时，或者再用藻酸盐包埋样品，进一步干燥，然后直接投入液氮；或者用冷冻保护剂处理后再吸去表面水分，密封于金箔中进行慢冻。这种方法对某些植物的愈伤组织、体细胞胚、胚轴、胚、茎尖、试管苗特别适合，但对脱水敏感的材料来说是很困难的。香蕉茎尖在富含蔗糖（0.5 mol/L）的 MS 培养基中预培养 2～4 周，直接放入液氮中保存 1 年，存活率最高达 72%。油棕榈体细胞胚和石刁柏（Asparagus officina-lis）腋芽用高浓度蔗糖（0.5～0.75 mol/L）处理也获得了成功。在高浓度（0.75 mol/L）蔗糖的培养基中将 7 个油棕榈品种的体细胞胚预培养 7 d 后，用无菌空气流或硅胶干燥脱水 10 h，使体细胞胚含水量降至 37%～44%，在液氮中保存至少 1 年后存活率均超过 70%；而只用 0.75 mol/L 蔗糖预处理，材料存活率仅在 10%～23%。

玻璃化冷冻法是指样品经较高含量的复合保护剂（一般由低毒性高浓度的大分子化合物混配而成，也称玻璃化液，PVS）在 25℃ 或 0℃ 处理一段时间诱导脱水，然后快速浸入液氮中的方法。对于整个器官或复杂组织，胞外冰晶会造成组织的机械损伤，破坏胞间联系，特别是维管组织和内皮细胞。采用玻璃化冷冻，可避免胞内外冰晶形成，使器官和组织各部分都进入一个相同的玻璃化状态。因此，它是目前一些较复杂的组织、器官最理想的超低温保存方法，已在某些植物培养物保存中取得成功。Sakai 等（1990）将脐橙、葡萄柚等的珠心细胞通过玻璃化方式在液氮中保存 4 个月，存活率达 90%。Kobayashi 等（1994）将脐橙珠心细胞经过一个玻璃化过程后，放入液氮中保存 1 年，平均存活率超过 90%，通过 DNA 及形态学检测显示遗传物质及再生的植株形态与保存前一致。

包埋/脱水法是借鉴人工种子的制作技术，结合超低温保存的需要，将包埋（或胶囊化）和脱水结合起来，应用于超低温保存之中。一般用高浓度的蔗糖（0.4～0.7 mol/L）预处理样品，在通风橱中处理 2～6 h 或用硅胶处理。该方法的优点在于容易掌握，缓和脱水过程，简化脱水程序，一次能处理较多的材料，对于低温敏感的植物样品有很大的应用潜力。但也存在脱水慢，成苗率低，组织恢复生长慢等缺点。有报道将甘薯 9 个基因型的胚状体用海藻酸胶包埋形成胶囊，在高浓度（0.4～0.7 mol/L）的蔗糖培养基中预培养，再经过无菌空气流干燥脱水 3～6 h 后，采用逐步冷冻方法在液氮中保存 1 h 以上，存活率在 4%～38% 之间。苹果、梨及桑树离体生长茎尖利用胶囊化/脱水方式在液氮中保存 5 个月，存活率达 80% 以上；而将这三种材料胶囊化，再经过一个脱水过程（含水量在 40% 左右），放入 −135℃ 下保存 5 个月，几乎都能再生成芽。

包埋/玻璃化法是将包埋法和玻璃化法两者的优点结合起来的一种方法，首先在康乃馨茎尖分生组织的超低温保存中获得成功，随后在荠菜、草莓、薄荷、马铃薯等茎尖保存中得到应用。该方法易于操作，脱水时间短，成苗率高。如在液氮中保存山俞菜茎尖分生组织，存活率达 60% 以上。辣根芽原基胶囊化后，在 0.5 mol/L 蔗糖的 MS 培养基中培养 1 d，再用高浓度的玻璃化溶液 PVS_2 脱水 4 h，直接放入液氮中保存 3 d，69% 存活。此外，该方法特别适宜于温带果树茎尖、分生组织的保存。

9.4.2.4　冷冻保存管理

在保存期间，要确保材料冷冻温度在 −196℃ 上下。有研究表明，冷冻的植物细胞在低共熔点以下冰晶容易生长或重新形成冰晶。纯水重结晶的温度是 −100℃，细胞质和细胞液重结晶的温度在 −130℃ 左右。因此，为避免贮藏材料生活力下降，要定期补充液氮，维持冷冻温度。但也有研究表明，冷冻保存的茎尖随保存时间的延长其生活力可能下降。

9.4.2.5　解冻

植物材料在超低温保存过程中的冻害发生在冷冻和解冻两个过程中。在解冻过程中发生的冻害是由细胞内的次生结冰造成的，另外解冻时水的渗透冲击也会造成细胞膜体系的破坏。因此，除了要有适当的冷冻过程，还必须有合适的解冻方法。解冻方法有快速解冻和慢速解冻两种。

快速解冻法（rapid thawing method）是将液氮保存后的材料直接在 34～40℃ 水浴中解冻，解冻的速度是 500～700℃/min，待冰完全融解后立即移开防止热损伤和高温下冷冻保护剂的毒害。因为超低温冷冻材料解冻时，再次结冰的温度危险区域是 −60～−50℃，从理论上讲，可借助高的解冻速度通过此温度区，从而避免细胞内次生结冰。大多数植物材料可用此方法解冻。

慢速解冻法（slow thawing method）是将液氮保存后的材料在 0℃ 低温下解冻，再逐渐升至室温下进行解冻的方法。慢速解冻时，从 −196℃ 到 0℃ 的升温过程中，细胞内的玻璃态水可能会发生次生结冰，从而破坏细胞结构，导致细胞死亡。因此，慢速解冻法只适用于细胞含水量较低的材料、脱水处理后的干冻材料以及木本植物的冬芽。冬芽在秋、冬低温锻炼及慢速冷冻过程中，细胞内的水已经最大限度地流到细胞外结冰，如果快速解冻，细胞在解冻吸水时就会受到猛烈的渗透冲击，从而引起细胞膜的破坏。因而需要慢速解冻，使水缓慢地回到细胞内，避免猛烈渗透冲击的破坏。

解冻速度还与降温冷冻速度有关。一般而言，冷冻速度超过 −15℃/min，解冻时宜采用快速方法，否则采用慢速解冻。Nag 和 Street（1975）将胡萝卜和颠茄细胞以 2℃/min 降温速度下冷冻到 −40℃，−70℃ 和 −100℃，然后投入液氮，解冻后的结果表明，降温到-40℃时投入液氮，其解冻速度与存活效果之间的相关性降低。这表明样品脱水程度越高，对解冻速度变得越不敏感。

解冻操作时应小心轻巧，避免冻后脆弱的细胞和组织遭受机械损伤。样品在冻存前如果加入了冷冻保护剂，解冻后一般要洗涤若干次。尽量清除材料表面和组织内部的冷冻保护剂，以免冷冻保护剂毒害材料。最常用的洗涤方法是用含 1.2 mol/L 蔗糖溶液的培养基 25℃洗涤 10 min。冷冻保护剂的清除应逐步进行，其原因是防止质壁分离复原过程中对细胞造成的伤害。但据报道，在胡萝卜体细胞胚中，没有必要逐渐稀释冷冻保护剂。此外，对解冻后的玉米细胞重新培养时发现，不清除冷冻保护剂比清除的存活率高。其原因可能是在冲洗时，细胞在冷冻过程中渗漏出来的某些重要物质也被冲洗掉了。

9.4.2.6 再培养

再培养是将已解冻的材料重新置于培养基上使其恢复生长的过程。

超低温保存后的再培养，由于冷冻与解冻的伤害，冻后细胞在生理与结构上都不同于未冷冻的细胞，所以再培养所用的培养基成分和培养条件不同。如冻存过的番茄茎尖只有在加 GA_3 的培养基中才能直接发育成为小植株，而未经冷冻过的茎尖（对照）不需要 GA_3 就能直接生长。再培养时加入活性炭也能显著提高胡萝卜和薰衣草试管苗的总存活率。铵离子对冷冻后的水稻细胞有害，它阻止细胞的修复过程，但对未冷冻的水稻细胞生长有促进作用。冻后水稻细胞培养于不含 NH_4NO_3 的培养基上有助于提高存活率。从培养条件看，解冻后的材料再培养初期采用黑暗条件培养可以避免光抑制和光氧化的伤害，有利于细胞的恢复生长，材料存活率较高。该结果在甘蔗愈伤组织，糜子、玉米和红豆草等细胞的培养中已被证实。另外，悬浮培养细胞或愈伤组织，在细胞转入正常培养条件下恢复生长之前，常需在半固体培养基上培养1~2周。

9.4.2.7 细胞活力、存活率检测

超低温保存植物种质，目的是要长期保持植物具有高的活力、存活率，使植物能通过繁殖将其遗传特性传递下去。因此，对冻后细胞活力和存活率的检测非常重要。

TTC（2,3,5-三苯基氯化四氮唑，2,3,5-triphenyl tetrazolium chloride）染色法和 FDA（荧光素双醋酸酯，fluorescein diacetate）染色法常用来进行细胞活力检测。TTC 和活细胞内的脱氢酶反应，生成红色、稳定、不扩散的三苯基甲腊（triphenyl formazan）。生成甲腊的量与细胞密度呈线性正相关。FDA 本身不发荧光，但渗入活细胞内后，通过酯酶的脱脂化作用生成荧光素，该荧光素在紫外光的激发下才产生荧光，通过计数发荧光的活细胞数来计算存活率。

TTC 染色法和 FDA 染色法检测解冻后材料的存活率简单迅速，但都要破坏材料，且无法显示细胞是否具有分生能力，最可靠的方法还是细胞的再生长。解冻和洗涤后，立即将保存材料转移到新鲜培养基上进行再培养，观测组织的复活情况、存活率、生长速度，组织块体积和质量的变化，以及分化产生植株的能力和各种遗传性状的表达。存活率是检测保存效果的最好指标。

$$存活率=\frac{重新生长细胞（或器官）数目}{解冻的细胞（或器官）数目}\times100\%$$

在培养初期，一般有一个生长停滞期。研究表明：植物材料在冷冻和解冻期间曾遭受过不同程度的损伤，这种伤害可能造成整个胚组织的损伤，也可能只局限于分生组织当中。在水稻细胞的超低温保存中，冷冻伤害造成了呼吸损伤，减缓了葡萄糖的吸收，细胞内钾离子损失，加速了脂质的过氧化反应。糜子悬浮培养细胞在超低温保存时细胞器增大，内质网的潴泡膨胀形成泡囊。尽管冷冻造成了伤害，但并非是致死的。所以，在细胞恢复生长之前有一个停滞期用以修复这些损伤。停滞期的长短可能决定于损伤程度，也可能与植物的基因型有关。有 2 个因素可以导致停滞期的产生：一是修复损伤；二是一些抑制生长物质（如残留的冷冻保护剂DMSO 等）的作用。一旦度过生长停滞期，开始恢复生长后，生长速度趋于正常。

此外，对不同的离体保存材料，还要针对性地采用适当方法鉴定其活力，如基于花粉发芽率及其授粉结实率的鉴定；种子萌芽率及小苗生长发育状态的鉴定等。各种检测方法的原理、适用材料类型及优缺点详见表 9-2。

表 9-2　超低温保存后材料存活检测方法

存活评价指标	适用材料类型	优缺点
存活率（细胞活力快速染色法，如 TTC、FDA 染色法等）	所有外植体类型	快速鉴定，测定值可能高于实际存活率或再生率；进行快速染色鉴定后的样品已无存活能力，不能继续进行长期保存以及活体细胞再生行为的后续观察
存活率（再培养法）	茎尖分生组织、合子胚（胚轴）、愈伤组织和体细胞胚	体现实际存活状况，但在组织培养过程中面临污染的危险，部分存活组织有可能不能再生
再生率	茎尖分生组织、合子胚（胚轴）、愈伤组织和体细胞胚	体现实际再生状况，但周期长，在组织培养过程中面临污染的危险
萌发率	花粉、种子	花粉萌发率可能高于实际坐果率或结实率
坐果率、结实率	花粉	周期长，受气候、环境因素影响
嫁接成活率	休眠枝条或冬芽	需要熟练的嫁接技术，受气候、环境因素影响

9.4.3　遗传稳定性分析

植物种质资源保存的目的是保证其遗传稳定性，控制遗传性状的基因不发生突变。在超低温保存过程中材料经受了一系列逆境胁迫，如高糖浓度、高强度的脱水、接触有毒的冷冻保护剂、降温、超低温处理等，易诱导超低温保存材料及其再生植株产生变异。因此，对超低温保存后的材料的遗传变异特性的研究是十分重要的。

迄今为止，关于超低温保存后遗传性状的分析有如下一些方法：①细胞全能性的保存，形态发生能力的表达情况；②对保存材料的形态特征及生长发育的观察；③后代染色体结构和数目的分析；④蛋白质和同工酶谱的分析；⑤细胞特异产物的分析；⑥抗逆性的分析；⑦借助分子标记技术进行遗传稳定性鉴定等。经过比较分析，发现大多数细胞、花粉、茎尖、种子等材料超低温保存后在表现型、生化方面（可溶性蛋白和同工酶）、染色体结构和倍性、分子水平（ISSR、RAPD 和 AFLP等）以及细胞合成次生代谢产物的能力均没有发生变化。如在魔芋茎尖玻璃化保存中，存活率为 $50\% \sim 70\%$。从基因组 DNA 检测表明：魔芋茎尖经超低温保存后，其遗传特性未发生改变。超低温保存 $1 \sim 2$ 年的玉米花粉授粉的后代植株与对照组没有明显的差异。超低温保存后，狭叶洋地黄细胞保持了合成、运输强心苷的能力；胡萝卜细胞冷冻保存后合成花色素的能力未受伤害；薰衣草（*Lavandula ver-a*）愈伤组织冷冻保存后仍具合成生物素的能力。胡萝卜、烟草抗氨基酸细胞系冷冻保存后抗性没有丧失。超低温（$-196\,℃$）能够有效地保持培养物的生化合成和运输能力。超低温保存前后的柿和君迁子试管苗茎尖染色体条数没有发生改变。

虽然超低温保存在保持材料遗传稳定性方面比其他离体方法有较好的保证，但用 RAPD、AFLP 标记技术检测超低温保存的草莓、苹果、菊花和欧李茎尖均观察到特异条带的产生。另外，在拟南芥、欧李、啤酒花和马铃薯超低温保存材料中检测到 DNA 甲基化状态的改变。一方面组培本身会促进材料的甲基化，另一方面以上遗传稳定性的改变都是在玻璃化超低温保存材料上发现的，其中一步要用玻璃化液冷冻保护剂进行脱水处理，冷冻保护剂中的二甲基亚砜（DMSO）对植物材料有毒害作用，会引起材料遗传稳定性的改变。因此，目前大部分观点仍认为变异是发生在组培继代阶段和保护剂进行保护脱水过程中，而不是发生在超低温保存过程中。

9.4.4　影响超低温离体保存的因素

影响超低温离体保存细胞存活和稳定性的因素很多，除了前面提到的因素外，从材料的基因型和生理状态、预培养条件、冷冻保护剂和解冻方式等几个方面再加以阐述。

9.4.4.1　材料的基因型和生理状态

超低温保存是一个非常复杂的过程，材料的基因型和生理状态是影响超低温保存的首要因素。不同植物，同一植物不同类型的材料，保存的难易不同。要成功地进行超低温保存，选择在最适生长阶段的材料是很重要的。培养细胞处于指数生长早期，具有丰富稠密、未液泡化的细胞质，细胞壁薄，体积小，比在延迟期和稳定期细胞耐冻能力强，因此，应该选用幼龄的培养细胞。从再培养的时间来说，虽然会因植物种类不同而有差异，但一般情况是，液体悬浮培养细胞以 $5 \sim 7$ d 为宜，固体培养基培养的愈伤组织以 $9 \sim 12$ d 为宜。在冬季取材能达到较高的存活率，因为夏季生长的植物都不耐寒，经秋冬低温锻炼后，植物体提高了抗冻能力。

从稳定性角度看，Withers（1982）认为超低温保存对不同材料的选择作用和材料的遗传稳定性是相互关联的，异质群体中的不同基因型对超低温保存的反应不同而导致选择作用，使保存后成活的培养物不同于原始培养物。最著名的实例是小麦。小麦愈伤组织在不添加任何冷冻保护剂的情况下，经过逐步降温法处理，有不超过 15% 的愈伤组织恢复了生长，而将这些愈伤组织经过第二次相同程序处理后，有 30%～40% 的愈伤组织恢复了生长，且再生植株的抗冻性增强。分析发现在这些愈伤组织中多了 7 个 79～149 kDa 的特异可溶性蛋白。可见超低温保存过程可以导致对抗冻力较高的细胞的选择。但水稻超低温保存后愈伤组织的再生植株抗冻性没有变化。说明选择效应可能因不同作物而有差异。超低温保存只是在愈伤组织中本身存在着对低温有不同反应的细胞系时才能起到筛选效应，且不同的超低温保存程序，筛选效果可能不同。另外，对于嵌合体材料，由于超低温保存后的再生过程中并不是所有的细胞都能存活，异质细胞就有可能因再生而发生分离。

9.4.4.2 预培养条件

预培养的主要目的是为了改变材料的生理状态，增加细胞分裂与分化的同步化，减少细胞内自由水的含量，增加保护性物质，使材料能够经受住超低温保存过程中的高度脱水和剧烈的温度变化等逆境，从而获得较高的保存成活率。因此经常在预培养基中加入渗透保护物质来提高材料的成活率。蔗糖在很多植物的超低温保存中被认为是很有效的。但是最近的研究表明培养基中的糖或多聚醇的化学立体结构对于超低温保存有很重要的影响。在摩尔浓度相同的情况下，以多聚醇进行预培养，材料的成活率高于用蔗糖、葡萄糖、海藻糖和棉籽糖的。羟基数目或者说羟基的方向在高效超低温保存中是一个决定性的因素。另外，有研究表明在培养基中加入 0.2 mg/mL 抗冻蛋白对超低温保存有利，抗冻蛋白含量高于 10 mg/mL 则降低细胞活力。

低温锻炼对于提高培养材料的抗冻性从而提高超低温保存的效率是一种常用的方法。有研究表明，在梨的超低温保存中，交替低温的效果优于单一温度。

9.4.4.3 冷冻保护剂

冷冻保护剂种类很多，但大体可归为两大类：一类是能穿透细胞的低分子量化合物，如甘油，二甲基亚砜，各种糖、糖醇等物质；另一类是不能穿透细胞的高分子量化合物，如聚乙烯吡咯烷酮、聚乙二醇等。冷冻防护剂的作用机理目前尚未透彻了解，已知它们在溶液中能强烈地结合水分子，发生水合作用，使溶液中的黏性增加，当温度下降时，可减缓冰晶的形成和增长速度。

大多数冷冻保护剂在保护细胞的同时也产生对细胞的毒害作用，其保护作用和毒性大小与冷冻保护剂剂量呈正相关。但是，将几种具有相同保护效应，而各自产生不同毒性的冷冻保护剂混合使用，则比用单一成分的冷冻保护剂效果要好。如在长春花培养细胞的超低温保存中，用单一的 5%～10%DMSO 作冷冻保护剂，材料的存活率是 5%～8%；而采用 5% DMSO 和 1 mol/L 山梨糖醇的复合冷冻保护剂，材料的存活率提高到 61.6%。水稻和甘蔗培养细胞的冷冻保存中，采用 10% DM-

SO＋8％葡萄糖＋10％聚乙二醇（分子量 6000）的复合冷冻保护剂比用单一成分的冷冻保护剂的保护效果高 2～4 倍。简令成等（1987，1992）采用 2.5％ DMSO，10％聚乙二醇（分子量 6000），5％蔗糖及 0.3％氯化钙的混合液作为水稻和甘蔗愈伤组织的超低温贮存的冷冻保护剂，愈伤组织块的存活率达 90％以上，甚至 100％。

复合冷冻保护剂的优越性可能在于：①几种冷冻保护剂彼此减少甚至消除了单一成分的毒害作用，而使保护效果呈叠加效应。②使各种成分的保护作用得到综合协调的发展。例如 DMSO 一方面增加细胞膜的透水性，加快细胞内的水向细胞外转移的速度；另一方面，DMSO 又能进入细胞内，可能起到阻抑细胞内冰晶形成的作用。分子量 6000 的聚乙二醇在细胞壁外（它不能透过细胞壁）可能起到延缓细胞外冰晶增长速度的作用。这两种物质相互配合作用的结果，是保证细胞内的水有充足的时间流到细胞外结冰，防止水在细胞内结冰的伤害。蔗糖和葡萄糖又能保护细胞膜，而钙离子对整个的细胞膜体系起着稳定性作用。因此，在这些物质的配合和协调作用下，既避免了细胞内结冰，又维护了膜的稳定性，所以材料达到了高存活率。

9.4.4.4　解冻方式

解冻操作中应该注意以下几点事项：①冷冻后的组织和细胞十分脆弱，摇动和转移操作时应该小心轻巧，避免机械伤害。②将冷冻样品试管插入温水浴中时，要留心避免管口污染。③试管内的冰一旦解冻完以后，要立即将试管移到 20～25℃的水浴中，并迅速进行洗涤和再培养。后一点对保存材料的存活率影响很大。

除了干冻处理的生物样品外，解冻后的材料一般都需要洗涤，以清除细胞内的冷冻保护剂。一般是用含 10％左右蔗糖的基本培养基大量元素溶液洗涤两次，每次间隔不宜超过 10 min。但在对某些材料的研究中发现，不经洗涤直接投入固体培养基，数天后材料即恢复生长，洗涤反而有害。对于玻璃化冰存材料，解冻后的洗涤被认为很重要，这一过程不仅除去高含量保护剂对细胞的毒性，而且也是一个后过渡，以防渗透损伤。通常用含量为 1～2 mol/L 的糖类物质在 25℃洗涤 10 min 左右。

9.4.4.5　再培养时的培养基

超低温保存的材料经过解冻和洗涤后要进行再培养，培养基的成分对于材料的存活率具有重要的影响。超低温保存后的白杨茎尖接种于没有激素的培养基上，成活率和再生率均下降，在培养基中加入 BA 和 GA_3，则大大提高了成活率和再生率。但是 BA 浓度过高会诱导愈伤组织形成。另外，有人认为培养基中 NH_4NO_3 对超低温保存后的材料再生也有很大影响。

综上，在进行超低温保存时要根据材料本身的特性，并根据前人的研究经验，寻找提高超低温保存材料成活率和再生率的合理途径，达到成功保存的目的。

复习题

1. 种质资源离体保存的意义有哪些？

2. 与其他种质资源保存方法相比，离体保存有哪些优势？

3. 常温限制保存的方法有哪些？分别基于怎样的原理？

4. 对不同植物怎样选择适宜的低温保存范围？

5. 植物种质超低温保存有哪些优点？

6. 在降温冷冻过程中，植物组织或细胞遭受冻害的原因主要有哪些方面？

7. 冷冻保护剂在低温下能对生物组织起到一定的保护作用的原因是什么？

8. 超低温保存包括哪些程序？各阶段要注意什么？

9. 影响超低温保存的主要因素有哪些？

10. 怎样检测离体保存种质的遗传稳定性？

10　植物基因工程

【导读】基因工程技术的建立，为人类有目的地改造植物开辟了崭新的途径。本章主要介绍植物基因克隆和转化用的载体及工具酶、基因克隆方法、植物遗传转化的原理及方法、转基因植物鉴定与安全性评价以及基因编辑。通过对本章的学习，掌握基因克隆的原理和主要方法、外源基因导入的主要方法及程序、转基因植物的鉴定方法，熟悉常用的载体及工具酶、转基因植物的安全性评价以及基因编辑的主要方法。

自然界的植物进化伴随着基因变异的轨迹缓缓而进。有性杂交是植物进化的高级阶段，也是自然界存在的转基因过程，但其仍然有着极大的随机性。植物基因工程是按照人们的愿望对植物的基因进行严密的设计，通过基因操作，有目的地改造植物种性，培育出符合人们需求的新品种及生产所需的产品。基因工程技术的建立，为人类改造植物开辟了崭新的途径，预示着植物进化史从自然进化发展到了人类改造自然的科学顶峰时期。尽管目前对转基因植物的安全性还有争论，但是科学家们深信：植物基因工程是一项给人类带来福祉的伟大技术，也是为农业谱写文明新篇章的技术，更是有望解决全球粮食安全危机的技术。

植物基因工程主要包括 4 个步骤：①获取目的基因；②构建表达载体；③将目的基因导入受体，并使其在受体中表达；④转基因植物检测。

10.1　载体和工具酶

10.1.1　载体

基因克隆的目的是使目标 DNA 片段得到扩增（富集）或表达，但是外源DNA 片段本身不具备自我复制和表达的能力，所以必须借助于"载体"以及"寄主细胞"（通常是大肠埃希菌，即大肠杆菌）来实现外源 DNA 片段的扩增和表达。所谓载体（vector）是一类能够携带外源 DNA 片段进入寄主细胞内，并实现外源DNA 片段复制或表达的 DNA 分子。按照载体功能的不同，载体可分为克隆载体和表达载体两大类。克隆载体的用途是在寄主细胞中扩增外源 DNA 片段；表达载体的用途主要是在寄主细胞中实现外源 DNA 的表达。按照载体的组成不同，载体又可分为质粒载体、噬菌体载体、黏粒载体和人工染色体载体等几种。

10.1.1.1　质粒

质粒（plasmid）是一种广泛存在于细菌细胞中染色体以外的能自主复制的裸露的环状双链 DNA 分子。它的结构比病毒更简单，既没有蛋白质外壳，也没有细胞外生命周期。在霉菌、蓝藻、酵母和一些动植物细胞中也发现了质粒。目前对细菌特别是大肠杆菌的质粒研究得比较深入。质粒的大小差异很大,最小的只有1 kb,只能编码中等大小的2～3种蛋白质分子,最大的达到200 kb。

作为基因克隆的载体必须具备以下特性:能在寄主细胞中进行独立复制(含有复制起始区)和表达(比如需要含有标记基因表达所需的启动子、终止子等功能区域);具有1～2个选择标记,如对抗生素的抗性基因等;具备多克隆位点,而且可携带外源DNA片段的长度范围较宽;自身分子量较小,在寄主细胞中的拷贝数高,易于操作和进行DNA的制备等。多克隆位点(multiple cloning site, MCS)是指载体中用于插入外源DNA的特定区域,由一系列紧密相连的限制性内切酶位点组成,而且每个酶位点应该在整个载体中是唯一的。常见的质粒载体有以下几种。

1. pBR322

pBR322是一种应用较早的克隆载体,它的大小为4363 bps,它含有抗四环素(tetracycline)和氨苄西林(ampicillin)两种选择标记,而且在每个选译标记内都有单一的限制性内切酶位点。比如,在四环素抗性基因内含有 *Bam* H I 和 *Sal* I 等单酶切位点,在氨苄西林抗性基因内含有 *Pst* I 等单酶切位点(图 10-1A)。外源DNA片段插入到这些位点后,会使得相应的抗生素抗性基因失活,利用这一特性我们就可以从中方便地选择得到含有重组质粒的克隆。比如,将外源DNA片段插入到 *Pst* I 位点,氨苄西林抗性基因就会失活,该重组质粒转化的大肠杆菌 *amp^{s}tet^s*(即氨苄西林和四环素敏感型)就不能在含有氨苄西林的平板上生长,但是仍然可以在含有四环素的平板上生长。在重组克隆筛选时,首先将转化物涂到含有四环素的平板上生长,再将得到的单菌落分别转移到含有氨苄西林的平板上生长,那些不能在含有氨苄西林的平板上生长的菌落就是含有重组载体的克隆。

2. pUC18/19

pUC18/19是一种较小的克隆载体(2686 bps),其复制起始区来自pBR322载体,选择标记基因为氨苄西林抗性基因。另外,载体中含有 *lac* Z 基因及位于其内的多克隆位点,所以选择重组克隆时可以利用α-互补现象挑选白色克隆。pUC18(图 10-1B)和pUC19的所有元件均相同,差异是多克隆位点的排列方向相反,为基因克隆提供了更多的可选择方案。

3. Ti 质粒

根癌农杆菌细胞中含有一种称为 Ti 质粒(tumor-inducing plasmid,瘤诱导质粒)的物质。Ti 质粒是根癌农杆菌染色体外的遗传物质,为双链共价闭合的环状DNA分子,其分子量为 $9.5 \times 10^7 \sim 1.6 \times 10^8$,长度为 160～240 kb,其中81%的序列共编码196个左右的基因。根据 Ti 质粒诱导合成的冠瘿碱种类不同,Ti 质粒可被分为4种类型:章鱼碱型(octopine type)、胭脂碱型(nopaline type)、农杆碱型(agropine type)、农杆菌素碱型(agrocinopine type)或称琥珀碱型(succinamopine type)。通过转座子(transposon)插入突变和缺失图谱分析,可将 Ti 质粒分为 T-DNA 区、vir 区、Con 区和 Ori 区4个功能区域。

(1) T-DNA 区(transferred DNA region,转移-DNA区) 长度 15～30 kb,是根癌农杆菌侵染植物细胞时从 Ti 质粒上切割下来转移并整合到植物基因组的一

植物生物技术导论

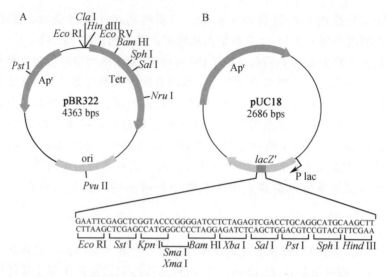

图 10-1　质粒 pBR322 （A） 和 pUC18 （B） 的结构及酶切位点

段 DNA。其中，胭脂碱型的 T-DNA 是长 15 kb 的 DNA 连续片段，占 Ti 质粒长度的 7%～15%。T-DNA 两端分别为左边界（left border，LB）和右边界（right border，RB），是长为 25 bp 的末端反复重复序列。在胭脂碱和章鱼碱的 T-DNA 区段中，至少存在着 4 个有转录活性的开放读码结构：一是编码章鱼碱合成酶，又叫作羧乙基赖氨酸脱氢酶（lysopine dehydrogenase）的基因（ocs），位于 T-DNA 的右端，具有真核特性的启动子，但它不存在间隔子，且在靠近 3′端处有一段真核的多聚腺苷酸化信号（polyadenylation signal）。胭脂合成酸基因（nos）也具有与此基本相同的结合特征。ocs 和 nos 基因的启动子在各种不同的植物细胞中都有功能活性，因此被广泛用于构建植物基因工程的载体。二是细胞分裂素生物合成酶的编码基因（tmr），当其发生突变时会激发冠瘿瘤出现大量的增生，所以又叫作根性肿瘤（rooty tumor）基因。这个基因编码的一种细胞分裂素生物合成酶即异戊烯转移酶，能催化玉米型细胞分裂素的合成。三是参与控制植物生长素合成的基因 tms，分为 tms1 和 tms2 两个，分别编码色氨酸 2-单加氧酶和吲哚乙酰胺水解酶，可将色氨酸转化为吲哚乙酸。tms1 和 tms2 这 2 个基因中的任何一个发生突变，都会激发肿瘤出现芽的增生。所以，tms 又叫作芽性肿瘤（shooty tumour）基因。四是大肿瘤（large tumour）基因 tm1 的转录本 6a 和 6b，以及转录本 5，它们的转译产物则是以非激素的方式抑制自身细胞的分化，因此形成大型的冠瘿瘤。

　　通常 tmr、tms1 和 tms2 这 3 个基因统称为致瘤 onc 基因或 onc 区段。tmr 基因的突变或失活，会导致植物生长素产量的增加和细胞分裂素产量的下降，有利于根的形成；而 tms1 和 tms2 基因的突变或失活，会导致细胞分裂素产量的增加和植物生长素产量的下降，有利于芽的形成。生长素基因、细胞分裂素基因及冠瘿碱合成基因分别与植物根部肿瘤形成和冠瘿碱合成有关。

　　（2）vir 区（virulence region）　该区段上的基因能激活 T-DNA 转移，使农杆菌表现出毒性，故称之为毒性区，又叫毒性基因或 vir 基因或致病基因。该区长度大约为 40 kb，含有 7 个操纵子共 24 个基因，与相邻的 T-DNA 合起来约占 Ti 质粒总长度的 1/3。

（3）Con 区（regions encoding conjugations） 该区段上存在着与细菌间接合转移相关基因（*tra*），调控 Ti 质粒在农杆菌之间的转移。冠瘿碱能激活 *tra* 基因，诱导 Ti 质粒转移，因此称之为接合转移编码区。

（4）Ori 区（origin of replication） 该区段基因调控 Ti 质粒的自我复制起始，故称为复制起始区（点）。

4. Ri 质粒

Ri 质粒是发根农杆菌染色体外的遗传物质，与 Ti 质粒相似，属于巨大质粒，大小为 200～800 kb。Ri 质粒与 Ti 质粒不仅结构、特点相似，而且具有相同的寄主范围和相似的转化原理。与 Ri 质粒相关的也主要为 vir 区和 T-DNA 区两部分。Ri 质粒的 T-DNA 也存在冠瘿碱合成基因，且这些合成基因只能在被侵染的真核细胞中表达。根据其诱导的冠瘿碱的不同，Ri 质粒可分为 3 种类型：农杆碱型、甘露碱型（mannopine type）和黄瓜碱型（cucumopine type）。与 Ti 质粒的 T-DNA 不同的是，Ri 质粒的 T-DNA 上的基因不影响植株再生。因此，野生型 Ri 质粒可以直接作为转化载体。与 Ti 质粒相同，Ri 质粒基因转化载体的构建也主要采用共整合载体和双元载体系统。由 Ri 质粒诱发产生的不定根组织经离体培养后，一般都可再生完整的植株，因而发根农杆菌介导的遗传转化同样拥有诱人的前景。

常用的质粒载体还有 pGEM-3Z、pBluescript SK$^+$、pET 和 YEplac112 等。

10.1.1.2 其他常用载体

1. 噬菌体载体

噬菌体（phage）是一类细菌病毒的总称，即感染细菌的病毒。常用于基因工程载体的噬菌体主要有 λ 噬菌体和 M13 噬菌体两种。

（1）λ 噬菌体载体 野生的 λ 噬菌体经过改造后已经形成了 100 多种基因克隆的载体。按照重组载体构建方法的不同，λ 噬菌体载体可分为插入型和置换型两大类。

①插入型载体（insertion vector）。是一类可以将外源 DNA 直接插入到载体中特定克隆位点的 λ 噬菌体载体。当重组的 λDNA 分子超过其正常大小的 105% 时，λ 噬菌体就不能将其包装到蛋白质衣壳中，为了最大限度提高载体的克隆能力，在插入型载体中切除了一些 λ 噬菌体的非必需基因。常用的插入型 λ 噬菌体载体有 λgt10 和 λgt11 等。

②置换型载体（replacement vector）。λ 噬菌体基因组中只有约 40% 的区域是溶菌生长非必需的，用作克隆载体时可以将这一区域置换为要克隆的外源 DNA 片段，这类载体被称为置换型载体。置换型载体允许克隆较大的外源 DNA 片段（9～23 kb），适合于基因文库的构建。由于 λ 噬菌体有严格的包装范围（两个黏性末端位点间的距离在 40～50 kb 之间），所以在没有外源 DNA 插入的情况下，仅由 λDNA 左右臂连接起来的 DNA 分子太小而不能被包装，这就为挑选重组的 λDNA 提供了很大方便。常用的置换型载体有 EMBL 系列和 Charon 系列等，这些载体在 λDNA 中央可替换区的两侧各有一个或多个酶切位点，极大方便了重组载体的

构建。

（2）M13 噬菌体　M13 是线状的大肠杆菌噬菌体，颗粒内含有约 6.4 kb 的闭合环状单链基因组 DNA，这种单链 DNA 经改造后可作为单链的 DNA 载体。

在 M13 噬菌体基因组中有一段 507 bp 的基因间隔区，该区可以接受外源 DNA 的插入而不会影响到噬菌体的活力。这一特性是 M13 噬菌体能用于单链 DNA 载体的重要前提。常见的 M13 噬菌体载体有 M13mp8、9 和 M13mp18、19 等几种。这类载体的突出优点在于其既可以提供单链 DNA，也可以提供双链的 DNA。其最大的不足在于插入大的 DNA 片段后表现不稳定，在噬菌体增殖过程中容易发生缺失。所以一般克隆的片段要求在 1 kb 之内，克隆 300～400 bp 的片段时表现十分稳定。

2. 黏粒载体

黏粒（cosmid）载体是一类人工构建的含有 λDNA 中 cos 序列及质粒复制子的特殊类型质粒载体，又称为柯斯质粒。黏粒载体的大小一般为 4～6 kb，主要由多克隆位点区（MCS）、包括 cos 位点在内的 λDNA 区、质粒复制起始区（ori）和抗性选择标记区（selectable marker）等几部分组成。常用的黏粒载体有 pJ 系列和 pH 系列。比如，黏粒载体 pHC79 就是由 λ 噬菌体片段和 pBR322 质粒的部分元件构建而成的。与其他类型的载体相比较，黏粒载体既具有 λ 噬菌体载体的特性，又具有质粒载体的特性，为重组体的筛选提供了方便。

3. 人工染色体载体

人工染色体载体系统（artificial chromosome system）是为进一步提高载体的克隆能力而构建的，有酵母人工染色体（yeast artificial chromosome，YAC）、细菌人工染色体（bacterial artificial chromosome，BAC）以及人类人工染色体（human artificial chromosome，HAC）等。人工染色体载体系统是复杂基因组研究不可缺少的工具。一般来说，端粒（telomere，TEL）、DNA 复制起始区（autonomous replicating sequence，ARS）和着丝粒（centromere，CEN）是维持染色体正常功能所不可缺少的三类元件。

10.1.2　工具酶

在植物基因克隆的过程中，DNA 分子的切割、连续、修饰及合成等操作都会涉及一系列工具酶的应用。比如，限制性内切酶、DNA 连接酶、DNA 聚合酶、反转录酶以及末端转移酶、碱性磷酸酶等。

10.1.2.1　限制性内切酶

克隆基因需要以一种精确且可重复的方式来切割 DNA。这可以通过酶来实现。当特定的碱基序列出现时，酶就会切断 DNA，这些酶被称为限制性内切酶。最常用的限制性内切酶是由大肠杆菌产生的，它被称为 *Eco*R I。发现 GAATTC 序列，它就会切割 DNA。该序列在质粒 pBR322 中出现一次。

关于 *Eco*R I 所切割的序列，被酶识别和切割的序列长度为 6 bp；*Eco*R I 有 6 个碱基对识别位点，这个序列是反向重复（图 10-2A）的。*Eco*R I 将两条 DNA 链都切断，并产生交错断裂（图 10-2B），这就产生了黏性末端。

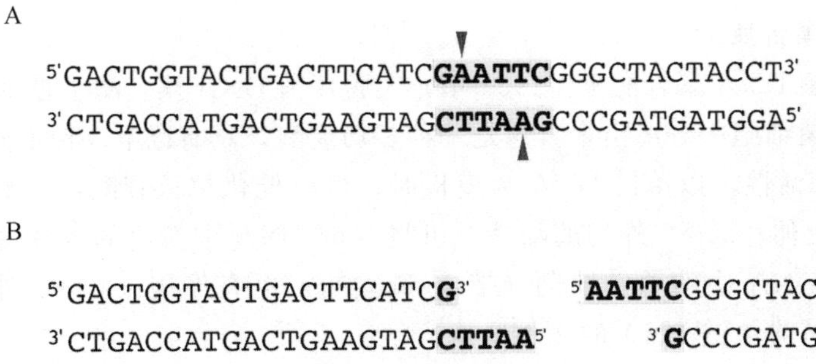

A
5'GACTGGTACTGACTTCATCGAATTCGGGCTACTACCT3'
3'CTGACCATGACTGAAGTAGCTTAAGCCCGATGATGGA5'
B
5'GACTGGTACTGACTTCATCG3'
5'AATTCGGGCTACTACCT3'
3'CTGACCATGACTGAAGTAGCTTAA5'
3'GCCCGATGATGGA5'

图 10-2 *Eco*RI 切割

A. *Eco*RⅠ识别位点的双链 DNA，酶切割的位置用箭头表示；B. 限制性内切酶切割分子的结果

目前，多种限制性内切酶已经从细菌中分离出来。它们有许多不同的性质，并能识别不同序列，多数在基因克隆中很有用。

限制性内切酶有三类，但主要是用于基因克隆的Ⅱ型限制性内切酶。这些酶被称为限制性内切酶，因为它们是负责宿主控制限制性内切的酶。它们识别的 DNA 序列称为限制性酶切位点，用这些酶切割产生的 DNA 片段称为限制性内切片段。1978 年，Arber、Smith 和 Nathans 发现限制性内切酶及其在分子遗传学中的应用而获得诺贝尔生理学或医学奖。

10. 1. 2. 2 DNA 连接酶

DNA 连接酶（DNA ligase）是重组 DNA 分子构建必不可少的工具酶。在基因克隆中使用的 DNA 连接酶有两种，即大肠杆菌 DNA 连接酶和 T4 噬菌体 DNA 连接酶。这两种酶都能催化 DNA 中相邻的 3′-OH 和 5′-磷酸基末端之间形成磷酸二酯键，从而将两段 DNA 连接起来（图 10-3）。

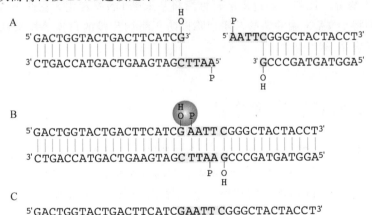

A
5'GACTGGTACTGACTTCATCG3'
5'AATTCGGGCTACTACCT3'
3'CTGACCATGACTGAAGTAGCTTAA5'
3'GCCCGATGATGGA5'
B
5'GACTGGTACTGACTTCATCG AATT CGGGCTACTACCT3'
3'CTGACCATGACTGAAGTAGC TTAA GCCCGATGATGGA5'
C
5'GACTGGTACTGACTTCATCGAATT CGGGCTACTACCT3'
3'CTGACCATGACTGAAGTAGCTTAA GCCCGATGATGGA5'

图 10-3 *Eco*RⅠ切割与连接

A. 用 *Eco*RⅠ切割产生两个具有黏性末端的 DNA 分子；B. 互补碱基之间的氢键使分子暂时黏在一起，DNA 连接酶（用灰色阴影表示）催化一个分子上的 5′-磷酸基和另一个分子上的 3′-OH 之间形成磷酸二酯键；C. 两个分子由上面的链共价连接起来

植
物
生
物
技
术
导
论

10.1.2.3　DNA 聚合酶

（1）大肠杆菌 DNA 聚合酶Ⅰ　1956 年，大肠杆菌 DNA 聚合酶Ⅰ被 Kornberg A 首先从大肠杆菌细胞中分离出来。这是一种多功能酶，具有以下 3 种不同的酶活力：$5'\to3'$ 聚合酶活性，以单链 DNA 为模板时，可以催化单核苷酸结合到引物的 $3'$ 末端，并不断延伸；$5'\to3'$ 外切酶活性，可将双链 DNA 中游离的 $5'$ 末端逐个切去，而且对双链 DNA 中的单链缺刻（带 $5'$-磷酸基）也有作用；$3'\to5'$ 外切酶活性，将游离的双链或单链 DNA 的 $3'$ 端降解。

（2）T4 DNA 聚合酶　T4-DNA 聚合酶是从 T4 噬菌体感染了的大肠杆菌中分离出来的，它具有 $5'\to3'$ 的聚合酶活性和 $3'\to5'$ 的核酸外切酶活性。其外切酶活性要比大肠杆菌聚合酶Ⅰ的活性高 200 倍。

10.1.2.4　反转录酶

反转录酶又叫逆转录酶（reverse transcriptase）是一类以 RNA 为模板来指导 DNA 合成的 DNA 聚合酶，所以又称为依赖于 RNA 的 DNA 聚合酶。反转录酶在基因工程中的主要用途是以 mRNA 为模板合成互补 DNA（complementary DNA，cDNA）。由于真核基因组的复杂性，直接从其基因组中克隆基因十分困难，而利用反转录酶可将任何真核基因的 mRNA 反转录成 cDNA，并构建到载体上进行扩增和表达，为真核生物基因研究和基因工程提供了一个简洁的手段。通常用反转录酶构建 cDNA 文库（cDNA library）。

10.1.2.5　修饰性工具酶

在植物基因克隆中，除了上述几种主要工具酶外，还需要一些修饰性工具酶对 DNA 分子进行适当的修饰。主要有：末端转移酶、碱性磷酸酶、T4 多核苷酸激酶、S1 核本酶等。比如，通过末端转移酶将平末端 DNA 转化为黏性末端以及利用碱性磷酸酶将 DNA $5'$ 端的磷酸基团切除以防止酶切片段的自连等技术都在基因克隆中被广泛应用。

10.2　植物基因克隆方法

从广义上讲，克隆（clone）是指一个细胞或一个生物个体无性繁殖所产生的后代群体。通常所说的基因克隆是指基于大肠杆菌的 DNA 片段（或基因）的扩增，主要过程包括目标 DNA 的获得、重组载体的构建、受体细胞的转化以及重组细胞的筛选和繁殖等。分离和克隆目的基因是植物基因工程的首要任务。

10.2.1　同源克隆法

在物种进化过程中，遗传物质发生着遗传与变异，相同基因的核苷酸序列及其编码的蛋白质在遗传关系较近的物种间具有一定的保守性。遗传上来自某一共同祖先 DNA 序列的基因叫作同源基因（homologous gene）。现代分子生物学中用同源性来描述基因与基因之间的相似关系，表明序列之间的匹配程度。

10.2.1.1 同源克隆的基本原理

同源克隆法就是利用编码相关蛋白质的保守结构域基因序列的同源性，根据同源序列设计引物，从相近物种中扩增目的基因的方法。随着基因克隆技术的发展，克隆出的基因数目迅猛增长，不断充实已有的基因组文库、cDNA 文库及表达序列标签（expressed sequence tags，EST）文库等。科研工作者通过寻找拟分离基因的保守区，使用简并引物进行 PCR 扩增得到目的基因的保守区段，再通过与基因组文库比对，或 cDNA 文库筛选和其他分子生物学手段就能够扩增得到目的基因的 cDNA 全长及基因组 DNA 全长。

同源克隆法可以分为两类：一种是基于物种间基因的同源性，在相似或相同功能基因已经被克隆出来的情况下，根据基因在物种间的同源性，简单有效地克隆目的基因；另一种是基于基因内部存在保守序列和保守结构域，根据这些保守序列设计简并引物，通过 PCR 扩增获得全长候选基因。

简并引物（degenerate primer）是指代表编码单个氨基酸所有不同碱基可能性的不同序列的混合物。为了增加特异性，可以参考遗传密码表。它的特点是所设计的引物序列某位置的核苷酸可以分别是两个或两个以上不同的碱基，结果所合成的引物是该位置上不同序列的混合物。

基于这些保守结构域的基因序列设计简并引物，扩增出目的基因的保守区序列，与已知基因进行同源性比较。如果目标物种虽没有完成全基因组测序，但拥有丰富的 EST 数据，可以利用生物学软件或网站检索功能，从已经获得的保守序列出发，进行 EST 序列的电子延伸。通过这种方法有可能拼接出更长的序列，甚至是一个完整的阅读框。如没有这样的便利条件，也可以对 cDNA 进行 5′ RACE（rapid amplification of cDNA ends）和 3′ RACE 序列的扩增，得到编码目的基因的全长 cDNA 序列，再继续从基因组上扩增内含子序列，即可拿到该基因的 DNA 全长序列。利用基因序列同源性克隆基因的方法已被广泛应用，成为克隆和寻找新基因的简捷、经济、有效的方法。

10.2.1.2 同源克隆的基本步骤

利用同源克隆法克隆目的基因的操作步骤主要包括简并引物设计、克隆基因片段序列及同源性比对、目的基因全长克隆 3 个步骤。基本操作步骤如图 10-4 所示。

1. 简并引物设计

简并引物主要用于同源克隆未知的基因。其基本原理就是根据氨基酸序列设计两组带有一定简并性的引物库，所谓库就是有多条引物组成的一个组合，这些引物有很多相同碱基，在序列的某些位置也有一些不同的碱基，只有这样才能保证该引物组合和多种同源序列发生退火，实现 PCR 扩增。简并引物设计的常见程序如下：①在 NCBI 搜寻不同物种中编码相同功能的蛋白质序列或 cDNA 编码的氨基酸序列；②对找到的序列进行多序列比对；③确定合适的保守区域；④利用软件设计引物；⑤对引物的修饰。

简并引物的设计一般遵循以下几个原则：①选择高度保守的序列作为引物。尽可能选择基因家族内和不同种属间都保守的序列。②使用简并度较低的引物。③由

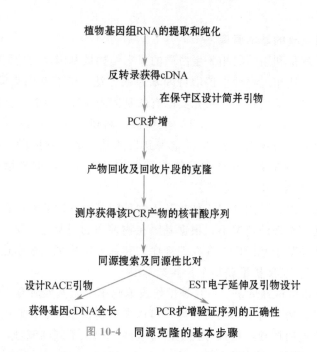

图 10-4　同源克隆的基本步骤

于色氨酸和甲硫氨酸的密码子是唯一的，是设计简并引物区段的首选。尽可能不用含有亮氨酸、精氨酸、丝氨酸的肽段。④引物的 3′ 端残基尽可能使用确定残基。⑤PCR 产物的适合长度为 150～1 200 bp。

2. 克隆基因片段序列及同源性比对

（1）克隆基因片段序列　利用简并引物 PCR 扩增的 DNA 片段，经产物回收纯化后，与克隆载体相连接，测序后将结果与 DNA 或蛋白质序列库进行比较，用于确定该序列的生物属性，找出与此序列相似的已知序列是什么。

（2）同源性比对　可以使用很多软件和网站进行同源性比对，如 DNASTAR、Clustal W、MEGA、LaserGene、Clustal X、DNAMAN 等软件均可以进行这方面的比对。另外，使用 BLAST 程序也可以轻松地分析序列的同源性。

3. 目的基因全长克隆

利用简并引物 PCR 扩增得到的基因片段，经同源比对后，如果该物种的基因组已经发布过，那么可以搜索到该基因的两侧序列，但这只是在研究少数模式生物时才会出现的情况。对于自然界种类繁多的其他生物而言，需要进一步获得该基因的全长序列。近年来随着 PCR 技术的快速发展和成熟，已经有多种方法可以获得基因的全长序列，常用方法主要有 RACE 法和染色体步移法。

同源克隆法自提出以来，受到了国内外学者的广泛重视，发展很迅速，相比图位克隆法和转座子标签克隆法来说，同源克隆法有其特有的优势，在理论上能够简单快速地克隆出目的基因。但并不是所有的基因都能用同源序列克隆的方法得到理想的结果，值得重视的是：①简并引物的设计要得当，由于密码子具有简并性，且序列间同源程度存有差异，必要时可能需要设计几套甚至十几套引物组合；②不能简单地认为扩增产物来自同一个基因家族；③基因家族成员往往成簇存在，克隆得到的基因片段需要经过进一步的验证，才能知道是否是目的基因。

10.2.2　图位克隆法

从遗传学的观点来看，克隆基因的方法多种多样，总体可概括为正向遗传学（forward genetics）途径和反向遗传学（reverse genetics）途径两种。正向遗传学途径指的是通过鉴定被克隆基因的表达产物或表型突变进行；反向遗传学途径则指的是通过特定的基因序列或依据被克隆基因在染色体上的位置来实现。由于绝大多数控制重要农艺性状的基因表达产物及调控机制尚不清楚，走正向遗传学之路困难较多，而反向遗传学途径显示出较好的前景。反向遗传学途径克隆基因主要有三种方法可以利用，分别是转座子示踪法、随机突变体筛选法和图位克隆法。其中，转座子受其种类、活性和数量的制约，随机突变体筛选法则随机性较大且不能控制失活基因的种类和数量，也限制了其使用。比较而言，随着相关配套技术的日趋成熟，图位克隆法已成为分离基因的常规方法，很多与作物农艺性状密切相关的基因已被成功地克隆。随着各种植物高密度遗传图谱和物理图谱的相继构建成功，图位克隆技术在植物的基因克隆中有着更广阔的应用前景。

10.2.2.1　图位克隆的基本原理

图位克隆（map-based cloning）又称定位克隆（positional cloning），是由英国剑桥大学 Coulson 等于 1986 年首次提出，近几年来随着各种植物分子标记图谱的相继建立而发展起来的。它是基因表达产物未知时，根据目的基因在染色体上的位置进行基因克隆的一种方法，该方法的基本思路是通过连锁分析原理进行基因定位。若多态标记与待定基因距离较远，它们在向子代传递时会发生自由分离，呈连锁平衡；反之，不发生自由分离，而呈现共分离即"连锁不平衡"。据此可在染色体上定位与某一 DNA 标记相连锁的基因。

功能基因在基因组中都有相对较稳定的基因座，在利用分子标记技术对目的基因进行精细定位的基础上，用与目的基因紧密连锁的分子标记筛选 DNA 文库（包括 YAC、BAC、TAC、PAC），从而构建目的基因区域的物理图谱，再利用此物理图谱通过染色体步移（chromosome walking）逐步逼近目的基因或通过染色体登陆（chromosome landing）的方法最终找到包含该目的基因的克隆，并通过遗传转化试验证实目的基因的功能。

10.2.2.2　图位克隆的基本步骤

图位克隆的基本步骤包括：

①建立目的基因的遗传分离群体，如 F_2、DH、BC、RIL 等，找到与目的基因紧密连锁的分子标记。

②用遗传作图和物理作图将目的基因定位在染色体的特定位置。

③构建含有大插入片段的基因组文库（YAC、BAC、TAC 或 PAC 文库）。

④以与目的基因连锁的分子标记为探针筛选基因组文库。用阳性克隆构建目的基因区域的跨叠群。通过染色体步移、登陆或跳查获得含有目的基因的大片段克隆。

⑤通过亚克隆获得含有目的基因的小片段克隆。

⑥通过遗传转化和功能互补验证最终确定目的基因的碱基序列。

在与目的基因紧密连锁的分子标记及大插入片段基因组文库都具备的情况下，就可以该分子标记为探针通过菌落杂交和蓝白斑挑选的方式筛选基因组文库而获得可能含有目的基因的阳性克隆。被鉴定的、覆盖目的基因区域的基因组 DNA 中可能包含有多个基因，或者筛选技术本身的假阳性，使得筛选获得特异的 cDNA 后，仍需对其做进一步验证，验证方法主要有以下 5 种：①精细作图来证实某候选基因克隆与目标性状共分离；②证实某候选基因克隆的时空表达模式与目标性状的表现相同；③把候选基因序列与现有已知功能基因序列数据库进行同源性比较，推断其功能；④比较候选基因序列在野生型与突变型之间的差异，确定在野生型与突变型之间变异的 cDNA 序列；⑤转化候选基因，进行遗传互补实验，这是最直接的证明。利用 RNA 干扰（RNAi）也可有效地确定目的基因。

随着图位克隆技术的发展，把目前的各种方法综合使用已成为一大趋势，把染色体步移技术和染色体登陆技术有机结合，把物理图谱的构建和精细定位目的基因相统一，并且充分吸收利用 DNA 芯片（DNA chip）等技术，对图位克隆技术在植物基因克隆中更好地应用是十分有益的。

自 1992 年首先利用图位克隆技术，在拟南芥上成功分离 $abi3$ 基因和 $fad3$ 基因（Iba 等，1992）以来，已经从拟南芥、水稻、大麦、玉米、番茄等 30 多个植物种中成功克隆基因。这些被克隆的基因涉及拟南芥的控制生长发育的基因及水稻、大麦、甜菜和番茄等农作物的抗性基因 [resistance gene，R gene（R 基因）]。

随着小基因组模式植物拟南芥、水稻全基因组测序的完成及大量新分子标记的开发，图位克隆技术中的新发展率先在模式植物中取得突破。高密度遗传连锁图谱和物理图谱的构建完成，使模式植物中目的基因的精细定位工作更简单、快捷，标志着分离新基因的图位克隆技术进入了一个崭新时代。目前，随着结构基因组学和功能基因组学的深入发展，已经开发出可以快速实现大基因组植物物理作图的 Elephant（electronic physical map anchoring tool）软件和适用于跨基因组图位克隆（cross-genome map-based cloning）QTL 的基于保守直向同源位点（conserved orthologous set，COS）的 COS 标记软件。尤其是 2008 年相继公布的玉米基因组草图、白菜全基因组精细图、甘蓝和油菜全基因组框架图及 2010 年 1 月发布的大豆基因组序列，使与图位克隆相关的任何尝试变得更加可行。

现在，图位克隆已经成为分离基因的常规方法，尤其令人鼓舞的是 DNA 芯片和微列阵的发明为图位克隆的应用展示了巨大的潜力和光明的前景。DNA 芯片或微阵列与 SNP 和 cDNA 相结合在基因的定位、筛选和鉴定方面具有无比的优越性，相信能大大提高图位克隆的效率。特别是近年发展起来的高通量新一代测序技术的应用，大大增加了植物全基因组测序的可能性，预示着将为图位克隆提供更好的基础，也使图位克隆技术在植物中的应用前景更加广阔。

10.2.3 电子克隆法

生物信息学是在生命科学研究中，以计算机为工具对生物信息进行储存、检索和分析的科学。近年来，随着人类基因组计划的开展和各种模式植物基因组测序工作的相继完成，利用生物信息学的手段发现、分离和克隆新的基因已成为植物基因组学研究的重要内容。比如，电子克隆（in silico cloning 或 electronic cloning）是近年来伴随着基因组和 EST 计划发展起来的基因克隆新方法。1991 年，Adams 首次利用人脑组织 cDNA 得到 EST 以寻找新基因。

开展电子克隆的前提条件：一是所研究的物种具有丰富的核酸序列信息；二是用来比较的物种具有较多基因研究信息；三是具有强大的计算机分析软硬件的支持。

10.2.3.1　电子克隆的基本原理

电子克隆又称"电子 cDNA 文库筛选"（electronic cDNA library screening）。它的基本原理是利用物种同源蛋白氨基酸（精氨酸）序列相似性（保守性）和网络资源（基因组数据库、ESTs 数据库、核苷酸数据库、蛋白质数据库等），采用生物信息学方法（同源检索、聚类分析、序列拼接等），借助电子计算机的巨大运算能力，通过 EST 或基因组的序列组装和拼接，利用 RT-PCR 的方法快速获得功能基因全长 cDNA 序列的方法。在人类基因组计划图谱公布之后，越来越多的学者利用电子克隆的方法获得基因，目前已获得了众多人的功能基因。由于受到序列资源的限制，植物基因的电子克隆报道较多的是拟南芥和水稻。

10.2.3.2　电子克隆的基本步骤

电子克隆的基本步骤包括：电子 cDNA 文库的筛选（即在 dbEST 中通过同源性比对找到与待克隆基因相关的 EST）；EST 重叠群的获得和整合（依据已获得的 EST 序列利用相关的分析软件对 dbEST 信息进行 BLAST 分析，获得 EST 重叠群并进一步拼接延伸成较长的 EST，甚至是基因的全长 cDNA 序列）；克隆序列的分析（分析克隆序列的开放阅读框并确定其是否为全长的 cDNA 序列）。

电子克隆的优点是投入低，速度快，技术要求不高，针对性强等。电子克隆与传统的采用克隆原位杂交方法筛选 cDNA 文库或是利用基因特异引物进行 cDNA 末端快速扩增相比，主要的优势在于节省时间和节约经费，能够起到事半功倍的效果。但是数据库中的 EST 数据最高精确度为 97%，这意味着获得的是模拟序列，最终仍要通过试验验证。而且很多植物物种的 ESTs 数据库还没有建立起来，实现电子全长 cDNA 的克隆还有一定的难度。

10.2.4　其他克隆法

10.2.4.1　生物芯片

生物芯片技术起源于核酸分子的杂交，于 20 世纪 80 年代提出，20 世纪 90 年代初期以 DNA 芯片为代表的生物芯片技术在生命科学研究的各个领域得到了迅速发展和广泛应用。生物芯片（biochip）实际上是由固相支持介质（主要有玻片、硅片、尼龙膜、聚偏二氟乙烯膜等）及固定了该类介质上的大量生物信息分子（如寡核苷酸、基因片段、cDNA 片段、多肽或蛋白质）的微阵列组成的。因为它与芯片具有类似的特点，即微型化和能够并行处理大规模的信息，所以称之为"生物芯片"。

根据芯片上固定的生物分子种类不同，生物芯片可分为基因芯片和蛋白质芯片两种。基因芯片上固定的是核酸类物质，主要用于 DNA 或 RNA 的分析；蛋白质芯片上固定的是蛋白质或多肽，主要用于抗原-抗体的检测、基因表达产物的筛选检测以及受体-配体的相互作用研究。基因芯片因规定于其上核酸类物质的不同又可分为 DNA 芯片（DNA chip）和微点阵（microarray）两种。前者由高密度的寡核苷酸（oligodeoxynucleotides，ODN）或多肽核酸（peptide nucleic acid，PNA）阵列组成，所含的信息量很大，主要用于基因转录情况的分析、DNA 测序、基因多态性及基因突变分析等；后者通常由低密度的基因组或 cDNA 片段阵列组成，也可以由寡核苷酸或多肽核酸阵列组成，其中 cDNA 微点阵在基因表达情况的研究中具有十分重要的作用。

10.2.4.2 基因文库的筛选

基因文库（gene library）是指汇集了某一生物全部基因序列的重组体群（或转化子群）。具体来说，在构建基因文库时，首先将代表某一生物类型的全部 DNA 片段分别插入特定载体中，然后将重组载体导入宿主细胞并获得大量的含有重组载体的克隆（一般为单菌落或噬菌斑）。这样，每个克隆中都含有一段该生物基因的 DNA 片段，全部克隆的集合就构成了该生物的基因文库。通过对基因文库进行筛选，克隆特定的目的基因。

10.2.4.3 蛋白质组学

蛋白质组学（proteomics）可被广泛定义为对生物样品中全部蛋白质系统分析的科学。蛋白质组（proteome）是指在一种细胞内存在的全部蛋白质，即基因组表达产生的总蛋白质统称蛋白质组。功能蛋白质组是指那些可能涉及特定生理生化功能的蛋白质群体。蛋白质组学的基本技术主要包括蛋白质双向电泳技术和质谱技术等。通过双向电泳技术可以将多种类型细胞内数千种蛋白质成分精确分离，使得从蛋白质功能到基因序列的植物基因克隆策略成为可能。

10.2.4.4 插入失活技术

插入失活技术是指通过特定的方式将某一 DNA 序列随机插入到植物基因组中，当插入序列位于某一基因的对应位点时就会导致该基因的正常功能受阻（失活），在个体水平上表现出突变性状。这样，就可以利用插入片段的序列信息，通过 RT-PCR 等技术进一步分离克隆到与该突变性状相关的目的基因。目前，利用比较广泛的主要包括 T-DNA 标签法和转座子标签法两种。

10.2.4.5 抑制性消减杂交

抑制性消减杂交（suppression subtractive hybridization，SSH）是 Diatchenko 等于 1996 年提出的一种克隆基因的方法。该方法运用杂交动力学原理，即丰度高的单链 cDNA 在退火时产生同源杂交速度快于丰度低的单链 cDNA，并同时利用链内退火的特性，从而选择性地抑制了非目的基因片段的扩增。SSH 的基本操作步骤为：双链 cDNA 的合成、tester 准备、driver 准备、差减杂交、PCR 反应、差异表达片段的鉴定和克隆。

10.3 植物遗传转化方法

植物遗传转化（plant genetic transformation）是指将外源基因转移到植物体内并稳定地整合表达与遗传的过程。在这一过程中，建立稳定、高效的遗传转化体系是实现某一植物遗传转化的先决条件。不同的物种，甚至同一种植物不同基因型适宜的遗传转化体系也有差异。目前，已有多种转化方法可将外源基因导入受体植物细胞，而且新的转化方法也在不断地创建。最常用的植物遗传转化方法是农杆菌介导法（*Agrobacterium*-mediated transformation）和基因枪法（particle bombardment，PB），另外还有纳米转化法（nanoparticles-mediated transformation）、植株原位真空渗入法（in-planta *Agrobacterium*-mediated transformation with vacuum infiltration，Vi）、电击法（electroporation，EP）、聚乙二醇法（polyethylene glycol，PEG）、花粉管通道法（pollen-tube pathway）、显微注射法（microinjection，Mi）、激光微束穿孔法（laser microbeam）、脂质体介导法（liposome）和生殖细胞浸泡转化法（germ cell imbibition transformation）等。

10.3.1 农杆菌介导法

农杆菌介导法利用的是一种能够实现 DNA 转移和整合的天然系统，这种天然系统是人们在土壤细菌——根癌农杆菌（*Agrobacterium tumefacines*）和发根农杆菌（*A. rhizogenes*）中发现的。Ackermann C（1977）、Wullems 等（1981）、De Greve 等（1982）和 Spano 等（1982）首先在烟草和马铃薯上由 Ri 质粒和 Ti 质粒转化的细胞再生出植株。Zambryski 等（1983）和 De Block 等（1984）以及 Horsch 等（1985）分别报道了用切去癌基因（Disarmed）的根癌农杆菌和发根农杆菌进行遗传转化，获得了形态正常的转基因植物。Horsch 等（1985）首创叶盘法，用根癌农杆菌感染烟草叶片外植体，获得了转基因烟草。此后，许多科学家相继在不同植物上获得了一批转基因植物，至目前已超过 200 种，其中约 80% 是由农杆菌介导获得的。

10.3.1.1 转化原理

根癌农杆菌是普遍存在于土壤中的一种革兰氏阴性植物细菌。它能在自然条件下感染大多数双子叶植物的受伤部位，诱导植物产生冠瘿瘤（crown gall tumor）并合成冠瘿碱，为其生长发育和繁殖提供碳源、氮源和能源，干扰被侵染植物的生长。

根癌农杆菌 Ti 质粒遗传转化不仅涉及细菌本身蛋白，而且还有寄主蛋白的参与，是个复杂的过程。整个过程大致可以分为以下 10 步：①农杆菌识别并附着到植物细胞上，即植物受伤后伤口处分泌出一些酚类物质如乙酰丁香酮和羟基乙酰丁香酮，这些酚类物质通过根癌农杆菌染色体毒性基因（*chv*）介导的趋向性使农杆菌向植物受伤部位移动，并与植物表面细胞的受体相互作用而附着在植物受伤部位；②这些特异性的植物信号分子被农杆菌 Ti 质粒上的由 VirA/VirG 组成的双组分信号传导系统（two-component signal-transduction system）所识别；③经过信号转导诱导 Ti 质粒上 vir 区基因的表达；④VirD1 和 VirD2 蛋白共同作用，切割 T-DNA 的左右边界，产生一条单链 T-DNA 分子（T-链）；⑤在农杆菌细胞中，一分子 VirD2 蛋白共价结合到 T-链的 5′末端，形成 ssDNA-蛋白复合体（未成熟 T-复合体，immature T-complex），然后和几个别的 Vir 蛋白如 VirE2、VirF 等一起，通过 VirB/D4 Ⅳ型分泌系统（T4SS 通道）进入植物细胞的细胞质；⑥此时，未成熟 T-复合体受到许多 VirE2 分子的包裹和保护，形成成熟的 T-复合体（mature T-complex），成熟 T-复合体通过植物细胞的细胞质向细胞核运输；⑦在 VirD2 和 E2 蛋白的核定位信号识别下，成熟 T-DNA 复合体通过细胞核核孔（nucleic pore channel，NPC）进入植物细胞细胞核；⑧T-复合体在细胞核内被运输到整合位点；⑨T-DNA 解包裹；⑩T-DNA 整合到植物基因组中。

由此可见，利用 Ti 质粒对植物进行遗传转化，只要将目的基因 DNA 片段插入到 T-DNA 区，然后通过土壤农杆菌和 Ti 质粒将它送入受体植物，实现外源基因与植物基因组的整合，从而获得转入目的基因的植株。因此，Ti 质粒是植物基因工程一种有效的天然载体。但野生型 Ti 质粒不能直接用作克隆外源基因的载体，主要原因为：①野生型 Ti 质粒分子过大，在基因工程中操作起来十分麻烦，所以要切去一切不必要的大片段 DNA。②野生型 Ti 质粒上分布着各种限制性核酸内切酶的多个酶切位点，不论用何种限制性核酸内切酶切割，都会切成很多片段，难以找到可利用的单一限制性内切酶位点，这不利于通过体外 DNA 重组技术直接向野生型 Ti 质粒导入外源基因。③T-DNA 区内存在不利于植物遗传转化的基因。如 T-DNA 上的 $iaaM$（$tms1$）和 $iaaH$（$tms2$）是植物吲哚乙酸合成酶的编码基因，tmr（ipt）是细胞分裂素合成有关酶的编码基因，这些基因在植物转化细胞中表达，会干扰受体植物细胞激素的平衡，导致冠瘿瘤的产生，阻碍转化植物细胞的分化和植株的再生，因此这些基因最好删除。④冠瘿碱的合成过程与 T-DNA 的转化无关，且消耗大量的精氨酸和谷氨酸，直接影响转基因植物细胞的生长代谢过程；⑤野生型 Ti 质粒没有大肠杆菌的复制起点和作为转化载体的选择标记基因，在大肠杆菌中不能复制且在细菌中的操作和保存会很困难，因此，必须对野生型 Ti 质粒加以改造，加上复制起始位点和选择标记基因后，才能作为转基因的载体。

为了使 Ti 质粒成为有效的外源基因的载体，必须对其做如下科学改造：①删除 T-DNA 上的 tms、tmr 和 tmt 基因，即切除 T-DNA 中 onc 基因，构建所谓的"卸甲载体"（disarmed vector）。②加入大肠杆菌的复制起点和选择标记基因。这样能使质粒作为中间载体时在大肠杆菌中进行复制，植物转化载体还同时带有可在根癌农杆菌中进行复制的起始位点，因而可构建根癌农杆菌-大肠杆菌穿梭质粒，便于重组分子的克隆和扩增。而选择标记基因的引入，如细菌的新霉素磷酸转移酶基因（nptⅡ），能使转化植物细胞获得卡那霉素抗性，有利于转基因植株的筛选。③插入人工多克隆位点，以利于外源基因的克隆和操作。④引入植物基因的启动子和 polyA 信号序列，以确保外源基因在植物细胞内能正确高效的转录表达。⑤除去 Ti 质粒上的其他非必需序列，以最大限度地缩短载体的长度。

经改造后，形成了 2 个主要的 Ti 质粒载体系统，即共整合载体系统（cointegrate vector system）和双元载体系统（binary vectors system）。在共整合载体 Ti 质粒上编码癌基因及冠瘿碱基因序列常常为一段 pBR322DNA 所取代，当有外源基因的 pBR322 衍生中间载体由大肠杆菌进入农杆菌细胞后，两者相同的 pBR322 序列间发生同源重组，导致外源基因整合到 Ti 质粒上（图 10-5）。双元载体系统包含 2 个质粒，它们都能在农杆菌中复制，其中一个 Ti 质粒（修饰过或未修饰的）提供 Vir 功能，另一个广宿主范围的质粒则携带有目的基因和植物选择性标记基因（selectable marker genes）及移动和复制功能基因。细菌选择性标记基因附近还有一些便于克隆的序列，该质粒既可以在大肠杆菌中复制和保持，还可以移动到农杆菌中复制和保持。无论是共整合载体还是双元载体系统，中间载体由大肠杆菌转移到土壤农杆菌中都需要第三种细菌参与，俗称三亲交配（triparental mating）。只有辅助质粒如 pRK2013 存在时，带有目的基因的植物转化中间载体才可能从大肠杆菌中迁移到土壤农杆菌中。

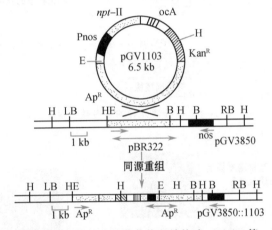

图 10-5　**pGV3850 质粒共整合载体系统构建**（Philip 等，1988）

与根癌农杆菌不同的是，发根农杆菌从植物伤口入侵后，不能诱发植物产生冠瘿瘤，而是诱发植物产生不定根。这些不定根生长迅速，不断分支成毛状，故称之为发状根（hairy root）或毛状根。发状根的形成是由存在于发根农杆菌中的 Ri 质粒（root inducing plasmid）所决定的。

10.3.1.2　基本程序

农杆菌介导的遗传转化的基本程序包括：植物表达载体的构建、转化体系的建立、目的基因的转化、转化体的筛选与获得、转基因植株的分子检测与转基因植株的获得（图 10-6）。

10.3.1.3　转化方法

农杆菌介导的遗传转化是研究最早、最成功和目前最主要的方法。应用农杆菌介导的原理，科学家探索出了适宜不同外植体的遗传转化方法。

1. 叶盘法

叶盘法（Horsch 等，1985）现已应用于大多数双子叶植物的遗传转化，以辣椒转化 *NPK*1 基因说明其基本方法（图 10-7）。

植物生物技术导论

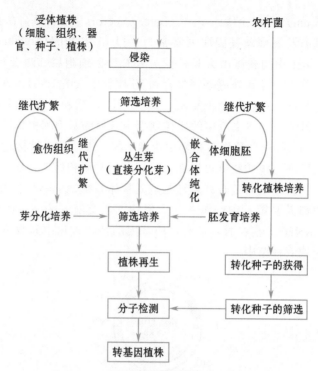

图 10-6　农杆菌介导的遗传转化程序

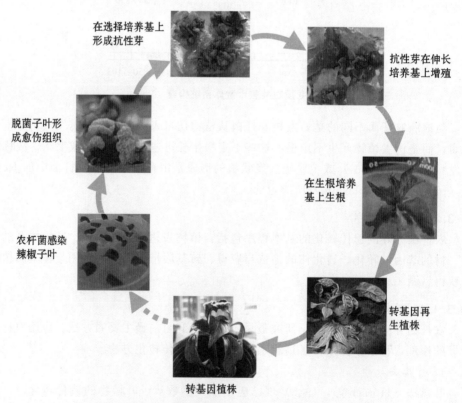

图 10-7　辣椒转化农杆菌介导的 *NPK1* 基因的过程（巩振辉等，2007）

（1）辣椒无菌苗的获得　精选后的供试辣椒种子经浸种、消毒在琼脂培养基上培育成无菌苗。

（2）农杆菌的活化与培养　从低温冰箱中取菌液划于 LB 固体平板培养基上静置黑暗培养，待长出单菌落后，挑取单菌落于含相应抗生素的 LB 液体培养基中振荡培养后收集菌体。

（3）预培养与侵染时间　将预培养后的子叶外植体和直接切取的子叶外植体分别移入无菌培养皿中，加入农杆菌菌液，略微振荡，弃菌液，转移外植体至无菌滤纸上，吸干菌液后转移到培养基上共培养。

（4）抑制和杀灭农杆菌　将共培养后的外植体转移至延迟培养基上以抑制和杀灭农杆菌。

（5）抗性芽筛选　经过延迟培养后转移至选择培养基上进行抗性芽筛选。

（6）抗性芽伸长培养　将抗性芽转入培养基上进行芽伸长培养。

（7）诱导生根培养　经芽伸长培养基培养后，将长出的不定芽自基部切下转移至生根培养基上培养。

（8）转基因植株移栽　待根系发达后将带根小植株开瓶炼苗，然后用多菌灵液蘸根后移栽到温室内正常栽培管理，直至开花结果。

2．悬浮细胞、原生质体与农杆菌共培养转化法

以悬浮培育的单细胞（细胞团）或原生质体为受体，通过悬浮细胞或原生质体的制备、预培养与农杆菌共培养、脱菌培养和选择培养等步骤，进行农杆菌介导的目的基因遗传转化。

3．下胚轴切段倒插法

该方法是一种较为常用的方法。在无菌条件下使发根农杆菌侵染切段组织，并在 T-DNA 插入植物基因组时，将切段转移到含有抗生素的培养基上，以抑制切段组织内外细菌的进一步生长。随后在无激素琼脂培养基上培养切段，促使 T-DNA 作用下根的诱导和毛状根的形成。当接种的下胚轴切段上出现小根并长到一定长度时，分离转移单根于新的不含任何激素的培养基继续培养。根据标记基因的标记性状，判断并选择转化的毛状根。为了观察研究转化体的形态、生理性状以及生长发育表现，可在生芽培养基和生根培养基上培养，以再生植株。

4．胚轴或茎切段法

胚轴或茎切段一般取自组织培养实生苗。如选取大田和温室的植株，材料经过表面消毒后，将茎切段与载有目的基因的农杆菌液进行短期共培养，农杆菌通过伤口使携带外源目的基因的 Ti 或 Ri 质粒进入植物细胞，将外源目的基因整合到植物基因组中。

5．肉质根和块茎圆片法

适合于马铃薯、胡萝卜、甜菜、芜菁、辣根等地下器官的植物。通常的做法是：在肉质根或块根表面消毒后，将材料切成厚 5 mm 的圆片，将带有新鲜伤口的圆片与载有目的基因的农杆菌液进行短期共培养，农杆菌通过伤口使携带外源目的基因的 Ti 或 Ri 质粒进入植物细胞，将外源目的基因整合到植物基因组中。

植物生物技术导论

6. 蘸花法

叶盘法、共培养法均涉及植物组织培养和再生，体细胞易变异产生不利影响。1998 年，Clough 和 Bent 在菌液中加入表面活性剂 Silwet L-77，建立了蘸花法（floral dip method）。农杆菌介导的蘸花转化法，也叫花序浸蘸法，属于原位渗透转化法的一种，是当前不需要经过组织培养或植株再生过程的简单转化方法。例如，用于转化的拟南芥植株需培养 4～5 周，直到其抽薹开花，转化前去除果荚和已授粉的花，提高转化的阳性率。将拟南芥的花序放到含有农杆菌的转化介质中浸泡 3～5 min，农杆菌可以穿过植物细胞壁和质膜，侵染胚囊，将带有目的基因和元件的 T-DNA 段整合到雌配子的基因组上，完成转化。

农杆菌介导的遗传转化是目前最常用、成功率最高的遗传转化方法。和其他方法相比，具有许多突出的优点：①在所有遗传转化方法中，农杆菌 Ti 或 Ri 质粒转化系统的机理研究最清楚，方法最成熟，应用最广泛；②农杆菌介导法是利用天然的遗传转化系统，成功率高，效果好；③T-DNA 区可插入高达 50 kb 大小的外源 DNA 片段；④T-DNA 上含有引导 DNA 转移和整合的序列以及能够被高等植物细胞转录系统识别的功能启动子和转录信号，使插入 T-DNA 区的外源基因能够在植物细胞中表达；⑤整合进植物基因组中的 T-DNA 及插入其间的外源基因不仅能在植物细胞中表达，而且可根据人们的需要连接不同的启动子，使外源基因能在再生植株的各种组织器官中特异性表达；⑥转移的外源基因常为单拷贝整合，很少发生甲基化和转基因沉默，遗传稳定，而且符合孟德尔遗传定律。

农杆菌介导法也有许多不足，其主要缺点是：①除少数植物外，转化率通常较低，尤其是主要农作物的转化率更低，一般在 1% 以下。②农杆菌侵染的寄主范围主要限制在双子叶植物（虽然有在单子叶植物上成功的报道），如何扩大其寄主范围一直是人们所关心的问题。③农杆菌介导法大多数需经过组织培养阶段，尤其是细胞培养和原生质体培养，操作复杂，周期长，再生植株难度大。同时，该方法不适宜通过组织培养再生困难的植物。④农杆菌侵染后的外植体再生阶段脱菌比较困难，需要长期使用抗生素，给实验带来麻烦。

10.3.2 基因枪法

基因枪法又名微粒轰击法。基因枪转化就是通过高速飞行的金属颗粒将包被其外的目的基因直接导入受体细胞内，从而实现遗传转化的一种方法。它最早是由康乃尔大学的 Sanford 等（1987）研制出火药引爆的基因枪。Klein 等（1987）首次将吸附有烟草花叶病毒 RNA 的钨粒射入洋葱细胞，并在受体细胞中检测到了病毒 RNA 的复制。McCabe 等（1988）以外源 DNA 包被的钨粒对大豆茎尖分生组织进行轰击，结果在 R_0 和 R_1 植株中检测到了外源基因的表达。随后，一些科学家用基因枪法在玉米、小麦、大麦和水稻等禾谷类植物上获得了转基因植株（Gordon-Kamm 等，1990；Vasil 等，1992；Wan 等，1994）。基因枪法的普及源于公司的介入。1990 年美国杜邦（DuPont）公司申请了专利，通过 Biorad 公司推广。此后很多公司仿效。先后研制出了高压放电（McCabe 等，1988）、压缩气体驱动（Oard 等，1990；Sautter 等，1991）等各种基因枪。

10.3.2.1 转化原理

基因枪可分为 3 种类型：①以火药爆炸力作为动力；②以高压气体作为动力；③以高压放电作为动力。无论哪类基因枪，其基本原理相同。即利用火药爆炸力、高压放电或机械加速的金属颗粒来轰击受体细胞。先将外源 DNA 溶液与钨、金等金属微粒混匀，使 DNA 吸附在金属颗粒表面，然后用各种动力加速金属颗粒，使之直接射入受体植物细胞，外源遗传物质随金属颗粒进入细胞内部（图 10-8），导致植物发生可遗传的变异。

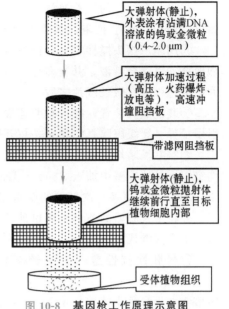

图 10-8　基因枪工作原理示意图

10.3.2.2 基本程序

尽管基因枪有各种不同类型，但遗传转化的基本步骤基本相同，包括：①受体细胞或组织的准备和预处理；②DNA 微弹的制备；③受体材料的轰击；④轰击后外植体的培养与植株再生以及转基因植株分子检测。

不同的基因枪操作方法稍有不同，可按说明书进行。一般的操作程序是：①将装微弹的 Eppendorf 管放入超声波洗涤仪中处理 5～10 min，至微弹呈黑色的悬浊液；②迅速点样于大型射弹或阻挡板的点样槽上；③选取适当的射速、射距以及真空度，进行转化；④转化后迅速取出受体材料并清洗仪器以备下次转化用。

10.3.2.3 转化方法

用于基因枪转化的受体应是各种具有良好分化能力的组织、器官、细胞、未成熟胚、小孢子培养物或吸涨种子的分生组织等。现以 Wan 等（1994）转化大麦未成熟胚为例介绍其转化方法。

①将未成熟的大麦颖果浸入 2% 的次氯酸钠溶液中 5 min 进行表面消毒，然后用无菌水洗涤 4 次。检查麦穗中央的麦粒，选择受精后 10～14 d 的麦穗，此时胚的长度为 1～2 mm。

②用镊子和解剖刀剥去果种皮，然后将胚分离出来，盾片向上放置于愈伤组织诱导培养基上〔MS 盐分，30 g/L 麦芽糖，1 mg/L 盐酸硫胺素，0.25 g/L 肌醇，1 g/L 水解酪蛋白，0.69 g/L 脯氨酸，2.5 mg/L 麦草畏（dicamba），加固化剂 3.5 g/L 脱乙酰吉兰糖胶（Gelrite）〕。在培养皿中放置 16 个胚用于枪击。

③制备钨粉/DNA 悬液：将 25 μL 质粒 DNA 溶液（1 mg/mL）加到 1.25 mg 钨粉中，充分振荡，加入 500 μL 1.1 mol/L $CaCl_2$。再次振荡后加入 50 μL 100 mmol/L 亚精胺，振荡并置于冰上 10 min。500 g 离心 5 min，倾倒出 550 μL 上清，置于冰上备用。

④从乙醇中取出微粒载片和阻挡板，在无菌层流罩超净台中吹干。并在超净工作台中用乙醇清洗基因枪内部。

⑤将装有幼胚的培养皿放入基因枪内，使之与枪管底端有一个合适的距离（开始可以用 10 cm）。把阻挡板放到架子上，插入基因枪，关上盖子。

⑥用超声探头搅拌 DNA/钨粉悬液，或者把装有钨粉/DNA 的试管在栅栏上剧烈地拖动以混合悬液，并立刻吸取 1 μL 点在微粒载片上。将微粒载片插入枪管，并把空包弹放在微粒载片之后。

⑦装配点火装置，腔内抽真空至 3 332.5～3 732.4 Pa（25～28 mmHg）后，引爆子弹。缓缓解除真空状态，打开腔盖，取出培养皿。

⑧25℃黑暗培养幼胚。轰击完成 1 d 后将被轰击的幼胚转入筛选培养基（在愈伤组织诱导培养基中加入 5 mg/L Basta）中。

⑨每 14 d 更换一次新鲜的筛选培养基。将大块的愈伤组织从幼胚培养物上分开。并将生长旺盛的愈伤组织单独转移出来。抗性愈伤组织可以在新鲜的筛选培养基上 1 个月继代 1 次。

⑩将胚性抗性愈伤组织转至含 1 mg/L Basta 的再生培养基（MS 盐分，30 g/L 麦芽糖，2%谷氨酰胺，加固化剂 3.5 g/L 脱乙酰吉兰糖胶），每天 16 h 光照培养。当绿色小植株长至 2 cm 高时（大约在转移后 4 周），可将它们转至不含激素的愈伤组织诱导培养基的深培养容器中。等根长出后，就可以移栽至土壤。

需注意的是，虽然基因枪装置的设计可以保证抵挡住爆炸力，但在操作时仍需依照手册谨慎行事。特别应注意的是，摆弄子弹时要小心，在任何情况下都不应强行将子弹压入枪管或者从顶部撬出。轰击腔和真空阀应当定期清洁，防止未爆炸的火药堵塞。

基因枪转化方法与其他遗传转化方法相比具有以下优点：①无宿主限制。无论是单子叶植物还是双子叶植物都可以应用，特别是那些由原生质体再生植株较为困难和农杆菌感染不敏感的单子叶植物，提高了单子叶植物的转化效率。②受体广泛。根切段、茎切段、叶圆片、幼胚、愈伤组织、分生组织、花粉、子房、原生质体等几乎所有具有潜在分生能力的组织、器官或细胞均可作为受体，为原生质体再生困难或某一组织、细胞再生困难的植物增加了选择受体的范围。③操作简便快速。金属微粒的喷射面广，转化率较高。④微弹的射速、射入量容易控制，可以较高的命中率把外源 DNA 微粒载体射入特定层次的细胞（感受态细胞），从而为遗传转化的程序化提供了保证。

与农杆菌介导法相比，基因枪遗传转化方法尚未成熟，仍存在许多不足之处。主要表现在：①转化后瞬时表达率较高，但稳定遗传的比例极低；②转化率低；③基因枪转化成本高；④出现非转化体和嵌合体的比率大；⑤基因插入往往是多拷贝随机整合到受体基因组中，可能发生多种方式的重排，也可能会因为与植物本身序列同源而相互作用，导致转录或转录后水平的基因沉默，所以遗传稳定性差；⑥在轰击过程中可能造成外源基因的断裂，使插入的基因成为无活性的片段等。

10.3.3 其他转化法

植物遗传转化除广泛应用的农杆菌介导法、基因枪法和纳米转化法外，植株原位真空渗入法、电击法、聚乙二醇法、花粉管通道法、显微注射法、激光微束穿孔转化法、脂质体介导转化法和生殖细胞浸泡转化法等在一些植物的遗传转化上获得了较好的效果。

10.3.3.1　植株原位真空渗入法

植株原位真空渗入法是在一定真空条件下，用农杆菌菌株感染植物成株或幼苗，在转化植株当代（T_0）采收种子（T_1），利用标记基因对采收的 T_1 种子进行抗生素筛选，并经分子检测后确定转基因植株的一种基因转移的非组织培养方法。这种方法最早由 Bechtold 等（1993）对拟南芥进行抗 Basta 基因的遗传转化时获得了成功。随后，巩振辉等（1996）以拟南芥为试材，对该方法进行了优化，并将其成功地应用于大白菜、小白菜、白菜型油菜、芥菜型油菜、甘蓝型油菜、菜薹、芥菜等作物。目前，植株原位真空渗入法在芸薹属植物，尤其是模式植株拟南芥上得到了广泛的应用。

10.3.3.2　电击法

电击法又名电激法、电穿孔法，是指利用脉冲电场将 DNA 导入培养细胞或原生质体的一种遗传转化方法。电击法的基本原理：细胞膜的基本成分是磷脂双分子层，在适当的外加电压作用下，细胞膜或原生质体有可能被击穿造成非对称穿孔，形成瞬间通道，这种通道孔径在 8.4 nm 左右，每个细胞膜上有上百个，能允许外源基因的进入，但不影响或很少影响细胞质的生命活动。移去外加电压后，膜孔在一定时间内可以自动修复，这为外源基因的导入创造了条件。利用这一原理，人们将植物细胞或原生质体与外源基因混合置于电击仪的样品小室中。然后在一定的电压下进行短时间直流电脉冲，电击后的原生质体被转至培养基中培养，筛选并诱导再生植株。这种方法最早应用于动物的遗传转化（Neumann 等，1982），1985 年开始应用于植物细胞和原生质体的遗传转化（李宝健等，1985）。现已广泛应用于各种双子叶植物和单子叶植物，尤其在单子叶植物中，应用较为普遍。

10.3.3.3　聚乙二醇法

聚乙二醇法是以原生质体为受体，通过 PEG 的诱导作用直接将外源 DNA 导入受体植物细胞，获得转基因植株的方法。PEG 介导法是 Davey 等（1980）将农杆菌 Ti 质粒 DNA 导入矮牵牛悬浮细胞的原生质体的研究中首创的。Krens 等（1982）以烟草原生质体为受体，在 PEG 和小牛胸腺 DNA 的协助下将 Ti 质粒 DNA 也成功导入植物细胞。此后，人们在多种植物上应用该方法获得成功。目前，PEG 介导法仍是单子叶植物的重要转化方法之一。

10.3.3.4　花粉管通道法

花粉管通道法又名子房注射法、花药注射法、柱头涂抹法、蘸花法。它是利用开花植物授粉后形成的花粉管通道，直接将外源目的基因导入尚不具备正常细胞壁的卵、合子或早期胚细胞，实现目的基因遗传转化的一种方法。周光宇等（1983）在棉花的遗传转化研究中最早建立了这种方法。它在棉花自花授粉 24 h 后，将外源 DNA 注入子房中轴的胎座位置，使 DNA 沿着已形成的花粉管通道进入胚囊，从而转化受精卵或胚细胞获得了成功。Ohta（1986）应用外源 DNA 与玉米花粉混合授粉，实现了胚乳基因的遗传转化。De la Pena 等（1987）将外源基因 DNA 直接注入黑麦的幼花序中获得了转基因黑麦植株。薛万新等（2001）采用子房注射法将叶球发育相关基因 $BcpLH$ 导入大白菜。这一整株水平上的转化方法的建立，使得转化外源基因的操作可以直接在栽培作物上进行，避免了细胞和组织的离体培养，为农作物尤其是禾谷类作物的转化提供了一条重要的途径。

10.3.3.5 显微注射法

显微注射法是借助显微注射仪，把外源 DNA 通过机械的方法直接注入细胞核或细胞质，实现遗传转化的一种方法。这是动物遗传转化的一种经典的方法。1986年，Crossway 等以烟草原生质体为试材，用显微注射法获得高达 6％的平均转化率。Reich 等（1986）用苜蓿原生质体经核内注射，其转化率达 15％～26％。这说明显微注射法是非常有效的，具有良好的发展前景。

10.3.3.6 激光微束穿孔转化法

激光微束穿孔转化法又叫显微激光法，指将激光聚焦成微米级的微束照射细胞或组织后，利用其热损伤效应使细胞壁上产生可逆性的小孔，使加入细胞培养基里的外源基因进入植物细胞，从而实现基因的转移。激光是一种很强的单色电磁辐射。一定波长的激光束经聚焦后到达细胞膜平面时其直径只有 $0.5\sim0.7~\mu m$。这种直径很小但能量很高的激光束可引起膜的可逆性穿孔。因此，可利用激光的这种效应对细胞进行遗传操作。激光微束穿孔转化法在植物上最早应用在大田作物水稻、小麦、玉米、油菜、棉花上。我国科学家将其应用在百脉根、马铃薯、兰花等园艺植物的遗传转化上获得了成功。

10.3.3.7 脂质体介导转化法

脂质体介导转化法是根据生物膜的结构和功能特性，人工用脂类如磷脂等化合物合成的双层膜囊包装外源 DNA 分子或 RNA 分子，通过融合或吞噬作用将外源 DNA 转入原生质体的细胞质和细胞核内，从而引起遗传转化。

10.3.3.8 生殖细胞浸泡转化法

生殖细胞浸泡转化法指将供试外植体如种子、胚、胚珠、子房、幼穗甚至幼苗等直接浸泡在外源 DNA 溶液中，利用渗透作用可将外源基因导入受体细胞并得到整合与表达的一种转化方法。Hess（1966）用外源 DNA 浸泡矮牵牛萌动的种子获得表现不同性状的植株。

10.4 转基因植物的鉴定与安全性评价

10.4.1 转基因植物的鉴定

转基因植物筛选和鉴定的方法较多，根据检测的基因功能分为调控基因（启动子和终止子）检测法、选择标记基因检测法和目的基因直接检测法；根据检测的不同阶段分为外源基因整合水平检测法和表达水平检测法，外源基因整合水平检测法有 Southern 杂交、PCR（polymerase chain reaction）、PCR-Southern 杂交、原位杂交和 DNA 分子标记技术等，表达水平的检测法有 Northern 杂交、RT-PCR、酶联免疫吸附测定（enzyme linked immunosorbent assay，ELISA）法和 Western 杂交等。

10.4.1.1 选择标记基因和报告基因鉴定

选择标记基因（selectable marker gene）指在选择压下，编码产物能够使转化的细胞、组织具有对抗生素或除草剂的抗性，非转化的细胞则不能在施用选择剂的条件下生长、发育和分化。选用选择标记基因有利于在大量细胞或组织中筛选出转化细胞与植株。植物基因工程中选择标记基因一般具有以下特征：①编码一种不存在于正常植物细胞中的产物，如酶和蛋白质；②基因较小，易构成嵌合基因；③能在转化体中得到充分的表达；④容易检测并能定量分析。

报告基因（reporter gene）指其编码产物在受体细胞、组织或器官中具有表达活性，能够被快速地测定的一类特殊用途的基因。一般在构建植物表达载体时插入选择标记基因和报告基因，在遗传转化时同目的基因和各种表达控制元件一起整合进受体植物基因组，可起到判断目的基因是否已经成功导入受体细胞并稳定表达的作用。

1. 抗生素抗性基因鉴定

植物遗传转化上常用的抗生素抗性基因有新霉素磷酸转移酶基因（neomycin phosphotransferase II，*npt* II）和潮霉素磷酸转移酶基因（hygromycin phosphotransferase，*hpt*）。

npt II 是卡那霉素抗性基因（*kan*^{r}）或氨基葡萄糖苷磷酸转移酶 II 基因，是植物转化中应用最广泛的选择标记基因。其编码产物对卡那霉素、庆大霉素等具有抗性，而卡那霉素能干扰一般植物细胞叶绿体及线粒体蛋白质的合成，导致植物细胞死亡。在植物遗传转化中，将 *npt* II 一同转化进植物受体细胞，使转化体具有 *npt* II 表达产物对卡那霉素具有抗性，而非转化体对一定质量浓度的卡那霉素不具有抗性无法正常生长而死亡。通常在培养基上使用卡那霉素筛选转化体的质量浓度为 50～100 μg/mL。*hpt* 基因的表达产物对潮霉素具有抗性，因而在培养基中筛选的抗生素是潮霉素，使用质量浓度为 30～100 μg/mL。

2. 除草剂抗性基因鉴定

在植物遗传转化中使用的除草剂抗性基因有 *bar*、*aroA*、*als* 和 *PSbA*，其中 *bar* 和 *als* 是常用的抗性基因。*bar* 是编码膦丝菌素乙酰转移酶（phosphinothricin acetyltransferase，PAT）的基因，该酶能使除草剂 Basta（有效成分 phosphinothricin，PPT）失活，从而达到抗除草剂的目的。因此，在遗传转化筛选培养基中加入相应的选择剂 Basta、PPT 或 Bialaphos，即可筛选出转基因植株。

als 是另一个重要的除草剂抗性基因，编码乙酰乳酸合成酶（acetolactate synthase，ALS）。磺酰脲类除草剂的除草作用机理是抑制植物体内的乙酰乳酸合成酶，以影响支链氨基酸的合成。将突变的不被磺酰脲类除草剂作用的 *als* 基因转入植物中可使之对磺酰脲类除草剂产生抗性，得到抗磺酰脲类除草剂的转化植株。相应的选择剂为氯磺隆（chlorsulfuron，CS）或甲脲磺酰甲酯（sulfometuron methyl，SM）。

3. 显色或发光基因鉴定

理想的植物报告基因应具备以下特征：①编码的产物是唯一的，并且对受体细胞无毒；②表达产物及产物的类似功能在未转化的细胞内不存在，即无背景；③产物表达水平稳定，便于检测等。转基因植物常用的报告基因主要有编码 β-葡萄糖醛酸乙酰转移酶（glucuronidase，gus）、胭脂碱合成酶（nopaline synthase，nos）、章鱼碱合成酶（octopine synthase，ocs）、荧光素酶（luciferase，luc）和绿色荧光蛋白（green fluorescent protein，GFP）等的基因。

（1）gus 基因的鉴定　来自大肠杆菌的 gus 基因是应用较为广泛的报告基因，编码的 β-葡萄糖醛酸乙酰转移酶能作用于底物 5-溴-4-氯-3-吲哚-β-D-葡萄糖苷酸酯（X-Glu）产生蓝色沉淀，反应液可用分光光度法测定，而蓝色沉淀沉积于植物的组织又可直接观察，因而 gus 基因表达检测容易、迅速，只需少量的植物组织即可在短时间内测定完成。

（2）nos 和 ocs 基因的检测　胭脂碱合成酶催化冠樱瘤的前体物质精氨酸与 α-酮戊二酸进行缩合反应，生成胭脂碱。章鱼碱合成酶催化精氨酸与丙酮酸缩合成章鱼碱。常用纸电泳法检测 nos 和 ocs 基因的表达。纸电泳分离被检植物组织抽提物，精氨酸的电泳迁移率最大，章鱼碱的迁移率略大于胭脂碱。电泳后用菲醌染色，菲醌与精氨酸、胭脂碱、章鱼碱作用后在紫外光下显示黄色荧光，放置 2 d 后变为蓝色。

（3）荧光素酶基因的鉴定　用作报告基因的荧光素酶基因主要来自细菌和萤火虫。细菌荧光素酶以脂肪醛为底物，在还原型黄素单核苷酸参与下，使脂肪醛氧化为脂肪酸，同时放出光子。萤火虫荧光素酶在镁离子、三磷酸腺苷和氧的作用下，催化 6-羟基喹啉类物质生成氧化荧光素，同时放出光子。依据上述原理建立的荧光素酶基因的检测方法简便、灵敏。

（4）绿色荧光蛋白基因的鉴定　绿色荧光蛋白（GFP）是从维多利亚水母（*Aequorea victoria*）中分离纯化出的一种可以发出绿色荧光的物质。与其他选择标记相比，GFP 的检测具有不需要添加任何底物或辅助因子，不使用同位素，也不需要测定酶的活性等优点。同时 GFP 生色基团的形成无种属特异性，在原核和真核生物细胞中都能表达，其表达产物对细胞没有毒害作用，并且不影响细胞的正常生长和功能。所以利用 *gfp* 作为选择标记基因，可以很方便地从大量的组织或细胞中筛选出转化细胞与植株，还可用来追踪外源基因的分离情况。

10.4.1.2　重组 DNA 分子特征鉴定

1. 重组 DNA 分子酶切图谱鉴定

目的基因插入会使表达载体 DNA 限制性酶切图谱发生变化，提取转化细菌的质粒，DNA 酶切后做电泳观察其酶切图谱，即可分析外源基因是否正确插入载体中。

2. PCR 鉴定

PCR 是在模板 DNA、一对引物、dNTP、缓冲液、*Taq* 酶组成的反应体系中通过变性、复性、延伸多次循环扩增特异 DNA 片段的技术。根据外源基因序列设计出一对引物，通过 PCR 便可特异性地扩增出转化植株基因组内目的基因的片段，而非转化植株不被扩增。图 10-9 是辣椒转化肌醇半乳糖苷合成酶基因（GS）PCR 检测结果，其中 2、3、9 和 10 泳道为非转化植株，4、5、6、7、8、11、12、13、14 和 15 泳道为转化植株。

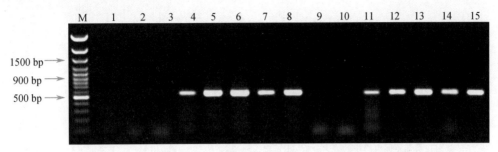

图 10-9　辣椒转化肌醇半乳糖苷合成酶基因（GS）PCR 检测结果

M. 标准分子量 DNA；1. 对照（未转化植株）；2~15. 转化植株，其中 2、3、9、10 为非转化植株

PCR 在转基因植株的检测中应用十分广泛，几乎所有的转基因研究都用 PCR 检测转化植株。这是由于 PCR 检测十分灵敏、快捷，所需的 DNA 模板量仅为 10 ng 以内，短短的几小时便可检测几十个样品，同时对 DNA 质量要求不高。但是 PCR 检测易出现假阳性，其结果需做 Southern 杂交进一步验证。

3. Southern 杂交鉴定

Southern 杂交指模板 DNA 经酶切、凝胶电泳分离、转膜等步骤后，再用标记的单链 DNA 探针杂交检测的一种技术。Southern 杂交的理论基础是碱基互补配对原则。Southern 杂交是进行核酸序列分析、重组子鉴定和检测外源基因整合及表达情况的有效手段。其优点是可清除操作过程中 DNA 污染和转化中质粒残留所引起的假阳性信号，准确度高，特异性强。Southern 杂交鉴定是目前检测转基因植株最权威的方法，但程序复杂，成本高，且对实验技术条件要求较高。

10.4.1.3　外源基因的转录或表达鉴定

1. RT-PCR 鉴定

RT-PCR 是将 RNA 的反转录（RT）和 cDNA 的 PCR 相结合的技术。首先在诱导转基因目的基因表达时，提取转基因植物 mRNA，然后在反转录酶作用下合成 cDNA，再以 cDNA 为模板，扩增合成目的片段。能扩增出目的基因说明目的基因在 mRNA 水平能表达，可用于目的基因表达的进一步研究。图 10-10 是番茄转 *Mi* 基因的 RT-PCR 结果。

2. Northern 杂交鉴定

转基因植株中外源基因的转录水平可以通过总 RNA 或 mRNA 与探针杂交来分析，称为 Northern 杂交。Northern 杂交是研究转基因植株外源基因表达及其调控的重要手段。其原理是 RNA 样品经凝胶电泳、转膜、预杂交后，再用标记的探针与膜上的 RNA 杂交，以检测 RNA 样品中是否有与探针同源的序列，如果有杂交信号，表明整合到植物染色体上的外源基因能正常表达。图 10-11 是番茄 Le-AC011 基因不同组织表达水平 Northern 分析结果。斑点 Northern 印迹（Dot-Northern blotting）杂交是将总 RNA 提取物经多孔过滤进样器直接转移到杂交膜

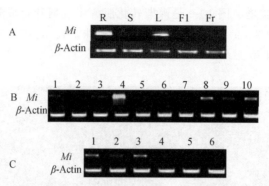

图 10-10　**抗根结线虫基因 *Mi* 在番茄上的表达分析**（陈儒钢等，2007）

A. *Mi* 基因在番茄不同组织中的表达分析（R：根；S：茎，L：叶；Fl：花；Fr：果实；β-Actin：内参）；

B. *Mi* 基因在番茄转基因植株中的表达分析（1～10 分别为番茄转 *Mi* 基因植株）；

C. RNAi 植株 *Mi* 基因的表达分析（1～6 分别为抗性番茄 RNAi 植株）

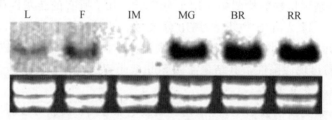

图 10-11　***LeAC011* 基因在番茄不同组织表达水平 Northern 分析**（陈儒钢等，2007）

L. 叶片；F. 花；IM. 幼果；MG. 绿熟期果实；BR. 坚熟期果实；RR. 红熟果实

上，其余步骤与 Northern 杂交相同。

3. Western 杂交鉴定

Western 杂交是从植物细胞中提取总蛋白或目的蛋白，将蛋白质样品进行 SDS 聚丙烯酰胺凝胶电泳，使蛋白质按大小分离，将分离的各种蛋白质条带原位印迹到固相膜上，然后加入特异抗体（一抗），印迹上的目的蛋白（抗原）与一抗结合后，再加入能与一抗专一结合的被标记的二抗，最后通过二抗上的标记化合物进行检测的一种鉴定方法。当转化的外源基因表达正常时，转基因植株细胞中会存在一定量的特异蛋白，Western 杂交有条带信号，否则，无杂交条带信号。

4．蛋白质免疫鉴定

（1）酶联免疫吸附测定　酶联免疫吸附测定（ELISA）法指特殊的抗体被结合固定在固体表面如微孔板上，加入样品，未被结合的成分被洗掉，然后通过加上酶的抗体来检测抗原，未被结合的成分再次被洗掉，酶与底物反应的颜色与样品中抗原的含量成正比。在转基因植株中，含有抗体的材料均可采用此方法进行检测。

（2）免疫荧光技术　免疫荧光（immunofluorescence）也是以抗体为基础的，一抗与结合有荧光色素的二抗结合所发出的荧光，可由免疫荧光显微镜进行检测。

10.4.1.4　生物学性状鉴定

转基因植物生物学性状鉴定是根据转基因植物的生物学性状是否发生遗传变异，尤其是根据目的基因功能预测的农艺性状是否发生遗传变异来确定遗传转化成功与否的重要环节。根据目的基因功能，转基因植物生物学性状鉴定可以分为农艺性状（产量、株型、叶形、叶色、株高、茎粗、果实大小、果实形状等）鉴定、品质性状（外观品质、营养品质、加工品质、保鲜品质、贮藏品质、商品品质等）鉴定、抗病虫性（对真菌、细菌、病毒、类病毒、害虫等的抗性）鉴定、抗逆性（对冷害、冻害、热害、风害、旱害、涝害、盐害、空气污染、农药、除草剂等的抗性）鉴定、生理生化特性（叶绿素含量、呼吸作用、光合作用、蒸腾作用、细胞膜特性、根系活力、酶活性与蛋白质含量等）鉴定，以及其他生物学性状（根系相关性状、茎叶上有无茸毛与茸毛的多少，以及其他非农艺性状）鉴定等。

10.4.2 转基因植物的安全性评价

转基因植物存在着对生物多样性、生态环境以及人体健康产生潜在危险的可能性。自基因重组技术创建以来，这种人为对自然的干预会不会潜存着尚不能预知的某些危险？会不会导致生态的失衡？会不会对人类的健康乃至生命造成伤害？这些生物安全问题已成为各国政府、科技界、社会公众普遍关注的焦点。

10.4.2.1 对转基因技术进行安全性评价的必要性

毫无疑问，植物转基因技术将为农业生产带来一场新的革命，它将为农作物的持续增产和解决全球人口爆炸所造成的粮食危机做出巨大贡献。但也有人对这一技术持怀疑态度，认为人类还不能对它的潜在危险性做出正确的评价。因此，在大规模应用前有必要对转基因植物的安全性进行深入的研究和分析。

传统的育种技术通过植物种内或近缘种间的杂交将优良性状组合到一起，从而创造产量更高或品质更佳的新品种。这一技术对20世纪农业生产的飞速发展做出了巨大贡献，但其限制因素是基因交流范围有限，很难满足农业生产在21世纪持续高速发展的要求。转基因技术克服了植物有性杂交的限制，基因交流的范围无限扩大，可将从远缘植物、细菌、病毒，甚至动物、人类乃至人工合成的基因导入植物，所以其应用前景十分广阔。

从理论上说，转基因技术和常规杂交育种都是通过优良基因重组获得新品种的，但常规育种的安全性并未受到人们的质疑。其主要理由是常规育种是模拟自然现象进行的，基因重组和交流的范围很有限，仅限于种内或近缘种间，在长期的育种实践中也并未发现什么灾难性的结果。转基因技术则不同，它可以把任何生物甚至人工合成的基因转入植物，这种事件在自然界是很难发生的。人们无法预测将基因转入新的遗传背景中会产生什么样的作用，故而对其后果存在着疑虑。消除这一疑虑的有效途径就是进行转基因植物的安全性评价，也就是说要经过合理的试验设计和严密科学的试验程序，积累足够的数据。人们根据这些数据可以判断转基因植物的田间释放或大规模商品化生产是否安全。对试验证明安全的转基因植物可以正式用于农业生产，对存在安全隐患的则要加以限制，避免危及人类生存，防止破坏生态环境。只有这样，我们才能扬长避短，充分发挥转基因技术在农业生产上的巨大应用潜力。目前对转基因植物的安全性评价主要集中在2个方面：一个是环境安全性，另一个是食品安全性。

10.4.2.2 转基因植物的环境安全性评价

转基因植物对环境的安全性评价主要包括 2 个方面：一是导入的外源基因及其产物对环境是否有不利的影响；二是有关转基因植物释放或使用带来生态学上的安全性。

1. 外源基因对植物的影响

在大多数转基因植物的实验中都使用了 2 种遗传成分：标记基因和目的基因。

（1）标记基因对植物的影响　主要包括以下方面：

①编码抗生素或除草剂抗性的标记基因可能通过花粉传播、种子扩散等转基因逃逸渠道在种群之间扩散，并可能转移到杂草，产生抗除草剂的"超级杂草"；或者向其他植物转移，从而对生态环境和生物多样性产生潜在的危害。通过对转基因植物的生存竞争性和相关野生种的近缘性、可交配性等转基因扩散机制及风险评价的研究认为，在实验室中，在特定的选择压力下，带有抗生素类和其他化学试剂类标记基因的植株要比未转基因植株有较强的生存竞争力。但是在田间自然条件下，这种选择压力不一定继续存在。以卡那霉素抗性为例，需要环境中有一定浓度的卡那霉素存在，才能发挥选择优势，某些土壤微生物虽然可以产生卡那霉素，但其产量却少到难以检测的水平。因此在田间自然条件下，标记基因并不能使转基因植物表现出这种选择优势。北欧部长委员会出版物对植物转化中最常用的显性选择标记基因卡那霉素抗性基因 Kan^r 的毒性、过敏性、基因表达产物的多效性及对抗生素治疗影响的评价，作了最为详尽的分析，建议这种标记基因可安全使用。对于抗除草剂类，抗除草剂基因能编码改变除草剂作用的酶或解毒酶，在通常情况下，这些酶的表达量低于植物可溶蛋白表达总量的 1/10，而且它们或者催化一种植物正常代谢的反应，或者催化新的、仅以除草剂为底物的代谢反应，故而这些基因对植物本身是无害的。但是，由于环境中除草剂施放量已达到选择浓度，如果在转基因植物释放区存在可与其杂交的近缘野生种，就会发生基因漂移，从而打破生态平衡，改变自然的生物种群，转基因植物甚至演变为杂草。

②转基因产物进入土壤后对土壤生物多样性的影响：转基因矮牵牛、番茄与非转基因相比较，其土壤微生物的种类和数量没有影响，说明抗生素类标记基因不会使某一微生物的生存竞争力增加。

（2）外源基因的插入对植物的影响　研究表明，在受体植物基因组中外源基因的插入位置是随机的，其拷贝数也不确定，除多数为 1 个拷贝外，也会出现 2 个及多个拷贝，偶尔多达 20～50 个拷贝。外源基因插入的位置及拷贝数的变化，将产生 2 个方面的影响。首先，可能导致转基因失活或沉默；其次，可能会使受体植物的基因表现插入失活。所谓插入失活，是指 DNA 插入受体基因组后，可能引起受体某一基因断裂，从而使基因失活。如果断裂发生在某种主要基因上，可能改变植物代谢，会引起代谢途径紊乱，致使有害物质在植物体内积累。但就转基因植物而言，产生这种影响的概率极小。假设每次插入导致 1 个基因失活，如果某转基因植物有 50 000 个编码基因，那么产生这种现象的概率只有 1/50 000，更何况高等植物的编码基因只占基因组全部 DNA 的很小一部分。只是自然界通过自然选择、育种家通过人工选择，优胜劣汰，留下有利突变，淘汰了不利突变。这些原理和经验同样也可适用于转基因植物的育种程序。

2. 转基因植物在生态学方面的潜在风险

转基因植物在生态学方面的主要潜在风险：一是转基因植物本身带来的潜在风险；二是转基因植物通过基因漂移对其他物种的影响，从而给生态系统带来危害。具体内容包括：转基因植株演变成为杂草的可能性；转基因植株对近缘物种存在的潜在威胁。

（1）转基因植物成为杂草的可能性　转基因植物能否转变为杂草，首先要考虑遗传转化的受体植物有无杂草特性，这些特征越多，其杂草化趋势越强。许多重要的农作物并不具有这些特征，它们对环境要求极为苛刻，以致现在离开了人类的耕耘就无法生存。例如，栽培甜玉米就是一种无论是生长还是繁殖都依赖于人类的作物，因而难以想象导入一两个基因的转基因甜玉米会变成野生杂草。现今世界上的主要栽培植物都经人类长期驯化培育而成，它们已经失去了杂草的遗传特性，要想使它们变成杂草绝非易事。仅仅用一两个或几个基因就使它们转变为杂草的可能性非常小。由此可见，目前的转基因植物还不至于引起大的杂草化问题。不过，随着基因工程的发展，当把更多的基因导入植物后，不排除引起转基因植物杂草化的可能。同时，在转基因植物杂草化问题方面，要特别注意那些具有杂草特性的植物，尤其是在特定的条件下本身就是杂草的那些植物，如曾引起严重杂草问题的向日葵、草莓、嫩茎花椰菜等。对处在"杂草边缘"的这类植物进行遗传转化后，应该重视可能出现的杂草化问题。

其次，应考虑转基因植物中导入的基因是否有可能增加该植物的杂草特性。理论上许多性状的改变都可能增加转基因植物杂草化趋势。例如种子休眠期的改变，种子萌发力的提高，对有害生物和逆境的耐受性的提高以及植株具有的生长优势，都有可能提高转基因植物生存和繁殖能力。此外，下一生长季节植物种子萌发时间早晚同样可以影响它的持久力，如某基因可使植物在春季较低的温度条件下萌发，带有该基因的转基因植物与无此基因的植物相比，在外界温度较低时就具有竞争优势。同样，提高种群增长速度的任何变化也有可能提高转基因植物侵入其他植物栖息地的能力。这些变化包括种子传播能力、发芽率、幼苗或根系生长势的提高，繁殖率以及生活力的提高等。当新的栖息地环境适于这些转基因植物发挥优势时，它们就可以入侵。假定某一转基因植物可以抗寒，当它的种子传播到过去不能生存的较冷的栖息地时，这种转基因植物就有可能入侵并占据这一栖息地。因此，转入与抗寒性有关的外源基因就有可能使该转基因植物在新的栖息地杂草化。但以上只是一种理论上的可能性，并无科学事实的支持，转基因是否会增加植物的杂草性，还需要在遵循个案分析原则的前提下，进行更多的研究。

（2）转基因植物通过基因漂移对近缘物种的潜在威胁　基因漂移（gene flow）是指不同物种或不同生物群体之间遗传物质的转移，包括通过花粉漂移和种子或无性繁殖体的混杂。与非转基因植物一样，转基因植物也可与近缘物种杂交，产生杂种。因此，转基因植物的大规模释放，可能使转入的外源基因漂移向其近缘植物。如果基因漂移发生在转基因植物和生物多样性中心的近缘野生种之间，可能降低生物多样性中心的遗传多样性；如果基因漂移发生在转基因植物和有亲缘关系的杂草之间，有可能产生更加难以控制的杂草。

①基因漂移发生的可能性。理论上只要大量种植转基因植物，而且附近存在有性杂交亲和的近缘种或杂草，转基因植物的转入基因就会通过花粉传递给这些近缘植物，产生转基因植物与这些近缘植物的杂种。杂种当代的基因组中，有一半遗传物质来自转基因植物，另一半来自近缘植物或杂草。如果这些杂草具有育性并能产生后代，那么就有可能通过与近缘物种或杂草亲本连续回交，外源基因在近缘物种或杂草群体中固定。因此，在进行转基因植物安全性评价时，我们应考虑以下 2 点：一是转基因植物释放区是否存在与其可以杂交的近缘野生种。若没有，基因漂移就不会发生。如在加拿大种植转基因棉花，因没有近缘野生种存在，所以不可能发生基因转移。同样，在中国种植转基因玉米，因没有野生大刍草，所以也不会发生基因漂移。二是存在近缘野生种，基因可从栽培植物转移到野生种中。这时就要分析考虑基因转移后会有什么效果。如果是一个抗除草剂基因，发生基因漂移后会使野生杂草获得抗性，从而增加杂草控制的难度。特别是多个抗除草剂基因同时转入一个野生种，则会带来灾难。但若是品质相关基因等转入野生种，由于不能增加野生种的生存竞争力，所以影响也不会太大。

②影响基因漂移发生的因素。花粉引起的基因漂移是通过以下几个方面来实现的。首先，作物与近缘物种或杂草之间种植或生长的距离不能太远，不能超出有活力的花粉所能传播的范围。其次，作物与其近缘物种或杂草杂交后能产生可育的杂种，而且基因在杂种中能得到表达。最后，基因在近缘物种或杂草种群中要得到稳定保持。

那些转入的可提高植物对环境适应性、可使植物具有强竞争优势的外源基因，最有可能在近缘植物群体中得以固定。一般而言，抗性基因（如抗病、抗虫、抗逆基因）比改良营养组成或雄性不育的基因更能使转基因植物具有优势。野生近缘物种群体生长在各种各样不同的环境下，因而很难判定某一基因对某一特定种群来说，在某一特定环境条件下是有利的还是不利的竞争。这就是说，转入的外源基因有可能因为它们不能表达一个强的生态优势而从种群中消失。

种群的大小也会影响转入基因的命运。如果含外源基因的种群很小，外源基因同样可能会消失。小群体最易发生随机基因变异（即遗传漂变）而使某一基因的频次突然下降甚至消失。如小群体中只有一个个体转入外源基因，但恰巧它不育，不能产生后代，那么这个基因就会随着此个体的消失而从种群内消失。

此外，即便是不具竞争优势的外源基因，也有可能在种群中得到固定，其原因或是种群基因漂移发生率高，或是外源基因是隐性基因，外源基因的竞争劣势由于杂合而被掩盖。即使每代基因漂移率很低，随着转基因植物一季一季地种植，外源基因仍有可能越来越多地进入野生种或杂草种群。

③转基因植株对近缘物种带来的潜在影响。远缘杂交有可能使转基因植物中的抗病、抗虫、抗除草剂、抗逆境等基因通过水平（转基因向其他物种转移）、垂直（转基因向近缘物种转移）两个方向转移，使原先不是杂草的近缘物种变为杂草。如美国普遍存在葫芦一类的葫芦科作物的近缘植物，由于它们易感染黄瓜和西瓜的病毒病，其生长繁殖受到了严重制约。如果抗病毒的转基因南瓜在该地区释放，通

过基因漂移可能将抗病毒基因导入野葫芦，使其病毒抗性增强，进而大量繁殖成为难以控制的杂草。

④转基因植株对野生种带来的潜在影响。生物多样性中心是指传统作物品种（农家品种）及它们的野生近缘种所生长的区域。许多农作物本来就种植在生物多样性中心区域，在自然条件下农作物与其野生种杂交能产生可育的后代。如果在这一区域种植转基因植物，其花粉就可能传播到野生种上，使外源基因在生物多样性中心固定下来，有可能引起生物多样性降低和野生种杂草化。但是，在没有选择压的自然条件下，转基因杂种后代并不具有竞争优势，而难以形成优势群体。况且，不少农作物种植区远离多样性中心，没有相应的野生种生存。

⑤转基因植物对杂草带来的潜在影响。抗除草剂基因不仅可作为标记基因用于筛选转基因植物，也方便了使用除草剂控制杂草生长。但如果某一抗除草剂基因从转基因植物流向杂草，可使杂草对某种除草剂产生抗性而难以控制。此外，从转基因植株流向杂草的其他抗性基因，也可能给杂草种群带来生物学上的优势，形成超级杂草，使农田本来危害不大的杂草变得难以控制。

研究结果表明，能和近缘野生种杂草杂交的转基因植物，可以使包括抗除草剂基因在内的抗性基因从转基因植物漂移到杂草上。"漂移"的概率因植物的种类不同而有差异。值得注意的是，即便是杂交成功，产生了种子，这种杂种杂草在无选择压力存在的条件下，并不比其他杂草有优越性。

10.4.2.3 植物转基因食品对人类健康的安全性评价

转基因食品（genetically modified food，GM food 或 GMF），从狭义上来讲，是利用分子生物学技术，将某些生物（包括动、植物及微生物）的一种或几种外源基因转移到植物中，从而改变植物的遗传物质使其有效地表达相应的产物（多肽或蛋白质）。以转基因植物为原料加工成的食品就是植物转基因食品。转基因生物体作为食品，与传统食品的区别在于：首先它含有利用转基因技术导入的外源基因，绝大多数转基因食品的外源 DNA 结构包括启动子、目的基因和终止子 3 部分；其次可能存在外源基因在受体内的表达产物。由于目前对这两种成分的不确定性以及由此引起的次级效应还无法准确测定，转基因食品对人类健康产生了潜在的危害。

1. 植物转基因食品对人类健康存在的可能影响

（1）毒性问题 到目前为止，还没有确切的报告能够证明转基因食品是有毒的，但是也没有确切的报告能够证明转基因食品是无毒的。从理论上来说，转基因食品来源于转基因生物。在转基因过程中，外源基因的导入或是本身基因组的重组，都会导致具有新的遗传性状的蛋白质产生，这种蛋白质是否有毒，由于转基因技术的不确定性，目前的技术还无法准确鉴定。有人认为，含有抗虫植物残留的毒素和蛋白酶活性抑制剂的叶片、果实、种子等，既然能破坏昆虫的消化系统，对人畜也可能产生类似的伤害。另外还有人认为遗传修饰在表达目的基因的同时，也可能会无意中提高天然的植物毒素，例如马铃薯的茄碱、木薯和利马豆的氰化物、豆科的蛋白酶抑制剂等，给消费者造成伤害。一些学者认为，对于基因的人工提炼和添加，可能在达到某些人想达到的效果的同时，也增加和积聚了食物中原有的微量毒素。虽然目前还不能确定转基因食品是否有毒性，但是一旦存在毒性，转基因食品可能导致人体的慢性或急性中毒，可能导致人体器官异常、发育畸形，甚至还可能致癌。

（2）营养问题　外源基因可能对食品的营养价值产生无法预期的改变，其中有些营养成分降低而另一些营养成分增加。有人认为，人为地改变了蛋白质组成的食物会因为外源基因的来源、导入位点的不同，极有可能产生基因的缺失、移码等突变，使所表达的蛋白质产物的性状及部位与期望值不符，引起营养失衡，从而降低食品的营养价值。美国伦理和毒性中心的实验报告就曾指出，与一般大豆相比，耐除草剂的转基因大豆中防癌的成分异黄酮减少了。至于这种降低是如何产生的，我们还不得而知。但是食物的营养价值与利用及加工方式密切相关，例如同样是耐除草剂的转基因大豆，用来榨油和加工成豆制品其对人体的影响就各不相同；与一般的天然大豆相比较，转基因大豆中生长激素的含量降低了 13％左右。其实外源基因的植入本身就是一种入侵，这种入侵改变了受体生物自身的新陈代谢，并且环境条件的变化，有可能导致受体生物自身的基因变异，其产生的后果是难以预料的。一些科学家们认为外来基因会以一种人们目前还不甚了解的方式破坏食物中的营养成分。

（3）对抗生素的抵抗作用　在基因转移与食品安全性的讨论中，最关切的问题是在遗传工程体中引入的基因是否有可能转移到胃肠道的微生物或上皮细胞中，并成功地结合和表达，从而对抗生素产生抗性，影响到人或动物的安全。在基因工程中，经常在靶生物中使用带抗生素抗性的标记基因。有人担心，把抗生素抗性引入广泛食用的植物中，可能会对环境以及食用植物的人和动物产生未能预料的后果。

1993 年，世界卫生组织（WHO）为探讨抗生素抗性基因的可能转移问题召开了"转基因植物中标记基因与健康问题"专题讨论会。会议的结论是"尚无基因从植物转移到肠道微生物的证据"。这些结论的主要理由是，抗生素抗性的转移是一个复杂的过程，包括基因转移、表达和对抗生素功效的影响等。此外，抗生素抗性标记基因只有在适当的细菌启动子控制下才能表达，在植物启动子控制下的抗生素标记基因将不会在微生物中表达。1996 年 FAO/ WHO 联合召开的"生物技术和食品安全性的专家咨询会议"和 WHO 专题讨论会同样认为，转基因植物中的外源基因，转移到胃肠道微生物的可能性极小，但不是完全不可能，并建议 FAO/ WHO 就此问题召开专家咨询会议，讨论在何种条件或情况下，在转基因食品植物中，不能使用抗生素标记基因。

2. 植物转基因食品的安全性评价

任何一种高新技术都存在不同程度的风险，转基因技术也不例外。所以，既不能因为存在风险而将其拒之门外，也不能因为暂时还没有发生转基因植物对人类健康或人类赖以生存的生态环境造成危害的案例而忽视转基因食品的安全性问题。在科学技术还没有证实其安全性之前，加强对转基因食品的管理和安全性评价是非常重要的。

（1）转基因食品特性分析　分析转基因食品本身的特性，有助于判断某种新食品与现有食品是否有显著差异。分析的内容主要包括：一是供体，包括外源基因供体的来源、分类、学名；与其他物种的关系；作为食品食用的历史；是否含有毒物质及含毒历史，即过敏性、传染性；是否存在抗营养因子和生理活性物质；关键性营养成分等。二是基因修饰及插入 DNA，主要分析介导载体及基因构成；基因成分描述，包括来源、转移方法；助催化剂活性等。三是受体，包括与供体相比的表型特征；引入基因表型水平及稳定性；新基因拷贝数；引入基因移动的可能性；插入片段的特征等。

（2）加强转基因食品的检测与安全性评价　转基因食品及成分是否与目前市场上销售的传统食品具有实质等同性，这是转基因食品安全性评价的基本原则。其概念是，如果某种新食品或食品成分与已经存在的某一食品或成分在实质上相同，那么在安全性方面，前者可以与后者等同处理（即新食品与传统食品同样安全）。

实质等同性原则是目前国际上公认的安全性评价准则，其内容包括三方面：一是转基因食品或食品成分与市场销售的传统食品具有实质等同性；二是除某些特定的差异外，与传统食品具有实质等同性；三是某一食品没有比较的基础，即与传统食品没有实质等同性。转基因食品与传统食品的实质等同性分析包括表型比较、成分比较、插入性状及过敏性分析、标记性状安全性等。目前美国、加拿大、澳大利亚等国都已建立了健全的从事食品安全与环境检测的管理机构和严格的安全标准，并以实质等同性为基础，对每一种新的转基因食品都要做一系列评价和检测，若无异议，经登记后方可生产。

我国加入世界贸易组织（WTO）后，国外越来越多的转基因产品涌入我国市场。因此，国家应进一步完善进口产品的检验和监督管理制度，特别要加强转基因产品的安全性检测，尽可能在 WTO 规则允许的范围内控制未经相关试验的转基因品种及其产品进入国内市场。

（3）加强食品安全管理，实行标签制度　虽然人们对于转基因食品可以实行严格的安全评估审批制度，但它们的确含有同类天然食品所没有的异体物质，有可能引起个别的过敏反应。因此，有必要实行标签标示制度，使消费者了解食品性质。比如，欧洲食品安全管理委员会对转基因食品和饲料进行标识和追踪管理；瑞士联邦政府要求如果食品中转基因物质超过 1% 的界限须在商品标签上做出说明；俄罗斯、新西兰、日本等虽没有明令禁止转基因食品上市销售，但现在已要求上市转基因食品应在包装上做出提醒性标记。我国为了加强对农业转基因生物的标识管理，规范转基因生物的销售行为，引导生产和消费，保护消费者的知情权，农业部于2002 年 1 月 5 日颁布了《农业转基因生物标识管理办法》（2004 年 7 月 1 日、2017年 11 月 30 日修订），对所有进口的农业转基因生物进行标识管理。

（4）加强关于转基因食品知识的宣传和引导　食品的"安全"与"危险"只是相对的概念，世上没有绝对安全的食物。如过量服用维生素 C、维生素 E 容易产生胃肠功能紊乱、口角发炎；长期食用人参、何首乌可能引发高血压，并伴有神经过敏和出现皮疹等。到目前为止，还没有食用转基因食品造成人体伤害的实际证据。因此，我们应该用理性的眼光看待转基因食品，加强相关科学知识的宣传，进行正确的舆论引导，让公众了解转基因技术和转基因食品，把选择权交到公众手中。

植物生物技术导论

10.5 植物基因编辑技术

基因编辑（gene editing）又称基因组编辑（genome editing），主要是利用序列特异性核酸酶（sequence specific nucleases，SSNs）在特定基因位点产生 DNA 双链断裂（double-strand break，DSB），借助受体细胞自身修复机制，实现基因敲除、染色体重组以及基因定点插入或替换等。双链断裂的修复途径有两种：同源重组（homologous recombination，HR）修复和非同源末端连接（non-homologous end joining，NHEJ）修复。同源重组修复是指利用同源序列作为模板进行缺失序列的修复，当提供外源的 DNA 修复模板，则在与内源序列相同或相近的位点发生重组，将外源 DNA 整合到特定位点。利用同源重组修复可进行基因替换、插入或者定点突变等。非同源末端连接修复是指断裂的 DNA 在多种酶的作用下直接进行非精确的连接修复，会在特定位点引入插入或缺失实现对基因组的定点编辑（图 10-12）。

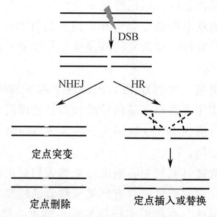

图 10-12　序列特异性核酸酶（SSNs）可以在基因组特定位点制造 DNA 双链断裂，通过 NHEJ 途径修复实现定点突变或定点删除（左）；在提供供体 DNA 模板时，可以通过 HR 途径精确修复，实现定点插入或定点替换（右）

以基因组编辑为基础的反向遗传学技术是基因组改造与基因功能研究必不可少的手段之一。现有的基因编辑系统主要包括 3 种类型：锌指核酸酶（zinc finger nuclease，ZFN）系统、类转录激活因子效应物核酸酶（transcription activator-like effector nuclease，TALEN）系统以及成簇的规律间隔的短回文重复序列及其相关蛋白（clustered regularly interspaced short palindromic repeats/CRISPR-associated proteins，CRISPR/Cas）系统。这 3 种方法的工作原理均是在特定位点造成 DNA 双链断裂，导致细胞利用自身的 DNA 修复机制在该位点产生 DNA 同源重组或者非同源末端连接，从而实现靶向遗传编辑（图 10-13）。ZFN 和 TALEN 是利用蛋白与 DNA 结合方式靶向特定的基因组位点，而 CRISPR/Cas 系统是利用核苷酸互补配对方式结合在基因组靶位点。CRISPR/Cas 系统由于载体构建过程简单、编辑效率高等优点，能够低成本方便快捷地用于动物、植物以及微生物的基因组靶向编辑和功能改造，成为当前广泛应用的主流基因编辑系统。

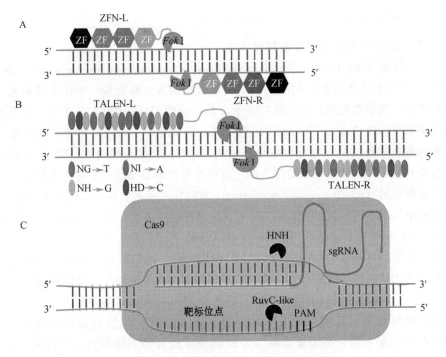

图 10-13　三类工程核酸酶的作用原理

A. 锌指核酸酶以二聚体的形式结合 DNA，融合的 *Fok* I 以二聚体形式发挥对间区序列的切割作用；

B. TALEN 核酸酶以二聚体的形式结合 DNA，融合的 *Fok* I 以二聚体形式发挥对间区序列的切割作用；

C. CRISPR/Cas9 通过 sgRNA 介导识别 PAM 结构结合 DNA，Cas9 切割结构域（HNH 和 RuvC-like）对靶序列进行特异性切割

10.5.1　植物基因编辑原理

10.5.1.1　ZFN 的结构原理及构建方法

ZFN 由锌指蛋白（zinc finger protein，ZFP）和 *Fok* I 内切酶的核酸酶结构域组成，前者负责识别，后者负责切割 DNA。ZFP 是自然存在的蛋白结构，其由锌指结构（zinc finger，ZF）组成。每个锌指单元含有 1 个 α 螺旋和 2 个 β 折叠结构，并且螯合 1 个锌原子，能特异识别 DNA 单链上 3 个连续的核苷酸。因此可通过串联 ZF 的数量调整 ZFN 的识别特异性。由于 *Fok* I 以二聚体的形式发挥切割作用，ZFN 使用时需要成对设计。当两个 ZFN 单体按照一定的距离和方向同各自的目标位点特异结合，两个 *Fok* I 切割结构域恰好可形成二聚体的活性形式，在两个结合位点的间隔区（spacer，通常为 5～7 bp）切割 DNA，产生双链断裂。值得注意的是，为避免 *Fok* I 自身二聚化，将 *Fok* I 设计为异源二聚体增强 ZFN 的结合特异性。

根据靶位点的 DNA 序列可以按顺序组装 ZF 基序，构成特异识别靶位点的 ZFNs。构建 ZFNs 的方法一般包括 3 种：模块直接组装法（modular assembly，MA）、基于库筛选的 OPEN（oligomerized pool engineering）法以及上下文依赖组装方案 CoDA（context-dependent assembly）。MA 组装法是最早被应用的，也是操作最为简便的构建方法。MA 方案虽简便，但不考虑上下文背景作用其成功率

低。另外 2 种方案都考虑了上下文的背景影响。

10.5.1.2　TALEN 的结构原理及构建方法

　　TALEN 是利用类转录激活因子效应物（transcription activator-like effector，TALE）的 DNA 结合域和 *Fok*I 的切割结构域合成的人工核酸酶。TALE 最初来源于植物病原菌—假黄单胞菌分泌的效应因子，其通过识别特异的 DNA 序列，激活靶基因的转录而引起植物病害。TALE 的 DNA 结合域包含 1 个由数量不等的重复单元串联组成的重复序列结构，每个重复单元含有 33～35 个氨基酸残基，除了 12 位、13 位的残基有差异，其余残基都是保守的。这两个可变的氨基酸残基称为重复序列可变的双氨基酸残基（repeat variable di-residues，RVD），决定了对 DNA 识别的特异性。每个重复单元的 RVD 与核苷酸 A、T、C、G 存在对应关系，如 NI 识别 A、HD 识别 C、NG 识别 T 和 NH 识别 G。TALE 蛋白以这种"一个重复单元一个核苷酸"的对应方式特异识别并结合 DNA。基于 TALE 识别密码，可以根据靶序列，个性化地设计具有识别特异性的 TALE 蛋白，形成 TALEN 的 DNA 识别与结合结构域（DBD）。*Fok*I 是以二聚体形式发挥剪切作用的，因此与 ZFN 一样也是需要构建一对 TALENs 进行靶位点的切割。目前构建 TALEN 的主要方法有：简单直接的模块组装法，Golden Gate 组装方法，高通量合成 TALE 的固相组装和不依赖连接的克隆方法等。Golden Gate 组装方法操作简易、成本低，在植物领域中应用最为广泛。

　　研究发现，对于相同的靶点 TALENs 有与 ZFNs 相同的切割效率，但是毒性通常比 ZFNs 的低，另外其构建也比 ZFNs 容易。然而，TALENs 在尺寸上比 ZFNs 大，且有更多的重复序列，其编码基因在大肠杆菌中组装更加困难。

10.5.1.3　CRISPR/Cas 系统的结构原理及构建方法

　　CRISPR/Cas 基因编辑技术是目前最具潜力的基因编辑技术。CRISPR/Cas 来源于细菌的免疫系统，主要功能是抵抗入侵的病毒及外源 DNA，由 CRISPR 序列元件与 *Cas* 基因组成。细菌中 CRISPR 元件是一类独特的 DNA 重复序列簇，由一些高度保守的重复序列（repeats）和间隔序列（spacer）相间排列组成，而 *Cas* 基因是位于 CRISPR 序列附近一些高度保守的家族基因，具有核酸酶活性，可对 DNA 序列进行剪切（图 10-14）。该系统在工作时，CRISPR 序列转录形成 CRISPR RNA（crRNA），与另一种转录形成的反式作用型 crRNA（trans-activating crRNA，tracrRNA）部分区域配对形成二元复合体。该二元复合体一起引导具有非特异核酸酶活性的 Cas 蛋白切割与 crRNA 匹配的 DNA 序列（通常为侵入细菌体内的外来 DNA 序列，如噬菌体、质粒），最终导致双链断裂。为方便在真核生物中应用，工程化的 CRISPR 系统将 crRNA 与 tracrRNA 融合在一起形成单一的 sgRNA（single guide RNA）。Cas 蛋白是 CRISPR/Cas 系统的功能蛋白，不同类型的 Cas 蛋白在其自身活性、识别位点、切割末端、RNA 需求等方面具有不同的特性。前间隔序列邻近基序（protospacer adjacent motif，PAM）是靶位点附近的若干个碱基，对 Cas 蛋白识别靶序列至关重要，也是 CRISPR/Cas 系统发挥功效的关键特性之一。来自酿脓链球菌的 Cas9（SpCas9）可以识别 NGG PAM 序列，是一种广泛应用于活细胞基因组编辑的核酸酶。Cas12a（Cpf1）核酸酶在多种植物中实现了靶向识别富含 T 的 PAM 序列。

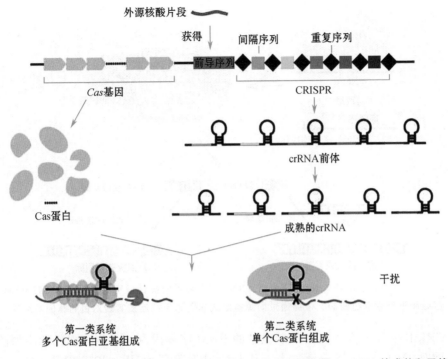

图 10-14　**CRISPR/Cas 系统发挥功能的三个阶段：间隔区的获得、crRNA 的成熟和干扰**

目前 CRISPR/Cas 系统分为两大类。第一类系统，需要多个 Cas 蛋白形成复合物协同工作，通过与其结合的 crRNA 对相匹配的靶序列进行识别并干扰靶基因；第二类系统，用单一 Cas 蛋白就能够通过与其结合的 crRNA 识别并干扰靶基因。第二类型系统较为简单，应用更为方便，因此对这类系统的研究也更加深入。目前应用较广的 CRISPR/Cas9 和 CRISPR/Cas12a 系统属于第二类。

Cas9 蛋白包含氨基端的 RuvC-like 结构域及位于蛋白中间位置的 HNH 核酸酶结构域，HNH 核酸酶结构域切割与单导向 RNA（single guide RNA，sgRNA）互补配对的模板链，RuvC-like 结构域对另 1 条链进行切割（图 10-15）。切割位点位于原型间隔序列毗邻基序（protospacer adjacent motif，PAM）上游 3 个核苷酸（nt）处。利用 Cas9 蛋白和 sgRNA 构成简单的 sgRNA/Cas9 系统能够在真核生物中发挥类似 ZFN 和 TALEN 那样靶向切割 DNA 的作用。Cas9 蛋白与 sgRNA 结合形成 RNA-蛋白质复合体，共同完成识别并切割 DNA 靶序列的功能。其中，sgRNA 通过碱基互补配对决定靶序列的特异性，而 Cas9 蛋白作为核酸酶切割双链 DNA。

Cas9 无须形成二聚体来行使功能，因此，只需构建单个转化载体用于表达 Cas9 蛋白及 sgRNA 即可实现基因组编辑。并且，CRISPR/Cas9 系统可以实现同时对多个靶序列进行定点编辑。CRISPR/Cas9 技术编辑效率更高、操作简便，成本低，成为当前最为主流的基因组编辑技术，为植物基因功能研究和作物遗传育种带来了一场全新的技术革命。随着 Cas9 核酸酶的催化机制被揭示，并且可以通过特定位点氨基酸的突变获得单链靶向剪切功能的 Cas9 切刻酶（Cas9 nickase，Cas9n）或者全失活的 Cas9（dead Cas9，dCas9），衍生出了适用范围更为广泛的基因编辑系统。

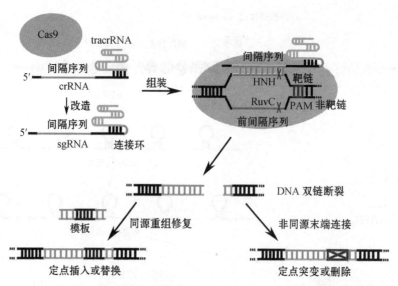

图 10-15 **Cas9 与 crRNA-tracrRNA 或 sgRNA 组装后可特异性识别目的基因,并在 PAM 区域附近产生双链断裂,最终通过同源重组或非同源末端连接实现对目的基因的编辑**

CRISPR/Cas9 系统受富含 G 碱基的 PAM 序列限制,不能实现任意序列的靶向。同时 Cas9 蛋白分子量过大,某些情况下不便使用。CRISPR/Cas12a 具有 CRISPR/Cas9 没有的优点,其中之一就是 Cas12a 需要的是富含 T 碱基的 PAM 序列,有助于其在基因组富含 A/T 碱基的物种中使用。由于识别的是富含 T 碱基的 PAM 序列,基于 Cas12a 的碱基编辑系统能与基于 Cas9 的碱基编辑系统互补。

虽然 CRISPR/Cas 技术可以高效特异地靶向编辑目的基因,但该技术仍存在一些缺陷,如特异性不高造成的脱靶效应等风险。为了减少脱靶效应,可以寻找 Cas9 突变体优化 CRISPR 系统,也需要选择合理的靶点,不断提高 CRISPR/Cas 基因编辑的安全性和有效性。

现将 3 种基因编辑技术的优缺点列于表 10-1 中。

表 10-1 **三类工程核酸酶 ZFN、TALEN、CRISPR/Cas9 的比较**

类别	ZFN	TALEN	CRISPR/Cas9
识别方式	蛋白-DNA	蛋白-DNA	RNA-DNA
识别结构域	锌指蛋白	转录激活子类效应子	单个引导 RNA
切割结构域	*Fok* I	*Fok* I	Cas9
载体构建	较难	容易	简单
靶向效率	低	高	极高
脱靶率	高	低	较高
成本	高	较低	低

10.5.2 植物基因编辑技术的应用

基因编辑技术的发展与应用为植物功能基因研究和作物遗传改良提供了重要的技术支撑。CRISPR/Cas 基因编辑系统与其他的基因编辑技术相比,具有操作简单、效率高等优势，因此在动植物中得到广泛应用。目前 CRISPR/Cas9 在植物基因组编辑中的应用主要包括基因功能研究和作物遗传改良，编辑形式可分为功能基因的敲除、基因的定点插入或替换、单碱基编辑和基因的表达调控 4 个方面。基因编辑对目标基因进行删除、替换、插入等操作，以获得新的功能或表型，甚至创造新的物种。

10.5.2.1　功能基因的敲除

利用 CRISPR/Cas9 对功能基因进行特异敲除是目前该系统在植物中应用最广泛的方向。由于 Cas9 蛋白切割目标 DNA 造成双链断裂后，往往会优先启动编辑受体中的非同源末端连接易错修复途径，大多数情况下可以在切割位点附近产生碱基插入或缺失。对于二倍体植物，当 2 个等位基因同时被编辑产生双等位突变或纯合突变时，便能实现基因的敲除。对于多倍体植物，所有等位基因同时被编辑的概率偏低，因此多倍体植物的高效编辑体系构建仍是当前研究的难点。

基于 CRISPR/Cas9 系统介导基因敲除的高效性，多基因编辑技术随即诞生。多基因编辑主要有 2 条途径：①对多个同源基因同时进行敲除，此时只需以它们的保守序列作为靶点，设计一条 sgRNA 即可敲除多个基因，但该方法的使用范围受限；②对不同基因设计针对不同靶点的 sgRNA，将多个 sgRNA 表达盒连接到表达载体并导入编辑受体。这种多靶点编辑技术特别适用于功能冗余基因、基因家族和同一生化途径中多个基因的功能研究，以及农作物中多个农艺性状的改良。此外，多靶点编辑技术还能通过在基因片段两侧各设计一个靶点，实现片段的删除。目前利用该方法可成功删除大于 100 kb 的染色体片段，而对于 1 kb 以内的小片段拥有较高的删除效率。

10.5.2.2　基因（片段）的定点插入或替换

当利用 CRISPR/Cas9 引入 DNA 双链断裂的同时引入一个供体片段，且该片段的两端携带与 DNA 断裂处相似的序列，此时编辑受体有一定的概率会启动 HR 修复途径，通过同源重组实现供体片段的精确插入或替换。与 NHEJ 途径造成的随机插入或缺失相比，该编辑方式更加精准灵活，可实现多个控制优良性状基因的稳定聚合，解决传统育种中优良性状无法连锁遗传的问题，具有更广泛的应用前景。虽然自 CRISPR/Cas9 技术诞生以来，已在烟草、拟南芥、水稻、大豆、玉米等植物中实现基因片段的精准插入或替换，但这些案例的编辑目标基因往往就是抗性基因，依赖于使用筛选剂富集编辑细胞，编辑效率低。

为了提高编辑效率，科学家们采取不同的方式对该技术进行改良。鉴于 HR 修复途径的低效性，有研究通过在相邻的内含子中分别设计一个靶位点，利用相对高效的 NHEJ 途径实现基因的定点插入和替换，而内含子中插入连接点的碱基变异几乎不会影响所在基因的功能。另外，供体片段向编辑受体的传递不到位是影响 HR 途径编辑效率的主要原因之一，有研究利用双生病毒系统作为供体片段的载体，通过复制出大量供体片段拷贝，提高插入编辑效率。然而，这些系统大多数仍需要使用额外的抗性标记对转化后的植株进行筛选以提高编辑效率。为了寻求更理想的技术体系，有研究者提出一种不依赖抗性标记的连续转化方法，该方法通过在母细胞系中利用卵细胞来源的早期胚胎特异启动子驱动 Cas9 的表达，提高拟南芥中同源重组介导的基因插入和替换的概率。

植物生物技术导论

10.5.2.3 单碱基编辑

单碱基编辑技术指对目标基因片段中的特定位点的单个碱基进行转换。该技术的建立最早依赖于胞嘧啶脱氨酶的使用,其作用机理是将胞嘧啶脱氨酶和人工突变后的 DNA 切口酶 nCas9 进行融合,融合蛋白在 sgRNA 的引导下将靶点 PAM 序列上游 5～12 碱基范围内非靶标链上的胞嘧啶 (C) 转换为尿嘧啶 (U),同时切割靶标链产生单链断裂,此时编辑受体启动修复机制,以非靶标链为模板将互补链中的鸟嘌呤 (G) 替换为腺嘌呤 (A),最终实现 C/G 到 T/A 的转换,该系统被称为胞嘧啶编辑器 (CBE) (图 10-16)。此外,尿嘧啶糖基化酶抑制蛋白 (UGI) 的使用可提高 DNA 中尿嘧啶的稳定性,从而使编辑效率提高。另一项研究通过定向进化法在大肠杆菌中获得一个突变型的腺苷脱氨酶,可将 DNA 中的腺嘌呤转化为次黄嘌呤 (I),后者在 DNA 复制过程中可被识别为鸟嘌呤。将腺苷脱氨酶与 nCas9 进行融合,即可实现靶序列中 A/T 到 G/C 的转换。该系统被称为腺嘌呤编辑器 (ABE)。CBE 和 ABE 系统的建立使单碱基编辑能实现 4 种形式的碱基转换。该系统不依赖于 DNA 双链断裂的产生,既规避了 NHEJ 修复途径的随机性,也摆脱了 HR 修复途径效率低的限制。

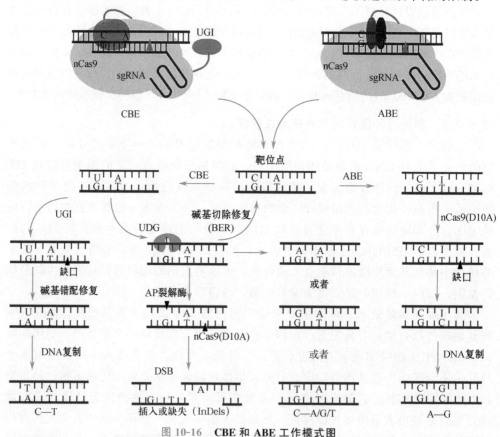

图 10-16 CBE 和 ABE 工作模式图

CBE 系统在胞嘧啶脱氨酶及 UGI 的作用下将靶位点处一定活性窗口内的 C 脱氨变为 U,经 DNA 修复和复制后实现 C—T 的突变 (左);CBE 系统经胞嘧啶脱氨酶、UDG、AP 裂解酶等作用下会产生非 C—T 或 InDels 的突变 (中);ABE 系统在腺嘌呤脱氨酶的作用下将 A 脱氨变为 I,经 DNA 修复和复制后实现 A—G 的突变 (右)

10.5.2.4　基因的表达调控

目前利用 CRISPR/Cas 调控植物基因表达主要有 2 种途径。一种途径是用 Cas 蛋白对目标基因的启动子区的顺式调控元件进行编辑或直接删除，改变基因的表达量。该方法可通过后代分离获得不带转基因的编辑个体，但也存在随机性高、未必能获得理想性状等缺陷。另一种途径是将人工突变后失去核酸酶活性、却仍保留 DNA 结合能力的 dCas9 蛋白与特定的转录激活因子、转录抑制因子或甲基化酶等蛋白融合，通过 sgRNA 将改造后的融合蛋白带到目标基因的启动子区，实现对靶基因的抑制与激活，为基因功能研究提供灵活的操作手段。

10.5.3　植物基因编辑技术发展面临的机遇与挑战

目前，CRISPR/Cas 等基因编辑技术已经显示巨大的应用价值，但是其在编辑效率、精确度及如何减少脱靶效应等方面尚有很多问题需要解决。基因编辑相关的核心专利基本都是掌握在其他国家手中。未来基因编辑技术及基因编辑的细胞制品等走向临床应用，以及基因编辑农作物走向市场所产生的巨大利润都会因此而受到重大损失。开发具备自主知识产权的核心技术才有可能在这场生物技术革命中获得发展，包括对现有基因编辑技术的缺陷进行修正，以及通过技术组合等，抢先获得现有基因编辑技术的改进版本和增强版。同时也借助生物信息学手段挖掘潜在的 CRISPR 核酸酶和 DNA 引导的核酸酶等，开发新型基因编辑技术。这些工作充满着挑战性，但也是我们发展的机遇和突破口。

复习题

1. 植物基因工作中常见的质粒载体有哪些？
2. 植物基因工作中主要的工具酶有哪些？
3. 简述同源克隆法的原理和基本程序。
4. 简述图位克隆法的原理和基本程序。
5. 简述电子克隆法的原理和基本程序。
6. 简述农杆菌介导的遗传转化的原理与方法，并分析其优缺点。
7. 以一种禾本科作物为试材，试述基因枪法的遗传转化方法。
8. 简述转基因植株分子鉴定与生物学特性鉴定的主要内容。
9. 论述转基因植物安全性评价的必要性。
10. 简述转基因植物的环境安全性评价与对人类健康的安全性评价的内容。
11. 简述 CRISPR/Cas 基因编辑系统的原理。

11　植物分子标记技术

【导读】分子标记技术是近年来现代生物技术发展较快的领域之一。本章主要介绍植物分子标记技术的种类和原理，分子标记技术在遗传多样性分析、遗传图谱构建、基因定位与克隆、标记辅助选择育种中的应用等内容。通过对本章的学习，重点掌握 RFLP、AFLP、SSR、SNP 等分子标记技术的原理和主要特点，熟悉植物分子标记技术的主要用途。

　　分子标记（molecular marker）是以生物个体间核苷酸序列变异为基础，直接在 DNA 水平上检测生物个体之间差异的遗传标记，是生物个体或种群基因组在 DNA 水平上遗传变异的直接反映。真核生物的遗传信息储存于染色体和细胞器基因组的 DNA 序列中，不同生物或同一生物不同个体之间，DNA 核苷酸序列存在差异，这是 DNA 本身可以成为遗传标记（genetic marker）的基础。因此，DNA 水平上的分子标记对不同发育时期的个体、组织、器官进行检测，且不受环境和发育阶段的影响，标记数量丰富，是所有遗传标记中最为稳定、可靠的。

　　分子标记的研究始于 20 世纪 80 年代。这 40 年间，植物分子标记技术得到了飞速发展，至今已开发了数量众多的分子标记类型，以此了解生物遗传变异的本质。目前，植物分子标记技术日趋成熟，广泛应用于植物遗传多样性分析、遗传图谱构建、基因定位与克隆以及标记辅助选择育种等诸多方面，尤其是分子标记技术与常规育种的紧密结合，正在为植物育种技术带来一场新的绿色变革。

11.1　植物分子标记概述

　　1953 年，美国生物学家沃森（Watson）和英国物理学家克里克（Crick）发现的 DNA 双螺旋结构，开启了分子生物学时代，对生物的研究深入到分子层次。人们从分子水平上对基因有了更新的认识。植物生物技术的发展体现在分子生物学知识应用于分子标记，分子标记技术已成为分子生物学技术的重要组成部分。从 DNA 双螺旋结构的阐明，PCR 技术的诞生，到全基因组测序的迅速发展，衍生出几十种、用于不同研究目的的分子标记。随着第二代、第三代全基因组测序技术的开展，人们利用新开发的分子标记及其构建的遗传连锁图谱对复杂的数量性状进行定位研究，对作物的遗传改良具有重要的意义。

　　遗传标记是研究生物遗传变异规律及其物质基础的重要手段，是指可追踪染色体、染色体某一节段或者某个基因座在家系中传递的任何一种遗传特性。在现代遗传学中，遗传多态性是指基因组中任何座位（locus）上的相对差异。它具有两个基本特征：可遗传性和可识别性。生物中任何有差异表型的基因突变型均可作为遗传标记。长期以来，遗传育种学家通过各种宏观或微观的遗传标记来研究生物的遗传和变异现象，揭示其内在的规律，并以此指导或辅助植物育种。遗传标记对现代遗传学的建立和发展产生了举足轻重的作用，被广泛应用于作物遗传育种研究的各个方面。

标记辅助选择育种是利用与目标性状紧密连锁的遗传标记，对目标性状进行选择的一项育种技术。以往植物优良品种的选育都是基于植株的表型性状，很大程度上取决于育种家的主观判断，这种选育存在周期长、效率低等缺点。当一些性状的遗传基础较为简单时，可直接测量，表型的选择是有效的。但是像水稻、小麦、玉米等作物的许多重要农艺性状为数量性状，如株高、抽穗期、产量；或者为多基因控制的质量性状，如水稻的糯与粳；或者有些性状没有直接表现型，受环境影响较大，如抗性。因此，主观判断的表型选择存在诸多缺点，不准确且效率低。利用标记进行辅助选择，其选择结果更加准确可靠，能够加快育种进程。

遗传标记能在生物体上以各种形式表现出变异。为了更好地识别生物基因型，充分利用生物种质资源，人们进行了一系列遗传标记的研究。19 世纪中期，奥地利学者孟德尔以豌豆为材料，首创了将形态学性状作为遗传标记应用的先例。随着遗传学和分子生物学的发展，遗传标记先后经历了从形态学、细胞学、生物化学到 DNA 分子标记的发展阶段。形态学、细胞学、生物化学这 3 种标记均以基因表达结果为基础，是对基因的间接反映。这些标记都无法直接反映遗传物质的特征，其标记数目有限，多态性差且易受环境条件的影响，因此具有很大的局限性。20 世纪 80 年代以来，随着分子生物学技术和分子遗传学的迅速发展，分子克隆及 DNA 重组技术的日趋完善。学者在分子水平上寻找 DNA 的多态性，以分子标记为基础进行各种遗传分析。分子标记是 DNA 水平上遗传多态性的直接反映，具有操作简便、稳定遗传、信息量大、可靠性高、消除环境影响等特点。经典遗传学中，遗传多态性代表了等位基因的变化；现代遗传学中，遗传多态性则反映出基因组中任何一基因位点的相对差异。

理想的遗传标记应主要具备以下条件：①遗传多态性强；②具有遗传共显性（codominance），即在分离群体中能够分离出等位基因的 3 种基因型（显性纯合基因型、杂合基因型、隐性纯合基因型）；③对作物的主要农艺性状没有影响或者影响极小；④检测手段简单快捷，易于观察记录。随着遗传学的不断发展，遗传标记的种类和数量也不断增加。目前，应用较为广泛的遗传标记有形态学标记、细胞学标记、生化标记和分子标记等 4 种类型。

11.1.1　形态学标记

形态学标记（morphological marker）通常是指可稳定遗传的、能够明确显示遗传多态性的外观性状。它是最早被使用和研究的遗传标记，至今在传统的育种过程中仍在应用这种标记。形态学标记主要包括肉眼可见的外部特征，因为表现直观，人们只要通过细心观察就可以将不同表型的个体区分开来，如株高、穗长、花色、粒色、粒形、粒重等；也包括生理特性、育性、抗逆性、抗病虫性等有关的一些特性。这些标记是自然发现或经诱变实验获得的。例如，在植物组织培养及诱变育种过程中出现的大量变异材料，很多都是在形态特征或者生理特性上具有特殊表型的个体，经过选择可获得稳定遗传的形态学标记材料。最近用于植物作图的遗传标记是一些影响形态特征的基因，包括矮化基因、白化基因以及改变叶形态的基因。最早将形态学标记应用于遗传研究的是 19 世纪的孟德尔，他以豌豆为研究材料，对花色、种子形状、子叶颜色、豆荚形状、豆荚颜色、花序着生部位和株高等 7 对相对性状（形态学标记）为对象，进行杂交试验，对杂交后代进行分析研究，提出了划时代的分离规律和独立分配规律。

长期以来科学家们就利用基因图谱和遗传标记来加速植物的育种进程。早在 1923 年 Sax 对菜豆种子的大小与种皮颜色之间的关系进行研究，提出用较容易观察到的形态做标记，即利用微效基因与主基因的紧密连锁，来识别和筛选微效基因的方法。形态学标记基因的染色体定位最初是通过经典的两点测验和三点测验进行的，采用这种方法把相互连锁在一起的基因定为一个连锁群，并以性状间重组率作为这些基因在染色体的相对距离，确定彼此间毗邻关系。

形态学标记材料在遗传研究和作物育种上都有重要的应用价值，因此对形态学标记材料的搜集、保存和利用历来受到各国研究者的重视。在水稻中，目前已有的形态学标记材料大多是经过精心选育获得的。据不完全统计，在水稻、番茄、大豆中已鉴定出上百个形态学标记。国际水稻所（International Rice Research Institute）系统地收集了达 300 多个形态学标记的水稻材料，并作为重要的种质资源加以保存。大量形态学标记的发现，不仅为遗传研究提供了丰富的材料，而且为植物育种提供了大量显性标记，提高了选择效率。

形态学标记简单直观、经济方便，但标记数量少且多态性差，受到许多限制：①对表型的影响太大，因此育种中用得不多；②容易掩盖连锁标记中微效基因的效应，因此几乎不可能对用于筛选的连锁基因进行鉴别；③易受环境的影响；④形态学标记的获得需要经过诱变、分离过程的纯合，周期较长，更为重要的一点是突变对有利形态学标记产生不利影响。因此，人们需要寻找一种更好的遗传标记来取代形态学标记。

11.1.2 细胞学标记

细胞学标记（cytological marker）是指能明确显示遗传多态性的细胞学特征，主要是细胞染色体的变异，反映在染色体结构特征和数量特征上。细胞学标记通常包括两类：一是染色体形态结构特征，即染色体的核型和带型。核型特征是指染色体的长度、着丝粒位置和随体有无等，由此可反映染色体的缺失、重复、倒位、易位等结构变异及各种异形染色体；带型特征是指染色体经特殊染色显带后，带（C带、N 带、G 带等）的颜色深浅、宽窄和位置顺序等，由此可反映染色体上常染色质和异染色质的分布差异，如小麦育种中重要的代换系、附加系等。二是染色体的数目变异（如缺体、单体、三体、端着丝粒染色体等非整倍体），如三倍体的西瓜，六倍体的普通小麦，小麦的整套单体等。

细胞学标记在植物遗传育种中发挥了巨大作用。如水稻上建立的一整套籼稻品种 IR36 的初级三体材料；玉米 B-A 易位系；小麦端着丝粒染色体、单体；棉花易位系和单体；番茄各种三体。这些材料已成功地将许多质量性状的基因定位于染色体上，并建立了相应的连锁群。由于染色体结构和数目的变异，用具有染色体数目和结构变异的材料与染色体正常的材料杂交，会导致后代特定染色体上的基因在减数分裂过程中的分离和重组发生偏离，由此可以测定基因所在的染色体及其相对位置。细胞学标记可作为一种遗传标记来确定基因所在染色体，或通过染色体的代换等遗传操作进行基因定位。这在植物上定位了许多重要性状的基因，并发展成经典的连锁遗传图谱。

细胞学标记虽然克服了形态学标记易受环境影响的缺点，能够直观、快速地对一些重要基因的染色体或染色体区域进行定位，但仍受到许多限制：①数量十分有限，当染色体的数目和形态相似时难以区分；②细胞学标记材料的产生较难，需要花费大量的人力物力进行培养选择；③某些物种对染色体变异反应敏感，还有些变异难以用细胞学方法进行检测；④某些物种虽然已有细胞学标记材料，但这些标记常常伴有对生物有害的表现型效应。

11.1.3　生化标记

生化标记（biochemical marker）是指以基因表达的蛋白质产物为主的，突破了活体标记的一类遗传标记，主要包括贮藏蛋白、同工酶等标记。用作遗传标记的蛋白质通常可分为酶蛋白和非酶蛋白两种，其中非酶蛋白中用得最多的是种子储藏蛋白。在禾谷类作物中，种子储藏蛋白的遗传研究比较深入，它们可作为一类重要的生化标记，广泛应用于作物种子纯度的鉴定。

1941 年美国遗传学家比德尔（Beadle）和生物化学家塔特姆（Tatum）通过研究红色面包霉的生化突变型，提出了"一个基因一个酶"的假说，创立了生化遗传学。1959 年，Market 和 Moller 根据对多种动物乳糖脱氢酶（LHD）的研究提出了同工酶（isoenzyme）的概念，从而兴起了同工酶标记。同工酶是指具有相同催化功能而结构及理化性质不同的一类酶，其结构的差异来源于基因类型的差异。自从同工酶技术问世以来，许多重要农作物都建立了比较完整的同工酶谱，在植物遗传育种中得到广泛的发展与应用。编码酶的基因可通过适当的方式定位在染色体上，且通过两点、三点测验法对同工酶基因与性状基因间进行连锁。利用同工酶标记检测到一些主效 QTL，其中的某些同工酶位点与抗性基因存在紧密的连锁关系。例如，番茄的磷酸酶同工酶位点（APs-l）与抗线虫病基因、豌豆的乙醇脱氧酶同工酶（Adh-l）与抗坏死花叶病毒基因、大豆磷酸葡萄糖变位酶同工酶（Pgm-p）与抗花叶病毒基因等都存在紧密的连锁关系。这些酶蛋白的检测通常利用非变性淀粉凝胶或聚丙烯酰胺凝胶电泳及特异性染色，根据在电泳谱带上的差异直接反映酶蛋白在遗传上的多态性。而非酶蛋白的检测可通过一维或者二维聚丙烯酰胺凝胶电泳技术，根据电泳显示的蛋白质谱带型或点，确定其分子结构和组成差异。通过对酶谱带型的识别，可将编码酶的基因定位在特定的染色体上，因此，可以将同工酶作为遗传标记使用。

与形态学标记、细胞学标记相比，生化标记鉴定经济、方便、成本较低；而且蛋白质作为一种直接的基因产物，结果稳定，不受环境因素的影响，在分离世代中能直接显示各单株的基因型。但是，生化标记的发展和应用也受到很多限制：①标记数量有限；②某些酶的活性具有发育和组织的特异性；③只能反映基因组编码区的表达信息，不能提供全基因组的遗传信息；④某些酶的染色方法和电泳技术有一定难度。

11.1.4　分子标记

分子标记是指能反映生物个体或种群间基因组中某种差异的特异性 DNA 片段，是以个体间核苷酸序列变异为基础的遗传标记。1953 年，沃森和克里克提出的 DNA 双螺旋模型，解释了 DNA 是遗传信息的载体，也就使得 DNA 分子中核苷酸序列的变异作为遗传标记成为可能。分子标记基于 DNA 序列具有遗传多态性，即表现为核苷酸序列的任何差异，甚至是单个核苷酸的变异。和以往的几种遗传标记相比，DNA 分子标记具有如下优点：①不受组织类别、发育阶段等的影响，植株的任何组织在不同生育期阶段均可用于分析；②不受环境限制，环境不改变 DNA 的核苷酸序列；③基因组变异丰富，分子标记的数量几乎是无限的，存在于整个基因组；④多态性高，自然存在许多等位变异，无须人为创造；⑤分子标记表现为中性，不影响目标性状的表达；⑥大多数分子标记表现为共显性遗传，能够鉴别纯合和杂合基因型；⑦检测手段简单、迅速，易于自动化。

理想的分子标记应具备以下特点：①具有较高的遗传多态性，至少具有两种不同的存在方式；②共显性遗传，在二倍体植物中应该检测到标记的不同形式，用以区分杂合和纯合基因型；③在基因组中分布均匀而且频繁出现；④选择中性（无基因多效性）；⑤具有可重复性，稳定性好；⑥检测手段简单、快速、经济；⑦开发成本和使用成本尽量低廉；⑧在实验室间可高通量地进行数据交流。利用 DNA 分子标记，可以从生物体基因水平上研究个体之间的遗传差异，了解生物遗传变异的本质。目前为止，还没有一个分子标记能满足以上所有要求，但是已发展起来的十几种分子标记各具特色，广泛应用于植物遗传作图、基因定位、亲缘关系鉴别、基因文库构建与基因克隆等方面，并为不同的研究目标提供了丰富的技术手段。

11.2　植物分子标记的种类

生命的遗传信息存储于 DNA 序列中，基因组 DNA 序列的变异是物种遗传多样性的基础。利用现代分子生物学揭示的 DNA 序列变异，就可以建立分子水平上的遗传标记。自从 1980 年人类遗传学家 Botstein 首次提出 DNA 限制性片段长度多态性作为遗传标记的思想到 1985 年 PCR 技术诞生至今，从第一代分子标记技术到第三代分子标记技术，已经发展了十几种分子标记。

11.2.1　第一代分子标记

第一代分子标记主要是以分子杂交为核心的分子标记技术。1974 年 Grozdicker 等在鉴定温度敏感表型的腺病毒 DNA 突变体时，利用限制性内切酶酶解后得到的

DNA 片段的差异，发现了 DNA 限制性片段长度多态性（restriction fragment length polymorphism，RFLP），首创了 DNA 分子标记。1980 年，Bostein 等提出 RFLP 可作为遗传标记的思想，开创了直接用 DNA 多态性发展遗传标记的新阶段。1983 年，Soller 和 Beckman 将 RFLP 应用于品种鉴别和品系纯度的鉴定上，之后利用 RFLP 标记技术开展遗传研究的报道层出不穷，尤其是在植物物种完整遗传图谱的构建和遗传学研究的其他领域中。

11.2.1.1　RFLP 标记

1. RFLP 标记的原理

RFLP 是以 Southern 杂交技术为核心的，最早得到应用的第一代分子标记，由 Grozdicker 于 1974 年创立，并由 Bostein 于 1980 年再次提出。RFLP 产生多态性的原理是由于不同个体基因型中内切酶位点序列不同，利用特定的限制性内切酶识别并切割消化不同生物个体的基因组 DNA，得到许多大小不一的 DNA 片段，片段的长度和数目反映了 DNA 分子上不同酶切位点的分布情况。尽管任一物种的不同个体间具有几乎完全相同的基因组，但是当核苷酸序列上的微小变化甚至是某个核苷酸的变化，如碱基的突变、缺失、插入，染色体结构的易位、倒位、重复，会使得它们在某些核苷酸序列上出现差异，这就会造成 DNA 序列上酶切位点的消失、位置改变或者新酶切位点的产生。当目标区域的酶切位点发生改变时，探针与酶切产物的杂交片段大小也发生相应改变。最后，经限制性内切酶处理后产生的 DNA 片段数目和大小会在不同个体甚至种间产生差异，进而产生多态性。当某一限制性位点发生突变时，该限制性内切酶将不再识别该位点，也就不能进行酶切反应，此时产生的 DNA 片段大小将由最邻近的限制性酶切位点决定。例如，限制性内切酶 *Eco*R I 的识别序列为：

$$\downarrow$$
$$\cdots GAATTC\cdots \qquad \cdots G \qquad AATTC\cdots$$
$$\cdots CTTAAG\cdots \qquad \cdots CTTAA \qquad G\cdots$$
$$\uparrow$$

当 *Eco*R I 内切酶识别序列处有一个或多个核苷酸发生变化时，*Eco*R I 就无法在此位点处将 DNA 双链切开，从而产生一个较长的 DNA 片段。当一条染色体的 DNA 分子中存在某个特定的限制性酶切位点而在另一条同源染色体上没有该酶切位点时，有酶切位点的染色体会产生较短的片段，无酶切位点的同源染色体产生较长的片段。对于 RFLP 来说，这样的个体是杂合的。RFLP 呈现显性或者共显性的遗传模式，因而可以用于区分杂合基因型。此外，由于植物基因组很大，某些内切酶的酶切位点有很多，经酶解之后会产生很多大小不一的 DNA 片段。这些片段经电泳分离形成的条带是连续分布的，很难辨认出是哪一个限制性酶切片段大小的变化，必须利用单拷贝的基因组 DNA 或者从 DNA 克隆作为探针，通过 Southern 杂交技术才能检测到差异的 DNA 片段。

RFLP 标记原理如图 11-1 所示。

2. RFLP 标记的主要特点

与传统的遗传标记相比，RFLP 标记具有以下优点：①RFLP 是广泛存在于基

植物生物技术导论

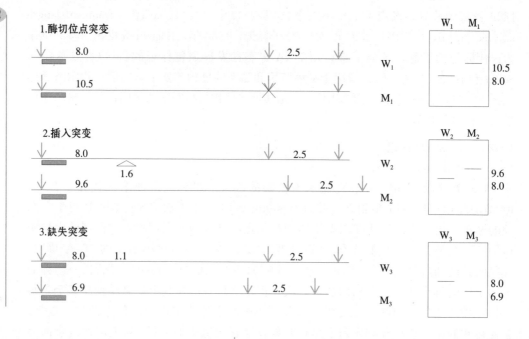

图 11-1　**RFLP 标记的原理**（方宣钧等，2000）

因组 DNA 中的自然变异，依据 DNA 上丰富的剪辑变异无须任何诱变剂处理，在数量上几乎不受限制，产生的标记遍布于整个基因组；②无表现型效应，RFLP 标记的检测不受环境条件、发育阶段的影响；③大多数的 RFLP 标记在等位基因之间是共显性的，可区分纯合基因型和杂合基因型；④在非等位的 RFLP 标记之间不存在上位效应，因而互不干扰；⑤结果稳定可靠，重复性好，特别是当所用探针为 cDNA 时，其结果适用于构建遗传连锁图。

同其他分子标记相比，RFLP 标记也存在一些局限性：①标记过程使用放射性同位素进行分子杂交，对实验员的健康较为不利，即使使用非放射性的 Southern 杂交技术，仍然耗时费力；②多态性程度偏低，尤其是当碱基突变导致限制性酶切位点丢失或获得时，多态性位点数较少；③对 DNA 质量要求较高，而且检测的多态性水平过度依赖于内切酶的种类与数目；④具有种属特异性，对样品 DNA 中靶序列拷贝数的要求高，只适用单拷贝基因，限制了其实际应用；⑤一次分析所需的 DNA 量较大；⑥操作琐碎，相对费时，周期长，检测技术繁杂。所以，RFLP 标记存在一定局限性，较难以应用于大规模的育种实践中。

3.RFLP 标记技术的操作步骤

RFLP 标记的主要操作步骤如图 11-2 所示。

（1）DNA 提取　RFLP 标记技术对于 DNA 的质量有较高的要求，同时还要保证一定的 DNA 量（μg 级），因此，提取的 DNA 要经过纯化处理，得到纯度高、质量高的 DNA。

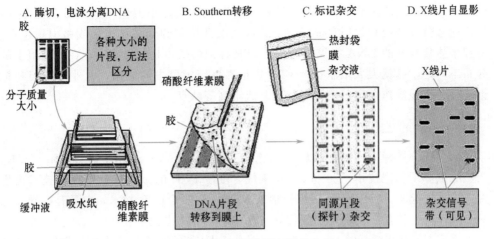

图 11-2　**RFLP 标记的操作步骤**（张献龙等，2004）

（2）限制性内切酶消化 DNA　用一个或者几个限制性内切酶消化基因组 DNA。实际工作中，单一酶切产生的多态性极其有限，所以一般用 6～8 种限制性内切酶来筛选多态性。

（3）凝胶电泳　DNA 经过限制酶消化后，产生分子量不同的同源等位片段，再通过琼脂糖凝胶电泳将这些片段按大小顺序分离开来。

（4）DNA 片段转移至膜上　将分离开的 DNA 片段转移至易于操作的尼龙膜或者硝酸纤维膜上。

（5）用标记探针显示特异性 DNA 片段　将尼龙膜和标记好的探针加入杂交液的恒温箱中杂交。放射性同位素（如 ^{32}P）或者非放射性物质（如生物素、地高辛）标记的 DNA 作为探针，与膜上的 DNA 片段进行 Southern 印迹杂交，如果某一位置上的 DNA 酶切片段与探针序列相似或者同源程度高，则探针能结合到该位置上。试验中所用到的探针通常是随机克隆的，与被检测 DNA 片段具有一定的同源性的单拷贝或者低拷贝基因组片段或者 cDNA 片段。

（6）放射自显影　杂交后的 DNA 片段经过放射自显影检测，显示出不同材料对该探针的限制性酶切片段多态性情况，最终形成不同条带谱。

11.2.1.2　VNTR 标记

可变串联重复多态性（variable number of tandem repeat，VNTR）标记，又称小卫星 DNA（minisatellite DNA）。VNTR 标记的重复单元长度为十到几百核苷酸，拷贝数在 10～1 000；各重复单元间以串联形式首尾相接，整个重复区域成簇存在于基因组中。VNTR 标记产生的多态性是由统一座位上的串联单元数量的不同而产生的。利用小卫星中的重复单元作为杂交探针是获得 VNTR 信息最快捷的途径。

VNTR 的基本原理与 RFLP 大致相同，其中只是对限制性内切酶与 DNA 探针有特殊要求：①限制性内切酶在基因组的其他部位存在较多酶切位点，可使卫星序列所在片段含有较少的无关序列，通过凝胶电泳可充分显示不同长度重复粗劣片段的多态性；②内切酶的酶切位点不能在重复序列中，这就保证了小卫星序列的完整性；③分子杂交所用到的 DNA 探针核苷酸序列必须是小卫星序列或微卫星序列，最后通过分子杂交和放射自显影后，就可一次性检测到众多小卫星或微卫星位点，得到个体特异性的 DNA 指纹图谱。VNTR 标记的缺点是数量有限，在基因组上的分布不均匀，这就大大限制了 VNTR 标记在基因定位中的应用；此外，VNTR 标记还存在实验操作烦琐、检测时间长、成本高等缺点。

11.2.2　第二代分子标记

第二代分子标记主要是以聚合酶链式反应（polymerase chain reaction，PCR）为核心的分子标记技术。20 世纪 80 年代，基于 PCR 的第二代分子标记技术诞生并迅速发展起来。1985 年，美国科学家 Mullis 发明了 PCR 技术，它具有特异、敏感、产率高、快速、简便、重复性好、易自动化等突出优点。

PCR 是利用极微量的 DNA 为模板，类似于 DNA 的天然复制过程，其特异性依赖于与靶序列两端互补的寡核苷酸引物。PCR 由变性、退火（复性）、延伸 3 个基本反应步骤构成。①模板 DNA 的变性：模板 DNA 经加热至 90～95℃的一定时间后，模板 DNA 双链或经 PCR 扩增形成的双链 DNA 解离，使之成为单链，以便它与引物结合，为下轮反应做准备；②模板 DNA 与引物的退火（复性）：模板 DNA 经加热变性成单链后，温度降至 50～60℃，引物与模板 DNA 单链的互补序列配对结合；③引物的延伸：DNA 模板-引物结合物在 DNA 聚合酶的作用下，于 70～75℃，以 dNTP 为反应原料，靶序列为模板，按碱基配对和半保留复制原理，合成一条新的与模板 DNA 链互补的半保留复制链。重复循环变性—退火—延伸过程，就可获得更多的"半保留复制链"，而且这种新链又可成为下次循环的模板。每完成 1 个循环需 2～4 min，2～3 h 就能将待扩目的基因扩增几百万倍（图 11-3）。不同生物个体基因组 DNA 碱基突变，寡核苷酸引物与之结合的部位改变，或者一对引物相邻两个结合部位之间发生插入、缺失或其他染色体重排，同一对引物扩增产物的长度发生变化，因此，PCR 可以作为分子标记的基础。以 PCR 为基础的分子标记有多种，这里主要介绍以下几种。

11.2.2.1　RAPD 标记

1. RAPD 标记的原理

随机扩增多态性 DNA（random amplified polymorphism DNA，RAPD）标记于 1990 年由 Williams 和 Welsh 的两个研究小组分别提出，是以 PCR 为基础的一种可对位置序列的基因组进行多态性分析的分子标记。

RAPD 标记技术是用随机引物（一般长度为 8～10 个碱基）非定点扩增基因组 DNA，获得一组随机长度不同的不连续 DNA 片段，用凝胶电泳分开扩增片段，最后经染色来显示扩增片段的多态性（图 11-4）。RAPD 的多态性反映了基因组相应区域的 DNA 多态性。产生的机制对于任一特定引物而言，它在基因组 DNA 序列上有其特定的结合位点，如果被扩增基因组在特定引物结合区域发生 DNA 片段的插入、缺失或者碱基突变，就可能导致引物结合位点分布发生相应变化，从而导致 PCR 扩增产物的数量、大小发生改变。如果 PCR 产物增加或者减少，则产生显性的 RAPD 标记；如果 PCR 产物发生分子量变化则产生共显性的 RAPD 标记。通过电泳分析即可检测出基因组 DNA 在该区域的多态性。

图 11-3 **PCR** 的原理（钱前等，2006）

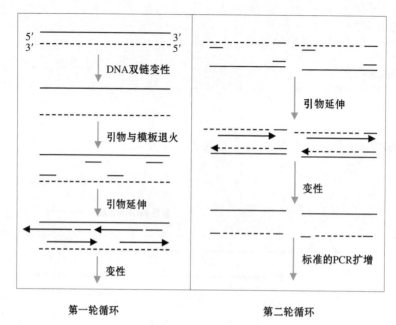

第一轮循环   第二轮循环

图 11-4　**RAPD 标记的原理**（Bardakci，2001）

2. RAPD 标记的主要特点

RAPD 标记的主要特点：①不需要制备 DNA 探针，设计引物也无须知道序列信息，引物通用；②实验周期短，检测速度快，实验设备简单，技术简便，不涉及分子杂交和放射性自显影技术；③DNA 样品需要量少，引物价格便宜，不依赖于种属的特异性和基因组结构，用一个引物就可扩增出许多片段，且几乎覆盖整个基因组。因此，RAPD 标记以其成本低、快速简便的特点在植物的相关研究中被广泛应用。由于 RAPD 扩增时使用的是随机寡核苷酸引物，退火温度低，反应的严谨程度低；短的随机引物、较低的退火温度在提高扩增效率的同时，也为 RAPD 带来了不少缺陷。

RAPD 标记的实验条件和引物选择是十分关键而艰巨的工作。RAPD 标记存在的问题主要表现在以下几方面：①RAPD 一般表现为显性遗传，极少数表现为共显性，不能鉴定杂合子和纯合子，这就使得遗传分析相对复杂，在基因定位、连锁遗传作图时，会因显性遮盖作用而使计算位点间遗传距离的准确性下降；②RAPD 扩增结果的重复性和稳定性较差，研究人员需做大量探索性工作，以确定最佳反应体系如模板 DNA、引物、dNTP、Mg^{2+} 浓度等。只要实验条件标准化，就可以大大提高 RAPD 标记的再现性，即只要扩增到的 RAPD 片段不是重复序列，便可将其从琼脂糖凝胶上回收并克隆，转化为 RFLP 和 SCAR 标记，以进一步验证 RAPD 分析的结果。

3. RAPD 标记技术的操作步骤

（1）DNA 提取　常规方法提取 DNA。

（2）PCR 扩增　利用一个随机引物对样本 DNA 进行 PCR 扩增。通常将反应液于 94℃加热 30～60 s。植物 DNA 的第一步变性至少需 3 min，因为不完全变性是 PCR 反应失败的一个普遍问题。退火步骤所需温度取决于碱基组成和引物长度，通常 RAPD 分析中的 PCR 反应所用的退火温度为 35~40℃，退火只需几秒钟，但是该过程取决于许多因素，如模板的二级结构及原始浓度，通常所用的时间范围为 30 s 至 1 min。延伸长度取决于靶序列的长度和温度，通常为 72℃，一般原则为延伸 1kb 长的序列需要 1 min，循环完成后再于 72℃延伸 5~10 min，以保证所有退火的模板发生充分聚合。

（3）凝胶电泳分离　扩增产物经琼脂糖凝胶电泳或聚丙烯酰胺电泳分离，扩增产物一般用 1%以上的琼脂糖凝胶进行。

（4）显色检测　溴化乙锭染色或者银染，记录 RAPD 标记。

（5）记录分析　用凝胶成像仪观察、拍照，进行 DNA 多态性分析。

11.2.2.2　SCAR 标记

序列特异性扩增区域（sequence characterized amplification region，SCAR）是在 RAPD 技术的基础上发展起来的。由于 RAPD 的稳定性较差，为了提高 RAPD 标记的稳定性，1993 年，Paran 和 Michelmore 提出将 RAPD 标记转化成 SCAR 标记的方法。

1. SCAR 标记的原理

SCAR 标记技术通过对目的 RAPD 片段的克隆和测序，根据 RAPD 片段两端序列设计特异引物，通常为 18~24bp，一般引物前 10 个碱基应包括原来的 RAPD 扩增所用的引物；并且在较高的退火温度下对基因组 DNA 片段再进行特异性序列扩增，把与原 RAPD 片段相对应的单一位点鉴别出来。SCAR 标记直接采用专一性的特异引物进行 PCR 扩增，扩增位点单一，避免了引物筛选、估算相似性等复杂过程，而且排除了随机引物结合位点之间的竞争，使稳定性和重复性显著提高。

2. SCAR 标记的主要特点

相对于 RAPD 标记，SCAR 标记所用引物较长且引物序列与模板 DNA 完全互补。SCAR 标记具有以下特点：①结果稳定性好，可重复性强；②方便、快捷、可靠，可以快速检测大量个体；③一般表现为扩增片段的有无，是一种显性标记，待检测 DNA 间的差异可直接通过有无扩增产物来显示；④揭示的信息量大。SCAR 标记是目前在育种实践中能直接应用的分子标记。

3. SCAR 标记技术的操作步骤

（1）RAPD 分析　按照 RAPD 标记的操作方法进行 RAPD 分析。

（2）RAPD 片段的克隆和测序　将 RAPD 标记片段从凝胶上回收并进行克隆和测序。由于分辨率等其他条件的影响，回收后的 DNA 片段很可能混有一些杂带，所以回收到目标特征带后，需用原来任意 10bp 引物重新进行扩增，用双亲作对照，以确定目标特征带的位置。将扩增产物电泳，若扩增产物单一，回收该条带并直接克隆到目标载体上；若扩增产物多条带，依据两亲本对照确定目标特征带的位置，然后将其回收并克隆。在克隆的过程中，Taq 酶可以使 PCR 产物高效地克隆到载体上，人工设计的克隆载体 3′末端有一突出碱基 T，可使 PCR 产物高效地克隆到载体上。随后将连接产物转化大肠杆菌，挑取含目的片段的单克隆进行测序。

（3）设计特定引物　根据测序结果，进行分析并设计特异引物。根据其碱基序列设计 1 对特异引物（18～24 nt）；或者对 RAPD 标记末端进行测序，在原 RAPD 所用 10 bp 引物的末端增加 14 个左右的碱基，成为与原 RAPD 片段末端互补的特异引物。

（4）PCR 扩增　用特异引物对基因组 DNA 再进行 PCR 扩增，可扩增出与克隆片段相同大小的特异性条带。

（5）电泳获得 SCAR 标记　对 PCR 扩增产物进行琼脂糖凝胶电泳。若扩增产物之间的差异表现为扩增片段的有无，可直接在 PCR 反应管中加入溴化乙锭，通过在紫外灯下观察有无荧光来判断有无扩增产物，检测 DNA 间的差异，从而省去电泳的步骤，使检测变得更方便、快捷。SCAR 标记可用于快速检测大量个体。

11.2.2.3　AFLP 标记

1992 年荷兰的 Zabean 和 Vos 开发了扩增片段长度多态性（amplified fragment length polymorphism，AFLP）标记。该标记是针对全部限制性酶切产物的选择性扩增，又称为基于 PCR 的 RFLP。

1. AFLP 标记的原理

AFLP 是 RFLP 与 RAPD 相结合的产物。AFLP 标记是基于目标 DNA 双酶切基础上的选择性扩增来检测 DNA 酶切片段的多态性。首先是用两种能产生黏性末端的限制性核酸内切酶将基因组 DNA 切割成大小不等的限制性片段，然后将这些片段与其末端互补的已知序列的接头连接，连接后的接头序列及邻近内切酶识别位点作为之后 PCR 反应的引物结合位点。即所用的 PCR 引物 5′端与接头和酶切位点序列互补，3′端在酶切位点后添加 1～3 个选择性碱基，选择性地识别具有特异配对顺序的酶切片段与之结合，使得仅有适当比例的限制性片段被选择性扩增，实现特异性扩增，从而保证 PCR 反应产物经过变性聚丙烯酰胺凝胶电泳来分离扩增产物（图 11-5）。

2. AFLP 标记的主要特点

AFLP 标记检测 DNA 多态性具有以下几个特点：①结合了 RFLP 标记技术稳定性和 PCR 技术高效性的优点；②内切酶及选择性碱基组合数和种类很多，所以该技术所产生的标记数无限，可覆盖整个基因组；③多态性远远超过其他分子标记，每次反应产物的谱带为 50～100 条，一次分析可以同时揭示基因组的多个限制性核酸内切酶片段的长度多态性，多态性极高；④不需要预先知道 DNA 序列信息，因而可用于任何植物基因组研究；⑤不需要标记开发，但需要优化特异引物及引物组合，引物在不同物种间是通用的；⑥多数表现共显性，呈典型孟德尔遗传；⑦扩增片段较短（30～700 bp），分辨率高，结果可靠；⑧程序简单，无须分子杂交，周期大大缩短。AFLP 标记也存在一些缺点：①要求酶切完全，对 DNA 和内切酶质量要求较高；②目前 AFLP 标记是一项专利技术，需要使用价格较昂贵的分析试剂盒，实验成本较高。

3. AFLP 标记技术的操作步骤

（1）DNA 提取　AFLP 标记技术对于 DNA 的质量有较高的要求，因此，提取的 DNA 要经过纯化处理，得到纯度高、质量高的 DNA。

（2）双酶切　将基因组 DNA 同时用两种限制性核酸内切酶进行双酶切后，形

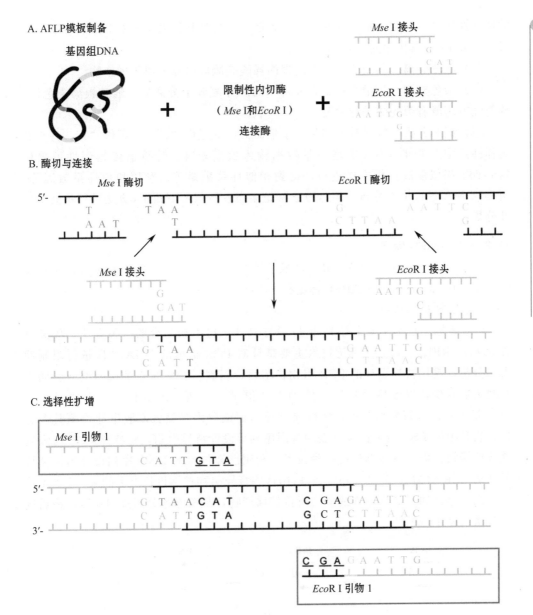

A. AFLP模板制备

基因组DNA

限制性内切酶
（*Mse* I和*Eco*R I）
连接酶

Mse I 接头

*Eco*R I 接头

B. 酶切与连接

Mse I 酶切

*Eco*R I 酶切

Mse I 接头

*Eco*R I 接头

C. 选择性扩增

Mse I 引物 1

*Eco*R I 引物 1

图 11-5　**AFLP 标记的原理**（Mueller 等，1999）

成分子量大小不等的随机限制性片段，在这些酶切后的 DNA 片段两端连接上特定的寡核苷酸接头（oligo nucleotide adapters）。通常用一个 4 碱基识别位点和一个 6 碱基识别位点的限制性内切酶，以确保产生合适大小的 DNA 片段，而 6 碱基识别位点的内切酶能够限制扩增片段数目，以确保 DNA 多态性的正常检测（图 11-5）。

（3）接头与酶切片段的连接　将特定合成的双链接头连接在 DNA 片段两端，形成一个个带接头的特异性片段。此时的接头序列包括与人工接头互补的核心序列（已知的 20 个核苷酸组成的 DNA 序列）和酶切位点的特异性序列。

（4）选择性 PCR 扩增　通常对限制性片段进行选择性扩增的引物是根据接头序列设计的，并在 3′端附加 1～3 个碱基，也就是通过接头序列和 PCR 引物 3′末端的选择性碱基的识别，扩增那些两端序列能与引物选择性碱基配对的限制性酶切片段。一般 PCR 引物用同位素^{32}P 标记。

（5）电泳分离　利用高分辨率的聚丙烯酰胺凝胶电泳分离扩增产物。

（6）染色检测　扩增产物于高分辨率的测序凝胶上分离后，通过银染染色法、放射性方法或者荧光法进行检测。

（7）记录分析　针对其中的某一条带而言，有记作"1"，无记作"0"，将所有选择性扩增产物的 DNA 扩增条带数据输入数据矩阵。计算遗传相似性可采用 Jaccard's 相似系数分析方法进行，得到相似性系数矩阵。利用相似性系数矩阵，用 UPGMA 进行聚类分析。用 AFLP 标记多态性数据和 Innan's 方法进行核酸多态性分析。

11.2.2.4　CAPS 标记

1993 年 Konieczyn 和 Ausubel 开发了酶切扩增多态性序列（cleaved amplified polymorphic sequence，CAPS）标记技术。

1. CAPS 标记的原理

CAPS 标记技术实质上是 PCR 技术与 RFLP 技术相结合的一种方法，故又可称为 PCR-RFLP。该分子标记技术主要是针对 PCR 扩增的 DNA 片段进行限制性酶切分析，需用特异设计的 PCR 引物扩增目标材料。特定位点的碱基突变、插入或缺失数很少，以致特异扩增产物的电泳谱带不表现多态性时，则需要对相应 PCR 扩增片段进行酶切处理，然后通过琼脂糖或聚丙烯酰胺凝胶电泳检测其多态性。它是根据 EST 或者已经发表的基因序列等设计特异引物，将特异 PCR 与限制性酶切相结合而检测多态性的一种技术。利用已知位点的 DNA 序列设计出一套特异性的 PCR 引物（19~27 bp），然后用这些特异引物扩增该位点上的某一 DNA 片段，用转移性的限制性内切酶酶切所得扩增产物，凝胶电泳分离酶切片段，最后进行分析（图 11-6）。

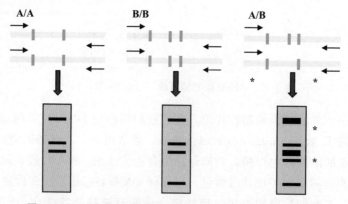

图 11-6　CAPS 标记的原理（Konieczyn 和 Ausubel，1993）

利用特异引物扩增野生型（WT）和突变型（Mut）两种不同个体。A/A 代表纯合基因型 A，扩增片段含有 2 个酶切位点；B/B 代表纯合基因型 B，扩增片段含有 3 个酶切位点；A/B 代表杂合基因型，获得两种不同的扩增产物，一种扩增片段含 3 个酶切位点，另一种扩增片段含 2 个酶切位点。通过琼脂糖或者聚丙烯酰胺凝胶电泳分离时，经限制性内切酶酶切后的 PCR 产物被区分开来。

2. CAPS 标记的主要特点

CAPS 标记具有以下主要特点：①引物与限制性内切酶组合很多，增加了多态性的激活，可用琼脂糖凝胶电泳分析；②呈现共显性，可区分纯合基因型和杂合基因型；③使用引物序列较长，扩增结果比较稳定，而且避免了 RFLP 分析中膜转印这一步骤，又能保持 RFLP 分析的精确度；④所需 DNA 量少；⑤操作简便、快捷、自动化程度高，结果稳定可靠。

CAPS 标记在二倍体植物研究中可发挥巨大的作用，是 PCR 标记的有力补充，但在多倍体植物中的应用却有一定的局限性。另外，CAPS 标记需使用限制性内切酶，筛选合适的酶切组合工作量大，而且已发现的突变酶切位点较少，增加了研究成本，限制了该技术的广泛应用。针对其不足，研究者进行了优化和改进工作。例如，在限制性内切酶识别位点内引入 SNP，建立 dCAPS 方法；建立 gspCAPS 方法，采用生物信息学方法，分析突变位点（SNP）的序列信息，寻找合适的内切酶，减少 CAPS 标记开发的工作量和成本；建立多重 PCR-CAPS 标记识别体系，提高其检测基因的效率。CAPS 标记技术可以从单个的碱基差异进行分别，这为创建稳定、可靠、简便、实用的共显性标记提供了一条捷径，在精密的分子图谱构建、基因定位以及分子标记辅助育种中具有广阔的应用前景。

3. CAPS 标记技术的操作步骤

（1）选择目标序列　在 NCBI（https://www.ncbi.nlm.nih.gov/）上搜索已知植物基因组的目标基因，依据目标序列，利用相应软件（如 Primer 3、Primer 5）设计特定 PCR 引物。

（2）提取基因组 DNA　常规方法提取基因组 DNA。

（3）PCR 扩增　利用设计的引物从基因组中扩增目标片段。

（4）PCR 扩增产物酶切　利用生物信息软件（DNAssist、DNAMAN）分析目的片段中可用的酶切位点，选择合适的两个限制性内切酶，然后对相应的 PCR 扩增产物进行酶切。

（5）电泳凝胶分离与鉴定　用琼脂糖凝胶电泳对酶切产物进行分析，检测其多态性。

11.2.2.5　SSR 标记

1987 年，Nakamura 发现生物基因组内有一种简短且重复次数不同的核心序列。它们在生物体内多态性水平高，这类重复序列统称为可变串联重复多态性序列（VNTR）。VNTR 标记包括小卫星和微卫星标记两种。微卫星（microsatellite）又称简单重复序列（simple sequence repeat，SSR），由核心序列和两端单拷贝保守的侧翼序列构成，长度一般较短。核心序列通常是 1～5 个碱基组成的基序进行的串联重复，即 $(CA)_n$、$(AT)_n$、$(GGC)_n$、$(GATA)_n$ 等重复（n 代表重复次数）。重复单元数一般为10～60，其中常见的是双核苷酸重复。每个微卫星 DNA 核心序列的结构相同，而核心序列重复单元数的差异形成微卫星长度的多态性。保守的侧翼序列使得微卫星序列特异地定位在基因组的某一区段。

SSR 在植物基因组中含量十分丰富，每隔 10～50 kb 就存在 1 个，随机分布于整个核 DNA 序列中（表 11-1）。1994，Wang 等对 EMBL、GenBank 数据库中来自 54 个植物种的核 DNA（3 026 kb）和 28 个植物种的细胞器 DNA（1 268 kb）序列查询，结果表明，SSR 标记在细胞器基因组中的发生率低，为 4 个/1 268 kb，而在核基因组中的发生率为 1 个/23.3 kb。其中（AT）$_n$ 最为丰富（1 个/62 kb），依次是（A）$_n$、（T）$_n$、（AG）$_n$、（CT）$_n$、（AAT）$_n$、（ATT）$_n$、（AAC）$_n$、（GTT）$_n$、（AGC）$_n$、（GCT）$_n$、（AAG）、（CTT）$_n$、（AATT）$_n$、（TTAA）$_n$、（AAAT）$_n$、（ATTT）$_n$、（AC）$_n$、（GT）$_n$，2-碱基重复的丰度是 3-碱基和 4-碱基重复之和。重复单位的大小、序列和拷贝数不同，从而形成了 SSR 长度多态性，这正是 SSR 标记产生的结构基础。

表 11-1　几种植物物种 2-、3-、4-碱基重复 SSR 在
GenBank 数据库中的数目及平均距离（Cregan，1992）

物种	数据库查找的碱基数目/kb	2-碱基重复		3-碱基重复		4-碱基重复	
		SSR 数目	重复间平均距离/kb	SSR 数目	重复间平均距离/kb	SSR 数目	重复间平均距离/kb
酿酒酵母（Saccharomyces cerevisiae）	2 288	40	57	29	79	2	1 144
普通烟草（Nicotiana tabacum）	118	4	29	0	—	0	—
大豆（Glycine max）	212	6	35	1	212	4	53
番茄（Lycopersicum esculentum）	135	2	68	0	—	1	135
普通小麦（Triticum aestivum）	151	1	151	43	4	0	—
紫花苜蓿（Medicago sativa）	30	0	—	1	30	0	—
豌豆（Pisum sativum）	129	3	43	3	43	2	64
玉米（Zea mays）	368	3	123	4	91	6	61
拟南芥（Arabidopsis thaliana）	247	4	62	1	247	0	—
水稻（Oryza sativa）	137	2	68	2	68	6	23

1. SSR 标记的原理

根据微卫星两端互补的序列设计引物，通过 PCR 反应从基因组中扩增不同长度的微卫星序列，将扩增产物进行聚丙烯酰胺凝胶电泳或者琼脂糖凝胶电泳分离；分离片段的大小取决于基因型，显示出不同基因型个体在整个 SSR 位点的长度多态性。使用 SSR 标记的前提是获得重复序列两翼的 DNA 序列，针对每条染色体座位的微卫星，从基因组文库中发现可用的克隆进行测序，以两端的单拷贝序列设计引物。因此，SSR 标记的开发成本高。

研究发现 SSR 标记在基因组间和基因组内呈非随机分布，但是在非编码序列中占据相当大的比例，而在蛋白质编码区相对罕见。尽管微卫星 DNA 分布于整个

基因组的不同位置上，且在不同个体间重复次数也不同，但其两端的序列多是相对保守的单拷贝序列。因此，可根据微卫星 DNA 两端的保守序列来设计一对特异引物，利用 PCR 方法扩增微卫星序列的等位变异，以此分析核心序列的长度多态性。建立新的 SSR 标记需克隆一定数量的 SSR 序列，获得 SSR 座位的侧翼序列，寻找其中的特异保守区，必要时需构建基因组文库，筛选 SSR 位点（图 11-7）。

以上开发 SSR 标记的方法得到的克隆效率并不高，因此，研究者提出建立和筛选微卫星富集文库的方法。这种方法分为两种：一种是用微卫星序列的 PCR 引物进行 PCR 扩增富集；另一种是利用微卫星序列的探针进行杂交富集（或者先用 PCR 扩增进行富集，再用探针进行杂交筛选），提高 SSR 序列的克隆效率。1997年，Kaemmer 等采用微卫星序列的探针对小插入片段的香蕉基因组文库进行杂交筛选，获得 2.8% 的阳性克隆，9.4% 的多态性 SSR 标记；1998 年，Roder 等利用此方法在面包小麦基因组中开发了 230 对 SSR 引物，可扩增到 279 个 SSR 位点。

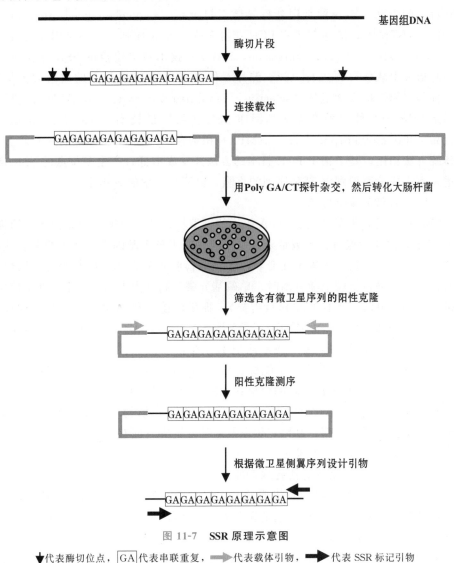

图 11-7　SSR 原理示意图

▼代表酶切位点，GA代表串联重复，⇒代表载体引物，➡代表 SSR 标记引物

　　除上述两种方法之外，省略筛库法也是开发 SSR 标记用到的一种方法。其基本原理是根据氨基酸序列设计两组带有一定简并性的引物库，从不同植物种中扩增出未知核苷酸序列的基因。1996 年，Fisher 等发明了 5′锚定 PCR 技术，利用 5′端锚定简并引物对基因组 DNA 进行扩增。例如，5′-KKYHYHY（AG）$_6$-3′，双核苷酸（AG）$_6$ 的 5′端有 7 个简并核苷酸，形成了一个"锚"；PCR 退火时，K 可以和任何核苷酸配对，Y 代表碱基 T/C，H 代表碱基 A/C/T；基于此，"YHYHY"构成一个封闭的碱基群，在 PCR 扩增的过程中，该碱基群不能与碱基 CT 配对。因此，引物与模板 DNA 结合时，不会在（CT）$_n$ 重复区域中滑动，保证了 SSR 位点的长度多态性不会丢失。和上述两种方法比较，该方法操作简单，PCR 扩增产物至少含有两个 SSR 的重复单位，还能获得更多的多态性 SSR 座位，产生高度富集的单基因座 SSR 标记。

　　2001 年，Hayden 和 Sharp 在 5′锚定 PCR 技术的基础上，发明了两种分离 SSR 标记的方法。第一种是序列标签微卫星分析（sequence-tagged microsatellite profiling，STMP），应用 5′锚定 PCR 获得多位点 SSR 序列，采用基因序列表达分析（serial analysis of gene expression，SAGE）技术将多位点的 SSR 侧翼序列连在一起形成串联体，再进行克隆、测序，使分离到的 SSR 位点的效率大大提高；第二种是选择性扩增微卫星（selectively amplified microsatellite，SAM），利用 5′端锚定 PCR 与另外一种产生多基因座 SSR 指纹图谱技术（selectively amplified microsatellite polymorphic loci，SAMPL）相结合的开发 SSR 标记的一种新方法。与传统方法相比，基于锚定 PCR 技术的方法开发成本低，产生多位点的 SSR 指纹图谱，不需要筛库识别含 SSR 序列的克隆，得到高效率的 SSR 标记。

　　2. SSR 标记的主要特点

　　SSR 标记是基于全基因组 DNA 扩增的微卫星区域，依据其两翼特异引物进行 PCR 扩增，主要特点有：①数量丰富，广泛分布于整个基因组，揭示的多态性高，保守性强；②具有较多的等位性变异；③一般检测到的是单一的复等位基因位点，在对扩增产物进行凝胶电泳分离时，单碱基分辨率高（为提高分辨率，通常使用聚丙烯酰胺凝胶电泳，可检测单拷贝差异），提供的遗传信息量大；④共显性标记，可鉴别出纯合基因型和杂合基因型；⑤所需 DNA 量少，操作简单，结果可靠，适合进行半自动化分析。但是，SSR 标记也存在很多缺点：①耗费时间，费用高；②现有的 SSR 标记数量有限，不能标记所有的功能基因；③SSR 多态性的检测和应用很大程度上依赖 PCR 扩增的效果；④SSR 座位突变率高，对变异反应敏感。

　　SSR 标记具有更高的个体特异性和可重复性，在植物群体进化研究、核基因组研究、遗传图谱的构建、基因定位以及品种鉴定等方面有着广泛应用。

　　3. SSR 标记技术的操作步骤

　　（1）DNA 提取　　常规方法提取 DNA。

　　（2）DNA 文库的构建　　对提取的基因组 DNA 进行酶切。酶切一般用两种限制性内切酶，一种是识别 6 碱基的限制性内切酶，如 *Bam* H I、*Eco*R I、*Pst* I、*Spe* I 等；另一种是识别 4 碱基的限制性内切酶，如 *Bfa* I、*Mbo* I、*Mse* I、*Sau* 3A 等。识别 6 碱基的限制性内切酶多，酶切得到较小的 DNA 片段。酶切后的

DNA 片段在 1‰的琼脂糖凝胶上进行电泳分离；切下大小为 2～5 kb 或者更小的 DNA 片段，用相应的试剂盒进行片段纯化；纯化后的 DNA 片段连接到相应载体上；转化大肠杆菌；转化后的大肠杆菌涂布于含有相应抗生素的 LB 培养基上；最后进行克隆的测序选择。

（3）微卫星克隆的识别和筛选　根据得到的 SSR 标记类型设计合成寡核苷酸探针，与文库中各个克隆的 DNA 进行杂交（菌落杂交），筛选出含有 SSR 序列的重组克隆，此过程需要 2～3 次的重复筛选，以确定目标克隆。

（4）测序　对筛选出的阳性克隆进行测序。

（5）特异引物的设计合成　根据 SSR 两端的侧翼序列，设计并合成引物，一般引物长度为 18～30 bp。

（6）PCR 扩增　以提取的基因组 DNA 为模板进行 PCR 扩增反应。扩增产物长度为 30～300 bp，PCR 反应最适宜的退火温度为 50～60℃，此过程需防止引物二聚体的产生，以免影响扩增产物的质量。

（7）电泳分离　聚丙烯酰胺凝胶电泳或者琼脂糖凝胶电泳分离扩增产物。

（8）染色检测　通过放射性自显影或者银染法检测带条，分析 SSR 标记的多态性。

11.2.2.6　ISSR 标记

简单重复序列间区（inter-simple sequence repeat，ISSR）也称锚定简单重复序列（anchored simple sequence repeats，ASSR）或微卫星引物 PCR（microsatellite-primed PCR，MP-PCR）。ISSR 标记是由 Zietkiewicz 等于 1994 年在微卫星基础上发展起来的一种简单重复序列间扩增多态性的分子标记。植物基因组中分布着大量的重复序列，根据含量将其分为轻、中和高度重复序列。SSR 就是一种高度串联重复序列，重复基序为 2～6 bp，是植物基因组中重复序列的主要组成部分。基于基因组的这种特征，出现了 SSR 和 ISSR 标记技术。ISSR 标记技术的原理和操作与 SSR、RAPD 相似，只是引物设计要求不同，但其多态性更为丰富。

1.ISSR 标记的原理

ISSR 标记以 PCR 技术为基础，利用植物基因组广泛存在的 SSR 设计引物，无须预先克隆和测序（图 11-8）。其基本原理：用锚定的微卫星 DNA 为引物，在 SSR 序列的 5′或 3′端加上 2～4 个非重复随机选择的核苷酸。在 PCR 反应过程中，锚定引物可引起特定位点退火，导致与锚定引物互补的间隔不大的重复序列间 DNA 片段进行 PCR 扩增，通过聚丙烯酰胺凝胶电泳分辨所扩增的 SSR 区域间的多个条带，扩增谱带多为显性表现。其中的引物设计多以 2-、3-或者 4-核苷酸序列（又称为基序，motif）为单位，根据不同重复次数加上几个非重复的锚定碱基组成随机引物，锚定的目的是引起特定位点退火，使引物与基因组 DNA 中 SSR 的 5′或 3′端结合，避免引物在基因组上的滑动，提高 PCR 扩增反应的专一性。例如，$(AC)_n X$、$(TG)_n X$、$(ATG)_n X$、$(CTC)_n X$、$(GAA)_n X$，其中 X 代表非重复的锚定碱基。

2.ISSR 标记的主要特点

ISSR 标记结合了 RAPD 和 SSR 标记的优点（图 11-8），主要有以下特点：

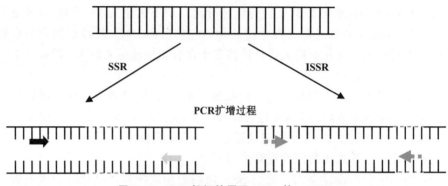

图 11-8　**ISSR 标记的原理**（Yip 等，2007）
- - - - 代表重复区域，➡ ➡ ➡ 三者代表的都是引物

①利用随机引物进行扩增，无须预先知道基因组的任何信息就可操作，针对无生物基础研究的植物也可以进行基因组指纹图谱的构建；②使用的引物比 RAPD 标记的引物长，退火温度高，所以引物具有更强的专一性，标记结果稳定、重复性好；③比 SSR 标记的多态性丰富，一套 ISSR 引物可在多种植物中通用，利用率高；④符合孟德尔遗传规律；⑤操作简单，且不需要同位素标记；⑥所需 DNA 模板的量较少，实验成本相对较低。ISSR 标记的缺点是：①PCR 扩增时最适宜的反应条件需要一定时间的摸索；②大多数为显性标记，不能区分显性纯合基因型和杂合基因型，计算杂合度和父系分析等问题效果不佳。

ISSR 标记比 RAPD、RFLP、SSR 标记具有更多的多态性，对于填充遗传连锁图上大的不饱和区段具有重要意义。微卫星在基因组中广泛分布，且等位变异速度快。因此，锚定引物的 ISSR-PCR 可检测到基因组更多位点的差异，揭示植物间遗传多样性。此外，ISSR 标记在种质资源鉴定、遗传作图、基因定位、分子标记辅助选择等方面具有广泛应用。

3. ISSR 标记技术的操作步骤

（1）DNA 提取　常规方法提取 DNA。

（2）引物设计　引物设计是 ISSR 标记技术中关键的一步。可以根据加拿大 Columbia 大学设计的 ISSR 引物序列来合成或者购买成品。用于 ISSR 的引物，总长一般为 16～18 bp，5′或 3′端加上 2～4 个锚定碱基。植物基因组中 SSR 一般为二核苷酸重复序列，选择 ISSR 引物时应以二核苷酸重复序列为主，尽量避免寡三核苷酸或者寡四核苷酸重复序列的引物。

（3）PCR 扩增　扩增步骤与 RAPD 标记相似，但不同引物、不同植物材料的扩增条件有异，需通过预备实验对反应体系中的 DNA 模板浓度、引物浓度、变性温度、复性温度、退火温度、Mg^{2+} 浓度以及循环数等条件进行优化，以获得清晰、可重复、易于统计的条带谱。

（4）凝胶电泳检测　优先选用 1.5％～2％的琼脂糖凝胶电泳分离检测，当效果不理想时，采用高浓度琼脂糖凝胶电泳或者 5％～8％的聚丙烯酰胺凝胶电泳进行分离检测。

（5）染色检测　溴化乙锭染色后，凝胶成像系统进行照相分析。

11.2.2.7　STS 标记

序列标签位点（sequence-tagged sites，STS）标记，又称为序标位标记，是根据单拷贝 DNA 片段两端的序列，设计特异引物进行 PCR 扩增的一类分子标记的统称。1989 年，Olson 等利用 STS 的排列顺序和它们之间的间隔距离构成 STS 图谱，作为染色体框架图。STS 标记对基因组研究、新基因的克隆以及遗传图谱向物理图谱的转化具有重要意义。

1.STS 标记的原理

STS 标记是基于 RFLP 发展起来的一类 PCR 标记。通过对 RFLP 标记使用的 cDNA 克隆并测序，根据其序列设计一对引物，利用这对引物对基因组 DNA 进行特异性扩增。cDNA 内部存在着插入、缺失，使得与两引物配对的区域形成多个不同的扩增产物，表现出扩增片段的多态性。STS 标记是利用 PCR 对 RFLP 标记的转化。由于在 RFLP 标记的许多插入序列远远超过了 PCR 扩增产物的长度，所以，并不是所有的 RFLP 标记均可转化为 STS 标记。

2.STS 标记的主要特点

与 RFLP 标记相比，STS 标记具有以下优势：①无须保存探针克隆等活体物质，只需从相关数据库中调出有用信息；②表现共显性遗传；③容易在不同组合的遗传图谱间进行转移，是遗传图谱和物理图谱沟通的中介；④在基因组中往往只出现一次，从而能够界定基因组的特异位点。但 STS 标记与 SSR 标记一样，标记的开发依赖于序列分析及引物合成，应用成本高。目前，国际上已开始搜集 STS 信息，并建立起相应的信息库。

3.STS 标记技术的操作步骤

STS 标记技术的基本操作是基于 RFLP 建立起来的，主要步骤就是 RFLP 标记分析、对 RFLP 标记使用的 cDNA 克隆并测序、设计特异引物、PCR 扩增、电泳获得 STS 标记。其中 STS 引物的设计主要依据单拷贝的 RFLP 探针。根据已知探针的两端序列，设计合适的引物，进行 PCR 扩增，最后电泳检测成功转化获得的 STS 标记。

11.2.3　第三代分子标记

第三代分子标记主要是基于 DNA 芯片技术的一些新型的分子标记。随着现代科学技术的发展，分子生物学手段越来越多地应用到植物遗传育种中，分子标记技术迅速发展到以 DNA 序列为核心的第三代分子标记，其中最具代表性的是单核苷酸多态性（single nucleotide polymorphism，SNP）、表达序列标签（expressed sequences tags，ESTs）等。

11.2.3.1　SNP 标记

SNP 标记是由美国学者 Lander 于 1996 年提出的第三代 DNA 遗传标记，目前为止，是研究 DNA 水平多态性上比较彻底、精确的方法。

SNP 在大多数植物基因组中存率较高。近年来，科学家们在拟南芥、水稻、玉米、大豆、小麦、大麦等多个植物基因组中，针对 SNP 高密度分布的研究表明，

SNP 在植物基因组中广泛存在。

1. SNP 标记的原理

SNP 标记主要是指在基因组水平上，由单个核苷酸的变异引起的 DNA 序列多态性。单个 SNP 表示基因组某个位点上有一个核苷酸的变化，从分子水平上对单个核苷酸差异进行检测，SNP 标记可区分两个个体遗传物质的差异。在不同植物基因组的同一条染色体或同一位点的核苷酸序列中，绝大多数的核苷酸序列一致，只有单一某个碱基不同，包括单碱基的转换、颠换、缺失和插入等。目前实际上发生的只有两种：转换和颠换，并不包括缺失和插入这两种（图 11-9）。转换指鸟嘌呤和腺嘌呤之间的转换（G←→A、A←→G），颠换指嘧啶和嘌呤之间的转换（C←→A、G←→T、C←→G、A←→T），而且转换的发生率总是明显高于其他几种变异，具有转换型变异的 SNP 约占 2/3，其他几种变异的发生率相似。转换的发生率高，可能是因为 CpG 二核苷酸上的胞嘧啶残基是基因组上容易发生突变的位点，其中大多数是甲基化的，可自发地脱去氨基而形成胸腺嘧啶。理论上，SNP 既可能具有二等位多态性，也可能具有 3 或者 4 等位多态性，但是 3 或 4 等位多态性的情况比较少见，通常所说的 SNP 都是二等位多态性的（图 11-9）。

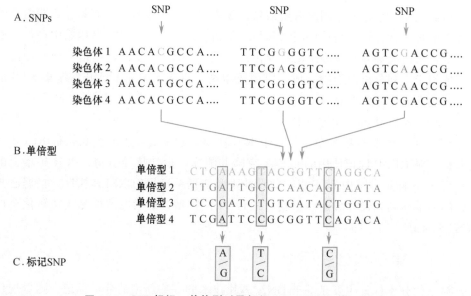

图 11-9　SNP 标记、单倍型以及标记 SNP（Gibbs 等，2003）

A. 代表 4 条来自不同个体间相同染色体区域的 DNA 序列，比较发现绝大多数 DNA 序列相同，仅有 3 个碱基表现出 SNP（箭头所示），每个 SNP 有 2 个可能的等位形式（第 1 个 SNP 的等位形式为 C 和 T，第 2、3 个 SNP 的等位形式都为 G 和 A）；B. 代表单倍型，单倍型由一组相邻的 SNP 构成，不会因交换而分开，在一段包含 20 个 SNP 的染色体区段（6 000 bp），共表现出 1～4 种单倍型；C. 代表标记 SNP，在 20 个 SNP 中对其中的这 3 个 SNP 进行基因型分析能鉴别出 4 种单倍型（如果某条染色体在这 3 个 SNP 位点表现出 A-T-C 的特征，该特征代表的是单倍型 1）

生物学及其相关技术的发展，可通过多种途径发掘 SNP（表 11-2）。在植物中，常用的方法主要包括已有的 EST 序列数据库、DNA 芯片技术、扩增产物的再测序、基因组测序和重测序技术。以往检测 SNP 的主要的方法是 DNA 芯片，随着测序成本降低和拥有参考基因组序列的物种增多，全基因组重测序成为发掘 SNP 迅速有效的方法。可全面扫描基因组上的变异信息，检测出与重要性状相关的变异位点，一次性挖掘大量的生物标记物。该技术准确性高、可重复性好、定位精确。

表 11-2　几种 SNP 发掘方法的比较（Ganal 等，2009）

方法	必需条件	当前条件下的错误率/%	特殊要求与局限性
EST 序列数据库	大量可用的 EST 序列信息	15~50	依赖基因的表达水平或者需要均一化的文库，对直系同源（orthologous）或旁系同源（paralogous）的序列难以区分，序列质量差
DNA 芯片技术	基于 EST、DNA 芯片技术的 UniGene	>20	并不能鉴别出所有的 SNP，大基因组的复杂性需要降低
扩增产物的再测序	基于 EST 序列的 UniGene，扩增单个基因的引物	<5	可靠性高、成本高、能获得详细的单倍型信息，DNA 池中，可同时比较多个系的信息，获得等位基因位点的频率信息
二代测序技术（无全基因组序列）	独特的测序技术，降低复杂性的方法，生物信息学工具	15~25	能产生大量数据，生物信息学成本高，没有全基因组序列信息时错误率高
普通测序或二代测序（有全基因组序列）	参考基因组，生物信息学工具	5~10	小基因组物种可全部测序以发掘 SNP，对于大基因组可针对性地测序（例如用外显子捕捉技术或多引物扩增技术）

2. SNP 标记的主要特点

SNP 标记具有以下特点：①是目前为止分布最为广泛、数量多且标记密度高的一种遗传多态性标记，包含了目前已知 DNA 多态性的 80% 以上。②遗传稳定性强，与 SSR 等标记相比，SNP 标记具有更高的遗传稳定性。③富有代表性，位于基因内部的某些 SNP 有可能直接影响蛋白质结构或表达水平。④SNP 等位基因概率容易估计，采用混合样本估算等位基因的概率是一种高效快速的策略。⑤适于快速、规模化筛查，组成 DNA 的碱基虽然有 4 种，但 SNP 一般只有两种碱基组成，所以它是一种二态的标记。由于 SNP 的二态性，非此即彼，在基因组筛选中 SNP 往往只需+/-的分析，而不用分析片段的长度，这就利于发展自动化技术筛选或检测 SNP。⑥易于基因分型，SNP 的二态性也有利于对其进行基因分型。

植物基因组 DNA 中，任何碱基均有可能发生变异，SNP 在整个基因组的分布是不均匀的，非转录序列中要多于转录序列，绝大多数位于蛋白的非编码区。

3. SNP 标记技术的操作步骤

SNP 的研究主要包括两部分：一是构建 SNP 数据库，二是 SNP 功能研究。其中 SNP 数据库的构建需要对相应植物基因组进行测序，SNP 功能的研究则是 SNP 研究的目的。目前发展的 SNP 基因分析技术有很多，主要有以下几种方法。

（1）基于分子构象法　主要包括单链构象多态性、温度梯度凝胶电泳以及变性高效液相色谱检测。单链 DNA 在中性条件下形成二级结构，不同的二级结构在电泳中会出现不同的迁移率。这种二级结构依赖于碱基的组成，单个碱基的改变也会影响其构象，最终导致凝胶上迁移速度的改变。在非变性聚丙烯酰胺凝胶上，短的单链 DNA 和 RNA 分子根据单碱基序列的不同而形成不同的构象，这样在凝胶上的迁移速率不同，出现不同的条带，以此来检测 SNP。这种方法简单快速，弊端在于不能确定突变类型和具体位置信息。

（2）引物延伸法　这主要是依赖 DNA 聚合酶来分辨碱基多态性位点的一类方法。在通用引物延伸反应过程中，引物在聚合酶的作用下向核苷酸 3′末端靠近 SNP 位点的位置延伸，在延伸产物中加入生物素或半抗原标记的 dNTP，通过水母发光蛋白标记的亲和素或酶标记抗体进行检测，或者在 dNTP 上标记荧光素，用于 SNP 检测。该方法灵活性高，具有大量的变化形式，所需引物数目少，特异性比等位基因特异性杂交方法高。

（3）基于分子杂交的方法　短的核苷酸探针在和互补的目的片段进行杂交，完全匹配和有错匹配两种情况下，根据杂交复合体稳定性的不同检测出 SNP 位点，差异越大，检测的特异性就越强。

（4）等位基因特异性 PCR 法　根据 SNP 位点设计特异引物，其中一条链（特异链）的 3′末端与 SNP 位点的碱基互补（或者相同），另一条链（普通链）按常规方法进行设计，因此，等位基因特异性 PCR 方法是一种基于 SNP 的 PCR 标记。特异引物在一种基因型中有扩增产物，在另外一种基因型中没有，用凝胶电泳就能够快速分辨出扩增产物的有无，从而确定基因型的 SNP。

（5）基因芯片法　基因芯片技术是将许多特定的寡核苷酸片段或基因片段作为探针，有规律地排列固定于支持物上，形成 DNA 微阵列，然后与待测标记样品基因按照碱基配对原则进行杂交，利用激光共聚焦荧光检测系统对芯片进行扫描，并通过计算机系统对每一探针上的荧光信号做出比较和检测，从而迅速获得所需的生物信息。基因芯片法一次实验可对大量的 DNA 分子进行检测分析，解决传统核酸印迹杂交技术复杂、自动化程度低、检测目的分子数量少、效率低等问题。

（6）直接测序法　该方法是比较容易实施的检测 SNP 的方法。通过对不同个体同一基因或同一基因片段进行测序和序列比较，以确定目标片段的碱基是否变异，其检出率可达 100%。随着 DNA 测序自动化和测序成本的降低，直接测序法越来越多地用于 SNP 的检测与分型。

（7）变性高效液相色谱法　目标核苷酸片段进行 PCR 扩增，部分加热变性后，含有突变碱基的 DNA 序列由于错配碱基与正常碱基不能配对而形成异源双链。含有错配碱基的杂合异源双链区比完全配对的同源配对区的固定相亲和力弱，因此更容易从分离柱上被洗脱下来，以达到分离的目的。SNP 的有无最终表现为色谱峰的峰形或者数目差异，较容易从色谱图中判断出突变的碱基。这种方法检测 SNP 的效率高，便于自动化，对未知 SNP 检测的准确率高达 95%。该方法对所用试剂和环境要求高，容易产生误差，不能检测出纯合突变。

（8）基于公共数据库的直接方法　公共数据库中已有大量的 EST、STS、cDNA 文库和基因组测序公开的序列信息等。这些序列之间存在大量的重叠区域，通过比较这些重叠区域，运用软件删除由测序造成的碱基错读，可以得到候选 SNP。这种方法可大大降低分析成本。

11.2.3.2　EST 标记

EST 是在人类基因组计划实施过程中，由美国科学家 Venter 于 1991 年提出的。EST 计划提出以来，随着 EST 计划在不同物种间的不断扩展和深入研究，数据库中已积累大量的 EST 序列。EST 资源库的不断扩增极大地方便和加快了生命科学领域的研究，也为利用这些数据开发 EST 标记奠定了基础。

1993 年，NCBI 建立了一个专门的 EST 数据库 dbEST，来保存和搜集所有的 EST 数据。目前常用的含有 EST 的数据库信息如下：美国国立生物技术信息中心（National Center for Biotechnology Information，NCBI）、欧洲分子生物学实验室（The European Molecular Biology Laboratory，EMBL）、日本国家数据库（DNA Data Bank of Japan，DDBJ）。

1. EST 标记的原理

EST 标记是从一个随机选择的 cDNA 克隆，进行 5′端和 3′端单一次测序挑选出来获得的短的 cDNA 部分序列，代表一个完整基因的一小部分，在数据库中长度一般从 20～7 000 bp 不等，平均长度为（360±120）bp。这一小段序列代表的是一个 EST，一个表达基因，因此被称之为"表达序列标签"。EST 的数目，代表的是基因表达的拷贝数。一个基因的表达次数越多，其相应的 cDNA 克隆越多，所以通过对 cDNA 克隆的测序分析，了解基因的表达丰度。此外，EST 是短的核苷酸序列，构建文库所采用的引物有差异，因此，测定的序列可以是 cDNA 序列的各个区段，包括 5′/3′末端、5′/3′上游非编码区，甚至是 cDNA 内部的任何序列。EST 是来源于一定环境下某一组织总 mRNA 所构建的 cDNA 文库，每一个 EST 均代表一个表达基因的部分转录片段。因此，EST 能说明该组织中各基因的表达水平。一个 cDNA 分子的全长可以有许多个 EST，但特定的 EST 可以代表某个特定的 cDNA 分子，两端有重叠且包含相同序列的 EST 可组装成一个重叠群（contig），直到组装成全长的 cDNA 序列，这就等于克隆了一个基因的编码序列。

EST 标记是根据 EST 序列本身的差异而建立的分子标记。根据开发的方法不同，EST 标记可分为 4 类：①EST-PCR 和 EST-SSR，这一类以 PCR 技术为核心，操作简便、经济，是目前研究和应用最多的一类。②EST-SNP，是以特定 EST 区段内单个核苷酸差异为基础的标记，可依托杂交、PCR 等较多手段进行检测，直接利用数据库中的 EST 序列，比较分析不同个体间的 EST 序列信息，发现新的 SNP 位点。此外，EST-SNP 标记还可以向 CAPS 标记转化，丰富了 EST 序列的应用价值。③EST-AFLP，是以限制性内切酶和 PCR 相结合为基础的标记。

④EST-RFLP，是以限制性内切酶和分子杂交为依托，EST 本身作为探针，与经过不同限制性内切酶消化后的基因组 DNA 杂交而产生的。

2. EST 标记的主要特点

EST 标记的主要特点：①具有很高的稳定性；②数量多，分布广，遍布于整个基因组；③信息量大，若发现一个 EST 标记与某一性状连锁，那么该 EST 就可能与控制此性状的基因相关；④多态性高，编译类型丰富；⑤通用性好，由于 EST 来自转录区，其保守性较高，在亲缘物种之间矫正基因组连锁图谱和比较作图方面有很高的利用价值；⑥多数标记呈显性，能够鉴别纯合基因型和杂合基因型；⑦开发简单、快捷、费用低，尤其是以 PCR 为基础的 EST 标记；⑧由于是自动测序，而且从挑克隆、测序到输入数据库的全部过程都实现了自动化，可节省大量时间。

但是，EST 标记的开发存在一些问题：①目前注册的 EST 为一次性测序，其中存在一定错误信息；②mRNA 存在选择性剪接，利用软件进行序列拼接时，错拼是难以避免的；③EST 研究中有一部分为未知基因，利用这些 EST 开发的分子标记，不易与基因功能建立关系；④EST 的保守性在一定程度上限制了 EST 标记的多态性；⑤由于生物信息学有关软件的不同算法以及设置的参数严谨度不高，得出的结果不尽相同，例如 SNP 的颠换与转换、SSR 出现的概率等；⑥基于 PCR 的 EST 标记是以长度多态性为基础的，其分辨率取决于高分辨率的凝胶，由于高概率非长度变异的等位基因的存在，信息检测存在一定难度。

3. EST 标记技术的操作步骤

（1）提取样品组织的 mRNA 用 Trizol 法提取样品组织中总 mRNA，在反转录酶的作用下，利用引物 Oligo（dT）或者随机引物进行 RT-PCR 合成 cDNA；mRNA 的提纯，即获取高质量的 mRNA 是构建高质量 cDNA 文库的关键步骤之一。

（2）构建 cDNA 文库 mRNA 可反映细胞中基因表达的情况，反转录合成 cDNA，连接合适的载体，转化受体细胞后获得 cDNA 文库。利用 Oligo（dT）引物或者随机引物作反转录引物，给所合成的 cDNA 加上适当的接头，连接到适当的载体中获得 cDNA 文库。随着技术的成熟和构建文库所需试剂盒的商品化，构建 cDNA 文库已变得不再困难，甚至可从公司直接订购特异组织的 cDNA 文库。

（3）选取 cDNA 克隆进行测序 先从文库中随机挑选大量克隆，根据载体序列设计通用引物进行一次性自动化测序。

11.3 植物分子标记的应用

植物分子标记是理想的遗传标记，在 DNA 水平上对编码和非编码序列的遗传变异进行检测，且不受环境条件的影响。分子标记能反映植物个体或者种群间基因组中某种差异特征的 DNA 片段，它直接反映基因组 DNA 差异。随着分子标记技术的发展，它被广泛应用于优异种质的鉴定、遗传图谱的构建、鉴定品种真假以及种质资源遗传多样性分析等领域。分子标记的类型众多，原理、特点、使用的复杂程度以及成本也不尽相同，因此，具体到植物研究的各个领域，对标记的使用也有所区别，这些特点往往在实际应用中存在一定的互补性。表 11-3 中给出了几种主要分子标记的比较。

表 11-3　　植物中常用的 6 种分子标记类型比较（曹墨菊等，2006，有改动）

特性	RFLP	RAPD	AFLP	SSR	ISSR	SNP
基因组丰富性	高	很高	很高	很高	中等	很高
所分析的基因组区域	低拷贝的编码区	整个基因组	整个基因组	整个基因组	整个基因组	整个基因组
所需 DNA 量	多	少	中等	少	少	少
多态性类型	单碱基改变、插入、缺失	单碱基改变、插入、缺失	单碱基改变、插入、缺失	重复序列的长度与次数的差异	单碱基改变、插入、缺失	单碱基转换、颠换、插入、缺失
多态性水平[a]	中等	高	很高	高	高	高
有效复合比[b]	低	中等	高	中等	中等	高
标记指数[c]	低	中等	高	中等	中等	高
遗传模式	共显性	显性	显性	共显性	显性	共显性
是否检测等位变异	是	否	否	否	否	是
容易程度	费时间	容易	最初比较难	容易	容易	容易
自动化程度	低	中等	中等	中等	中等	高
可重复性	高	中	高	高	中到高	高
探针/引物类型	低拷贝基因组 DNA 或 cDNA 文库	通常为 10bp 随机序列	特异序列	14～16 bp 特异序列	特异重复序列	AS-PCR 引物
是否需要克隆/测序	是	否	否	是	否	是
放射性检测	常有	无	有/无	无	无	无
成本高低	高	低	中等	中等	中等	高
遗传作图中的应用	物种特异	非物种特异	非物种特异	非物种特异	非特异物种	非物种特异
专利特性	无	无	受保护	无	无	无

　　a：多态性水平（平均杂合度，average heterozygosity）是指两个等位基因在随机抽取样时被区分开的可能性。

　　b：有效复合比（effective multiplex ratio）是指每次对样本分析所获得的多态性位点数目。

　　c：标记指数（marker index）是指多态性水平（平均杂合度）与有效复合比的乘积。

　　上述分子标记均是基于基因组 DNA 水平差异和相应检测技术发展而来的。若将这些分子标记应用于作物育种研究中，必须将各种标记与简单、快速、准确、高效、低成本的 PCR 标记接轨，才能真正发挥其效用。实际上，上述标记中的 SSR 就是采用特异 PCR 引物扩增而来的，本身是一个 PCR 标记，其他标记之间则可以相互转化。例如，RAPD 标记可转化为 SCAR 标记，当为单拷贝标记时也可转化为 RFLP 标记、CAPS 标记；RFLP 标记、SSR 标记均可转化为 STS 标记。目前，尤其是各种分子标记转化为有用的 PCR 标记的实例并不是很多。如 RFLP 标记转化为 STS 标记后，多态性大大降低，主要是因为 STS 标记仅能检测该引物分布区域的片段差异或酶切位置差异，其大小与探针相似；基于 RFLP 的 Southern 杂交产生的多态性往往是探针以外的 DNA 片段差异。对于小基因组的植物而言，如水稻，RFLP 探针易于转化为 PCR 标记；而大基因组的植物，如玉米、小麦，由于富含重复序列，不易转化。在 RAPD 标记中，由于 DNA 扩增带的共迁移问题，所显示出的特征带通常是同一分子量的多条带混合，现有的电泳技术无法将其分开。筛选到的 RAPD 标记需要很多筛选工作，难以转化成 CAPS 标记。更重要的是，SSR、STS 等的 PCR 标记，在设计其引物时需克隆并测序，因此，若没有足够的人力、财力以及时间难以实现。

11.3.1　遗传多样性分析

广义的遗传多样性（genetic diversity）是指地球上所有生物携带的遗传信息的总和，狭义的遗传多样性是指生物种内不同群体之间以及群体内不同个体间遗传变异的总和。遗传多样性的本质是植物在遗传物质（DNA 或 RNA）组成和结构上的变异，表现形式是多层次的。分子水平上体现在 DNA、蛋白质、多糖等生物大分子的多样性，细胞水平上体现在染色体结构和细胞结构与功能的多样性，个体水平上体现在生理代谢差异、形态发育差异以及行为习惯的差异。植物的遗传多样性是长期进化的产物，对植物遗传结构和遗传多样性的研究是分析濒临灭绝物种的重要手段，是人类改造、鉴定、筛选以及利用新遗传资源的不竭源泉。对植物种质遗传多样性进行评价和鉴定，不仅对植物的多样性具有重要意义，而且有利于从野生种质资源中筛选优良品种，为新品种的育种创新提供生物学和遗传学基础。

鉴定和评价植物种质资源，快速有效的方法是从 DNA 序列上检测遗传多样性。通过对随机分布于整个基因组的分子标记的多态性进行比较，能够全面评估研究对象的多样性，解释其遗传本质。以 DNA 为基础的分子标记具有稳定性高、多态性丰富、基因组覆盖性高等特点，是其他标记无法比拟的。不同的分子标记用于研究植物遗传多样性各具优势：RFLP 标记分析误差小，但操作复杂、技术要求高、成本昂贵，使其应用受到一定限制；RAPD 标记无须克隆制备、同位素标记，简便、快捷、安全，但结果不太准确，适用于种或亚属的研究；AFLP 标记结合 RFLP 标记和 RAPD 标记的优点，具有较高的多态性检测效率，适用于种质鉴定与保护；SSR 标记具有迅速、重复性好以及技术难度低等优点，适用于遗传多样性的研究。因此，在进行植物遗传多样性研究时，应根据研究目的和对象，选择行之有效的分子标记。

11.3.2　遗传图谱构建

遗传图谱（genetic map）又称连锁图谱（linkage map），是采用遗传学分析方法将基因或其他 DNA 顺序标定在染色体上构建的连锁图。任何一类图谱都有可识别的标记，以便寻找目标方位及彼此之间的相对位置。20 世纪 80 年代以前，主要采用形态学标记、细胞学标记以及生化标记来构建遗传图谱，称之为经典遗传图谱。由于经典遗传图谱的发展较为缓慢，所建成的遗传图谱仅限少数种类的生物，图谱分辨率低，包含的标记少，图距大，饱和度低，应用价值有限。随着分子标记技术的发展，遗传图谱上标记的密度越来越高。迄今为止，已构建包括各种主要农作物（水稻、小麦、大麦、玉米、大豆、高粱、油菜、棉花等）的高密度分子标记连锁图，连锁图上的位点也在不断增加。

遗传图谱构建的理论基础是连锁和交换。在减数分裂过程中同源染色体发生交换，使同一条染色体上的基因表现为部分连锁，连锁程度与基因间的距离有关，据此设计出将基因的相对位置定位于染色体上的方法。这种图谱用重组率来衡量两个基因间的距离，只要准确计算出交换值，确定基因在染色体上的相对位置，就可绘制遗传图谱。遗传图谱的构建主要是以分离群体为作图材料，其基本步骤包括：①根据研究目标选择合适的亲本组合，建立遗传差异大的作图群体；②选择合适的 DNA 标记，充分利用亲本间的遗传多态性；③检测作图群体中不同植株或者株系的标记基因型；④对标记基因型数据进行连锁分析，构建标记连锁图谱。

分子标记是重要的作图元素，用于遗传作图和基因定位的理想分子标记需要具有一定特征：①数量丰富，以保证足够的标记覆盖整个基因组；②多态性好，以保证个体或亲代与子代之间有不同的标记特征；③中性，同一基因座的各种基因型都有相同的适应性，以避免不同基因型间的生存能力差异引起试验误差；④共显性，以保证直接区分同一基因座的各种基因型。现在已经发展出许多种类的分子标记，每一种都有各自的优缺点。在这些分子标记中，普遍使用的分子标记是 RFLP、RAPD、AFLP、SSR 和 SNP 等。选择合适的分子标记，利用亲本间的多态性分离群体单株基因型，根据标记间的连锁交换情况及趋于协同分离的程度，确定标记间的连锁关系和遗传距离。

11.3.3　QTL 定位与图位克隆

数量性状基因座（quantitative trait locus，QTL）是指控制数量性状的基因在基因组中的位置。作物中大多数重要农艺性状都属于数量性状，如产量、抗旱性、抗病性、成熟期、品质等，受许多数量性状基因座和环境因子的共同作用。数量性状在一个自然群体或杂种后代分离群体内，不同个体的性状表现为连续的变异，很难明确分组。经典的数量遗传学分析方法只能分析控制数量性状表现的众多基因的综合遗传效应，无法准确鉴别基因的数目、单个基因在染色体上的位置和遗传效应。DNA 分子标记技术以及连锁图谱的迅猛发展，加深了我们对数量性状遗传基础的认识。一个数量性状往往受多个 QTL 控制，控制数量性状的 QTL 可能分布于不同染色体或同一染色体的不同位置，利用特定的遗传标记可以确定影响某一性状的 QTL 在染色上的数目、位置及其遗传效应，这就是 QTL 定位（QTL mapping）。其主要步骤如下：①作图群体的构建；②遗传标记的确定和筛选；③分离世代群体的基因型值检测；④数量性状的测量；⑤数据分析。QTL 定位使得控制数量性状的多基因被转变成一个个独立的"主基因"，便于进行遗传操作，更有利于对产量、生育期等性状的定向改良。目前借助分子标记技术已完成大量农艺性状（产量、抗病性、育性等）主效基因的定位工作，为开展有利基因的分子育种奠定了基础。

图位克隆（map-based cloning）是指基于目标基因紧密连锁的分子标记在染色体上的位置来逐步确定和分离目标基因的方法。用该方法分离基因是根据目标基因在染色体上的位置进行的，无须预先知道基因的 DNA 顺序，也无须预先知道其表达产物的有关信息。图位克隆是近几年随着分子标记遗传图谱的建立和基因定位发展起来的一种基因克隆方法，主要包括以下几个步骤：①建立分离目标基因所需的遗传分离群体；②找到与目标基因紧密连锁的分子标记；③用遗传图或物理图将目标基因定位在染色体特定位置；④构建含有大插入片段的基因组文库；⑤以与目标基因连锁的分子标记为探针筛选基因组文库；⑥用阳性克隆构建目标基因区域的跨叠群；⑦通过染色体步移、登陆，获得含有目标基因的大片段克隆；⑧通过亚克隆获得目标小片段克隆；⑨通过遗传转化和功能互补验证，最终确定目标基因的碱基序列。图位克隆为基因产物未知基因的分离提供了捷径，尤其是对于那些已经完成基因组测序的生物，由于染色体步移的方向十分容易确定，大大加速了基因分离与克隆的速度。

11.3.4 分子标记辅助选择

选择是育种中最重要的环节之一，是指在一个群体中选择符合要求的基因型。在传统育种中，选择的依据是表现型而非基因型，只能从表现型加以推断，大大降低选择效率甚至导致错误的选择结果。随着遗传学的发展，分子标记技术的出现对基因型的直接选择提供了可能，对目标性状的基因型选择更准确可靠。如果目标基因与某个分子标记紧密连锁，通过对分子标记基因型的检测，就能获知目标基因的基因型。因此，能够借助分子标记对目标性状的基因型进行选择，这就是分子标记辅助选择（marker-assisted selection，MAS）。

分子标记辅助选择是将分子标记应用于生物品种改良过程中进行选择的一种辅助手段。利用与目标基因紧密连锁或者表现共分离关系的分子标记，对选择个体进行目标区域以及全基因组筛选，MAS 不仅可以定位目标基因，也可以利用与目标基因紧密连锁的分子标记追踪目标基因，大大减少其连锁累赘现象，达到提高育种效率的目的。为更好地将分子标记应用于选择育种，分子标记辅助选择应具备以下条件：①建立尽量饱和的分子遗传图谱；②找到与目标基因紧密连锁的分子标记；③简便快捷的分子标记检测方法；④具有实用化程度高并能协助育种家做出抉择的计算机数据处理软件。饱和基因组图谱可以用来确定与任何一个目标基因紧密连锁的分子标记，或者直接将目标基因开发成分子标记，从而根据图谱间接选择目标基因，降低连锁累赘，大大加快目标基因的转移和利用效率，从而减少育种的盲目性，缩短育种年限。

  与传统育种相比，分子标记辅助选择育种具有以下几个方面的优越性：①克服性状表现型鉴定困难；②允许早期选择；③控制单一性状多个基因的利用；④允许同时选择多个性状；⑤进行性状非破坏性评价和选择；⑥加快育种进程，提高育种效率。

复习题

  1. 简述各类遗传标记的特点与应用。

  2. 简述第一代、第二代、第三代分子标记的主要类型及特点。

  3. 简述 RFLP、RAPD、AFLP、SCAR、SSR、SNP、EST 标记的原理及其操作步骤。

  4. 以 PCR 为核心的分子标记与基于分子杂交的分子标记技术有何区别？

  5. 简述 SSR 标记和 SNP 标记的特点。

  6. 在植物中常用的 6 种分子标记类型是什么？

  7. 分子标记在植物中有哪些应用？

  8. 简述构建植物分子连锁图谱的主要步骤。

  9. 与传统育种相比，分子标记辅助选择育种有哪些优越性？

  10. 为将分子标记应用于选择育种，分子标记辅助选择应具备哪些条件？

附 表

附表 1 常用缩写词

缩写词	英文名称	中文名称
ABA	abscisic acid	脱落酸
Ac	activated charcoal	活性炭
AFLP	amplification fragment length polymorphism	扩增片段长度多态性
AS	acetosyringone	乙酰丁香酮
BA	6-benzyladenine	6-苄基腺嘌呤
BAP	6-benzylamino purine	6-苄氨基嘌呤
CaMV	cauliflower mosaic virus	花椰菜花叶病毒
CAPS	cleaved amplified polymorphic sequence	酶切扩增多态性序列
CCC	chlorocholine chloride	氯化氯胆碱（矮壮素）
CH	casein hydrolysate	水解酪蛋白
CM	coconut milk	椰子汁
CPW	cell-protoplast washing solution	细胞-原生质体清洗液
2,4-D	2,4-dichlorophenoxyacetic acid	2,4-二氯苯氧乙酸
DMSO	dimethyl sulfoxide	二甲基亚砜
ELISA	enzyme-linked immunosorbent assay	酶联免疫吸附测定
EDTA	ethylenediaminetetraacetate	乙二胺四乙酸盐
EST	expressed sequence tag	表达序列标签
FDA	fluorescein diacetate	荧光素双醋酸酯
GA_3	gibberellic acid	赤霉素
GUS	β-glucuronidase	β-葡萄糖苷酸酶
hpt	hygromycin phosphotransferase	潮霉素磷酸转移酶
IAA	indole-3-acetic acid	吲哚乙酸
IBA	indole-3-butyric acid	吲哚丁酸
ISSR	inter-simple sequence repeat	简单重复序列间区
2iP	6-γ,γ-dimethylallylamino purine 或 2-isopentenyladenine	二甲基丙烯嘌呤
KT	kinetin	激动素
LH	lactalbumin hydrolysate	水解乳蛋白
lx	lux	勒克司（照度单位）
mol	mole	摩尔
NAA	α-naphthalene acetic acid	萘乙酸
npt	neomycin phosphotransferase	新霉素磷酸转移酶
PCV	packed cell volume	细胞密实体积
PCR	polymerase chain reaction	聚合酶链式反应

缩写词	英文名称	中文名称
PEG	polyethylene glycol	聚乙二醇
PVP	polyvinylpyrrolidone	聚乙烯吡咯烷酮
RAPD	random amplified polymorphic DNA	随机扩增多态性 DNA
RFLP	restriction fragment length polymorphism	限制性片段长度多态性
Ri	root-inducing plasmid	Ri 质粒
r/min	rotation per minute	每分钟转数
SCAR	sequence characterized amplification region	序列特异性扩增区域
SNP	single nucleotide polymorphism	单核苷酸多态性
SSR	simple sequence repeat	简单重复序列
STS	sequence-tagged site	序列标签位点
T-DNA	transfer DNA	转移 DNA
Ti	tumor-inducing plasmid	Ti 质粒
TIBA	2,3,5-triiodobenzoic acid	三碘苯甲酸
VNTR	variable number of tandem repeat	数目可变串联重复序列
YE	yeast extract	酵母浸提物
Zt	zeatin	玉米素

附表

植物生物技术导论

培养基成分	Murashige 和 Skoog (MS) (1962)	Gamborg (B₅) (1968)	Chee 和 Pool (C₂D) (1980)	Bourgin (H) (1967)	Nitsch (N) (1963)	Blaydes (1966)	Miller (M) (1965)	朱至清 (N₆) (1975)	Campbell 和 Dutzan (CD) (1975)	Chaturvedi 和 Mitra (CM) (1974)
$(NH_4)_2SO_4$	—	134	—	—	—	—	—	463	—	—
NH_4NO_3	1 650	—	1 650	720	725	1 000	1 000	—	800	1 500
KNO_3	1 900	2 500	1 900	925	925	1 000	1 000	2 830	340	1 500
$Ca(NO_3)_2 \cdot 4H_2O$	—	—	709	—	500	347	347	—	980	—
$CaCl_2 \cdot 2H_2O$	440	150	—	166	—	—	—	166	—	400
$MgSO_4 \cdot 7H_2O$	370	250	370	185	125	35	35	185	370	360
KH_2PO_4	170	—	170	68	88	3	300	400	170	150
$NaH_2PO_4 \cdot H_2O$	—	150	—	—	—	—	—	—	—	—
Na_2-EDTA	37.3	37.3	37.3	37.3	37.3	37.3	—	37.3	37.3	37.3
Fe-EDTA	—	—	—	—	—	—	—	—	—	—
NaFe-EDTA	—	—	—	—	—	—	32	—	—	—
$FeSO_4 \cdot 7H_2O$	27.8	27.8	27.8	27.8	27.8	27.8	—	27.8	27.8	27.8
KCl	—	—	—	—	—	—	65	—	65	—
Na_2SO_4	—	—	—	—	—	—	—	—	—	—
Gtigy 螯合铁 (330)	—	—	—	—	—	—	—	—	—	—
柠檬酸铁	—	—	—	—	10	—	—	—	—	—
$Fe_3(PO_4)_2$	—	—	—	—	—	—	—	—	—	—
$FeCl_3$	—	—	—	—	—	—	—	—	—	—
$Fe_2(SO_4)_3$	—	—	—	—	—	—	—	—	—	—
$FePO_4 \cdot 4H_2O$	—	—	—	—	—	—	—	—	—	—
Na_2HPO_4	—	—	—	—	—	—	—	—	—	—
$Na_2HPO_4 \cdot 12H_2O$	—	—	—	—	—	—	—	—	—	—
NH_4Cl	—	—	—	—	—	—	—	—	—	—
$CaSO_4$	—	—	—	—	—	—	—	—	—	—
$Ca_3(PO_4)_2$	—	—	—	—	—	—	—	—	—	—
$NH_4H_2PO_4$	—	—	—	—	—	—	—	—	—	—
$NaNO_3$	—	—	—	—	—	—	—	—	—	—
$MnSO_4 \cdot H_2O$	—	—	—	—	—	—	—	—	16.9	—
$MnSO_4 \cdot 2H_2O$	—	—	—	—	—	—	—	—	—	—
$MnSO_4 \cdot 4H_2O$	22.3	10	0.85	25	25	4.4	4.4	4.4	—	22.3
$MnSO_4 \cdot 7H_2O$	—	—	—	—	—	—	—	—	—	—
$ZnSO_4 \cdot 7H_2O$	8.6	2.0	8.6	10	10	1.5	1.5	3.8	8.6	8.6
$ZnSO_4$	—	—	—	—	—	—	—	—	—	—
H_3BO_3	6.2	3.0	6.2	10	10	1.6	1.6	1.6	6.2	6.2
草酸铁	—	—	—	—	—	—	—	—	—	—

附
表

培养基成分	Erik-sson (ER) (1965)	董春枝等 (DR) (1988)	Fox (F) (1963)	Heller (H-53) (1953)	Knop's (K) (1865)	Knud-son (KN) (1943)	Lins-maier 和 Skoog (LS) (1965)	Lyrene (LY) (1979)	Miller 和 Skoog (MIS) (1953)	Morel (MO) (1948)
$(NH_4)_2SO_4$	—	132	—	—	—	500	—	—	—	—
NH_4NO_3	1 200	400	1 000	—	—	—	1 650	—	—	—
KNO_3	1 900	202	1 000	—	125	—	1 900	190	80	125
$Ca(NO_3)_2 \cdot 4H_2O$	—	—	500	—	500	1 000	—	1 140	100	500
$CaCl_2 \cdot 2H_2O$	400	440	—	75	—	—	400	—	—	—
$MgSO_4 \cdot 7H_2O$	370	370	300	250	125	250	370	370	35	125
KH_2PO_4	340	408	250	—	125	250	170	170	37.5	125
$NaH_2PO_4 \cdot H_2O$	—	—	—	125	—	—	—	—	—	—
Na_2-EDTA	—	—	—	—	—	—	37.3	74.6	—	—
Fe-EDTA	5 mL	36.7	—	—	—	—	—	—	—	—
NaFe-EDTA	—	—	35	—	—	—	—	—	—	—
$FeSO_4 \cdot 7H_2O$	27.8	—	—	—	—	—	27.8	55.6	—	—
KCl	—	—	50	750	—	—	—	—	65	125
Na_2SO_4	—	—	—	—	—	—	—	—	—	—
Gtigy 螯合铁（330）	—	—	—	—	—	—	—	—	—	—
柠檬酸铁	—	—	—	—	—	—	—	—	—	—
$Fe_3(PO_4)_2$	—	—	—	—	—	—	—	—	—	—
$FeCl_3$	—	—	—	—	—	—	—	—	—	—
$Fe_2(SO_4)_3$	—	—	—	1.0	—	—	—	—	—	—
$FePO_4 \cdot 4H_2O$	—	—	—	—	—	25	—	—	2.5	—
Na_2HPO_4	—	—	—	—	—	—	—	—	—	—
$Na_2HPO_4 \cdot 12H_2O$	—	—	—	—	—	—	—	—	—	—
NH_4Cl	—	—	—	—	—	—	—	—	—	—
$CaSO_4$	—	—	—	—	—	—	—	—	—	—
$Ca_3(PO_4)_2$	—	—	—	—	—	—	—	—	—	—
$NH_4H_2PO_4$	—	—	—	—	—	—	—	—	—	—
$NaNO_3$	—	—	—	600	—	—	—	—	—	—
$MnSO_4 \cdot H_2O$	—	16.9	5.0	—	—	—	—	—	—	—
$MnSO_4 \cdot 2H_2O$	—	—	—	—	—	—	—	—	—	—
$MnSO_4 \cdot 4H_2O$	2.23	—	—	0.1	—	—	22.3	22.3	4.4	—
$MnSO_4 \cdot 7H_2O$	—	—	—	—	—	—	—	—	—	0.05
$ZnSO_4 \cdot 7H_2O$	Zn（螯合）	8.6	7.5	1.0	—	—	8.6	8.6	0.05	—
$ZnSO_4$	—	—	—	—	—	—	—	—	—	—
H_3BO_3	0.63	6.2	5.0	1.0	—	—	6.2	6.2	1.6	0.025
草酸铁	—	—	—	—	—	—	—	—	—	—

续附表 2

培养基成分	Murashige和Skoog (MS) (1962)	Gamborg (B₅) (1968)	Chee和Pool (C₂D) (1980)	Bourgin (H) (1967)	Nitsch (N) (1963)	Blaydes (1966)	Miller (M) (1965)	朱至清 (N₆) (1975)	Campbell和Dutzan (CD) (1975)	Chaturvedi和Mitra (CM) (1974)
Na_2SO_4	—	—	—	—	—	—	—	—	—	—
$NaH_2PO_4 \cdot H_2O$	—	—	—	—	—	—	—	—	—	—
KI	0.83	0.75	—	—	0.75	0.8	0.8	0.8	0.83	0.83
$Na_2MoO_4 \cdot 2H_2O$	0.25	0.25	0.25	0.25	0.25	—	—	—	0.25	0.25
MoO_3	—	—	—	—	—	—	—	—	—	—
$CuSO_4 \cdot 5H_2O$	0.025	0.025	0.025	0.025	0.025	—	—	—	0.025	0.025
$CoCl_2 \cdot 6H_2O$	0.025	0.025	0.025	—	—	—	—	—	0.025	0.025
$NiCl_2 \cdot 6H_2O$	—	—	—	—	—	—	0.35	—	—	—
$Cu(NO_3)_2 \cdot 3H_2O$	—	—	—	—	—	—	—	—	—	—
$CoCl_2 \cdot 2H_2O$	—	—	—	—	—	—	—	—	—	—
$AlCl_3$	—	—	—	—	—	—	—	—	—	—
维生素 B₁₂	—	—	—	—	—	—	—	—	—	—
对氨基苯甲酸	—	—	—	—	—	—	—	—	—	—
叶酸	—	—	—	0.5	—	—	—	—	—	—
维生素 B₂	—	—	—	—	—	—	—	—	—	—
生物素（维生素 H）	—	—	—	0.05	—	—	—	—	—	—
氯化胆碱	—	—	—	—	—	—	—	—	—	—
泛酸钙	—	—	0.5	—	—	—	—	—	—	—
盐酸硫胺素（维生素 B₁）	0.1	10	3	—	—	—	—	—	—	—
烟酸	—	—	—	—	—	—	—	—	—	—
盐酸吡哆醇（维生素 B₆）	—	—	—	—	—	—	—	—	—	—
肌醇	—	—	—	—	—	—	—	—	—	—
甘氨酸	—	—	—	—	—	—	—	—	—	—
抗坏血酸（维生素 C）	—	—	—	—	—	—	—	—	—	—
半胱氨酸	—	—	—	—	—	—	—	—	—	—
尼克酸	—	—	—	—	—	—	—	—	—	—
$FeC_6H_5O_7$（%）	—	—	—	—	—	—	—	—	—	—
水解乳蛋白 LH	—	—	—	—	—	—	—	—	—	—
水解酪蛋白 CH	—	—	—	—	—	—	—	—	—	—
蔗糖	30 000	20 000	30 000	20 000	20 000	20 000	30 000	50 000	30 000	50 000
琼脂（g）	10	10	7.5	8	10	10	10	10	—	—
pH	5.8	5.5	5.7	5.5	6.0	5.6	6.0	5.8	—	—

续附表 2

培养基成分	Erik-sson (ER)(1965)	董春枝等(DR)(1988)	Fox (F)(1963)	Heller (H-53)(1953)	Knop's (K)(1865)	Knud-son (KN)(1943)	Lins-maier 和 Skoog (LS)(1965)	Lyrene (LY)(1979)	Miller 和 Skoog (MIS)(1953)	Morel (MO)(1948)
Na_2SO_4	—	—	—	—	—	—	—	—	—	—
$NaH_2PO_4 \cdot H_2O$	—	—	—	—	—	—	—	—	—	—
KI	—	—	0.8	0.01	—	—	0.83	0.83	0.75	0.25
$Na_2MoO_4 \cdot 2H_2O$	0.025	0.025	—	—	—	—	0.25	0.25	—	—
MoO_3	—	0.025	—	—	—	—	—	—	—	—
$CuSO_4 \cdot 5H_2O$	0.002 5	—	—	0.03	—	—	0.025	0.02	—	0.025
$CoCl_2 \cdot 6H_2O$	0.002 5	—	—	—	—	—	0.025	0.02	—	0.025
$NiCl_2 \cdot 6H_2O$	—	—	—	0.03	—	—	—	—	—	0.025
$Cu(NO_3)_2 \cdot 3H_2O$	—	—	—	—	—	—	—	—	—	—
$CoCl_2 \cdot 2H_2O$	—	—	—	—	—	—	—	—	—	—
$AlCl_3$	—	—	—	0.03	—	—	—	—	—	—
维生素 B_{12}	—	—	—	—	—	—	—	—	—	—
对氨基苯甲酸	—	—	—	—	—	—	—	—	—	—
叶酸	—	—	—	—	—	—	—	—	—	—
维生素 B_2	—	—	—	—	—	—	—	—	—	—
生物素（维生素 H）	—	—	—	—	—	—	—	—	—	0.01
氯化胆碱	—	—	—	—	—	—	—	—	—	—
泛酸钙	—	—	—	—	—	—	—	—	—	—
盐酸硫胺素（维生素 B_1）	0.5	0.4	0.1	—	—	—	0.4	0.1	0.1	10.0
烟酸	—	—	—	—	—	—	—	—	—	—
盐酸吡哆醇（维生素 B_6）	0.5	—	0.5	—	—	—	—	0.5	0.5	1.0
肌醇	0.5	—	0.5	—	—	—	—	0.5	0.5	1.0
甘氨酸	—	100	100	—	—	—	100	100	—	—
抗坏血酸（维生素 C）	2.0	—	2.0	—	—	—	—	2.0	2.0	0.1
半胱氨酸	—	—	—	—	—	—	—	—	—	—
尼克酸	—	—	—	—	—	—	—	—	—	—
$FeC_6H_5O_7$（%）	—	—	—	—	—	—	—	—	—	—
水解乳蛋白 LH	—	—	—	—	—	—	—	—	—	—
水解酪蛋白 CH	—	—	—	—	—	—	—	—	—	—
蔗糖	40 000	20 000	30 000	—	—	20 000	30 000	30 000	20 000	20 000
琼脂（g）	—	6	—	—	—	—	10	—	—	10
pH	5.8	—	—	—	—	—	5.8	—	—	—

附表

续附表 2

培养基成分	Murashige 和 Tucher (MT) (1969)	Nitsch (NN-69) (1969)	Nitsch (N-68) (1968)	Ringe 和 Nitsch (RN) (1968)	Schenk 和 Hildebrandt (SH) (1972)	Skirvin 和 Chu (SC) (1980)	Skirvin 等 (MS-H) (1982)	Mecown 和 Lloyd (WPM) (1933)	Tukey (T-34) (1934)	White W-63 (1963)
$(NH_4)_2SO_4$	—	—	—	—	—	—	—	—	—	—
NH_4NO_3	1 650	720	825	—	—	1 650	1 650	—	—	—
KNO_3	1 900	950	950	125	2 500	1 900	1 900	400	136	80
$Ca(NO_3)_2 \cdot 4H_2O$	—	—	—	500	—	—	—	—	—	200
$CaCl_2 \cdot 2H_2O$	440	166	220	—	200	440	440	900	—	—
$MgSO_4 \cdot 7H_2O$	370	185	1 233	125	400	370	370	187	—	720
KH_2PO_4	170	68	680	125	—	170	170	170	—	—
$NaH_2PO_4 \cdot H_2O$	—	—	—	—	—	—	—	—	—	17
Na_2-EDTA	37.3	37.3	37.3	37.3	15	37.3	37.3	37.3	—	—
Fe-EDTA	—	—	—	—	—	—	—	—	—	—
NaFe-EDTA	—	—	—	—	—	—	—	—	—	—
$FeSO_4 \cdot 7H_2O$	27.8	27.8	27.8	27.8	20	27.8	27.8	27.8	—	—
KCl	—	—	—	—	—	—	—	900	680	—
Na_2SO_4	—	—	—	—	—	—	—	—	—	200
Gtigy 螯合铁 (330)	—	—	—	—	—	—	—	—	—	—
柠檬酸铁	—	—	—	—	—	—	—	—	—	—
$Fe_3(PO_4)_2$	—	—	—	—	—	—	—	187.5	—	—
$FeCl_3$	—	—	—	—	—	—	—	—	—	—
$Fe_2(SO_4)_3$	—	—	—	—	—	—	—	—	—	2.5
$FePO_4 \cdot 4H_2O$	—	—	—	—	—	—	—	—	—	—
Na_2HPO_4	—	—	—	—	—	—	—	—	—	—
$Na_2HPO_4 \cdot 12H_2O$	—	—	—	—	—	—	—	—	—	—
NH_4Cl	—	—	—	—	—	—	—	—	—	—
$CaSO_4$	—	—	—	—	—	—	—	187.5	170	—
$Ca_3(PO_4)_2$	—	—	—	—	—	—	—	187.5	170	—
$NH_4H_2PO_4$	—	—	—	—	300	—	—	—	—	—
$NaNO_3$	—	—	—	—	—	—	—	—	—	—
$MnSO_4 \cdot H_2O$	—	—	—	—	10	—	—	—	—	—
$MnSO_4 \cdot 2H_2O$	—	—	—	—	—	—	—	—	—	—
$MnSO_4 \cdot 4H_2O$	22.3	25	22.3	25	—	22.3	22.3	22.3	—	5.0
$MnSO_4 \cdot 7H_2O$	—	—	—	—	—	—	—	—	—	—
$ZnSO_4 \cdot 7H_2O$	8.6	10	8.6	10	1.0	8.6	8.6	8.6	—	2.0
$ZnSO_4$	—	—	—	—	—	—	—	—	—	—
H_3BO_3	6.2	3	6.2	10	5.0	6.2	6.2	6.2	—	1.5
草酸铁	—	—	—	—	—	—	—	—	—	—

续附表 2

培养基成分	F_{14}	曹孜义等(GS)(1986)	赵惠祥(1986) V_1	As	ASH	Wolter 和 Skoog (WS)(1966)	Braun 和 Wood (BW)(1961)	王培等 (C_{17})(1986)	Kund-son's(1925)	Vauin 和 Went (VW)(1949)	(GB)张签铭(1985)
$(NH_4)_2SO_4$	—	67	—	—	—	—	—	—	—	500	66
NH_4NO_3	—	—	412.5	825	825	50	—	300	500	—	—
KNO_3	400	1 250	475	950	925	170	—	1 400	—	525	2 022
$Ca(NO_3)_2 \cdot 4H_2O$	1 800	—	—	—	—	425	—	—	—	—	—
$CaCl_2 \cdot 2H_2O$	—	150	110	220	220	—	—	150	—	—	—
$MgSO_4 \cdot 7H_2O$	—	125	92.5	185	185	—	—	150	—	250	—
KH_2PO_4	360	—	42.5	85	85	—	—	400	—	—	—
$NaH_2PO_4 \cdot H_2O$	—	—	—	—	—	—	—	—	—	—	50
Na_2-EDTA	—	18.65	—	8.65	—	37.3	—	37.25	—	—	30
Fe-EDTA	—	—	12.5 mL	2.5 mL	2.5 mL	—	—	—	—	28	—
NaFe-EDTA	20	—	—	—	—	—	—	—	—	—	—
$FeSO_4 \cdot 7H_2O$	—	13.9	0.083	13.9	—	27.8	—	—	—	—	22
KCl	—	—	—	—	—	140	—	—	—	—	—
Na_2SO_4	—	—	—	—	—	425	—	—	—	—	—
Gtigy 螯合铁 (330)	—	—	—	—	—	—	—	—	—	—	—
柠檬酸铁	—	—	—	—	—	—	—	—	—	—	—
$Fe_3(PO_4)_2$	—	—	—	—	—	—	—	—	—	—	—
$FeCl_3$	—	—	—	—	—	—	—	—	—	—	—
$Fe_2(SO_4)_3$	—	—	—	—	—	—	—	—	—	—	—
$FePO_4 \cdot 4H_2O$	—	—	—	—	—	—	—	—	—	—	—
Na_2HPO_4	—	175	—	—	—	—	—	—	—	—	—
$Na_2HPO_4 \cdot 12H_2O$	—	—	—	—	—	35	—	—	—	—	—
NH_4Cl	—	—	—	—	—	35	—	—	—	—	—
$CaSO_4$	—	—	—	—	—	—	—	—	—	—	—
$Ca_3(PO_4)_2$	—	—	—	—	—	—	—	0.5	250	200	—
$NH_4H_2PO_4$	—	—	—	—	—	—	—	—	—	—	—
$NaNO_3$	—	—	—	—	—	—	—	0.25	—	—	—
$MnSO_4 \cdot H_2O$	—	5	—	—	—	—	—	—	—	—	—
$MnSO_4 \cdot 2H_2O$	—	—	—	—	—	—	—	5	—	—	—
$MnSO_4 \cdot 4H_2O$	1.0	—	2.23	2.23	2.23	7.5	—	—	—	75	8
$MnSO_4 \cdot 7H_2O$	1.0	—	—	—	—	9	—	11.2	250	7.5	—
$ZnSO_4 \cdot 7H_2O$	8.6	1	1.05	1.05	1.05	3.2	—	—	—	—	24
$ZnSO_4$	—	—	—	—	—	—	—	8.6	—	—	—
H_3BO_3	12.4	1.5	0.62	0.62	0.62	—	—	6.2	—	—	2.4
草酸铁	—	—	—	—	—	28	—	—	—	—	—

植物生物技术导论

培养基成分	Murashige 和 Tucher (MT) (1969)	Nitsch (NN-69) (1969)	Nitsch (N-68) (1968)	Ringe 和 Nitsch (RN) (1968)	Schenk 和 Hildebrandt (SH) (1972)	Skirvin 和 Chu (SC) (1980)	Skirvin 等 (MS-H) (1982)	Mecown 和 Lloyd (WPM) (1933)	Tukey (T-34) (1934)	White W-63 (1963)
Na_2SO_4	—	—	—	—	—	—	—	—	—	—
$NaH_2PO_4 \cdot H_2O$	—	—	—	—	—	—	—	—	—	—
KI	0.83	—	0.83	1.0	1.0	0.83	0.83	—	—	0.75
$Na_2MoO_4 \cdot 2H_2O$	—	0.25	0.25	0.25	0.1	0.25	0.25	0.25	—	—
MoO_3	—	—	—	—	—	—	—	—	—	0.001
$CuSO_4 \cdot 5H_2O$	0.025	0.08	0.025	0.025	0.2	0.025	0.025	—	0.10	—
$CoCl_2 \cdot 6H_2O$	0.025	—	—	0.025	0.1	0.025	0.025	—	—	—
$NiCl_2 \cdot 6H_2O$	—	—	(0.03)	—	—	—	—	—	—	—
$Cu(NO_3)_2 \cdot 3H_2O$	—	—	—	—	—	—	—	—	—	—
$CoCl_2 \cdot 2H_2O$	—	—	—	—	—	—	—	—	—	—
$AlCl_3$	—	—	—	—	—	—	—	—	—	—
维生素 B_{12}	—	—	—	—	—	0.001 5	—	—	—	—
对氨基苯甲酸	—	—	—	—	—	0.5	1.0	—	—	—
叶酸	—	0.5	0.5	0.5	—	0.5	0.25	—	—	—
维生素 B_2	—	—	—	—	—	0.5	—	—	—	—
生物素（维生素 H）	—	0.05	0.05	0.05	—	1.0	0.05	—	—	—
氯化胆碱	—	—	—	—	—	1.0	1.0	—	—	—
泛酸钙	—	—	—	—	—	1.0	0.5	—	—	—
盐酸硫胺素（维生素 B_1）	—	0.5	1.0	0.5	5.0	1.0	2.0	1.0	—	0.1
烟酸	0.5	5.0	5.0	5.0	5.0	2.0	2.5	0.5	—	0.3
盐酸吡哆醇（维生素 B_6）	0.5	0.5	0.5	0.5	5.0	2.0	0.25	0.5	—	0.1
肌醇	100	100	100	100	1 000	100	200	100	—	—
甘氨酸	2.0	2.0	2.0	2.0	—	2.0	2.0	2	—	—
抗坏血酸（维生素 C）	—	—	—	—	—	50.0	—	—	—	3.0
半胱氨酸	—	—	—	—	—	—	—	—	—	—
尼克酸	—	—	—	—	—	—	—	—	—	—
$FeC_6H_5O_7$（%）	—	—	—	—	—	—	—	—	—	—
水解乳蛋白 LH	—	—	—	—	—	—	—	—	—	—
水解酪蛋白 CH	—	—	—	—	—	—	100	—	—	—
蔗糖	50 000	20 000	20 000	40 000	30 000	30 000	20 000	20 000	50 000	20 000
琼脂（g）	—	—	甘露醇	—	—	—	6.0	6.0	7～10	10
pH	—	—	12.7%	—	5.8	—	5.7	5.2	5.8	5.6

续附表 2

培养基成分	F_{14}	曹孜义等(GS)(1986)	赵惠祥(1986) V₁	As	ASH	Wolter 和 Skoog (WS)(1966)	Braun 和 Wood (BW)(1961)	王培等(C_{17})(1986)	Kundson's(1925)	Vauin 和 Went (VW)(1949)	张签铭(GB)(1985)
Na_2SO_4	—	—	—	—	—	—	(乌氨酸 100)	—	—	—	—
$NaH_2PO_4 \cdot H_2O$	—	—	—	—	—	—	—	—	—	250	—
KI	—	0.375	0.083	0.083	0.083	1.6	—	0.1	—	—	0.6
$Na_2MoO_4 \cdot 2H_2O$	0.25	—	0.025	0.025	0.025	—	—	0.012	—	—	0.2
MoO_3											
$CuSO_4 \cdot 5H_2O$	0.025	0.012 5	0.002 5	0.002 5	0.002 5	—	(天冬酰胺 200)	0.012	—	—	0.02
$CoCl_2 \cdot 6H_2O$	0.025	0.012 5	0.002 5	—	—	—		0.012	—	—	0.02
$NiCl_2 \cdot 6H_2O$											
$Cu(NO_3)_2 \cdot 3H_2O$	—	—	—	—	—	—		—	—	—	—
$CoCl_2 \cdot 2H_2O$	—	—	0.002 5	0.002 5	0.002 5	—	(谷酰胺 200)	—	—	—	—
$AlCl_3$	—	—	—	—	—	—	—	—	—	—	—
维生素 B_{12}	—	—	—	—	—	—	—	—	—	—	—
对氨基苯甲酸	—	—	—	—	—	—	—	—	—	—	—
叶酸	—	—	—	—	—	—	—	—	—	—	—
维生素 B_2	—	—	—	—	—	—	—	—	—	—	—
生物素(维生素 H)	—	—	—	—	—	—	—	—	—	—	—
氯化胆碱	—	—	—	—	—	—	—	—	—	—	—
泛酸钙	—	—	—	—	—	—	—	—	—	—	—
盐酸硫胺素(维生素 B_1)	0.8	10	0.04	0.4	0.04	0.1	0.1	1.0	—	—	10
烟酸	—	1	0.05	0.5	0.05	0.5	0.5	0.5	—	—	1.0
盐酸吡哆醇(维生素 B_6)	1.0	1	0.05	0.5	0.05	0.1	0.1	0.5	—	—	1.0
肌醇	100	25	10	10	10	100	100	—	—	—	25
甘氨酸	10	—	0.2	0.2	0.2	—	—	2.0	—	—	—
抗坏血酸(维生素 C)	—	—	—	—	—	—	—	—	—	—	—
半胱氨酸	—	—	—	—	—	—	(胞嘧啶 100)	—	—	—	—
尼克酸	—	—	—	—	—	—	—	—	—	—	—
$FeC_6H_5O_7$(%)	—	—	—	—	—	—	—	—	—	—	—
水解乳蛋白(LH)	—	—	—	250	—	—	—	—	—	—	—
水解酪蛋白(CH)	—	—	—	—	—	—	—	—	—	—	—
蔗糖	20 000	15 000	15 000	30 000	15 000	20 000	—	90 000	—	20 000	15 000
琼脂(g)	5.6	4~7	7.5	7.5	7.5	140	—	7	—	16	4~8
pH	5.3~5.4	5.9	5.8	3.8	5.8		—	—	—	5.1	5.8~6

化合物	分子式	分子量
大量元素		
硝酸铵	NH_4NO_3	80.04
硫酸铵	$(NH_4)_2SO_4$	132.15
氯化钙	$CaCl_2 \cdot 2H_2O$	147.02
硝酸钙	$Ca(NO_3)_2 \cdot 4H_2O$	236.16
硫酸镁	$MgSO_4 \cdot 7H_2O$	246.47
氯化钾	KCl	74.55
硝酸钾	KNO_3	101.11
磷酸二氢钾	KH_2PO_4	136.09
磷酸二氢钠	$NaH_2PO_4 \cdot 2H_2O$	156.01
微量元素		
硼酸	H_3BO_3	61.83
氯化钴	$CoCl_2 \cdot 6H_2O$	237.93
硫酸铜	$CuSO_4 \cdot 5H_2O$	249.68
硫酸锰	$MnSO_4 \cdot 4H_2O$	223.01
碘化钾	KI	166.01
钼酸钠	$Na_2MoO_4 \cdot 2H_2O$	241.95
硫酸锌	$ZnSO_4 \cdot 7H_2O$	287.54
乙二胺四乙酸二钠	$Na_2EDTA \cdot 2H_2O$	372.25
硫酸亚铁	$FeSO_4 \cdot 7H_2O$	278.03
乙二胺四乙酸铁钠	$FeNa \cdot EDTA$	367.07
糖和糖醇		
果糖	$C_6H_{12}O_6$	180.15
葡萄糖	$C_6H_{12}O_6$	180.15
甘露醇	$C_6H_{14}O_6$	182.17
山梨醇	$C_6H_{14}O_6$	182.17
蔗糖	$C_{12}H_{22}O_{11}$	342.31
维生素和氨基酸		
抗坏血酸（维生素 C）	$C_6H_8O_6$	176.12
生物素（维生素 H）	$C_{10}H_{16}N_2O_3S$	244.31
泛酸钙（维生素 B_5 的钙盐）	$(C_9H_{16}NO_5)_2Ca$	476.53
维生素 B_{12}	$C_{63}H_{90}CoN_{14}O_{14}P$	1 357.64
L-盐酸半胱氨酸	$C_3H_7NO_2S \cdot HCl$	157.63
叶酸（维生素 Bc，维生素 M）	$C_{19}H_{19}N_7O_6$	441.40
肌醇	$C_6H_{12}O_6$	180.16
烟酸（维生素 B_3）	$C_6H_5NO_2$	123.11
盐酸吡哆醇（维生素 B_6）	$C_8H_{11}NO_3 \cdot HCl$	205.64
盐酸硫胺素（维生素 B_1）	$C_{12}H_{17}C_lN_4OS \cdot HCl$	337.29
甘氨酸	$C_2H_5NO_2$	75.07
L-谷氨酰胺	$C_5H_{10}N_2O_3$	146.15

化合物	分子式	分子量
激素		
生长素		
ρ-CPA（ρ-氯苯氧乙酸）	$C_8H_7O_3Cl$	186.59
2,4-D（2,4-二氯苯氧乙酸）	$C_8H_6O_3Cl_2$	221.04
IAA（吲哚-3-乙酸）	$C_{10}H_9NO_2$	175.18
IBA（3-吲哚丁酸）	$C_{12}H_{13}NO_2$	203.23
NAA（α-萘乙酸）	$C_{12}H_{10}O_2$	186.20
NOA（β-萘氧乙酸）	$C_{12}H_{10}O_3$	202.20
细胞分裂素/嘌呤		
Ad（腺嘌呤）	$C_5H_5N_5 \cdot 3H_2O$	189.13
AdSO₄（硫酸腺嘌呤）	$(C_5H_5N_5)_2 \cdot H_2SO_4 \cdot 2H_2O$	404.37
BA 或 BAP（6-苄基腺嘌呤或 6-苄氨基嘌呤）	$C_{12}H_{11}N_5$	225.26
2iP（6-γ,γ-二甲基丙烯嘌呤或 N-异戊烯氨基嘌呤）	$C_{10}H_{13}N_5$	203.25
激动素（6-呋喃甲基腺嘌呤）	$C_{10}H_9N_5O$	215.21
SD8339［6-(苄氨基)-9-(2-四氢吡喃)-H-嘌呤］	$C_{17}H_{19}N_5O$	309.40
玉米素（异戊烯腺嘌呤）	$C_{10}H_{13}N_5O$	219.25
赤霉素		
GA₃（赤霉酸）	$C_{19}H_{22}O_6$	346.37
其他化合物		
脱落酸	$C_{15}H_{20}O_4$	264.31
秋水仙素	$C_{22}H_{25}NO_6$	399.43
间苯三酚	$C_6H_6O_3$	126.11

附表 4　主要元素原子量

名称	符号	原子量
铝	Al	26.98
硼	B	10.82
钙	Ca	40.08
碳	C	12.011
氯	Cl	35.457
钴	Co	58.94
铜	Cu	63.54
铁	Fe	55.85
氢	H	1.008
碘	I	126.91
钾	K	39.10
镁	Mg	24.32
锰	Mn	54.94
钼	Mo	95.95
镍	Ni	58.71
氮	N	14.008
钠	Na	22.991
氧	O	16.00
磷	P	30.975
硫	S	32.066
锌	Zn	65.38

参考文献

[1] 曹福祥. 次生代谢及其产物生产技术. 长沙：国防科技大学出版社，2006

[2] 曹墨菊. 植物生物技术概论. 北京：中国农业大学出版社，2014

[3] 曹孜义，刘国民. 实用植物组织培养技术教程. 兰州：甘肃科学技术出版社，2001

[4] 陈劲枫. 植物组织培养与生物技术. 北京：科学出版社，2019

[5] 陈耀锋. 植物组织与细胞培养. 2 版. 北京：中国农业出版社，2012

[6] 迟惠荣，毛碧增. 植物病毒检测及脱毒方法的研究进展. 生物技术通报，2017，33（8）：26-33

[7] 崔德才，徐培文. 植物组织培养与工厂化育苗. 北京：化学工业出版社，2004

[8] 邓秀新，胡春根. 园艺植物生物技术. 北京：高等教育出版社，2005

[9] 丁群星，谢友菊，戴景瑞，等. 用子房注射法将 Bt 毒蛋白基因导入玉米的研究. 中国科学 B 辑，1993，23：707-713

[10] 方宣钧，吴为人，唐纪良. 作物 DNA 标记辅助育种. 北京：科学出版社，2001

[11] 高新一，王玉英. 植物无性繁殖实用技术. 北京：金盾出版社，2003

[12] 巩振辉，申书兴. 植物组织培养. 北京：化学工业出版社，2011

[13] 郭勇，崔堂兵，谢秀祯. 植物细胞培养技术与应用. 北京：化学工业出版社，2004

[14] 郭仲琛，桂耀林. 植物体细胞胚胎发生和人工种子. 北京：科学出版社，1990

[15] 胡道芬. 植物花培育种进展. 北京：中国农业科学技术出版社，1996

[16] 李浚明. 植物组织培养教程. 北京：中国农业大学出版社，2002

[17] 林顺权. 园艺植物生物技术. 北京：中国农业出版社，2007

[18] 刘耀光，李构思，张雅玲，等. CRISPR/Cas 植物基因组编辑技术研究进展. 华南农业大学学报，2019，40（5）：38-49

[19] 刘进平. 植物细胞工程简明教程. 北京：中国农业出版社，2005

[20] 刘庆昌. 遗传学. 3 版. 北京：科学出版社，2015

[21] 刘庆昌，吴国良. 植物细胞组织培养. 2 版. 北京：中国农业大学出版社，2010

[22] 莽克强. 农业生物工程. 北京：化学工业出版社，1998

[23] 梅兴国. 红豆杉细胞培养生产紫杉醇. 武汉：华中科技大学出版社，2003

[24] 潘瑞炽. 植物组织培养. 广州：广东高等教育出版社，2000

[25] 钱前，程式华. 水稻遗传学和功能基因组学. 北京：科学出版社，2006

[26] 裘文达. 园艺植物组织培养. 上海：上海科学技术出版社，1986

[27] 沈德绪. 柑橘遗传育种学. 北京：科学出版社，1998，304-309

[28] 孙敬三，桂耀林. 植物细胞工程实验技术. 北京：科学出版社，1995

[29] 孙敬三，朱至清. 植物细胞工程实验技术. 北京：化学工业出版社，2006

[30] 谭文澄，戴策刚. 观赏植物组织培养技术. 北京：中国林业出版社，2001

[31] 王蒂. 植物组织培养. 北京：中国农业出版社，2004

[32] 王关林，方宏筠. 植物基因工程. 2版. 北京：科学出版社，2018

[33] 王国平，刘福昌. 苹果葡萄草莓病毒与无病毒栽培. 北京：农业出版社，1993

[34] 韦三立. 花卉组织培养. 北京：中国林业出版社，2001

[35] 肖尊安. 植物生物技术. 北京：化学工业出版社，2005

[36] 许智宏，卫志明. 原生质体的培养和遗传操作. 上海：上海科学技术出版社，1997

[37] 许智宏，张宪省，苏英华等. 植物细胞全能性和再生. 中国科学：生命科学，2019，49：1282-1300

[38] 薛建平，柳俊，蒋细旺. 药用植物生物技术. 合肥：中国科学技术大学出版社，2005

[39] 俞俊棠，唐孝宣，邬行彦，等. 新编生物工艺学（上册，下册）. 北京：化学工业出版社，2003

[40] 余素芹. 生物技术概要. 贵阳：贵州科技出版社，1999

[41] 原田宏，驹岭穆. 植物细胞组织培养. 东京：理工学社，1987

[42] 张献龙，唐克轩. 植物生物技术. 2版. 北京：科学出版社，2012

[43] 周光宇，翁坚，龚蓁蓁，等. 农业分子育种　授粉后外源DNA导入DNA植物的技术. 中国农业科学，1988，21（3）：1-6

[44] 周立刚. 植物抗菌化合物. 北京：中国农业科学技术出版社，2006

[45] 周维燕. 植物细胞工程原理与技术. 北京：中国农业大学出版社，2001

[46] 周想春，邢永忠. 基因组编辑技术在植物基因功能鉴定及作物育种中的应用. 遗传，2016，38（3）：227-242

[47] 朱延明. 植物生物技术. 北京：中国农业出版社，2009

[48] 朱至清. 二十世纪我国植物学家对植物组织培养的贡献. 植物学报，2002，44：1075-1084

[49] 朱至清. 植物细胞工程. 北京：化学工业出版社，2003

[50] 宗媛，高彩霞. 碱基编辑系统研究进展. 遗传，2019 41（9）：777-800

[51] Chawla HS. Introduction to Plant Biotechnology (2nd Ed.). Enfield, New Hampshire：Science Publishers, Inc., 2002

[52] Cheng M, Fry JE, Pang SZ, et al. Genetic transformation of wheat mediated by Agrobacterium tumefaciens. Plant Physiol, 1997, 115：971-980

[53] Christou P. Genetic transformation of crop plants using microprojectile bombardment. Plant J, 1992, 2 (3)：275-281

[54] Constantin GD, Krath BN, MacFarlane SA, et al. Virus-induced gene silencing as a tool for functional genomics in a legume species. Plant J, 2004, 40：622-631

[55] Day A, Ellis, THN. Chloroplast DNA deletions associated with wheat plants regenerated from pollen, possible basis for maternal inheritance of chloroplasts. Cell, 1984 (38)：359-368

[56] Endress R. Plant Cell Biotechnology. Berlin: Springer-Verlag, 1994

[57] Fan MZ, Xu CY, Xu K, et al. LATERAL ORGAN BOUNDARIES DO-MAIN transcription factors direct callus formation in Arabidopsis regeneration. Cell Res, 2012, 22: 1169-1180

[58] Farooq N, Nawaz MA, Mukhtar Z, et al. Investigating the in vitro regeneration potential of commercial cultivars of Brassica. Plants, 2019, 8, 558

[59] Guo HH, Fan YJ, Guo HX, et al. Somatic embryogenesis critical initiation stage-specific mCHH hypomethylation reveals epigenetic basis underlying embryogenic redifferentiation in cotton. Plant Biotech J, 2020, 18: 1648-1650

[60] Hall RD. Plant Cell Culture Protocols. Totowa, New Jersey: Human Press, 1999

[61] Horsch RB, Fry JE, Hoffmann N, et al. A simple and general method for transferring genes into plant. Science, 1985, 227: 1229-1231

[62] Ikeuchi M, Sugimoto K, Iwase A. Plant callus: mechanisms of induction and repression. Plant Cell, 2013, 25: 3159-3173

[63] Jacobsen E, Daniel MK, Bergervoet-Van Deelen JEM, et al. The first and second backcross progeny of the intergeneric fusion hybrids of potato and tomato after crossing with potato. Theor Appl Genet, 1994, 88: 181-186

[64] Jacobsen E, de Jong JH, Kamstra SA, et al. Genomic in situ hybridization (GISH) and RFLP analysis for the identification of chromosomes in the backcross progeny of potato (+) tomato fusion hybrids. Heredity, 1995, 74: 250-257

[65] Johri BM. Experimental Embryology of Vascular Plants. Berlin: Springer-Verlag, 1982

[66] Kim JY, Adhikari PB, Ahn CH, et al. High frequency somatic embryogenesis and plant regeneration of interspecific ginseng hybrid between Panax ginseng and Panax quinquefolius. J Ginseng Res, 2017, 1-11

[67] Klein TM, Wolf ED, Wu R, et al. High velocity microprojectiles for delivering nucleic acids into living cells. Nature, 1987, 327: 70-73

[68] Ledford H. World's largest plant survey reveals alarming extinction rate. Nature, 2019, 570: 148-149

[69] Loyola-Vargas VM, Vazquez-Flota F. Plant Cell Culture Protocols (2nd Ed). Totowa, New Jersey: Humana Press, 2006

[70] Lurquin PF. Gene transfer by electroporation. Mol Biotech, 1997, 7 (1): 5-35

[71] Oberwalder B, Schilde-Rentschler L, Ruoß B, et al. Asymmetric protoplast fusions between wild species and breeding lines of potato—effect of recipients and genome stability. Theor Appl Genet, 1998, 99: 1347-1354

[72] Perl A, Lotan O, Abu-Abied M, et al. Establishment of an Agrobacteri-

参
考
文
献

um-mediated transformation system for grape: The role of antioxidants during grape-Agrobacterium interactions. Nature Biotech, 1996, 14: 624-628

[73] Prigge V, Melchinger AE. Production of haploids and doubled haploids in maize. Plant Cell Culture Protocols, 2012, 877: 161-172

[74] Reinert J, Bajaj YPS. Applied and Fundamental Aspects of Plant Cell, Tissue and Organ Culture. Berlin: Springer-Verlag, 1977

[75] Reinert JR, Bajaj YPS. Plant Cell, Tissue and Organ Culture. Berlin: Springer-Verlag, 1997

[76] Sanei M, Pickering R, Kumke K, et al. Loss of centromeric histone H3 (CENH3) from centromeres precedes uniparental chromosome elimination in interspecific barley hybrids. Proc Natl Acad Sci USA, 2011, 108 (33): E498-E505

[77] Soh WY, Sant SB. Morphogenesis in Plant Tissue Cultures. Dordrecht: Kluwer Acdemic Publishers, 1999

[78] Shishido R, Apisitwanich S, Ohmido N, et al. Detection of specific chromosome reduction in rice somatic hybrids with the A, B, and C genomes by multi-color genomic in situ hybridization. Theor Appl Genet, 1998, 97: 1013-1018

[79] Stachel S, Messens E. Identification of the signal molecules produced by wounded plant cells that activate T-DNA transfer in Agrobacterium tumefaciens. Nature, 1985, 318: 624-629

[80] Tingay S, McElroy D, Kalla R, et al. Agrobacterium tumefaciens-mediated barley transformation. Plant J, 1997, 11 (6): 1369-1376

[81] Tzfira T, Citovsky V. Agrobacterium-mediated genetic transformation of plants: biology and biotechnology. Curr Opin Biotech, 2006, 17: 147-154

[82] Veilleux RE, Johnson AAT. Somaclonal variation: molecular analysis, transformation interaction and utilization. Plant Breed Rev, 1998, 16: 229-269

[83] Wan Y, Lemaux PC. Generation of large numbers of independently transformed fertile barley plants. Plant Physiol, 1994, 104: 37-48

[84] Xu CY, Cao HF, Zhang QQ, et al. Control of auxin-induced callus formation by bZIP59-LBD complex in Arabidopsis regeneration. Nature Plants, 2018, 4: 108-115

[85] Zhao X, Meng ZG, Wang Y, et al. Pollen magnetofection for genetic modification with magnetic nanoparticles as gene carriers. Nature Plants, 2017, 956-964

[86] Zou T, Song HJ, Chu X, et al. Efficient induction of gynogenesis through unfertilized ovary culture with winter squash (Cucurbita maxima Duch.) and pumpkin (Cucurbita moschata Duch.). Sci Hortic, 2020, 264: 109152

植物生物技术导论